"十三五"国家重点出版物出版规划项目
国家科学技术学术著作出版基金资助出版

智 能 爆 破
Intelligent Blasting

汪旭光　吴春平　陶刘群　著
WANG Xuguang　WU Chunping　TAO Liuqun

北 京
冶 金 工 业 出 版 社
2020

内 容 提 要

　　本书系统论述了智能爆破的技术体系，主要阐述了智能爆破产生的历史背景、基本概念以及未来发展趋势，提出了智能爆破的总体架构、基本理论、支撑平台、关键技术等内容，重点分析了智能爆破的感知层、传输层、支撑层和应用层的功能以及主要技术应用。

　　本书可供从事爆破及相关行业的研究、设计、生产、施工和管理的有关工程技术人员、科技工作者，以及高等院校相关专业的师生阅读，也可供决策部门在制定爆破行业以及相关领域发展规划或政策时参考。

图书在版编目（CIP）数据

　　智能爆破/汪旭光，吴春平，陶刘群著 . —北京：冶金
工业出版社，2020. 12

　　"十三五"国家重点出版物出版规划项目
　　ISBN 978-7-5024-8661-7

　　Ⅰ.①智… 　Ⅱ.①汪… 　②吴… 　③陶… 　Ⅲ.①智能
技术—应用—爆破技术 　Ⅳ.①TB41-39

　　中国版本图书馆 CIP 数据核字（2020）第 256840 号

出 版 人　苏长永
地　　址　北京市东城区嵩祝院北巷 39 号　邮编　100009　电话　（010）64027926
网　　址　www.cnmip.com.cn　电子信箱　yjcbs@cnmip.com.cn
责任编辑　程志宏　美术编辑　吕欣童　杨　凡　版式设计　禹　蕊
责任校对　郑　娟　责任印制　李玉山
ISBN 978-7-5024-8661-7
冶金工业出版社出版发行；各地新华书店经销；北京捷迅佳彩印刷有限公司印刷
2020 年 12 月第 1 版，2020 年 12 月第 1 次印刷
787mm×1092mm　1/16；23.25 印张；564 千字；350 页
188.00 元

冶金工业出版社　投稿电话　（010）64027932　投稿信箱　tougao@cnmip.com.cn
冶金工业出版社营销中心　电话　（010）64044283　传真　（010）64027893
冶金工业出版社天猫旗舰店　yjgycbs.tmall.com
（本书如有印装质量问题，本社营销中心负责退换）

前　言

爆破是一门技术科学，不仅需要从爆破工程实践经验中不断总结、提高技术水平，也需要从相关学科领域汲取先进的科学技术，并升华为新的爆破理论，唯有如此才能使爆破始终保持活力，成为历久弥新的学科。

近年来，信息化已成为时代潮流，以 5G、人工智能、大数据、云计算等为代表的新一代信息技术，正加速渗透并与经济、社会各领域深度融合。

2009 年以来，本书作者在研究各种相关理论、技术的基础上，全面、系统地思考了爆破行业的长远规划与发展愿景，提出变革爆破技术的设想与思路，并广泛征求了业内知名专家的意见和建议。大家一致认为：信息化是爆破行业发展的必然趋势，应当进行系统、深入的研究。正是在这种共识的引领下，本书作者提出"智能爆破"发展方向，试图通过"爆破智能化"解决爆破技术面临的一些问题。随后，作者又先后与数十位专家、学者探讨，逐步形成了较为清晰的"智能爆破"理论架构。至此，爆破行业有关专家、学者建议对"智能爆破"进行系统的梳理与拓展，总结智能爆破的应用场景并著作成书。

在此期间，本书作者先后主持或参与了与智能爆破、智慧城市等内容相关的研究、开发及推广工作，取得了大量研究成果，大大丰富了"智能爆破"的理论体系和应用场景。

2018 年，中国工程院将"智能爆破发展战略研究"设立为学部咨询研究项目。同年，中国工程院化工、冶金与材料工程学部和中国爆破行业协会在北京共同主办了"中国爆破智能化发展论坛"，与会专家、学者分享了"智能爆破"的实践经验和进展情况，促进了"智能爆破"理论体系的发展和本书的撰写工作。正是基于多年的研究，并汲收国内外最新的研究成果，作者数易其稿，终于完成本书的编撰工作。

根据"智能"的外延、内涵及"爆破"的研究范畴，本书"智能爆破"的定义为：采用 5G、人工智能、大数据、云计算等新一代信息技术，将爆破的设计、施工、管理、服务等各环节生产活动相联结与融合，建立具有信息深度自感知、智慧优化自决策、精准控制自执行等功能特性的综合集成爆破技术，解决以往需要人类专家才能处理的爆破问题，达到安全、绿色、智能、高效的工程目的。

智能爆破技术的实施与发展，将促进爆破行业达到安全、绿色、智能、高效的目标，引导爆破技术科学变革与创新，推动爆破行业现有系统的优化升级，促进管理服务能力的改善提升，以更科学、更智慧的方式推动爆破技术的可持续发展。

本书主要内容包括智能爆破产生的历史背景、基本概念以及未来发展趋势，提出了智能爆破的总体架构、基本理论、支撑平台、关键技术等内容，重点阐述了智能爆破的感知层、传输层、支撑层和应用层的功能以及主要技术应用。

全书分为8章。第1章概述了爆破技术的发展现状、爆破理论与技术的瓶颈及探索，提出了智能爆破的定义及主要涉及的内容；第2章阐述了智能爆破的理论基础、技术支撑体系与总体架构；第3章分析了爆破环境的智能感知技术；第4章阐述了基于爆破环境信息感知技术的智能爆破模拟优化设计方法与应用；第5章总结了爆破器材智能管控的基本问题、共性技术，介绍了爆破器材的编码与示踪技术、工业电子雷管、炸药乳胶基质远程配送等智能管控体系；第6章叙述了炸药现场混装技术发展现状，阐述了炸药混装车的自主行驶、智能寻孔、智能送退管、动态监控等技术；第7章论述了爆破振动智能监测与分析技术；第8章论述了爆破作业安全智能管控的系统架构、系统安全、应用支撑平台、业务应用系统、管控设备及现场人员识别认证技术。

本书的主要阅读对象为爆破及相关行业的研究、设计、生产、施工的技术人员和管理人员、科技工作者以及高等院校相关专业师生。由于5G、人工智能、大数据、云计算等为代表的新一代信息技术发展日新月异，本书阐述的技术体系与内容自然会随着新技术的发展和应用而不断更新，需要业内学者不断完善与发展。

因此，本书作为"智能爆破"技术体系的垒土之作，希望能投砾引珠，吸引更多研究者，共同促进爆破技术的智能化变革。

　　全书统一列出了必要的参考文献，作者希望这些文献能够为需要进一步了解和研究某些问题的读者提供有益的启示。在此，本书作者特别感谢相关文献的作者，正是你们的辛勤劳动和研究成果使得本书作者和读者获益匪浅。

　　衷心感谢所有关心、支持和帮助完成本书撰写工作的领导、专家和学者！鉴于作者学术水平所限，书中不妥之处敬请专家和读者批评指正。

中国工程院院士

2020 年 11 月

Preface

Blasting is a discipline of technical sciences. Its development relies on summarizing and improving techniques from blasting operational practices and gaining advanced science and technology from related disciplines, then sublimate them into new blasting theories. Only in this way can blasting technology always maintain its longevity and become an everlasting discipline.

In recent years, the concept of informatization has gained increased attention. In addition, the new generation of information technologies such as 5G, artificial intelligence (AI), big data, and cloud computing accelerate the penetration and deep integration with various fields of economy and society.

Since 2009, based on the study of various related theories and technologies, the writers comprehensively and systematically considered the long-term planning and development of the blasting industry, put forward-thinking and tentative ideas on the transformation of the blasting industry, and extensively sought the opinions and suggestions of renowned experts in the field. They all agreed that information technologies were an inevitable trend in the development of the blasting industry and should be studied systematically and thoroughly. Under this consensus, the writers propose the development direction of *intelligent blasting* and try to solve some issues faced by blasting technology through intelligentization. Subsequently, the writers discussed with dozens of experts and scholars, and gradually established a relatively clear theoretical framework of *intelligent blasting*. So far, relevant experts and scholars in the blasting industry suggest that *intelligent blasting* should be systematically combed and expanded. The application scenarios of *intelligent blasting* should be summarized and written into a book.

During this period, the writers successively presided over or participated in the research, development and promotion works related to *intelligent blasting* and *smart city*, and achieved a lot of research findings, which greatly enriched the theoretical systems and application scenarios of *intelligent blasting*.

In 2018, the academic division's consulting research program *Development Strategy Research on Intelligent Blasting* was supported by the Chinese Academy of Engineering (CAE). In the same year, the Division of Chemical, Metallurgical and Materials Engineering of CAE and the China Society of Explosives and Blasting (CSEB) co-hosted the *Forum on Development of Blasting Intelligentization in China* in Beijing. In that forum, experts and scholars introduced their practical experiences and progress of *intelligent blasting*, which promoted the development of the theoretical systems of *intelligent blasting* and the writing of this book. Based on years of research and the latest findings at home and abroad, the writers buffed it up through several drafts and then completed this book.

According to the extension and connotation of *intelligence* and the domain of *blasting*, the definition of *intelligent blasting* in this book is: the use of 5G, artificial intelligence, big data, cloud computing and other new generation of information technology, the gamut of manufacturing activities from blasting design and operation to management and services are combined with each other and fused to establish a comprehensive integrated blasting technology characterized by a range of functional capabilities such as self-perception of deep information, smart-based optimum self-decision making and precision-controlled self-execution, and to solve some blasting issues required human experts to deal with previously, for the purpose of safe, green, intelligent and efficient engineering.

The implementation and development of intelligent blasting technology will promote the blasting industry to achieve safety, greenness, intelligence and efficiency. In addition, it will guide the change and innovation of the technical sciences blasting technology, and promote the optimization and upgrading of the existing systems in the blasting industry, which results in the improving and raising the management and services. Eventually, the intelligent blasting technology will promote the sustainable development of blasting technology more scientifically and intelligently.

This book mainly includes the historical background, basic concepts and development trend of *intelligent blasting*, the discussion of the overall framework, basic theories, support platform and key technology of *intelligent blasting*, which focused on the main technical applications and functions of the perception layer, transmission layer, support layer and application layer of the *intelligent blasting* technology.

This book includes eight chapters. Chapter 1 summarizes the development status of blasting technologies, the bottlenecks and explorations of blasting theories and technologies, then puts forward the definition and the main contents of intelligent blasting. Chapter 2 expounds on the theoretical basis, technical support system and the overall framework of intelligent blasting. Chapter 3 analyses the intelligent perception technology for blasting surroundings. Chapter 4 describes the numerical simulation, design methods and applications of intelligent blasting based on the perception technology for blasting surroundings. Chapter 5 discusses the fundamental issues and generic technology of intelligent management and control of explosive materials. Furthermore, some other intelligent management and control technologies, such as the coding and tracing technology of explosive materials, industrial electronic detonator, emulsion matrix delivery for long-range, are introduced. Chapter 6 relates the development status of bulk explosives mobile manufacturing technology, and expounds the independent driving, intelligent searching for holes, intelligent sending and returning for pipe, dynamic monitoring and other technologies of bulk explosives delivery vehicles. Chapter 7 discusses the intelligent monitoring and analysis technology of blasting vibration. Chapter 8 introduces the system framework, system security, applications support platform, business application system, control devices and on-site personnel identification and certification technology for intelligent safely management and control of blasting operation.

This book is mainly provided for engineers, technicians, scientists and supervisors who are relevant to the research, design, production, operation of blasting and related industries, as well as teachers and students of related majors in colleges and universities. With the rapid development of the new generation of information technology, which represented by 5G, artificial intelligence (AI), big data, cloud computing, etc. , the technology system and contents elaborated in this book will constantly update with the development and application of new technology. Hence it requires continuous improvement and development by scholars in the field.

We wish this book, as a foundation works of *intelligent blasting* technology system, can encourage more researchers in the field, and further promote the intelligentization transformation of blasting technology.

All necessary references are listed throughout this book. we hope that these references provide valuable insights for readers who need further understanding and research on related issues. We would like to thank all authors of relevant literature for their efforts and achievements, which have greatly benefited the writers and readers of this book!

We sincerely express our deep gratitude to all the experts and scholars who cared, supported and helped to complete this book! In view of our academic level, we would like to invite experts and readers to criticize and correct any inappropriate points in this book.

WANG Xuguang

Academician of the Chinese Academy of Engineering (CAE)

November 2020, Beijing

目　　录

Contents

1 绪 论

工程爆破就是利用炸药爆炸所产生的巨大能量对介质做功，达到预定工程目标的作业，如采矿爆破、岩土开挖爆破、清淤炸礁爆破、建（构）筑物拆除爆破、爆炸加工（含金属破碎切割）、聚能爆破、地震勘探爆破、灭火爆破、围堰拆除爆破及堰塞坝抢险爆破等。

回顾发展历程，工程爆破已经逐步发展成为独立、系统的研究领域。因炸药爆炸发生的时间极其短促，要使炸药爆炸过程的能量转化得到"精密控制"仍然是较为困难的。因为爆破实践往往超前于爆破理论的发展，爆破作业仍然过多的依赖于爆破从业人员的经验，爆破设计仍然以经验公式为主，取值范围过宽，不确定性较大。

随着 5G、人工智能、大数据、云计算为代表的新一代信息技术以及其他新理论和新技术的不断涌现，原来认为不可解的问题有了新的解决途径。因此我们有必要审视这些新技术在工程爆破领域应用的可能性。这也是提出"智能爆破"概念和理论的出发点。

1.1 爆破技术的发展现状

1.1.1 爆破器材的发展概述

众所周知，黑火药是我国的四大发明之一，曾经享誉全球，延续了数百年之久。

黑火药的发明可追溯到公元 6~7 世纪。早在唐代孙思邈所著的《孙真人丹经》内伏硫黄法中已出现硫、硝、炭三种成分的黑火药。郑思远在《真元妙道要略》中描述了"以硫磺、雄黄合硝石并蜜烧之，焰起烧手面及烬屋舍者"。9 世纪就出现了完整的黑火药的配方，直到南宋时期黑火药才用于军事目的。黑火药传入欧洲是在 13 世纪，1627 年匈牙利人首先将黑火药用于采矿过程的爆破工序，这可视为是爆破技术的萌芽。

爆破技术是伴随着各种爆破器材的发明而发展的，爆破技术的进步又促进了爆破器材的发展。1799 年英国人高瓦尔德发明了雷汞炸药。

1865 年，瑞典化学家诺贝尔发明了以硝化甘油炸药为主要组分的 Dynamite 炸药。该炸药占据工业炸药主导地位长达 100 年之久。

19 世纪，随着许多工业炸药新品种的发明以及凿岩机械和起爆技术的出现，爆破技术得到了很大的发展。如 1831 年，W. Bickford 发明了导火索，1831 年 Richard Treuitck 研制成功蒸汽式钻机，1862 年 Sommeiller 研制出压气冲击式凿岩机，结束了人工掌钎抡锤打孔的历史。1895 年出现的秒延期雷管，解决了大规模爆破同时起爆多个药包的难题，为延时起爆技术发展创造了条件。

1925 年，以硝酸铵为主要成分的粉状硝酸铵炸药问世，使爆破工程技术朝着安全、经济的方向迈出了决定性的一步。在此前后出现的以太安为药芯的导爆索（1919 年）和毫秒延期电雷管（1946 年），加上大型凿岩设备的出现，使大规模土石方开挖工程采用深孔爆破，起爆形式也从齐发爆破发展到毫秒延时爆破。

1956 年迈尔文·库克发明的浆状炸药以及 20 世纪 70 年代乳化炸药的研制成功，彻底解决了硝铵类炸药的防水问题。1967 年瑞典诺贝尔公司研制发明的导爆管起爆系统，克服了电雷管起爆系统易受外来电干扰的弊端，进一步提高起爆的安全性，成为爆破工程的主流起爆器材。

20 世纪 50 年代中期，世界工业炸药进入了以廉价硝酸铵为主体的硝铵类炸药新时期，同时带动了工业电雷管等起爆器材和工程爆破技术的快速发展。其主要标志是多孔粒状铵油炸药、含水浆状炸药、水胶炸药、乳化炸药等新型工业炸药的发明及露天炮孔装药机械化，1~30 段毫秒延时电雷管、塑料导爆管和毫秒延时非电雷管、低能导爆索和起爆药柱等新型起爆器材的出现，大区毫秒延期与预装药爆破、预裂爆破、光面爆破、球（条）形药包硐室爆破、垂直漏斗球形药包爆破（VCR）等一系列新型爆破技术及爆破数学模型的应用。值得指出的是，近年来工业炸药、起爆器材和工程爆破正朝着精细化、科学化和数字化方向发展，而且三者结合更为紧密、互相促进、协同发展。

近年来最引人瞩目的进展是数码电子雷管（工业电子雷管）的出现，其本质在于用一个微型集成电路块取代普通电雷管中的化学延时与电点火元件。它不仅控制延时精度，而且也控制了通往雷管引火头的电源，从而最大限度地减小了因引火头能量需求所引起的误差。这种起爆系统配合专用的具有特定编码程序的点火设备，改善了操作的安全性。

数码电子雷管为爆破设计提供了创新的手段，已在加拿大、美国、南非、澳大利亚、瑞典和中国等国的矿山均获得了实际应用。20 世纪 80 年代初，南非 AEL 和瑞典 Dynamit Nobel 公司分别发布了各自的第一代电子延期起爆系统 Dynatronic 和 ExExlOOO。1999 年澳大利亚 Orica 研制开发出 I-Kon 电子起爆系统。2006 年 I-Kon 数码电子雷管及其起爆系统在我国三峡工程三期围堰爆破中得到了应用。随后，世界范围内陆续出现了其他种类的数码电子雷管系统，如 EDD、Smartdet、Electrodet 数码电子雷管系统。我国数码电子雷管起源于 20 世纪 90 年代末，目前主流产品性能指标已经达到国际先进水平甚至有赶超之势，技术标准已自成体系，知识产权布局已见雏形。

1.1.2　我国爆破技术的发展

我国工程爆破的发展历程与国家经济建设的发展密不可分。建国初期，国家为了恢复经济、发展生产，突出了铁路、公路、矿山和水利工程设施的修复和建设工作，如成渝铁路、鹰厦铁路的施工，大批煤矿、铁矿和有色金属矿山的复产与开工、治淮工程及荆江分洪水利工程建设等。20 世纪 50 年代中期，随着我国第一个五年计划的实施和国家科技长远发展规划的制定、执行，我国工程爆破技术开始步入了新的发展时期。改革开放以来，我国经济进入腾飞阶段，各种基础设施的建设带动了工程爆破事业的蓬勃发展。大型水利电力以及城市和厂矿改扩建项目相继开工，许多爆破课题被列入国家"七五"至"十三五"攻关项目及国家自然科学基金项目。通过这些项目的实施，我国的工程爆破技术得到全面、迅速而有序的发展，取得了可喜成果。

我国工程爆破行业的发展分为"起步、成长、壮大"三个阶段。其中：

1953—1978 年为起步阶段。20 世纪 50 年代初，我国爆破作业基本上处于用钢钎人工打孔、点火放炮为主的阶段，工作效率低、劳动强度大、安全可靠性差，基本上没有形成工程爆破系列技术。从第一个"五年计划"开始，国家为了恢复经济、发展生产，突出抓铁路、交通、矿山和水利工程设施的修复与建设工作，工程爆破技术进入起步阶段。

1978—1994 年为成长阶段。改革开放后，随着经济建设的高速发展，我国在大规模城市现代化建设、铁路干线和厂矿企业技术改造中需要改建、拆迁的工程项目日益增多，拆除爆破技术得到了迅速发展。爆炸加工无论是在理论，还是在产品开发上都取得了突飞猛进的进展。此阶段涌现了许多土岩爆破工程的重大研究成果、施工经验、土岩爆破基本理论、新技术、安全防护以及量测技术。在我国 1979 年制定的力学学科发展规划中，爆炸力学被列为 14 个力学重点分支之一。

1994 年至今是壮大阶段。1994 年，中国爆破行业协会的前身——中国工程爆破协会在人民大会堂正式成立，长期分散在各行业、各地区的工程爆破技术力量和人员组织起来，通过定期培训考核爆破工程技术人员、组织国内外学术交流、加强横向协作、发挥整体优势，大大促进了我国爆破行业的繁荣与发展。

目前，爆破在我国已经发展成一门相对完整的学科体系，广泛应用于交通、采矿、水利水电、油气开采、城市建设和新材料加工等领域，取得了巨大的经济和社会效益。随着三峡工程三期围堰爆破、青藏铁路冻土爆破等重大工程的顺利实施，我国爆破界也逐步与国外有关学术机构、企业开展了广泛交流及合作，在国际上获得了广泛认同。

1.2 爆破理论与技术的瓶颈及探索

1.2.1 爆破理论与技术的瓶颈

毋庸置疑，工程爆破领域的发展取得了令人瞩目的成就，但是爆破技术的一些问题仍然未能很好解决。这也阻碍了爆破技术向"精密控制"方向发展的步伐。

1.2.1.1 爆破理论仍未有根本性突破

理论来源于实践，又指导实践；没有理论指导的实践，则是盲目的实践。半个多世纪以来，我国的爆破技术已进行了大量的工程实践，但目前的爆破理论研究工作尚落后于工程实践。现有的一些爆破设计方法和安全评估分析大都是用经验和半经验法，没有足够的理论依据。例如硐室爆破炸药量的计算，基本上是以保利斯科夫公式为依据，松动爆破也套用这一公式是没有依据的。又如爆破地震安全判据，目前我国和许多国家多用爆破产生的地面质点振动速度作为地面建筑物的安全判据，而忽略了爆源至观测物之间的地貌特征、相对高差以及地震波传播途径的介质条件的差异，甚至在拆除爆破中也按这一振速计算公式计算确定控制标准。这种单一参数评定法是不全面的，计算出的结果相差甚大。

1.2.1.2 爆破过程的多元异质信息难以获取

炸药爆炸是一种短至 $10^{-6} \sim 10^{-5}$s，十分复杂的瞬态物理、化学反应，需要使用具有极高采样率的仪器进行信息采集，一般的仪器无法满足要求。例如：通过高速摄影机拍摄爆炸过程，分析爆炸产生的物体飞散现象；通过动光弹、动焦散等技术研究模拟爆破试验的应力、应变情况。但是总体来说，爆炸过程的基础数据获取手段目前仍然十分有限。另外，爆破是炸药在岩石、土壤、金属等天然或人造介质中的瞬态作用，这些介质本身千差万别，岩石等介质还具有非均一性，使得工程爆破的信息更加多元、异质，加深了爆破信息的获取难度。

1.2.1.3 缺乏有效的爆破环境感知技术

根据爆破的对象，爆破作业施工所处的环境各不相同。如：矿山爆破需要了解爆破作业面、邻近巷道的三维信息、矿体地质品位与围岩边界信息。只有充分掌握了爆破环境信息，才能有目的地进行爆破设计，控制矿石的损失和贫化。以往是通过人工测量巷道的二维边界，结合地质勘探获取的地质数据库，粗略感知爆破环境。

总体来说，爆破环境是十分复杂的，而我们目前所了解的爆破环境信息仍然十分有限，要真正感知爆破环境的所有信息，并对这些信息进行可视化呈现，不仅需要研发大量智能化传感设备，还要对海量信息运用大数据技术进行处理，目前还有不少的技术障碍。

1.2.1.4 爆破施工精度需要进一步提高

事实已经证明，爆破施工的精度决定了爆破能否达到设计的预期效果，决定了能否减少超爆、欠爆现象发生。这涉及钻孔定位的精度、装药的精度、起爆网路延时的精度等内容。

在露天爆破中，钻机可以利用全球卫星导航系统进行定位，提高钻孔的精度。在地下爆破时，全球卫星导航系统无法覆盖，就需要从基准点引导，对钻机的地下相对空间坐标进行定位。无论是露天爆破还是地下爆破，目前的装药方式主要是人工装药、装药器装药、炸药混装车装药。前两种装药方式存在返粉、统计不方便等现象。大多数情况下，爆破施工时装药量也无法做到精确控制，爆破效果往往大打折扣。

1.2.1.5 缺乏统一的数据交互与信息处理机制

炸药从生产、运输、贮存、爆破的全生命周期，以及爆破施工过程的测量、钻孔、装药、起爆、监测等环节涉及凿岩、装药、爆破监测等设备，这些环节使用的数据采集系统种类繁多，功能千差万别，接口形式多种多样，装备之间不能进行有效的通信，造成爆破作业装备形成"信息孤岛"，无法实现数据共享和智能化处理，严重阻碍了爆破的设计、施工、管理与决策的效率。因此，为了提高爆破过程中装备的联动作业效率和远程操控能力，制定具有广泛兼容能力的泛在信息采集传输控制协议，建立统一的数据交互与信息处理机制十分必要。

综上所述，炸药爆炸是一种瞬态且复杂的物理、化学变化过程，爆破过程的多元异质信息难以获取，爆破理论研究仍然未有根本性突破，加上缺乏有效的爆破环境感知技术和统一的数据交互与信息处理机制，爆破施工精度较低，导致爆破目前仍然是一种经验主导的非确定性技术，离"精密控制"还有很大的技术障碍。因此有必要探索一种可以指导炸药全生命周期的新的爆破理论和技术，以解决爆破目前面临的技术困境。

1.2.2 爆破新理论与新技术的探索

为解决上述问题，国内外爆破工作者提出了很多解决思路。近10年来，我国不少学者先后提出了各种解决方案。其中，"精细爆破"和"数字爆破"的概念得以发展和完善，取得了良好的应用效果。

1.2.2.1 精细爆破理论及其技术体系

精细爆破是在大量理论研究和工程实践基础之上，基于我国工程爆破领域取得的研究成果，结合不同行业、不同领域对工程爆破的需求而提出的。目前，精细爆破已经初步建立了较为完备的技术体系。

精细爆破是指通过定量化的爆破设计、精心的爆破施工和精细化的管理，进行炸药爆炸能量释放与介质破碎、抛掷等过程的精密控制，既达到预期的爆破效果，又实现爆破有害效应的有效控制，最终实现安全可靠、技术先进、绿色环保及经济合理的爆破作业。

精细爆破技术体系包括精细爆破的目标、关键技术、支撑体系、综合评估体系和监理体系等，如图 1-1 所示。

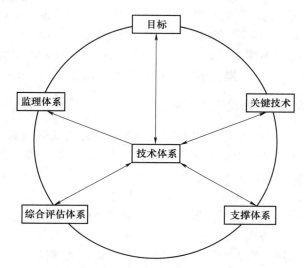

图 1-1　精细爆破的技术支撑体系

1.2.2.2　数字爆破概念与建设内容

数字爆破是受数字地球、数字矿山等概念启发，结合爆破行业出现越来越多的数码电子雷管、爆破设计软件、爆破模拟软件等"数字产品"提出的概念。数字爆破的目标是在爆破行业应用计算机、通讯、软件、数据库、网络、网格、GPS/GIS、CA 身份认证（数字证书）等高新技术，以行业数据库集群为基础，利用行业资源和数据信息，实现信息互通、资源共享，为爆破行业快速发展提供服务。

数字爆破主要内容包括数字爆破器材的研发和应用、数字档案馆建设、行业数据库建设、中爆专网建设、行业应用系统软件研发、远程测振平台建设等。建设中国爆破网，搭建爆破行业信息化平台，是"数字爆破"的基础性工作。数字爆破建设的重点工作主要包括数据库集群、网站集群、行业网站域名中心、爆破行业电子认证服务中心、数字档案馆和数字测振等方面。

1.3　智能爆破的新思维

爆破科技工作者在爆破理论与技术上的执着追求，使爆破理论与技术得到了长足发展。但是，要实现炸药爆炸过程能量转化"精密控制"的目标仍然是较为困难的。

近年来，信息化已成为时代潮流，以 5G、人工智能、大数据、云计算等为代表的新一代信息技术，正加速与经济、社会各领域深入渗透融合。我国已将推动互联网、大数据、人工智能和实体经济深度融合作为国家战略，在中高端消费、创新引领、绿色低碳、共享经济、现代供应链、人力资本服务等领域培育新增长点，形成新动能。各地相关行业正在立足现有基础，深入加强谋划，进一步抢占发展先机，为建设现代化经济体系厚植新优势，激发新动能。

正向思维是爆破理论与解算的传统分析方法。正向思维从事物的必然性出发，根据试验建立模型及其本构关系，在特定有限的条件下求解。正向思维反映在参数的研究上就是取样、试验、测定、分析；反映在模型的研究上就是根据已有的公理、定理和理论，加上特定条件下的假设，通过推演得到结果。正向思维需要爆破数据充分、准确。

爆破是一种瞬态过程，非确定性因素较多，爆破数据并不是很充分、准确的。因此，正向思维在爆破求解过程中遇到了诸多困难。在研究各种相关技术的基础上，我们提出"智能爆破"发展方向，试图从爆破的"智能化"上解决爆破面临的一些问题。

1.3.1 人工智能技术是爆破理论突破的新希望

由于爆破理论是建立在各种假说以及经验与半经验公式基础上的，爆破的求解变得异常困难，爆破过程存在诸多不确定性。为弥补这些不足，往往需要求助专家的经验。但是专家的认知水平、知识层次均存在着差异，导致爆破理论计算结果千差万别。

近年来，基于深度学习等新技术的人工智能的进步，使得 AlphaGo 得以通过学习人类围棋知识，并自我学习，左右互搏，最终打败世界顶尖围棋高手，给人类的认知带来巨大突破。人工智能在图像、语音、行为三大领域，正在形成重大创新。新的人工智能技术的出现，使计算机可以通过学习人类的更多神经系统，更好地解决譬如图形识别等问题。我国近年来已将人脸识别技术大规模应用于机场、火车站等公共场所的闸机系统以及金融行业的支付系统等方面。语音识别技术已经可以将大部分的语言识别出来并转换成文字，能够替代速记员的一部分工作。基于人工智能的机器翻译技术也已发展到应用水平，形成了翻译机等商品。随着准确率进一步的提高，语音识别将会推动物联网的革命，从汽车到家用设备再到可穿戴设备将会发生很多改变，人类将能够和更多的家电通话。在行为方面，人们已经开发了类人机器人，不仅可以学习人类的行走、跳跃等动作，甚至可以轻松完成后空翻、避开障碍物、开门让路等行为。近年来，机器人学习已经在向不需要编程，直接看着人类的动作即可模仿的方向发展。

人工智能（AI，Artificial Intelligence），是研究、开发用于模拟、延伸和扩展人的智能的理论、方法、技术及应用系统的一门新的科学。人工智能是计算机科学的一个分支，它试图了解智能的实质，并生产出一种新的能以人类智能相似的方式做出反应的智能机器，该领域的研究包括机器人、语音识别、图像识别、自然语言处理和专家系统等。

爆破是复杂的过程。爆破理论建立在各种假说基础上，通过有限的爆破试验和数据分析，采用相似模拟原理、量纲分析方法推导出一些经验公式或半经验公式。这些公式取值范围较宽，而且都有一定的适用范围，一旦离开假设的条件，公式就不成立。所以，为提高爆破的准确性，专家的作用十分重要。在爆破设计时，专家可以凭借经验给出特定条件下较为合理的爆破方案。

人工智能是模拟、延伸和扩展人类大脑活动的科学，采用人工智能技术分析爆破，将有可能解决爆破系统数据不足以及不确定性问题。在这方面，国内外学者已做了有益的探索，如：采用神经网络、专家系统等人工智能方法对爆破振动、飞石以及爆破参数等进行分析。随着人工智能技术、深度学习方法的快速进步，开发适用于爆破的人工智能分析技术，通过挖掘爆破过程中采集的大数据，将有可能在爆破理论方面有重大突破。基于新理论的指导，重新变革爆破设计与模拟仿真方法，在可预期的未来，将会有意想不到的成果。

1.3.2 物联网是采集与处理爆破多元异质信息的利器

炸药爆炸引起各种变化，不仅有炸药本身的变化，还有周边介质的变化。获取并处理这些信息的有力工具是物联网技术。

物联网（IoT，the Internet of Things）是新一代信息技术的重要组成部分，被视为互联网的应用扩展。2010年、2018年国家政府工作报告两次将物联网写入其中。2010年国家政府报告对物联网的定义是：通过信息传感设备，按照约定的协议，把任何物品与互联网连接起来，进行信息交换和通讯，以实现智能化识别、定位、跟踪、监控和管理的一种网络。它是在互联网基础上的延伸和扩展的网络。这个概念不特意指明国际互联网，明确提出是需要联网的物体，同时强调物联网是网络的延伸和扩展应用，如图1-2所示。

图 1-2 物联网示意图

1.3.3 新型传感技术是爆破环境感知的基础

近年来，随着三维激光扫描等技术的日渐成熟，工程技术领域获取环境信息的能力大为增强。通过三维激光扫描技术，工程技术人员可以快速获取矿山巷道的点阵云图，构建三维模型；结合点阵云的位置信息，可以与三维矿体模型进行复合，立体感知爆破环境，提高爆破设计的精确度，有效控制矿石的损失和贫化。对于地面建构筑物，已经有学者利用车载三维激光扫描仪构建三维模型，实现了建构筑物的精准爆破。对于露天土岩爆破，使用大型无人机结合三维激光扫描仪，可以快速构建爆破环境的三维信息。

炸药与岩石有一定的匹配关系，匹配合适则炸药能量利用率较高，匹配不当则会导致能量损失。但是在岩土爆破时，同一片区域的岩石性质被默认为是相同的，因此炸药的能量往往不恰当地散失，关键在于岩石的性质无法准确感知。已有专家学者通过提取钻机的信息分析岩石的特性，及时获得岩性的变化信息，形成三维岩性数据库，取得了良好的效果。随钻岩性识别技术结合可即时改变炸药性能的炸药混装技术，就能实现炸药与岩石的良好匹配。

利用高速摄影机对高层建筑物拆除爆破倒塌过程进行全方位观测，再通过计算机分析可以绘制成时间-位移、时间-速度图，计算结构的势能、动能、总能量、建筑物爆破高度上部作用力和塌落荷载。

微地震监测技术号称"矿山CT"。由于全数字型微地震监测技术的出现，大规模的信号存储、计算机自动监测、数据的远传输送、监测定位的实时分析和信号分析处理的可视化成为可能。微地震监测技术现在已广泛应用于隧道、边坡、大型地下油气库、地下注浆工程、石油工程、地下矿山等领域。地下工程开挖爆破时，可以利用微地震监测技术掌握爆破对非开挖区围岩的影响程度。如南非深部金矿开采微震监测研究表明，在爆破后的2小时之内，微震事件发生频繁，之后则迅速减少。由此可见，通过对爆破及其余震的监测，可以对爆破后的工作面的围岩稳定性和安全性进行评价。

我国研制成功的炸药示踪技术也是获取爆破多元信息的一种方法。安检示踪标识物系指自身携带特定的化学信号和编码的一类特征物质，将之添加于爆炸危险物品之后，通过探测其特定的化学信号揭示爆炸危险物品的存在，实现爆炸危险物品的安检目的。通过检测编码确定爆炸危险物品的"身份"，即生产单位、生产地点、生产线、生产时期、品种型号以及流通轨迹等。在爆炸危险物品的流向管控、来源追溯、安检探测、打非治违等多个方面都可以发挥重要作用。

总体来说，爆破环境是十分复杂的，而我们所了解的爆破环境信息仍然十分有限，要真正感知爆破环境的所有信息，并对这些信息进行可视化呈现，不仅需要研发大量智能化传感设备，还要对海量信息运用大数据等技术进行处理。

1.3.4　爆破施工精度的技术支撑条件

爆破施工精度的提高主要依赖凿岩设备的定位精度、装药计量的精度，以及起爆网路的延时精度。

在露天爆破时，可采用全球卫星导航系统对凿岩等设备进行精确定位。目前全球卫星导航系统包括：我国的北斗卫星导航系统BDS、美国的GPS、俄罗斯的GLONASS、欧盟的GALILEO，其中可用的主要是BDS、GPS和GLONASS。

我国北斗三号基本系统完成建设，2018年12月27日起提供全球服务，2020年6月23日，北斗三号最后一颗全球组网卫星在西昌卫星发射中心点火升空。BDS定位精度：水平10m、高程10m（95%置信度）；测速精度：0.2m/s（95%置信度）；授时精度：20ns（95%置信度）；系统服务可用性：优于95%；其中，亚太地区定位精度水平5m、高程5m（95%置信度）。

国内销售的智能手机大部分支持北斗定位导航系统。BDS在港珠澳大桥、武汉"火神山""雷神山"医院等大型工程中，均发挥了巨大作用。以往露天爆破设备的定位主要使用 GPS，今后应加大钻机等设备使用 BDS 定位的系统研究。

地下爆破因为没有全球卫星导航系统的辅助，定位和导航难度较大。随着 5G 网络、可见光通信（VLC，Visible Light Communication）、Wi-Fi、Zigbee 等新通信手段的兴起，结合物联网、GIS 等技术，可以对凿岩、测量等爆破相关设备进行精确定位与导航。

新型智能化炸药装填设备和新型爆破器材是提高爆破施工精度的有力支撑。炸药混装车在配置炸药过程中通常有各组分的计量统计，同时也有装药量统计，因此可以方便的记录各炮孔的精确药量。借助于数码电子雷管的广泛应用，起爆网路延时的精度和可靠性大大提高，使人们精确控制爆破时序成为现实。

1.4 智能爆破的定义

要给"智能爆破"一个准确的定义是一件非常困难的事。首先，要解决什么是"智能"的哲学含义；其次，要界定"爆破"的范畴。而这两点在学术界尚无准确的定论。

1.4.1 什么是"智能"

智能是人类个体有目的的行为、合理的思维以及有效适应环境的综合能力。人类个体的智能是一种综合能力，可以包括感知与认识客观事物、客观世界与自我的能力，通过学习取得经验、积累知识的努力，理解知识、运用知识和运用经验分析问题和解决问题的能力，联想、推理、判断、决策的能力，运用语言进行抽象、概括的能力，发现、发明、创造、创新的能力，实时地、迅速地、合理地应对复杂环境的能力，预测、洞察事物发展变化的能力等。

人们往往有个误区，是将"人工智能"与"自动化"混为一谈。不可否认，自动化系统有相当多的智能特征，但是自动化是在规定的范围内所做的操作。而人工智能的算法及运算步骤虽然从理论上可以追踪，但是因为它的计算量巨大，使得算法追踪变得困难甚至不可能，所以人们感觉有"智能"的存在。

人工智能是分层次的概念，从发展阶段来说，一般分为三个层次，即：弱人工智能、强人工智能、超人工智能。目前的人工智能还处于第一个层次，智能在某些领域与人差不多，但还无法超越人类。

1.4.2 "爆破"的范畴

爆破是利用炸药的爆炸能量对介质做功，以达到预定开挖、拆除和加工处理等工程目标的作业。

现代工程爆破主要包括岩土爆破、拆除爆破、地震勘探爆破、油气井燃烧爆破、爆炸加工、高温爆破、水下爆破、灭火爆破、医学微型爆破等类型。根据爆破方法或者应用场景的不同，这些爆破又可以细分为具体的爆破方式。

按照狭义的理解，爆破的范畴涉及爆破设计、布孔、凿岩、装药、连线、起爆、监测等环节。

按照广义的理解，爆破的范畴除狭义概念外，还应包含炸药、雷管等爆破器材的生产、运输、储存和使用，以及为爆破的顺利实施，与爆破相关的设备、仪器的安装、使用，直至各类爆破作业的组织与实施完成。

因此，本书讨论的爆破范畴包含：炸药、雷管等爆破器材从生产、运输到使用，全生命周期所涉及的装备、实施过程。

1.4.3 "智能爆破"的定义

根据"智能"的外延、内涵和"爆破"的研究范畴，本书将"智能爆破"定义为：采用5G、人工智能、大数据、云计算等新一代信息技术，将爆破的设计、施工、管理、服务等各环节生产活动相联结与融合，建立具有信息深度自感知、智慧优化自决策、精准控制自执行等功能特性的综合集成爆破技术，解决以往需要人类专家才能处理的爆破问题，达到安全、绿色、智能、高效的工程目的。其英文名称为"Intelligent Blasting"。

上述定义明确了智能爆破的核心是利用新一代信息技术实现爆破的智能化，确定了智能爆破的范畴是爆破的设计、施工、管理、服务等生产活动的各个环节，给出了实现智能爆破的途径是建立具有信息深度自感知、智慧优化自决策以及精准控制自执行等功能特性的综合集成爆破技术，指明了智能爆破的目标是解决人类专家才能处理的爆破问题，达到安全、绿色、智能、高效的工程目的。

1.5 智能爆破的主要研究内容

智能爆破除包含传统爆破的内容，最主要的还是研究包括新一代信息技术在内的现代化技术手段在爆破行业的应用，实现爆破的设计、施工、管理、服务等生产活动各个环节的智能化。其主要内容如下述。

1.5.1 智能爆破的理论与方法

如前面所述，爆破理论研究的公式多为通过大量的实验研究获得的经验或半经验公式，或者通过设定假设条件，采用量纲分析方式推导的公式。在爆破设计或校核过程中，经过这些公式推导得出的往往不是精确解，而是非确定解，通常还需要有经验的专家进行判断，选取合适的值。但是这种专家经验的取值方式因人而异，往往差异较大，难以保证每次爆破都能取得同样的爆破效果。

人工智能技术通过深度学习等手段，可以经过复杂的运算过程，不断学习，无限接近最优解，从而解决爆破理论经验公式非确定解问题。

虽然利用神经网络方法对爆破飞石预测、爆破方法选择等方面，已经有了大量的研究，但是采用人工智能技术研究智能爆破理论才刚刚开始，仍然有很多实际工作需要做，研究过程中也会碰到各种技术难题，需要爆破行业的广大学者和专家共同努力。

1.5.2 爆破过程多元异质信息采集与挖掘技术

爆破伴随着炸药的爆炸和岩石等介质的物理作用过程，将产生大量的信息，这些信息是多元、异质的，目前所能采集的信息仍然十分有限。因此需要研究这些信息的采集技术，解决爆破信息的全面采集，大数据的有效性、完整性。

采集到的这些信息对爆破设计、施工是否有用，需要通过数据挖掘技术进行大量分析，最终确定需要采集的信息类型，以提高信息采集的效率和针对性。同时，大数据分析得到的结果还将用于爆破参数和爆破方案的优化。

1.5.3 爆破环境的智能感知技术

爆破施工所面临的环境信息千差万别。例如：在矿山爆破过程中，矿体的形状、品位信息；在拆除爆破过程中，建构筑物的结构形态、地下管网等信息。这些环境信息的感知对爆破的成功起到重要的支撑作用。目前已有三维激光扫描技术可以获取矿山爆破的表面轮廓、坐标信息。将这些信息与三维爆破设计软件结合，可以快速、准确地进行爆破设计。在拆除爆破方面，已经有学者通过无人机航拍等手段，将拍摄的二维图片进行三维重构，获取建构筑物及周边环境的三维图像，使得爆破环境的感知能力大幅提高。

上述尝试只是爆破在向智能化方向迈出的一步，要感知准确的爆破环境信息，还需要做大量的工作，将新一代信息技术和传感器技术大量应用到爆破领域，大幅提高爆破环境的感知能力和速度，提高信息感知的质量，才能保证爆破的设计、施工有精确的基础数据。

1.5.4 高度智能化的爆破施工设备与技术

爆破是一门技术科学，它既需要理论的指导，更需要爆破施工设备与技术实施。高度智能化的爆破施工设备与技术是实现智能爆破设计意图的重要途径。例如在凿岩穿孔方面，传统的气腿式凿岩机定位误差较大，人工作业效率低，无法有效实现智能爆破的高精度要求。先进的智能化钻机可以将爆破设计方案输入车载计算机，由计算机快速定位钻孔位置、自动打孔，并能将钻孔深度、角度等信息传输到计算机中，大大提高施工的精度、效率和信息化程度。在炸药装填技术方面，矿冶科技集团有限公司通过国家 863 计划课题"地下金属矿智能采矿爆破技术与装备"，研制成功基于炮孔图像识别与地下定位导航技术的地下金属矿智能乳化炸药混装车。该智能装药车攻克了炮孔图像识别、多自由度大负载工作臂高效联动控制等技术，实现了乳化炸药装填作业过程的智能化、无人化；基于地下矿电子导航、无线通讯与定位、激光扫描等技术，实现了智能混装车的无人驾驶。

爆破施工设备和技术今后发展的方向应是在智能爆破的思想指导下，对传统爆破所涉及的凿岩、装药等技术和设备进行智能化改造，或者研发更好的替代技术和设备。

1.5.5 爆破信息的传输、交互与处理技术

由于获取信息的技术手段有限且信息传输的滞后性等因素，传统爆破信息的孤岛效应十分突出。爆破信息不能实现交互，使得爆破信息利用率不高，爆破的设计、分析、决策等环节可以参考的信息较少，往往造成误判。例如在地下爆破过程中，爆破作业面距离主巷道往往在几百米开外，由于现有技术的限制，爆破作业面通常不会布设通信设施，钻孔、装药、连线、起爆等爆破信息无法及时传输到调度中心，使得爆破的效果分析无法及时开展。5G、可见光通信等技术将为爆破信息的传输提供高速率、低延时的支撑条件。

可见光通信技术（VLC，Visible Light Communication）是利用可见光波段的光作为信息载体，无须光纤等有线信道的传输介质，在空气中直接传输光信号的通信方式。它具有高速率性、无电磁辐射、密度高，成本低、频谱丰富、高保密性等优势。2015 年 12 月，经中国工业和信息化部测试认证，我国"可见光通信系统关键技术研究"实时通信速率达到 50Gb/s。

  2014 年 10 月，平顶山平煤神马集团一矿实训基地完成了基于可见光通信的煤矿井下综合信息示范系统的搭建与功能验证。该系统具有井下人员定位跟踪、井下无线报警、地面广告报警等功能，信息矿帽的可见光通信速率 2Mb/s，定位精度达米级。2015 年 6 月，平煤集团煤矿巷道中接入可见光小型化低功耗接入卡设备，并安装测试成功，实现网页访问、煤矿井下用户导航定位、高速视频播放等功能，速率达到 10Mb/s。

  随着 5G 网络、可见光通信技术的逐渐成熟，今后在地下爆破时利用新的通信技术，实时传输爆破信息，将爆破相关的信息节点打通，实现信息的实时交互与处理，是实现智能爆破的重要前提条件。

  爆破信息的交互与处理技术也是重要的研究方向。由于爆破信息计算的及时性需求以及大数据量的运算，需要云计算、雾计算、边缘计算技术，以解决智能爆破数据的快速计算与反馈问题，提高爆破作业的智能化程度。

  云计算（Cloud Computing）是基于互联网相关服务的增加、使用和交互模式，通常涉及通过互联网来提供动态易扩展且经常是虚拟化的资源。云计算可以达到每秒 10 万亿次的运算能力，可以模拟核爆炸、预测气候变化和市场发展趋势。用户通过计算机、笔记本电脑、手机等方式接入数据中心，按自己的需求进行运算。

  雾计算（Fog Computing），在该模式中的数据、数据处理和应用程序集中在网络边缘的设备中，而不是几乎全部保存在云中，是云计算的延伸概念。雾计算并非由性能强大的服务器构成，而是由性能较弱、更为分散的各类功能计算机组成，渗入工厂、汽车、电器、街灯及人们物质生活中的各类用品。

  边缘计算（Edge Computing）是指在靠近物或数据源头的一侧，采用网络、计算、存储、应用核心能力为一体的开放平台，就近提供最近端服务。其应用程序在边缘侧发起，产生更快的网络服务响应，满足行业在实时业务、应用智能、安全与隐私保护等方面的基本需求。边缘计算处于物理实体和工业连接之间，或处于物理实体的顶端。而云端计算，仍然可以访问边缘计算的历史数据。

1.5.6　典型工程应用场景

  爆破是应用科学，智能爆破的理论需要大量的工程应用进行检验，并在实践过程中对智能爆破理论和技术体系进行完善。因此，在今后的发展中，仍需要进行智能爆破典型工程的应用场景研究，以促使智能爆破技术不断进步。

2 智能爆破的理论与架构

智能爆破是在传统爆破的基础上，结合近年出现的人工智能、物联网、大数据、云计算等新一代信息技术手段和科技发展趋势提出的一种新思维和新理论。在智能爆破提出之前，已有学者提出控制爆破、精细爆破、数字爆破等理论与技术。智能爆破首先要解决的是理论和架构问题。

2.1 精细爆破与数字爆破

2.1.1 精细爆破及其技术体系

精细爆破是我国学者提出的技术体系，它通过定量化的爆破设计、精心的爆破施工和精细化的爆破管理，对炸药爆炸能量释放与介质破碎、抛掷等过程进行控制，既达到预期的爆破效果，又达成对爆破有害效应的管控，最终实现安全可靠、技术先进、绿色环保及经济合理的爆破作业。

精细爆破秉承了传统控制爆破的理念，但与传统控制爆破有着明显的区别。精细爆破的目标与传统控制爆破有相同之处，既要达到预期的爆破效果，又要将爆破破坏范围、建（构）筑物的倒塌方向、破碎块体的抛掷距离与堆积范围以及爆破地震波、空气冲击波、噪音和破碎物飞散等危害，控制在规定的限度之内，实现对爆破效果和爆破有害效应的双重控制。

精细爆破追求的目标高于传统控制爆破，其目的是使爆破过程或效果更加可控、危害效应更低、安全性更高、环境影响更小、经济效果更佳。具体到土岩爆破和拆除爆破领域可表现为：机械化自动化水平更高，人机工作环境更舒适，劳动强度更低，孔位测量及定位更加准确，钻机精度更高，介质内部情况（节理、裂隙、岩层、岩性变化及布筋等）更加清晰或接近"原生态"，装药结构与装药量以及装药匹配更加符合介质破碎需求，延期间隔时间更精确合理，危害效应更低，爆破效果更加可控或更贴近期望值，对环境影响更小，经济效果更优。

精细爆破不单单是一项爆破技术，更是一种理念，是一个系统工程，是一种技术体系，详见图2-1。精细爆破技术体系是爆炸力学、工程爆破、计算机技术、管理科学等多种学科知识的综合集成。精细爆破的发展带动了一批直接面向工程爆破服务的计算机高新技术与工程装备技术的研究与开发。

精细爆破的目标：

（1）安全可靠、技术先进、识别和控制危险源；

（2）绿色环保、控制爆破有害效应和减少对自然环境的影响，推动"资源节约型和环境友好型"社会的建立；

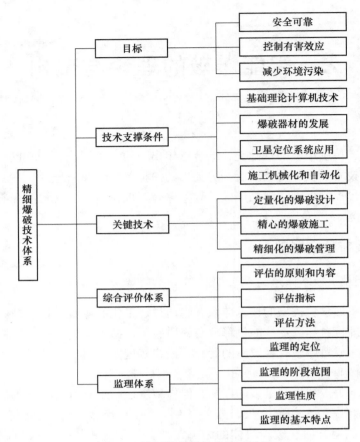

图 2-1　精细爆破的技术体系详解

（3）经济合理，精细爆破的结果是能量低消耗、污染低排放、成本低增长，实现经济与环境的双赢。

精细爆破的关键在于爆破的设计与精细施工，包括定量化的爆破设计、精心的施工、精细化的管理。定量化的爆破设计是精细爆破的核心，精心的爆破施工和精细化的爆破管理是实现精细爆破的基础，三者密不可分。

实现精细爆破的技术支撑条件是：

（1）基础理论研究和计算机模拟技术的飞速发展，使定量化的爆破设计成为可能；

（2）高可靠性和安全性的爆破器材的不断发展与完善；

（3）GPS 系统实现了炮孔精确定位和钻机位置的调整；

（4）施工机械化和自动化水平的提高，为精细爆破施工提供了技术支撑。

2.1.2　数字爆破及其主要内容

近年来，爆破行业出现的"数字产品"越来越多，如数码电子雷管、爆破设计软件、仿真爆破、行业数据库、行业应用软件等。中国爆破专网（简称"中爆专网"）、危险物品库房信息数据采集器（简称"黑匣子"）、爆破器材标识条形码及电子标签、电子雷管和数字起爆器、城市楼房拆除爆破仿真设计、土石方台阶爆破设计软件、爆破振动测试及远程数据处理等数字化应用亦是屡见不鲜。

这也促使中国爆破界提出"数字爆破"，后经不断的论述补充，逐步形成了较为完整的数字爆破的概念。

"数字爆破"是根据行业科学技术发展需要，在爆破行业应用计算机、通讯、软件、数据库、网络、网格、GPS/GIS、CA身份认证（数字证书）等高新技术，以行业数据库集群为基础，利用行业资源和数据信息，实现信息互通、资源共享，为爆破行业快速发展提供服务。

"数字爆破"是爆破行业进行信息化研究和建设的一个重大专项工程，主要内容包括数字爆破器材的研发和应用、数字档案馆建设、行业数据库建设、中爆专网建设、行业应用系统软件研发、远程测振平台建设等。建设中国爆破网，搭建爆破行业信息化平台，是"数字爆破"的基础性工作。建设的重点工作主要包括：网站集群建设、数据库集群建设、数字档案馆、行业网站域名中心、爆破行业电子认证服务中心和数字测振等方面。

2.1.2.1　网站集群建设

以中国爆破网作为行业门户网站的中心主站，各省（市）协会网站及其他单位、个人等用户网站为子站，形成主站与子站集成的网站集群体系。"行业协会门户网站集群"的建设理念是从实际出发且利在长远的必然选择。以分布式数据库和网格技术作为支撑，将行业里的资源和数据信息与行业相关的网站联结在一起，构建成行业网站集群，形成一个网络上的集群优势，同时搭建爆破网格建设的基础。

2.1.2.2　数据库集群

数据库是行业网站及应用系统的支撑，在爆破行业信息化建设中具有基础性地位。行业数据库集群的建设需投入大量的人力资源和经费，并经历相当长的时间过程。行业各类数据通过应用系统或网站被采集到行业数据库中，进而在行业应用系统及网站中实现数据共享。

2.1.2.3　数字档案馆

数字档案馆将原有的以纸张为载体的档案信息进行数字化处理后，形成数字档案（或称为电子档案），并通过计算机和网络进行信息化管理，是传统档案馆功能的延伸。数字档案馆能够存储大量各种形态的信息，且不受地域和空间的限制。数字档案馆同时也能把包括多媒体在内的各种信息数字化，可以实现电子档案实时存放、快速检索。数字档案馆的主要特征有档案数字化、存储海量化、技术标准化、管理科学化和业务网络化等。

2.1.2.4　行业网站域名中心

结合爆破行业工作对信息数据安全性要求等特点，建立行业网站域名中心，实现行业网站域名自主管理和域名服务。通过申请.cn域名权，在中国爆破网信息中心设置域名根服务器，实现爆破行业网站域名专管专用，确保信息安全，运行可靠，并不受国际互联网和社会其他网络的干扰。

2.1.2.5　爆破行业电子认证服务中心

《中华人民共和国电子签名法》明确规定了电子认证服务的范围和合法性，电子认证服务为数据安全和网络安全保驾护航。而爆破行业的应用系统将会逐步增加，网上业务也会越来越多。因此，建立中国爆破行业电子认证服务中心是行业发展的需要。为保证网络安全、完善认证服务功能，在网站和应用系统中推广使用电子认证的应用，让电子认证工作更好地服务于爆破行业。

2.1.2.6　数字测振

及时获取现场爆破振动参数对制定爆破方案，保证爆破施工安全、预防事故发生有着重大作用。数字技术在工程爆破测振工作中应用会越来越广泛，开展"数字测振"工作主要包括建设"测振中心平台"及"测振网格"。数字爆破以中国爆破网这一行业信息平台为基础，利用中爆专网及分布全国各个区域节点的资源平台，把全行业相关单位、人员、仪器设备等联结在一起，建立起爆破测振"中心平台"和"测振网格"，实现测振信息联通、资源共享，让爆破测振中心平台及爆破测振网格为行业测振服务。

2.1.3　智能爆破与数字爆破的关系

数字爆破在我国已经有了实际应用，智能爆破的建设是建立在已有工作的基础上，充分借鉴已有的经验和系统。

爆破行业信息化涉及数字化、网络化和智能化交互的过程。数字化是指爆破行业的各种信息以数字化形式采集、存储、处理和使用的过程，网络化是爆破行业数字化信息通过网络流动与分发的过程，智能化是信息采集及系统调控的智慧化过程，三者之间是相互促进的。数字化是爆破行业信息化的基础，网络化是保障，智能化是远景目标。

爆破行业的数字化和网络化是手段，整个行业的科学发展是终极目标。由于现阶段数字爆破的信息获取以人机信息交互的方式为主，即基于人机交互的桌面模式。信息的种类、数量、内容及时效性远远不能满足爆破行业的发展要求。

随着传感器网络、SensorWeb 或物联网的发展，爆破行业的组成物体（包括人）的状态或者物质流、能量流和信息流的信息可以通过电子标签、RFID、传感器或其他智能芯片获取，并通过网络汇集，为数字爆破信息采集提供新的技术手段，并使这些物体的远程控制成为可能。人工智能、物联网与爆破的结合，促进了智能爆破的发展，使爆破行业信息化进入智能化为主的阶段。人机交互，随着多点触摸、MSKinect 和 SIRI 等自然用户界面技术发展，进入了人机交互的后桌面模式时代。

智能爆破将是现代爆破的不可或缺的组成部分，如同神经系统是人体的有机组成部分。数字爆破负责爆破行业各组成要素数据的处理、存储、分析和表达，甚至包括对爆破行业组成部分或要素的控制指令下达；而物联网负责各组成要素（物体）的信息采集和控制指令的传输和执行。智能爆破构成了一个动态信息采集（信号正向通路）、处理与分析以及反馈与控制（反馈通路）的闭环控制系统。

2.2　智能爆破的技术支撑体系

2.2.1　我国爆破行业的信息化

信息化早已成为时代潮流，新一代信息技术在突飞猛进地发展。作为新一代信息技术的代表，物联网、云计算、大数据等技术正引领着继计算机、互联网和移动通信之后的第三次信息产业革命，它将在前两次科技浪潮积累的技术成果基础之上，实现对事物更全面地感知、更可靠地传输和更智能地处理。当前，物联网已被正式列为国家重点发展的战略性新兴产业之一，物联网产业具有产业链长、涉及多个产业群的特点，其应用范围几乎涵盖了各行各业。

爆破行业需要信息化，这是行业发展的必然趋势。经过多年发展，数字爆破已形成比较完备的理论体系，并在实践中得到了一定的应用，取得了较为丰硕的成果。面对时代发展的新趋势，爆破行业需要更全面、更深入的信息化。智能爆破发展目标是使爆破行业数字化、网络化、可视化、精细化和智能化，实现爆破行业的智能、高效、安全和绿色发展，最终推动爆破行业向科学发展的战略目标迈进。

由于一代代爆破工作者的努力，我国爆破行业信息化取得了较大的成果，从数字终端产品到网络传输，再到智能处理都有一定程度的应用。比较典型的有数字化产品、有线/无线网络、GIS/BDS/GPS 技术（地理信息/卫星定位技术）、CA 身份认证技术（数字证书）、系统软件，以及软件设计和应用的理念方法，如 B/S 和 C/S 模式，SOA（面向服务）体系架构，SaaS 服务平台等等。近几年爆破行业信息化所做的工作主要包括行业数据库集群、中爆专网、网站集群、数字档案馆、行业应用系统软件、测振网格、数字化产品等的建设、研发和应用等。

越来越多的信息技术相关应用出现在爆破行业市场上，如数码电子雷管、无线网络测振仪、行业数据库、模拟仿真、移动办公平台、爆破设计软件、行业应用系统软件等等；信息技术在爆破行业施工方面的应用也在蓬勃兴起，如三峡大坝围堰拆除爆破采用了数码电子雷管和数字起爆器。数字起爆技术、土石方台阶爆破设计软件、爆破振动测试及远程数据处理、远程网络标定、城市楼房拆除爆破仿真设计、射频识别、电子标签也得到应用。

从 2002 年起，中国爆破行业研发完成危险化学品、民用爆破器材、安全生产监察监管等系列行业应用软件，完成了行业数据库总体框架规划、设计和基础建设工作。

爆破行业信息化除了以上基础建设外，还涌现出了一批高新技术成果，主要包括向量软件、电子证照管理系统、危险物品库房"黑匣子"、远程视频监控系统、移动办公平台、远程教育培训系统和视频会议系统等。

2.2.2　新一代人工智能

人工智能（AI，Artificial Intelligence）是研究、开发用于模拟、延伸和扩展人的智能的理论、方法、技术及应用系统的一门新的技术科学。人工智能亦称机器智能，指由人制造出来的机器所表现出来的智能。通常，人工智能是指通过普通计算机程序来呈现人类智能的技术。

2.2.2.1　发展历程

人工智能是引领这一轮科技革命和产业变革的战略性技术，具有很强的溢出带动效应。在移动互联网、大数据、超级计算、传感网、脑科学等新理论新技术的驱动下，人工智能加速创新发展，呈现出包括深度机器学习、跨界智能融合、人机智能协同、群智融合开放、自主自动操控等新技术特征，正在对经济发展、社会进步、国际政治经济格局等诸多方面产生重大而深远的影响。

1956 年，几个计算机科学家相聚在达特茅斯会议上，共同提出"人工智能"的概念，梦想着用当时刚刚出现的计算机来构造复杂的、拥有与人类智慧同样本质特性的机器。

2012 年以后，得益于运算力数据量的上涨和机器学习新算法（深度学习）的出现，人工智能开始大爆发。在英国皇家学会举行的"2014 图灵测试"大会上，聊天程序"尤金·古斯特曼"（Eugene Goostman）首次通过了图灵测试，预示着人工智能进入全新时代。2016 年 3 月，AlphaGo 对战世界围棋冠军、职业九段选手李世石，并以 4∶1 的总比分获胜，成为人工智能发展进程中的一个重要时间点。

经过多年的演进，人工智能发展进入了新阶段。为抢抓人工智能发展的重大战略机遇，构筑我国人工智能发展的先发优势，加快建设创新型国家和世界科技强国，2017 年 7 月 20 日，国务院印发《新一代人工智能发展规划》（以下简称《规划》）。《规划》指出对于我国发展人工智能的战略目标分三步走：第一步，到 2020 年人工智能总体技术和应用与世界先进水平同步，人工智能产业成为新的重要经济增长点，人工智能技术应用成为改善民生的新途径，有力支撑进入创新型国家行列和实现全面建成小康社会的奋斗目标。第二步，到 2025 年人工智能基础理论实现重大突破，部分技术与应用达到世界领先水平，人工智能成为带动我国产业升级和经济转型的主要动力，智能社会建设取得积极进展。第三步，到 2030 年人工智能理论、技术与应用总体达到世界领先水平，成为世界主要人工智能创新中心，智能经济、智能社会取得明显成效，为跻身创新型国家前列和经济强国奠定重要基础。

2.2.2.2　技术研究

用来研究人工智能的主要物质基础，以及能够实现人工智能技术平台的机器就是计算机。人工智能的发展历史是和计算机科学技术的发展史联系在一起的。除了计算机科学以外，人工智能还涉及信息论、控制论、自动化、仿生学、生物学、心理学、数理逻辑、语言学、医学和哲学等多门基础学科。人工智能学科研究的主要内容包括：知识表示、自动推理和搜索方法、机器学习和知识获取、知识处理系统、自然语言理解、计算机视觉、智能机器人、自动程序设计等方面。

通常将人工智能分为弱人工智能、强人工智能和超人工智能。弱人工智能是指专注于只能解决特定领域问题的人工智能，如 AlphaGo；强人工智能指可以胜任人类所有工作的人工智能；超人工智能是指比世界上最聪明、最有天赋的人类还要聪明的人工智能。

目前的研究水平仍然处在弱人工智能阶段。人工智能取得巨大突破源于机器学习方法。机器学习最基本的做法，是使用算法来解析数据并从中学习，然后对真实世界中的事件做出决策和预测。与传统的为解决特定任务、硬编码的软件程序不同，机器学习是用大量的数据来"训练"，通过各种算法从数据中学习如何完成任务。

传统的算法包括决策树、聚类、贝叶斯分类、支持向量机、EM、Adaboost 等。从学习方法上来分，机器学习算法可以分为监督学习（如分类问题）、无监督学习（如聚类问题）、半监督学习、集成学习、深度学习和强化学习。

近年来，深度学习技术发展迅猛。它本身是一种实现机器学习的技术，也会用到有监督和无监督的学习方法来训练深度神经网络。最初的深度学习是利用深度神经网络来解决特征表达的一种学习过程。深度神经网络并不是一个全新的概念，可大致理解为包含多个隐含层的神经网络结构。为了提高深层神经网络的训练效果，人们对神经元的连接方法和激活函数等方面做出相应的调整。未来将会有更先进的算法出现。

比起一般的机器学习，深度学习能从海量数据中自动提取更丰富有用的信息，因而有更高的精确度。同时，计算机性能的迅速提升以及可用数据的增加，使得深度学习网络的训练成为可能。因此，人工智能在棋类游戏（如国际象棋、中国围棋）、医疗（如疾病筛查、药物研制）、人脸识别、语音识别、自动驾驶等行业的应用越来越成熟。

深度学习框架有很多种，主要包括自编码器（AE，AutoEncoder）、深度置信网络（DBN，Deep Belief Network）以及卷积神经网络（CNN，Convolution Neural Network）等。

AE 是一种无监督学习型神经网络，目标在于将复杂的数据用简单的特征来表示，包括降噪自编码器（DAE，Denoising Autoencoder）和稀疏自编码器（SAE，Sparse Autoencoder）等类型，同样适用于图片分析。其中，DAE 能够接受损坏的输入数据，并还原出其本来的信息。而 SAE 则给神经网络中的隐藏神经元层加入了稀疏性的限制，使得其在隐藏神经元较多的时候依然可以学习到输入数据中的有用结构。

CNN 是一个多层神经网络框架，旨在通过卷积处理来学习数据中的高位信息。它包含三种神经元层：卷积层（convolutional layer）、池化层（pooling layer）和全连通层（fully connected layer）。其中，卷积层能够从数据中提取特征，池化层一般用于降低数据的维度（复杂度），而全连通层则利用前两层学习的信息进行分类。

DBN 可看成一个由许多较为简单的、无监督学习型的神经网络，如受限玻尔兹曼机（restricted boltzmann machines）或自编码器组成的网络系统，它允许快速、逐层的无监督训练。

总体来说，机器学习是一种实现人工智能的方法，深度学习是一种实现机器学习的技术。三者的关系如图 2-2 所示。

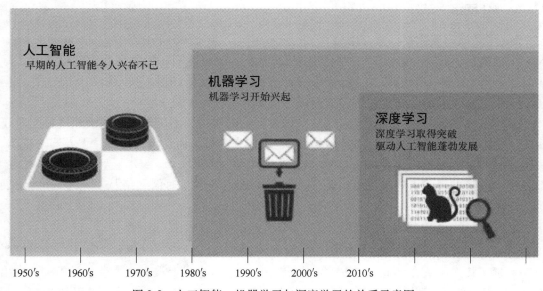

图 2-2　人工智能、机器学习与深度学习的关系示意图

作为人工智能机器学习的一种方法，深度学习表现出 3 个特征：

（1）深度学习模型需要大量的训练数据，才能真正展现出神奇的效果，但现实生活中往往会遇到小样本问题，此时深度学习方法无法入手，传统的机器学习方法就可以处理；

（2）有些领域，采用传统、简单的机器学习方法，可以很好地解决问题，没必要使用复杂的深度学习方法；

（3）深度学习的思想，来源于人脑的启发，但也绝不是基于人脑的直接模拟，人类的学习过程往往不需要大规模的训练数据。

大数据是人工智能的血液，为机器学习、智能决策与服务提供支撑。目前，大部分的人工智能的准确度不如人意，这主要是可用数据不足导致。通常来说，训练样本越多，计算的精确度就越高。除了数据数量之外，数据质量也相当重要，大多需要训练有素的专家手动给出"标准答案"，才能提高 AI 的准确性，但这将是一个十分消耗资源的过程。

此外，由于深度学习算法复杂，即使是得到了令人信服的、正确的结果，我们往往也很难理解计算机是如何计算得出最终结果的。

总的来说，深度学习技术能够从数据中学习到丰富的信息，意味着它可完成更加复杂的任务，而且我们能很方便地将这项技术应用到其他地方。

2.2.2.3　与爆破行业的结合

目前来说，如何在爆破行业使用人工智能面临着如下几个问题：

（1）在炸药生产、运输、贮存、使用，爆破设计、施工等过程中，哪些数据是真正有用的、高质量的信息；

（2）如何获取并传输这些高质量的数据信息；

（3）如何对这些数据进行处理，构建适合爆破应用场景的人工智能模型。

爆破数据采集、传输、运算处理，可以通过物联网、云计算、大数据等技术实现。

2.2.3　5G 网络

5G 网络即第五代移动通信网络（5th generation mobile networks 或 5th generation wireless systems，简称：5G），是最新一代蜂窝移动通信技术。其性能目标是高数据传输速率、减少延迟、节省能源、降低成本、提高系统容量和大规模设备连接。其主要优势在于，数据传输速率远高于以前的蜂窝网络，最高可达 10Gb/s，比 4G 快 100 倍。

5G 是一个复杂的网络体系，在 5G 基础上建立的网络，不仅要提升网络速度，同时还提出了更多的要求。未来 5G 网络中的终端也不仅是手机，而且包括汽车、无人驾驶矿车、家电、公共服务设备等多种设备。4G 改变生活，5G 改变社会。5G 将会是社会进步、产业推动、经济发展的重要推进器。图 2-3 形象地描述了移动通信网络从 1G 到 5G 的发展历程。

2.2.3.1　5G 网络技术原理

研究和试验表明，5G 网络技术可以在 28GHz 的超高频段，以每秒 1Gb 以上的速度，成功实现了传送距离在 2km 范围内的数据传输。此前，世界上没有一个企业或机构开发出在 6GHz 以上的超高频段实现每秒 Gb 级以上的数据传输技术，这是因为难以解决超高频波长段带来的数据损失大，传送距离短等技术难题。

5G 网络利用 64 个天线单元的自适应阵列传输技术，使电波的远距离输送成为可能，并能实时追踪使用者终端的位置，实现数据的上下载交换。超高频段数据传输技术的成功，不仅保证了更高的数据传输速度，也有效解决了移动通信波段资源几近枯竭的问题。

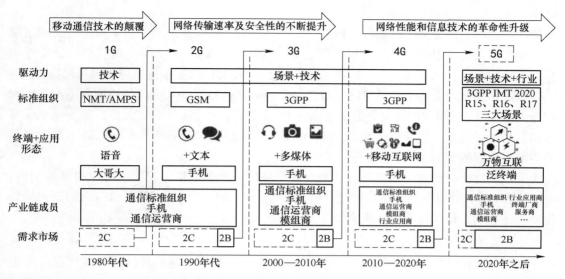

图 2-3　1G 到 5G 发展历程

2.2.3.2　5G 网络的三大场景

国际标准化组织 3GPP 定义了 5G 的三大场景。其中，eMBB 指 3D/超高清视频等大流量移动宽带业务，mMTC 指大规模物联网业务，URLLC 指诸如无人驾驶、工业自动化等需要低时延、高可靠连接的业务。

通过 3GPP 的三大场景定义我们可以看出：对于 5G，世界通信业的普遍看法是它不仅应具备高速度，还应满足低时延这样更高的要求。从 1G 到 4G，移动通信的核心是人与人之间的通信。但是 5G 的通信不仅仅是人的通信，而且是物联网、工业自动化、无人驾驶等业务被不断引入，通信从人与人之间通信，开始转向人与物的通信，直至机器与机器之间的通信。

2.2.3.3　5G 网络的六大特点

A　高速度

相对于 4G，5G 要解决的第一个关键问题就是高速度。网络速度提升，用户体验与感受才会有较大提高，网络才能面对 VR/超高清业务时不受限制，对网络速度要求很高的业务才能被广泛推广和使用。因此，5G 第一个特点就定义了速度的提升。

其实和每一代通信技术一样，确切说明 5G 的峰值速度到底是多少是很难的。一方面峰值速度和用户的实际体验速度不一样，另外不同的技术或不同的时期速率也会不同。对于 5G 的基站峰值要求不低于 20Gb/s，当然这个速度是峰值速度，不是每一个用户的体验。随着新技术使用，这个速度还有提升的空间。这样一个速度，意味着用户可以每秒钟下载一部高清电影，也可能支持 VR 视频。这样的高速度给对速度有很高要求的爆破施工提供了机会和可能。

B　泛在网

随着业务的发展，网络业务需要无所不包，广泛存在。只有这样才能支持更加丰富的业务，才能在复杂的场景上使用。泛在网有两个层面的含义。一是广泛覆盖，二是纵深覆盖。

广泛是指我们社会生活的各个地方，需要广覆盖，以前高山峡谷就不一定需要网络覆盖，因为生活的人很少，但是如果能覆盖 5G，可以大量部署传感器，进行环境、空气质量甚至地貌变化、地震的监测，这就非常有价值。5G 可以为更多这类应用提供网络。

纵深是指我们生活中，虽然已经有网络部署，但是需要进入更高品质的深度覆盖。我们今天家中已经有了 4G 网络，但是家中的卫生间可能网络质量不是太好，地下停车库基本没信号，是现在可以接受的状态。5G 的到来，可把以前网络品质不好的地下矿山爆破环境都用很好的 5G 网络广泛覆盖。

一定程度上，泛在网比高速度还重要，只是建一个少数地方覆盖、速度很高的网络，并不能保证 5G 的服务与体验，而泛在网才是 5G 体验的一个根本保证。3GPP 的三大场景没有讲泛在网，但是泛在的要求是隐含在所有场景中的。

C 低功耗

5G 要支持大规模物联网应用，就必须要有功耗的要求。这些年，可穿戴产品有一定发展，但是遇到很多瓶颈，最大的瓶颈是体验较差。以智能手表为例，每天充电，甚至不到一天就需要充电，极大地降低了用户体验。所有物联网产品都需要通信与能源，虽然今天通信可以通过多种手段实现，但是能源的供应只能靠电池。通信过程若消耗大量的能量，就很难让物联网产品被用户广泛接受。

如果能把功耗降下来，让大部分物联网产品一周充一次电，甚至一个月充一次电，就能大大改善用户体验，促进物联网产品的健康发展和快速普及。eMTC 基于 LTE 协议演进而来，为了更加适合物与物之间的通信，也为了更低的成本，对 LTE 协议进行了裁剪和优化。eMTC 基于蜂窝网络进行部署，其用户设备通过支持 1.4MHz 的射频和基带带宽，可以直接接入现有的 LTE 网络。eMTC 支持上下行最大 1Mbps 的峰值速率。而 NB-IoT 构建于蜂窝网络，只消耗大约 180kHz 的带宽，可直接部署于 GSM 网络、UMTS 网络或 LTE 网络，以降低部署成本、实现平滑升级。

NB-IoT 其实基于 GSM 网络和 UMTS 网络就可以进行部署，它不需要和 5G 的核心技术那样需重新建设网络。但是，虽然它部署在 GSM 和 UMTS 的网络上，还是一个重新建设的网络，而它的能力是大大降低功耗，也是为了满足 5G 对于低功耗物联网应用场景的需要，和 eMTC 一样，是 5G 网络体系的一个组成部分。

D 低时延

5G 的一个新场景是无人驾驶、工业自动化的高可靠连接。人与人之间进行信息交流，140ms 的时延是可以接受的，但是如果这个时延用于无人驾驶、工业自动化就无法接受。5G 对于时延的最低要求是 1ms，甚至更少。这就对网络提出严酷的要求。而 5G 是这些新领域应用的必然要求。

无人驾驶矿用车辆，需要中央控制中心和汽车进行互联，车与车之间也应进行互联。在高速度行动中，一个制动，需要瞬间把信息送到车上做出反应。100ms 左右的时间，车就会冲出几十米，这就需要在最短的时延中，把信息送到车上，进行制动与车控反应。

爆破中使用的无人机更是如此。如数百架无人机编队飞行，极小的偏差就会导致碰撞和事故，这就需要在极短的时延中，把信息传递给飞行中的无人机。工业自动化过程中，一个机械臂的操作，如果要做到极精细化，保证工作的高品质与精准性，也是需要极短的时延，最及时地做出反应。这些特征，在传统的人与人通信，甚至人与机器通信时，要求都不那么高，因为人的反应是较慢的，也不需要机器那么高的效率与精细化。而无论是无人机、无人驾驶矿车还是工业自动化，都是高速度运行的，还需要在高速中保证及时信息传递和及时反应，这就对时延提出了极高要求。

要满足低时延的要求，需要在5G网络建构中找到边缘计算等各种办法，以减少时延。

E 万物互联

传统通信中，终端是非常有限的。固定电话时代，电话是以人群为定义的。而手机时代，终端数量有了巨大爆发，手机是按个人应用来定义的。到了5G时代，终端不是按人来定义，因为每人可能拥有数个，每个家庭可能拥有数千个终端。

2018年，中国移动终端用户已经达到14亿，这其中以手机为主。而通信业对5G的愿景是每一平方公里可以支撑100万个移动终端。未来接入到网络中的终端，不仅是我们今天的手机，还会有更多千奇百怪的产品。可以说，我们生活中每一个产品都有可能通过5G接入网络。我们的眼镜、手机、衣服、腰带、鞋子都有可能接入网络，成为智能产品。家中的门窗、门锁、空气净化器、新风机、加湿器、空调、冰箱、洗衣机都可能进入智能时代，也通过5G接入网络，我们的家庭成为智慧家庭。

而社会生活中大量以前不可能联网的设备也会进行联网工作，更加智能。汽车、井盖、电线杆、垃圾桶这些公共设施，以前管理起来非常难，也很难做到智能化。而5G可以让这些设备都成为智能设备。

F 重构安全

安全问题似乎并不是3GPP讨论的基本问题，但是它也应该成为5G的一个基本特点。

传统的互联网要解决的是信息速度、无障碍的传输，自由、开放、共享是互联网的基本精神，但是在5G基础上建立的是智能互联网。智能互联网不仅是要实现信息传输，还要建立起一个社会和生活的新机制与新体系。智能互联网的基本精神是安全、管理、高效、方便。安全是5G之后的智能互联网第一位的要求。假设5G建设起来却无法重新构建安全体系，那么会产生巨大的破坏力。

如果无人驾驶系统很容易攻破，就会像电影上展现的那样，道路上汽车被黑客控制，智能健康系统被攻破，大量用户的健康信息被泄露，智慧家庭被攻破，家中安全根本无保障。这种情况不应该出现，出了问题也不是修修补补可以解决的。

在5G的网络构建中，在底层就应该解决安全问题，从网络建设之初，就应该加入安全机制，信息应该加密，网络并不应该是开放的，对于特殊的服务需要建立起专门的安全机制。网络不是完全中立、公平的。举一个简单的例子：普通用户上网，可能只有一套系统保证其网络畅通，用户可能会面临拥堵。但是矿山智能运输体系，需要多套系统保证其安全运行，保证其网络品质，在网络出现拥堵时，必须保证智能运输体系的网络畅通。而这个体系也不是一般终端可以接入实现管理与控制的。

2.2.3.4 5G网络的关键技术

5G作为新一代的移动通信技术，它的网络结构、网络能力和要求都与过去有很大不同，有大量技术被整合在其中。其核心技术简述如下：

A　基于 OFDM 优化的波形和多址接入

5G 采用基于 OFDM 化的波形和多址接入技术，因为 OFDM 技术被当今的 4G LTE 和 Wi-Fi 系统广泛采用，因其可扩展至大带宽应用，而具有高频谱效率和较低的数据复杂性，能够很好地满足 5G 要求。OFDM 技术家族可实现多种增强功能，例如通过加窗或滤波增强频率本地化、在不同用户与服务间提高多路传输效率，以及创建单载波 OFDM 波形，实现高能效上行链路传输。

B　实现可扩展的 OFDM 间隔参数配置

通过 OFDM 子载波之间的 15kHz 间隔（固定的 OFDM 参数配置），LTE 最高可支持 20MHz 的载波带宽。为了支持更丰富的频谱类型/带（为了连接尽可能丰富的设备，5G 将利用所有能利用的频谱，如毫米微波、非授权频段）和部署方式。5G NR 将引入可扩展的 OFDM 间隔参数配置。这一点至关重要，因为当快速傅里叶变换（FFT, Fast Fourier Transform）为更大带宽扩展尺寸时，必须保证不会增加处理的复杂性。而为了支持多种部署模式的不同信道宽度，5G NR 必须适应同一部署下不同的参数配置，在统一的框架下提高多路传输效率。另外，5G NR 也能跨参数实现载波聚合，比如聚合毫米波和 6GHz 以下频段的载波。

C　OFDM 加窗提高多路传输效率

5G 将被应用于大规模物联网，这意味着会有数十亿设备在相互连接，5G 势必要提高多路传输的效率，以应对大规模物联网的挑战。为了相邻频带不相互干扰，频带内和频带外信号辐射必须尽可能小。OFDM 能实现波形后处理（post-processing），如时域加窗或频域滤波来提升频率局域化。

D　灵活的框架设计

设计 5G NR 的同时，采用灵活的 5G 网络架构，进一步提高 5G 服务多路传输的效率。这种灵活性既体现在频域，更体现在时域上，5G NR 的框架能充分满足 5G 的不同服务和应用场景。这包括可扩展的时间间隔（STTI, Scalable Transmission Time Interval）、自包含集成子帧（self-contained integrated subframe）。

E　先进的新型无线技术

5G 演进的同时，LTE 本身也在不断进化，5G 不可避免地要利用目前用在 4G LTE 上的先进技术，如载波聚合、MIMO、非共享频谱等。这包括众多成熟的通信技术：

（1）大规模 MIMO：从 2×2 MIMO 提高到了 4×4 MIMO。更多的天线也意味着占用更多的空间，要在空间有限的设备中容纳进更多天线显然不现实，只能在基站端叠加更多 MIMO。从目前的理论来看，5G NR 可以在基站端使用最多 256 根天线，而通过天线的二维排布，可以实现 3D 波束成型，从而提高信道容量和覆盖。

（2）毫米波：全新 5G 技术首次将频率大于 24GHz 以上频段（通常称为毫米波）应用于移动宽带通信。大量可用的高频段频谱可提供极致数据传输速度和容量，这将重塑移动体验。但毫米波的利用并非易事，使用毫米波频段传输更容易造成路径受阻与损耗（信号衍射能力有限）。通常情况下，毫米波频段传输的信号甚至无法穿透墙体，此外，它还面临着波形和能量消耗等问题。

（3）频谱共享：用共享频谱和非授权频谱，可将 5G 扩展到多个维度，实现更大容量、使用更多频谱、支持新的部署场景。这不仅将使拥有授权频谱的移动运营商受益，而且会为没有授权频谱的厂商创造机会，例如有线运营商、企业和物联网垂直行业，使他们能够充分利用 5G NR 技术。5G NR 原生地支持所有频谱类型，并通过前向兼容灵活地利用全新的频谱共享模式。

（4）先进的信道编码设计：目前 LTE 网络的编码还不足以应对未来的数据传输需求，因此迫切需要一种更高效的信道编码设计，以提高数据传输速率，并利用更大的编码信息块契合移动宽带流量配置，同时，还要继续提高现有信道编码技术（如 LTE Turbo）的性能极限。LDPC 的传输效率远超 LTE Turbo，且易平行化的解码设计，能以低复杂度和低时延，扩展达到更高的传输速率。

F 超密集异构网络

5G 网络是一个超复杂的网络，在 2G 时代，几万个基站就可以做全国的网络覆盖，但是到了 4G。中国的网络基站超过 500 万个。而 5G 需要做到每平方公里支持 100 万个设备，这个网络必须非常密集，需要大量的小基站来进行支撑。同样一个网络中，不同的终端需要不同的速率、功耗，也会使用不同的频率，对于 QoS 的要求也不同。这样的情况下，网络很容易造成相互之间的干扰。5G 网络需要采用一系列措施来保障系统性能：不同业务在网络中的实现、各种节点间的协调方案、网络的选择以及节能配置方法等。

在超密集网络中，密集地部署使得小区边界数量剧增，小区形状也不规则，用户可能会频繁复杂地切换。为了满足移动性需求，这就需要新的切换算法。

总之，一个复杂的、密集的、异构的、大容量的、多用户的网络，需要平衡、保持稳定、减少干扰，这需要不断完善算法来解决这些问题。

G 网络的自组织

自组织的网络是 5G 的重要技术。这就是网络部署阶段的自规划和自配置，网络维护阶段的自优化和自愈合。自配置即新增网络节点的配置可实现即插即用，具有低成本、安装简易等优点。自规划的目的是动态进行网络规划并执行，同时满足系统的容量扩展、业务监测或优化结果等方面的需求。自愈合指系统能自动检测问题、定位问题和排除故障，大大减少维护成本并避免对网络质量和用户体验造成影响。

SON 技术应用于移动通信网络时，其优势体现在网络效率和维护方面，同时减少了运营商的支出和运营成本投入。由于现有的 SON 技术都是从各自网络的角度出发，自部署、自配置、自优化和自愈合等操作具有独立性和封闭性，在多网络之间缺乏协作。

H 网络切片

网络切片就是把运营商的物理网络切分成多个虚拟网络，每个网络适应不同的服务需求，这可以通过时延、带宽、安全性、可靠性来划分不同的网络，以适应不同的场景。通过网络切片技术在一个独立的物理网络上切分出多个逻辑网络，从而避免了为每一个服务建设一个专用的物理网络，这样可以大大节省部署的成本。

在同一个 5G 网络上，通过技术电信运营商会把网络切片为智能交通、无人机、智慧医疗、智能家居以及工业控制等多个不同的网络，将其开放给不同的运营者，这样一个切片的网络在带宽、可靠性能力上也有不同的保证，计费体系、管理体系也不同。5G 切片网络，可以向用户提供不一样的网络、不同的管理、不同的服务、不同的计费，让业务提供者更好地使用 5G 网络。

I　内容分发网络

在 5G 网络中，会存在大量复杂的业务，尤其是一些音频、视频业务大量出现，某些业务会出现瞬时爆炸性的增长，这会影响用户的体验与感受。这就需要对网络进行改造，让网络适应内容爆发性增长的需要。

内容分发网络是在传统网络中添加新的层次，即智能虚拟网络。CDN 系统综合考虑各节点连接状态、负载情况以及用户距离等信息，通过将相关内容分发至靠近用户的 CDN 代理服务器上、实现用户就近获取所需的信息，使得网络拥塞状况得以缓解，缩短响应时间，提高响应速度。

源服务器只需要将内容发给各个代理服务器，便于用户从就近的带宽充足的代理服务器上获取内容，降低网络时延并提高用户体验。CDN 技术的优势正是为用户快速地提供信息服务，同时有助于解决网络拥塞问题。CDN 技术成为 5G 必备的关键技术之一。

J　设备到设备通信

设备到设备通信（D2D）是一种基于蜂窝系统的近距离数据直接传输技术。D2D 会话的数据直接在终端之间进行传输，不需要通过基站转发，而相关的控制信令，如会话的建立、维持、无线资源分配以及计费、鉴权、识别、移动性管理等仍由蜂窝网络负责。蜂窝网络引入 D2D 通信，可以减轻基站负担，降低端到端的传输时延，提升频谱效率，降低终端发射功率。当无线通信基础设施损坏，或者在无线网络的覆盖盲区，终端可借助 D2D 实现端到端通信甚至接入蜂窝网络。在 5G 网络中，既可以在授权频段部署 D2D 通信，也可在非授权频段部署。

K　边缘计算

在靠近物或数据源头的一侧，采用网络、计算、存储、应用核心能力为一体的开放平台，就近提供最近端服务。其应用程序在边缘侧发起，产生更快的网络服务响应，满足行业在实时业务、应用智能、安全与隐私保护等方面的基本需求。5G 要实现低时延，如果数据都是到云端和服务器中进行计算和存储，再把指令发给终端，就无法实现低时延。边缘计算是要在基站上即建立计算和存储能力，在最短时间完成计算，发出指令。

L　软件定义网络和网络虚拟化

SDN 架构的核心特点是开放性、灵活性和可编程性。它主要分为 3 层：（1）基础设施层位于网络最底层，包括大量基础网络设备，该层根据控制层下发的规则处理和转发数据；（2）中间层为控制层，该层主要负责对数据转发面的资源进行编排，控制网络拓扑、收集全局状态信息等；（3）最上层为应用层，该层包括大量的应用服务，通过开放的北向 API 对网络资源进行调用。NFV 作为一种新型的网络架构与构建技术，其倡导的控制与数据分离、软件化、虚拟化思想，为突破现有网络的困境带来了希望。

正因为有强大的通讯和带宽能力，5G 网络一旦应用，目前仍停留在构想阶段的车联网、物联网、智慧城市、无人机网络等概念将变为现实。此外，5G 还将进一步应用到工业、医疗、安全等领域，能够极大地促进这些领域的生产效率，以及创造出新的生产方式。众多物联网应用也将成为 5G 大显身手的领域。尽管目前物联网尚未大规模应用，但业界普遍认为，物联网中接入的设备预计会超过千亿个，将对设备数量、数据规模、传输速率等提出很高的要求。由于当前的 3G、4G 技术不能提供有效支撑，所以物联网的真正发展离不开 5G 技术的成熟，同时物联网也将成为推动 5G 技术发展的动力之一。

2.2.4 物联网

物联网是新一代信息技术的重要组成部分，其英文名称是"Internet of Things（IoT）"。物联网被视为互联网的应用扩展，应用创新是物联网的发展的核心，在我国的众多行业领域都有了一定程度的应用，正在进入快速发展期。

2.2.4.1 物联网的定义和特性

物联网是指通过信息传感设备，按照约定的协议，把任何物品与互联网连接起来，进行信息交换和通讯，以实现智能化识别、定位、跟踪、监控和管理的一种网络。它是在互联网基础上的延伸和扩展的网络。这个概念不特意指明国际互联网，明确提出是需要联网的物体，同时强调物联网是网络的延伸和扩展应用。这就非常清楚地将行业应用涵盖在物联网内，更为适合当前及今后物联网的发展。

物联网是通过识别、感知的技术与设备获取物体/环境的静/动态属性信息，再由网络传输通信技术与设备进行信息/知识的交换和通信，并最终经智能信息/知识处理技术与设备实现物体/物理世界的智能化管理与控制的一种"人物互联、物物互联、人人互联"的高效能、智能化网络。它应该具有"全面感知、可靠传递、智能处理"能力与特征。它是对"人与人互联网"的延伸与发展。它将物理基础设施和信息基础设施融合为统一的基础设施。给物体赋予"智能"，通过人与人的互操作，人与物的互操作，以及物体与物体的互操作，最终实现"人-机-物"三元融合一体的世界。

物联网的本质特征概括起来主要体现在 3 个方面：

（1）多种多样的数据采集端。通过物联网连接的数据采集端涉及范围非常广泛。

（2）无处不在的传输网络。将各种各样的数据采集端通过包括互联网、移动互联网等网络互联，实现随时即时采集外部环境信息、物理动态信息，并将其转化为适合网络传输的数据格式，通过网络传输到数据中心。

（3）智能化的后台数据处理。在处理中心（包括家庭电脑或手机等分布式处理中心和 IDC 等集中式处理中心）利用云计算等技术及时对海量信息进行处理，真正达到人与人的对话、人与物的对话以及物与物的对话。

2.2.4.2 物联网的层级与通用架构

物联网被视为互联网的应用扩展，一方面可以大大节约成本，提高经济效益；另一方面可以为全球经济的复苏提供技术动力。目前，美国、欧盟等发达国家和地区都在投入巨资深入研究探索物联网。我国也密切关注、高度重视物联网的研究和发展，工业和信息化部会同有关部门，正针对以物联网为主导的新一代信息技术展开研究，以形成支持新一代信息技术发展的政策措施。

物联网大致分为以下几个层级：感知层、传输层、应用层，如图 2-4 所示。

具体来说，物联网的通用架构如图 2-5 所示。

感知层相当于人的感官和神经末梢，通过条形码、射频识别、传感器、工业仪表等在内的采集设备感知和采集应用环境中的温度、湿度、速度、位置、振动、压力、流量、气体等各种数据。其采集设备包括：智能卡（条形码、二维码、射频卡等）、传感器（温

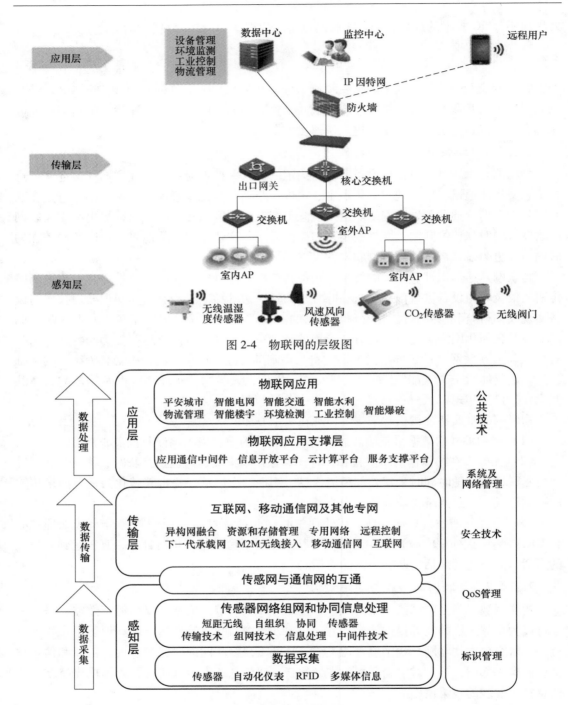

图 2-4　物联网的层级图

图 2-5　物联网通用架构图

度、压力、湿度、化学等）、工业仪表（温度、压力、液位、分析仪等）、智能设备（开关、控制器、执行机构等）和音视频等多媒体设备。感知层的采集设备要求是灵敏度、精度高，功耗低，可以无线传输。

传输层相当于人的神经系统，通过无线或有线模式，将信息传输到中央数据库中，建立海量的数据储备。其主要功能是直接通过现有的互联网或移动通信网（如全球移动通讯系统、时分同步的码分多址技术）、无线接入网（微波存取全球互通 WiMAX）、无线局域网（Zigbee/BLE/NFC/WiFi/RFID/LTE 等）、互联网等基础网络设施，对来自感知层的信息进行接入和传输。低功耗、广域覆盖、更多连接是无线网络的发展方向。目前新的通讯技术和标准 NB-IoT，LoRa，eLTE-IoT 都是往这个方向努力。

应用层相当于人的大脑指示和反应，是将海量数据进行分类、整理、挖掘分析，建立各种算法，优化制度，应用在各种专业领域。应用层由应用支撑层和应用服务层构成。

应用支撑层是在高性能计算技术的支撑下，将网络内大量或海量的信息资源通过计算整合成一个可以互联互通的大型智能网络，为上层服务管理和大规模行业应用建立起一个高效、可靠和可信的支撑技术平台。该层的主要技术包括智能处理、分布式并行计算、云计算技术、海量存储与数据挖掘、管理系统、数据库以及综合设计验证等内容。

应用服务层主要任务是通过对物联网信息的处理实现对物联网世界中物体的识别、定位、跟踪、运算、监控、管理，根据用户的不同需求可以构建面向各行各业实际应用的管理和运行平台，并根据各种行业应用的特点集成相关的内容服务。

2.2.4.3　物联网技术的总体情况

物联网技术涉及感知、传输和应用 3 个层面及其系统集成、标准与安全等 4 类技术。

（1）感知层技术：全面感知。该层主要任务是对物体静/动态属性信息的及时、全面感知。如二维码、射频识别（RFID）、电子代码、物理量/化学量/生物量感应器、全球定位系统、自组织传感器网络、微机电系统（MEMS）等技术。感知技术和设备正向多功能、低功耗、小型化、高可靠、低成本及多传感器信息融合方向发展。

（2）传输层技术：可靠传输。该层的主要任务是基于多网融合化的网络实现物联网信息的可靠传输。如基于协议的天/地、有线/无线通信网与互联网等技术。传输技术和设备正继续向高安全、高可靠、多媒体、高带宽、融合化方向发展。

（3）应用层技术：智能处理。该层的主要任务是通过对物联网信息的处理实现对物联网世界中物体的识别、定位、跟踪、运算、监控、管理。如与应用领域融合的各类基于人机友好界面、高效能计算机、云计算服务、智能科学等技术的识别、定位、跟踪、运算、监控、管理、处理等技术。信息处理技术与设施正向智能化、普适化、高效能方向发展。

（4）集成平台技术：面向服务。该平台的主要任务是支持上述三层中各类设备/系统间信息、知识、过程的集成协同和安全处理。如支持各类设备/系统间信息、知识、过程协同聚合处理的集成与协同软硬件平台、标准及安全等技术。集成平台技术正向服务化、协同化、标准化、高安全方向发展。

国内物联网技术的重点及难点如图 2-6 所示。

物联网是技术变革的产物。它代表了计算技术和通信技术的未来，它的发展依靠包括无线射频识别技术（RFID）、无线传感技术和纳米技术等领域的技术革新。NIC 关于物联网的研究报告指出了物联网的技术演进路线，如图 2-7 所示。

从爆破行业信息化的新成果中可以发现，物联网在爆破行业中已经有了相当多的较好应用，但真正系统性、规模化的应用还有很大的发展空间。

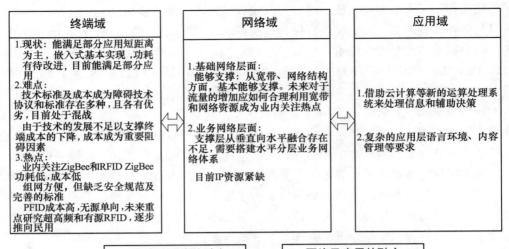

图 2-6　国内物联网技术重点及难点示意图

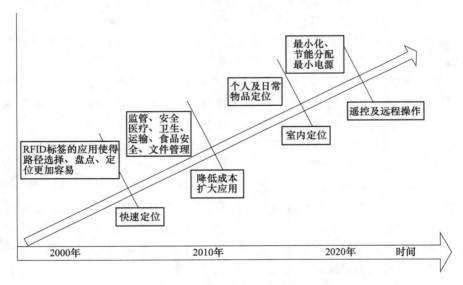

图 2-7　物联网技术演进路线

2.2.5　大数据

炸药生产、运输、贮存、使用，以及爆破设计、评估、施工、监理与测量等环节会产生多源、异构、海量的数据。由于这些数据的体量太大，就需要用到大数据与云计算技术进行处理，以获取爆破的有用信息。

2.2.5.1　大数据定义及其特征

大数据是指无法在一定时间内用常规软件工具对其内容进行抓取、管理和处理的数据集合。大数据是一种规模大到在获取、存储、管理、分析方面大大超出了传统数据库软件工具能力范围的数据集合，具有海量的数据规模、快速的数据流转、多样的数据类型和价值密度低4大特征。

（1）数据量大。随着爆破行业相关生产、施工环节所连接的传感器、采集设备的逐步增加，阐述的数据量在高速增长。此外，信息处理技术的发展使得很多数据能够被更好地挖掘和利用，这包括自然语言处理、语音识别、图像处理技术等。

（2）高实时性。大数据的特征之一是需要快速的数据流转。尤其是炸药生产、爆破施工等高风险作业过程，对数据传输的实时性要求更高。以矿山爆破为例：爆破作业面的三维点云信息、爆破设计方案、现场钻机钻进深度的变化、炮孔路径轨迹、岩性特征、爆破设计方案的变更、炸药装填的数据……都需要高实时传输。智能爆破系统对大数据进行处理的能力，更高的实时性就意味着爆破效率的提升，也可以提高爆破的效果，直至提高爆破设计的智能化水平。

（3）数据类型多。在互联网普及之前，数据主要由单独的应用系统进行采集和存储，内容主要是结构化的数据，可以通过二维逻辑表格在数据库中进行存储。随着互联网、物联网和云计算技术的发展，数据来源日益广泛；数据类型越来越丰富，可以是文档、图片、视频、音频、日志、链接等，这些数据类型大多不方便用数据库二维逻辑表来存储，属于非结构化数据。爆破的海量数据来源广泛，类型多样，既有传感器采集的非结构化数据，也有可以使用二维表格记录的结构化数据。因此，其数据的复杂性更为突出。

（4）价值密度低。大数据的价值具有稀缺性、不确定性和多样性。通过大数据技术的帮助，可以在稻草堆中找到所需要的东西，哪怕是一枚小小的缝衣针。以视频为例，在连续不间断监控过程中，可能有用的数据也许只有一两秒。

大数据分析是指对大量结构化和非结构化的数据进行分析处理，从中获得新的价值，需要用到大量的存储设备和计算资源。与传统数据分析相比，用于大数据分析的数据集合主要有3点区别：首先，传统模式多通过采样方式获得部分数据用于分析，大数据可以对收集到的所有海量数据进行分析，分析用的数据源由采样数据扩展到全部数据；其次，分析用的数据源从传统单一领域的数据扩展到跨领域数据，大数据可以将不同领域的数据组合后进行分析；最后，传统数据分析更关注数据源与分析结果的因果关系，大数据分析时数据源与分析结果间不再只是因果关系，基于有相关关系的数据源同样可以分析预测出正确结果。

2.2.5.2　从数据库到大数据

从数据库到大数据，看似只是一个简单的技术演进，但细细考究不难发现两者有着本质上的差别。大数据的出现必将颠覆传统的数据管理方式。在数据来源、数据处理方式和数据思维等方面都会对其带来革命性的变化。如果要用简单的方式来比较传统的数据库和大数据的区别，我们认为"池塘捕鱼"和"大海捕鱼"是个很好的类比。

"池塘捕鱼"代表着传统数据库时代的数据管理方式，而"大海捕鱼"则对应着大数据时代的数据管理方式，"鱼"是待处理的数据。"捕鱼"环境条件的变化导致了"捕鱼"

方式的根本性差异。

这些差异主要体现在如下几个方面。

（1）数据规模。"池塘"和"大海"最容易发现的区别就是规模。"池塘"规模相对较小，即便是先前认为比较大的"池塘"，譬如 VLDB（Very Large Data BASE），和"大海" XLDB（Extremely Large Data BASE）相比仍旧偏小。"池塘"的处理对象通常以 MB 为基本单位，而"大海"则常常以 GB，甚至是 TB，PB 为基本处理单位。

（2）数据类型。过去的"池塘"中，数据的种类单一，往往仅仅有一种或少数几种，这些数据又以结构化数据为主。而在"大海"中的数据种类繁多，数以千计，而这些数据又包含着结构化、半结构化以及非结构化的数据，并且半结构化和非结构化数据所占份额越来越大。

（3）模式和数据的关系。传统的数据库都是先有模式，然后才会产生数据。这就好比是先选好合适的"池塘"，然后才会向其中投放适合在该"池塘"环境生长的"鱼"。而大数据时代很多情况下难以预先确定模式，模式只有在数据出现之后才能确定，且模式随着数据量的增长处于不断的演变之中。这就好比先有少量的鱼类，随着时间推移，鱼的种类和数量都在不断地增长。鱼的变化会使大海的成分和环境处于不断的变化之中。

（4）处理对象。在"池塘"中捕鱼，"鱼"仅仅是其捕捞对象。而在"大海"中，"鱼"除了是捕捞对象之外，还可以通过某些"鱼"的存在来判断其他种类的"鱼"是否存在。也就是说传统数据库中数据仅作为处理对象。而在大数据时代，要将数据作为一种资源来辅助解决其他诸多领域的问题。

（5）处理工具。捕捞"池塘"中的"鱼"，一种渔网或少数几种基本就可以应对，也就是所谓的 One size fits all。但是在"大海"中，不可能存在一种渔网能够捕获所有的鱼类，也就是说 No size fits all。从"池塘"到"大海"不仅仅是规模的变大。传统的数据库代表着数据工程的处理方式，大数据时代的数据已不仅仅只是工程处理的对象，需要采取新的数据思维来应对。图灵奖获得者、著名数据库专家 Jim Gray 博士观察并总结人类在科学研究上，先后历经了实验、理论和计算 3 种范式。当数据量不断增长和累积到今天，传统的 3 种范式在科学研究，特别是一些新的研究领域已经无法很好地发挥作用，需要有一种全新的第 4 种范式来指导新形势下的科学研究。基于这种考虑，Jim Gray 提出了一种新的数据探索型研究方式，被他自己称之为科学研究的"第 4 种范式"（The fourth paradigm）。第 4 种范式的实质就是从以计算为中心转变到以数据处理为中心，也就是我们所说的数据思维。这种方式需要我们从根本上转变思维。正如前面提到的"捕鱼"，在大数据时代，数据不再仅仅是"捕捞"的对象，而应当转变成一种基础资源，用数据这种资源来协同解决其他诸多领域的问题。计算社会科学（Computational Social Science）基于特定社会需求，在特定的社会理论指导下，收集、整理和分析数据足迹，以便进行社会解释、监控、预测与规划的过程和活动。计算社会科学是一种典型的需要采用第 4 种范式来做指导的科学研究领域。Watts 在《Nature》杂志上的文章"A twenty-first century science"也指出，借助于社交网络和计算机分析技术，21 世纪的社会科学有可能实现定量化的研究，从而成为一门真正的自然科学。

2.2.5.3　大数据处理模式

大数据的应用类型有很多，主要的处理模式可以分为流处理（stream processing）和批处理（batch processing）两种。批处理是先存储后处理（store-then-process），而流处理则是直接处理（straight-through processing）。

A 流处理

流处理的基本理念是数据的价值会随着时间的流逝而不断减少，因此尽可能快地对最新的数据做出分析并给出结果是所有流数据处理模式的共同目标。需要采用流数据处理的大数据应用场景主要有网页点击数的实时统计、传感器网络、金融中的高频交易等。流处理的处理模式将数据视为流，源源不断的数据组成了数据流，当新的数据到来时就立刻处理并返回所需的结果。图 2-8 是流处理中基本的数据流模型。

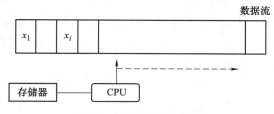

图 2-8 基本的数据流模型

数据的实时处理是一个很有挑战性的工作，数据流本身具有持续达到、速度快且规模巨大等特点，因此通常不会对所有的数据进行永久化存储，而且数据环境处在不断变化之中，系统很难准确掌握整个数据的全貌。

由于响应时间的要求，流处理的过程基本在内存中完成，其处理方式更多地依赖于在内存中设计巧妙的概要数据结构（synopsis data structure），内存容量是限制流处理模型的一个主要瓶颈。以 PCM（相变存储器）为代表的储存级内存（SCM，Storage Class Memory）设备的出现或许可以使内存未来不再成为流处理模型的制约。

数据流的理论及技术研究已经有十几年的历史，目前仍旧是研究热点。与此同时很多实际系统也已开发和得到广泛的应用，比较代表性的开源系统如 Twitter 的 Storm、Yahoo 的 S4 以及 LinkedIn 的 Kafka 等。

B 批处理

Google 公司在 2004 年提出的 Map Reduce 编程模型是最具代表性的批处理模式。

Map Reduce 模型首先将用户的原始数据源进行分块，然后分别交给不同的 Map 任务区处理。Map 任务从输入中解析出键值（key value）对集合，然后对这些集合执行用户自行定义的 Map 函数得到中间结果，并将该结果写入本地硬盘。Reduce 任务从硬盘上读取数据之后会根据 key 值进行排序，将具有相同 Key 值的数据组织在一起。

最后用户自定义的 Reduce 函数会作用于这些排好序的结果并输出最终结果。从 Map Reduce 的处理过程我们可以看出，其核心设计思想在于：（1）将问题分而治之；（2）把计算推到数据而不是把数据推到计算，有效地避免数据传输过程中产生的大量通信开销。

Map Reduce 模型简单，且现实中很多问题都可用 Map Reduce 模型来表示。因此该模型公开后立刻受到极大的关注，并在生物信息学、文本挖掘等领域得到广泛的应用。

无论是流处理还是批处理都是大数据处理的可行思路。大数据的应用类型很多，在实际的大数据处理中，常常并不是简单地只使用其中的某一种，而是将二者结合起来。互联网是大数据最重要的来源之一，很多互联网公司根据处理时间的要求将自己的业务划分为在线、近线和离线，比如著名的职业社交网站 LinkedIn，这种划分方式是按处理所耗时间来划分的。其中在线的处理时间一般在秒级甚至是毫秒级，因此通常采用上面所说的流处理。离线的处理时间可以以天为基本单位，基本采用批处理方式，这种方式可以最大限度地利用系统 I/O。近线的处理时间一般在分钟级或者是小时级，对其处理模型并没有特别的要求，可以根据需求灵活选择，但在实际中多采用批处理模式。

2.2.6　云计算

云计算是一种按使用量付费的模式，这种模式提供可用的、便捷的、按需的网络访问，进入可配置的计算资源共享池（资源包括服务器、存储、网络、应用软件和服务），这些资源能够被快速提供，只需投入很少的管理工作或与服务供应商进行很少的交互。

2.2.6.1　云计算定义及其特征

云计算相当于人的大脑，是物联网的神经中枢。云计算是基于互联网的相关服务的增加、使用和交付模式，通常涉及通过互联网来提供动态易扩展且经常是虚拟化的资源。云是网络、互联网的一种比喻说法。云计算模式下，用户不需要关心计算资源位于哪台服务器上甚至在哪个数据中心内。用户关心的是需要什么样的计算能力，需要什么时刻拥有这些计算和存储能力，云计算为用户提供"按需使用"的服务。

由于云计算技术的快速发展，已被视为信息技术的新浪潮，对国家经济、科技和安全等众多领域都产生了重大影响，国家和各地方政府已经充分认识到云计算正在给信息产业乃至整个经济社会带来一场革命性的巨变。云计算技术的飞速发展也促使各行各业的信息化步伐不断加快，IT 资源的应用和管理模式正随之发生着深刻的变革，将逐步从独立、分散的功能性资源发展成以云计算中心为承载平台的服务型创新资源，为政府、企业和公众提供可靠、高效、低成本的信息资源与设施服务。

云计算是网格计算、分布式计算、虚拟化等传统计算机技术和网络技术发展融合的产物。它旨在通过网络把多个成本相对较低的计算实体整合成一个具有强大计算能力的完美系统，并借助 IaaS、DaaS、PaaS、SaaS、MSP 等先进的商业模式把这强大的计算能力推送到终端用户手中。

云计算对于整合行业资源、提高行业所属部门计算资源配置效率，减少信息化重复投资，推动高新技术产业发展，都具有长远的现实意义。作为一种新兴技术和商业模式，云计算将加速信息产业和信息基础设施的服务化进程，催生大量新型互联网信息服务，带动信息产业和信息化建设格局的整体变革。总之，云计算可望提高应用程序部署速度、促进创新并降低成本，同时还增强了业务运作的敏捷性。

智能爆破要进行海量数据的处理，仅靠爆破相关单位单独进行运算处理，无论是成本还是效率，都不能满足要求。因此，需要通过云计算方式加以解决。可以说云计算是爆破行业信息化科学有序发展的基础，也是爆破行业所有应用领域智能化的必要支撑，可为爆破行业提供所需的 IT 基础设施资源和数据共享服务，构建一套完善的、统一的信息与服务互联互通共享体系。

云计算作为交付和使用 IT 资源的一种全新模式，可从两个方面促进智能爆破逐步实现：（1）通过运用云计算，使得物联网中海量信息能够进行实时动态地交换和管理，从而让信息的智能分析变为可能；（2）云计算促进物联网和互联网的融合，实现"更加透彻的感知、更加全面的互联以及更加深入的智能"，高效实现数据融合，有效解决信息孤岛现象。

2.2.6.2　云计算服务演化

云计算主要经历了 4 个阶段才发展到现在这样比较成熟的水平，这 4 个阶段依次是电厂模式、效用计算、网格计算和云计算。

（1）电厂模式阶段。电厂模式就好比是利用电厂的规模效应，来降低电力的价格，并让用户使用起来更方便，且无须维护和购买任何发电设备。

（2）效用计算阶段。在 1960 年左右，当时计算设备的价格非常高昂，远非普通企业、学校和机构所能承受，所以很多人产生了共享计算资源的想法。1961 年，人工智能之父麦肯锡在一次会议上提出了"效用计算"这个概念，其核心借鉴了电厂模式，具体目标是整合分散在各地的服务器、存储系统以及应用程序来共享给多个用户，让用户能够像把灯泡插入灯座一样使用计算机资源，并且根据其所使用的量来付费。但由于当时整个 IT 产业还处于发展初期，很多强大的技术还未诞生（比如互联网等），所以虽然这个想法一直为人称道，但是总体而言"叫好不叫座"。

（3）网格计算阶段。网格计算研究如何把一个需要非常巨大的计算能力才能解决的问题分成许多小的部分，然后把这些部分分配给许多低性能的计算机来处理，最后把这些计算结果综合起来攻克大问题。可惜的是，由于网格计算在商业模式、技术和安全性方面的不足，使得其并没有在工程界和商业界取得预期的成功。

（4）云计算阶段。云计算的核心与效用计算、网格计算非常类似，也是希望 IT 技术能像使用电力那样方便，并且成本低廉。但与效用计算和网格计算不同的是，云计算在需求方面已经有了一定的规模，同时在技术方面也已经基本成熟了。

中国云计算产业分为市场引入阶段、成长阶段和成熟阶段，如图 2-9 所示。

（1）市场引入阶段（2007—2010 年）：主要是技术储备和概念推广阶段，解决方案和商业模式尚在尝试中。用户对云计算认知度仍然较低，成功案例较少。初期以政府公共云建设为主。

（2）成长阶段（2010—2015 年）：产业高速发展，生态环境建设和商业模式构建成为这一时期的关键词，进入云计算产业的"黄金机遇期"。此时期，成功案例逐渐丰富，用户了解和认可程度不断提高。越来越多的厂商开始介入，出现大量的应用解决方案，用户主动考虑将自身业务融入云。公共云、私有云、混合云建设齐头并进。

（3）成熟阶段（2015 年—）：云计算产业链、行业生态环境基本稳定；各厂商解决方案更加成熟稳定，提供丰富的 XaaS 产品。用户云计算应用取得良好的绩效，并成为 IT 系统不可或缺的组成部分，云计算成为一项基础设施。

2.2.6.3　云计算 4 种部署模型

A　私有云

云端资源只给一个单位组织内的用户使用，这是私有云的核心特征。而云端的所有权、日常管理和操作的主体到底属于谁并没有严格的规定，可能是本单位，也可能是第三

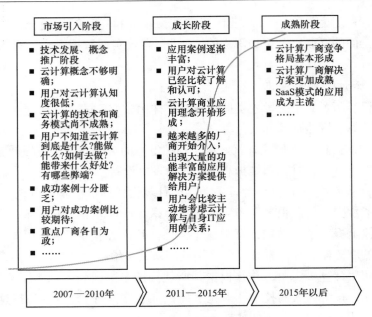

图 2-9   我国云计算发展三个阶段

方机构，还可能是二者的联合。云端可能位于本单位内部，也可能托管在其他地方。

B　社区云

云端资源专门给固定的几个单位内的用户使用，而这些单位对云端具有相同的诉求（如安全要求、云端使命、规章制度、合规性要求等）。云端的所有权、日常管理和操作的主体可能是本社区内的一个或多个单位，也可能是社区外的第三方机构，还可能是二者的联合。云端可能部署在本地，也可能部署于他处。

C　公共云

云端资源开放给社会公众使用。云端的所有权、日常管理和操作的主体可以是一个商业组织、学术机构、政府部门或者它们其中的几个联合。云端可能部署在本地，也可能部署于其他地方。

D　混合云

混合云由两个或两个以上不同类型的云（私有云、社区云、公共云）组成，它们各自独立，但用标准的或专有的技术将它们组合起来，而这些技术能实现云之间的数据和应用程序的平滑流转。由多个相同类型的云组合在一起属于多云的范畴。

比如两个私有云组合在一起，混合云属于多云的一种。由私有云和公共云构成的混合云是目前最流行的——当私有云资源短暂性需求过大（称为云爆发，Cloud Bursting）时，自动租赁公共云资源来平抑私有云资源的需求峰值。

2.2.6.4　云计算服务模式

云计算提供基础设施即服务（IaaS）、平台即服务（PaaS）、软件即服务（SaaS）等3大服务。基础设施即服务层能够使经过虚拟化后的计算资源、存储资源和网络资源以基础设施即服务的方式通过网络被用户使用和管理；平台即服务层主要在 IaaS 之上提供统一的平台化系统软件支撑服务；软件即服务层提供一种基于互联网以服务形式交付和使用软件的业务模式，便于用户通过互联网托管、部署及接入，如图 2-10 所示。

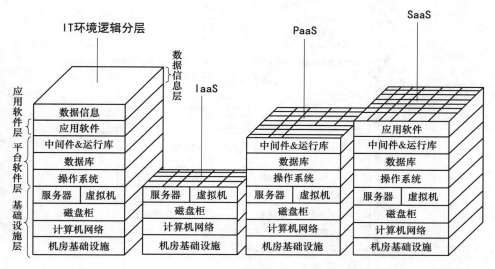

图 2-10 云计算的服务模式

A 基础设施即服务（IaaS）

数据中心是支撑云计算服务的基础，通过云计算基础设施建设可以整合现有数据中心和新建数据中心的计算、存储等资源，并对资源进行统一管理，使资源能够按需获取，提供灵活、高效的云计算基础设施服务，使上层业务应用具有安全、稳定和高可用性的连续服务能力。

云计算基础设施即服务层主要包含计算资源、存储资源、网络资源和虚拟化资源等方面的建设与管理，在由大规模服务器、存储系统与网络系统组成的物理资源池的基础上，通过虚拟化技术生成虚拟资源池，并对虚拟资源池进行管理。基础设施即服务层包括硬件基础设施子层、虚拟化与资源池化子层、资源调度与管理自动化子层等部分。云计算基础设施即服务层架构如图 2-11 所示。

（1）硬件基础设施子层：主要由主机、存储、网络及其他硬件在内的硬件设备等构成，它们是实现云计算的最基础资源。

（2）虚拟化与资源池化子层：采用虚拟化技术对资源进行池化管理，形成云计算资源池（主要包括服务器池、存储池和网络池等），并通过上层的云计算管理平台，对外提供运行环境等基础服务。

（3）资源调度与管理自动化子层：主要指云计算管理平台，该平台在对资源（物理资源和虚拟资源）进行有效监控和管理的基础上，通过对服务模型的抽取，提供弹性计算、负载均衡、动态迁移、按需供给、自动化部署等功能，它是实现云计算的关键所在。

IaaS 作为最底层的基础设施服务模式，主要提供了资源的高效共享。当基础硬件设备出现故障时，通过实现零宕机切换，使系统能够不间断地提供服务，从而保证了整个云计算中心高效、稳定地运行。基础设施即服务层具体提供以下几方面的服务。

（1）云计算服务：可满足各种类型的计算需求，包括政府、企业对高性能计算的需

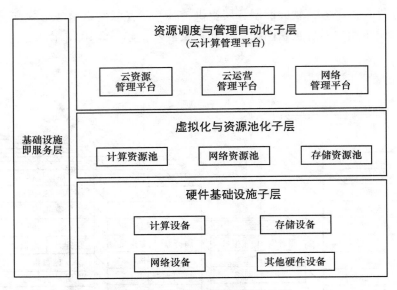

图 2-11　基础设施即服务层架构图

求，中小型企业或个人用户对简单计算的需要。

（2）云存储服务：可提供海量存储资源的按需获取、动态伸缩和灵活扩展等服务。

（3）网络服务：可提供满足各种类型需求的网络带宽资源或其他网络服务。

（4）超算服务：主要为科研机构或相关部门提供超级运算服务，以满足对大规模运算的特殊需求。

B　平台即服务（PaaS）

PaaS 层主要是提供应用开发、测试和运行的平台，用户可基于该平台，进行应用的快速开发、测试和部署运行，它依托云计算基础架构，把基础架构资源变成平台环境提供给用户使用。为业务信息系统提供软件开发和测试环境，同时可以将各业务信息系统功能纳入一个集中的 SOA 平台上，有效地复用和编排组织内部的应用服务构件，以便按需组织这些服务构件。典型的如门户网站平台服务，可为用户提供快速定制开发门户网站提供应用软件平台，用户只需在此平台进行少量的定制开发即可快速部署应用。

智能爆破云计算中心通过搭建统一的平台即服务层，满足爆破行业相关政府机构、企（事）业单位和从业人员的不同需求，提供计算、存储等服务，实现计算和存储资源的规模化、集约化，以及资源的按需分配、按使用付费的特征。平台即服务层包括地理信息服务平台、资源管理平台、资源服务平台和应用支撑平台等方面的建设内容，其总体架构如图 2-12 所示。

资源管理平台交付给用户的是感知管理平台、数据管理平台以及为应用程序开发提供的接口等丰富的"云中间件"资源；资源服务平台为上层的应用服务提供信息资源支撑，包括感知信息服务和数据处理服务等；应用支撑平台交付给用户的是定制化的面向爆破行业从业人员的服务、面向涉爆企事业单位的服务、面向相关政府部门的服务以及面向行业公共基础设施管理的服务等，软件提供方根据用户的需求，将软件和应用以服务的形式提供给用户使用，用户不再关心软件的购买、安装和升级维护，只需根据租用服务的实际使

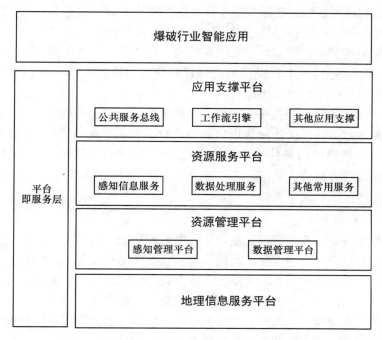

图 2-12 平台即服务层总体架构图

用情况进行付费。

C 软件即服务（SaaS）

按需服务是 SaaS 应用的核心理念，多租约 SaaS 应用可以满足不同用户的个性化需求，通过多个租约向用户提供有差别的服务，通过负载均衡满足大开发量用户服务访问等。SaaS 层典型的运用模式就是用户通过标准的 WEB 浏览器来使用 Internet 上的软件，因此用户只需要按需租用软件直接使用而不必购买软件。SaaS 层典型的应用如电子邮件系统的在线软件服务，用户只需作简单的域名设置，即可部署本单位的电子邮件服务。

2.2.7 数据智能化

从技术上看，大数据与云计算的关系就像一枚硬币的正反面一样密不可分。大数据必然无法用单台的计算机进行处理，必须采用分布式架构。它的特色在于对海量数据进行分布式数据挖掘。但它必须依托云计算的分布式处理、分布式数据库和云存储、虚拟化技术。大数据与云计算都是支撑智能爆破发展的核心技术。

依托于云计算平台和大数据平台开展智能视频分析、数据智能模型算法等应用的建设，形成一套支撑智能爆破发展的"云和大数据基础支撑体系"，逐步打造"数据+算力+算法（AI）"的核心能力，为智能爆破应用体系提供强有力的支撑。通过大数据平台，构建爆破行业全体系的数据智能，主要是通过对数据进行加工、打标签、建设模型、画像分析、链路和全景监控等角度进行数据层的沉淀，通过各类视频、图像等算法进行数据的智能化应用。

（1）数据治理：使用大数据平台进行爆破行业相关基础数据的采集、汇聚、清洗、标准化以及建库，形成智能爆破专题数据库并根据数据的不同应用诉求进行数据仓库模型的搭建。主要数据包括：前端传感器数据、传统爆破业务数据、三维 GIS 地图数据、电子地图 POI 数据、实时视频分析数据、手机信令数据、公共基础信息数据等。

（2）视频识别：通过云平台提供的物理计算资源和视频共享平台提供的视频流及图像，搭建视频智能分析平台及算法库。

（3）数据算法：通过大数据平台提供的工具进行数据智能模型的建设，真正发挥数据的价值，实现通过数据进行业务的管理、趋势的分析和未来的行业/企业数字基础设施规划布局。基于当代前沿的信息技术，打造视频/图像结构化、语音/语义分析、数据分析类、仿真模型类等四大类智能算法，通过以上人工智能类的算法结合各类数据实现智能化的问题识别、趋势分析、决策支持。

2.2.7.1　智能标签

为了构建智能爆破行业的数据智能，从数据治理开始，需要对所有纳入的数据进行标签化处理，从大数据应用落地出发，提供一套大数据应用开发套件，能够从业务需求的角度有效的整合各个大数据产品，大大降低搭建大数据应用系统当中绝大部分的工作，在相应行业应用解决方案的结合下，能够让不是很熟悉大数据应用系统开发的程序员也能够快速为行业搭建大数据应用，从而实现大数据价值的快速落地，智能标签帮助数据开发人员进行数据表的实体化，加速应用开发，沉淀业务模型的输入。

2.2.7.2　数据模型管理

数据模型管理将爆破行业的相关数据，通过数据资源平台进行汇聚、治理，并且通过智能标签，把数据从一张张物理表变成各部门业务人员都能看懂的逻辑对象，实现语义级的封装。这是把数据变得更干净、更标准、更智能的过程。

模型管理提供面向业务人员的交互式数据分析探查工具，主要提供面向具体业务场景的模型（业务模型）的编排、调试、运行、发布功能。模型管理的业务模型并非智能标签中的语义层逻辑模型，也非数据库设计中的数据模型，而是具体行业中包含了特定业务分析思路的业务分析模型。

模型管理的核心功能是实现智能数据和智能算子的灵活快速组装，生成业务模型并运行得到数据分析结果。智能数据是基于智能标签对数据物理表的语义层封装后得到的数据，通过智能数据，可以快速筛选定位数据目标；模型管理还提供丰富的业务算子组件以及系统组件（生成标签组件、并集差运算组件、相关性分析组件等），使得业务人员只需通过对智能数据组件、智能算子组件进行拖拉拽、标签筛选、连线配置的交互方式，即可使用数据和算子，实现业务数据分析。

模型管理的目标是帮助业务人员最大化地使用数据做业务分析，因此需要对业务常用算子进行梳理、抽象和开发注册。模型管理逻辑上分为模型监控、模型管理、模型工厂、智能数据管理、智能算子管理、系统管理等模块。

2.2.7.3　画像分析

爆破行业数据逐步沉淀后，需要通过画像分析，即根据对已有标签的运算、拖拽组合形成新的标签，支持基于业务主体的多维数据分析；支持业务信息按照一人一档、一客一档、一物一档等形式组织；提供档案搜索、查看、管理等功能；为人、事、物快速找到精准用户群体以及把握用户需求，进而制定有针对性的策略和手段、提升工作效率和客户满意度，丰富了标签应用。

传统制作新标签的方法需要通过写 TQL 或 JSON，然后再通过绑定物理表映射字段生成，每一个新标签均需要进行物理表的开发，才能被后续的业务使用，因此在传统使用标签的系统中，存在大量存储标签的临时表，造成了系统的冗余。其次，传统的标签制作方法对标签使用和制作人员要求较高，标签开发人员必须是数据研发人员，需具备较强的代码能力。

画像分析中的标签生成则是通过将现有标签进行图形化的拖拽组合即可生成新的标签组合，并给该标签组合命名，该标签组合在前端保存为标签计算的逻辑，生成一张虚拟表。在大数据环境下提供快速计算，新标签并不实际生成物理表，不同的新标签在页面可以快速嵌套使用，创建更贴近业务的标签组合，当该标签组合在实际业务中被高频使用或成为核心标签，则推荐发布为新的标签，将虚拟表标签化，在前端页面直接发布成为新标签。该方法大大降低了标签开发和使用的门槛，让业务人员能自主生成标签、使用标签。大量临时生成的新标签并不会落到物理表上，而是在每次虚拟表使用时，实时计算虚拟表逻辑获取详情，减少了系统的冗余，也可以发布成为 API 供其他系统使用。该方法对标签的分析，可快速进行虚拟表多维立体分析。本方法可使复合标签通过简单的拖拽不生成新物理表的情况下，落成原子标签，根据系统的计算能力，画像分析可以根据业务复杂程度，无限扩展，使得标签体系具有高可扩展性和高客户友好性。

2.2.7.4 数据链路监控

数据链路监控帮助平台管理者从应用角度了解、掌控、分析爆破行业级数据建设情况。从整个大脑应用建设出发，数据资源平台帮助客户到底接入了哪些业务系统的数据，数据如何进行构建、融合、加工，支撑了哪些应用，掌握并配合进行建设状态方的管理、监控。未接入的网络、业务系统、模型进展，各方数据对应用的贡献，整个平台的数据能力也能在数据链路监控中进行体现。数据链路监控主要帮助客户完成数据资源的整体沉淀，自动化梳理，并用可视化方式体现数据资源平台价值，帮助用户进行数据资源的规划和分析。

数据链路监控整体以数据资源平台的元数据体系为基础，通过技术元数据与业务元数据相结合，自动获取业务信息的状态。整体数据链路监控涵盖数据流向范围，以爆破行业数据应用为例，从数据进入时进行对应的流向监控管理，了解监控从原始业务系统进入后的加工处理流程，最终到应用的完整支撑。

2.2.7.5 全景监控

对爆破行业管理数据进行全景监控。全景监控提供各方应用统一标准接入，全局进行监控和锁定。提供从数据生产到业务应用的全链路数据监控能力。支持自定义数据监控链路，从而可快速锁定故障节点，在第一时间通知负责机构，极大缩减业务修复时间。全景监控的核心功能模块主要包括：指标看板、业务链路、监控任务、监控管理、告警通知、全局设置等。

2.2.8 全球定位与导航技术

全球导航卫星系统（GNSS，Global Navigation Satellite System）是能在地球表面或近地

空间的任何地点，为用户提供全天候的三维坐标和速度以及时间信息的空基无线电导航定位系统。

常见的有 GPS、BDS（北斗）、GLONASS 和 GALILEO 四大卫星导航系统，最早出现的是美国的 GPS。近年来，BDS、GLONASS 系统在亚太地区全面服务开启，尤其是 BDS 系统在民用领域发展越来越快。卫星导航系统已经在航空、航海、通信、人员跟踪、消费娱乐、测绘、授时、车辆监控管理和汽车导航与信息服务等方面广泛使用，而且总的发展趋势是为实时应用提供高精度服务。

2.3　智能爆破的总体架构

以智能化为特征的新一代信息技术正在引发经济社会发展方式的深刻变革，基于新一代信息技术的智能化应用是提升爆破行业管理与服务水平，实现爆破行业跨越式发展的新思路、新方法和新路径。人工智能技术的快速发展，使得智能爆破的思维变革成为可能。新一代信息技术为爆破行业管理和发展实现巨大变革创造条件，传感技术、移动通信、宽带通信、计算技术、信息科学的快速发展，云计算、物联网等新型计算和业务模式的出现，改变着爆破行业运行和管理方式。智能爆破可以充分利用这些先进技术和业务模式，采集爆破行业众多应用领域的各种信息，通过集成、互联、统计、分析等科技手段，在传统爆破技术的基础上全面设计智能爆破的发展目标，发挥信息化的引领带动作用，为爆破行业运行和发展提供更好的领导决策和管控能力。通过智能爆破建设，推动爆破行业升级优化现有应用系统，提升完善管理服务能力，以更高效、更智慧的方式促进爆破行业科学发展。

智能爆破，是革新爆破行业管理与运行的新理论，主要特征包括宽带泛在的信息基础设施、智能融合的信息应用体系和创新可持续的发展环境。智能爆破建设需要围绕"智能、高效、安全、绿色"的新理念，从行业信息基础设施、行业信息资源管理、行业信息服务体系与智能应用重点项目等纵向与横向两个维度进行综合构建。

构建智能爆破应重视爆破行业信息基础设施的整合与建设，而信息基础设施建设也需要立足于智能爆破总体建设思路。智能爆破建设必须充分利用已有资源，通过先进信息化技术手段整合现有数据信息和应用，充分发挥爆破行业目前已建成的信息化成果和传统产业的优势。在现有信息基础设施之上，根据智能爆破的发展需要改建或扩建现有基础设施，规划和建设新的信息基础设施。逐步打造一个集约式、资源利用率高、安全可靠、扩展性强、发展良好的公共信息硬件基础设施平台，建设公共数据和服务共享平台，应用支撑与决策支持平台，服务于爆破行业的公共信息基础设施需求。

新一代信息技术是典型的以应用为驱动的技术，因此，基于应用目的提出智能爆破总体架构。

智能爆破采用"124"的总体架构，即一个总体目标，两大支撑体系和4层建设内容。一个总体目标是指智能爆破要达成"安全、绿色、智能、高效"的发展目标；两大支撑体系包括安全保障体系和运行维护体系，两大支撑体系是实现智能爆破应用领域高效、安全运行的保障；4层建设内容涵盖感知层、传输层、支撑层和应用层4个层次。智能爆破总体架构如图 2-13 所示。

图 2-13　智能爆破总体架构图

2.3.1　感知层

感知层是爆破实现"智能化"的基本条件。感知层具有超强的环境感知能力，通过条形码、RFID、全球定位导航、传感器、智能终端等技术实现对爆破行业相关的设施、器材、地质、环境、安全等方面信息的识别、采集、监测和控制。感知层主要包括视频感知、标识感知、位置感知、专业领域感知等。感知基础设施支持人与机器（或物体）间以及机器到机器间（M2M）通信，能够提供以机器终端设备智能交互为核心的、网络化的应用与服务。它通过在机器内部嵌入通信模块，通过各种承载方式将机器接入网络，为爆破相关单位提供综合的信息化解决方案，以满足爆破工程对远程监控、指挥调度、数据采集和测量等方面的信息化需求。此外，感知层拥有执行控制系统，体现智能爆破对"物"的控制能力。

2.3.2　传输层

传输层也称为通信层，用于把感知层收集到的信息安全可靠地传输到支撑层和应用层。传输层包括互联网、移动通讯网和一些专业网络等。传输层通过无线或有线模式，将信息传输到数据中心，建立大数据储备。针对应用领域的发展现状和实际需求，逐步完善、升级和扩建，形成以"宽带、无线、泛在、融合"为特征的智慧一体化网络，最终为智能爆破提供有力的网络基础保障。

传输层是智能爆破理论的信息高速公路，是智能爆破实现信息传递和汇聚的重要基础设施。结合爆破行业现有网络建设，未来爆破行业的通信网络应该是由大容量、高带宽、高可靠的光网络和广泛覆盖的无线宽带网络所组成，同时还应根据不同爆破应用场景的需要，结合新技术的发展，选择更适应的通信网络传输方式，进行专业网络的建设和升级，满足爆破多元化的专业应用需求。

2.3.2.1　传输层的内容

爆破行业的传输层主要包括互联网和爆破行业专网两个方面。

A　互联网

IP 宽带城域网。从目前通信网络技术的发展趋势看，多网的融合是不可逆转的大趋势，IP 技术将作为下一代网络的主要承载技术，IP 宽带网将成为各种通信应用统一的网络平台。

无线宽带接入网。无线宽带接入网主要包括 4G/5G 移动通信系统、WiMax、WLAN（Wi-Fi）宽带无线接入网以及数字集群网络、卫星移动通信网络、短波通信网络、专用无线通信等。智能爆破传输层的移动特性是通过无线基站覆盖来实现的。利用宽带移动通信（4G/5G 等）和无线局域网（WLAN）等宽带无线接入技术，建成覆盖整个爆破行业的宽带无线接入网。

有线宽带接入网。有线宽带接入网为用户提供大容量、高速率的有线接入能力。主要包括局域网 LAN 接入、基于铜线的 xDSL 接入、FTTx 光纤接入网、基于无源光网络（PON）、HFC（混合光纤同轴网）和 Cable 接入网等接入手段和网系。

通过布设高带宽服务网络，满足整个行业对海量数据高速传输、高清视频通话等高带宽服务，以及云计算发展的需求。

B　爆破行业专网

依托智能爆破专网，开通爆破器材安全专网，通过爆破器材安全信息共享交换平台，实现信息互通和资源共享。加强信息平台管理，构建畅通的爆破器材安全信息监测、分析和处理体系。

在爆破器材供应链的行政监管过程中，涉及爆破器材生产、流通、存储、质检、公安、应急工商等环节和部门，实现这些部门之间的协同办公，数据交换共享需要通过建立一个互通互联的爆破器材监管网，建立以各部门行政领导、政府部门和政府工作人员为服务对象，具有办公事务处理、辅助决策、信息管理和资源共享等网上办公功能的政务协同应用支撑平台。提供统一的数据库服务、统一的用户认证和单点登录服务，统一的权限划分和角色配置服务，统一的电子公章、数字签名、版式文件服务、统一的工作流程配置引擎和全站搜索服务。为公文办理、信息传输、会议管理、人力资源管理等各种政务工作提供支撑服务。实现各级行政主管部门的互联互通、资源共享、网上办公和政务公开，提高政务信息化整体水平。

建立健全统一的爆破器材安全信息网络和定期通报制度，定期统一向社会通报爆破器材质量监测信息，以及重大爆破器材安全事故查处情况，逐步形成统一、科学的爆破器材安全信息评估和预警指标体系，对爆破器材安全问题做到早发现，早预防，早解决。

2.3.2.2 传输层的架构

智能爆破通信基础设施架构按照功能可分为终端、接入、网络和控制4个层次，如图2-14所示。

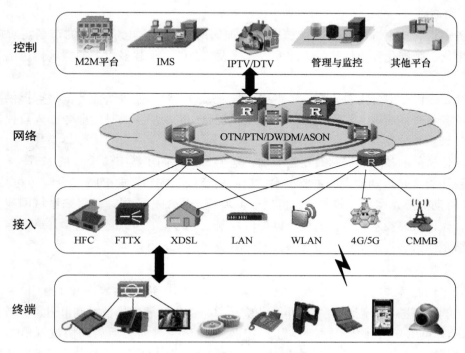

图 2-14 智能爆破通信基础设施架构图

A 终端部分

高速泛在的通信网络为智能爆破建设提供良好的信息应用环境，让各种应用系统、数据、语音、视频、图像等都能在其上实现有效配合。随着智能爆破业务的逐步多元化、智能化，作为业务的体现载体，终端也向相应的方向发展。

网络终端除了传统的固定电话、移动电话、计算机外，还应包括交互式数字电视、平板电脑、摄像头，以及支持通信的传感器终端、识别码读卡终端、定位导航终端等。

B 接入部分

一个优质的通信网络是建设智能爆破的重要基础。智能爆破应用场景的不断增多，数据流量的快速增长和用户需求的千差万别，都在呼唤高带宽和大容量的"智慧"网络。面对用户业务需求不断细分，用户体验需求不断提升，运营商需要更加智能地运营管道，从而提升网络承载能力和管道价值。

打造智能管道，对接入部分而言，除了执行上层网络的控制策略外，接入网自身的处理能力、带宽能力、运维能力、控制能力、业务保障能力等也需进一步提升，使端到端管道更加层次化、扁平化和智能化。

接入网通常包括无线接入和有线接入两种方式。无线部分包括现有的移动通信技术（4G/5G）和 WLAN 等其他无线宽带接入技术，还包括国内自主研发的面向多种移动终端的广播系统——中国移动数字多媒体广播（CMMB）。有线接入方式包括基于双绞线的 xDSL 技术、基于 HFC 网（光纤和同轴电缆混合网）的 DOCSIS、EoC 技术、基于五类线的以太网接入技术以及光纤接入技术。

C　网络部分

业务需求和技术进步已成为城域网建设加速的原动力。电信网络的市场需求向多业务、宽带化、智能化和个性化的方向发展，建设综合的、承载多业务的城域传送网是发展的必然。

城域传送网一般分为骨干层、汇聚层。骨干层的主要功能是给业务汇接点提供高容量的业务承载与交换通道，实现各叠加网的互联互通；汇聚层主要是给业务接入点提供业务的汇聚、管理和分发处理。

城域传送网的技术发展路线比较明确，基于 SDH（同步数字体系）的 MSTP（多业务承载平台）将会是近期建设的主要技术，后续将逐渐从 MSTP 向 PTN（分组传送）演进；ASON（自动交换光网络）技术有可能用于城域传送网的核心层，是将来城域网建设的最终选择；光以太网技术将会首先用于以提供数据业务为主的新兴运营商，并最终与自动交换光网络走向融合；城域的宽带无线技术是城域网建设的重要补充。

D　控制部分

随着电信技术与业务的发展，通信网逐步向以 IP 路由技术为核心的下一代网络（NGN）方向演进。固定通信网以 VoIP 为突破口，提出了软交换技术和 Parlay 开放式业务技术，IETF 重用互联网技术框架提出了 IP 网络通信控制的会话启动协议（SIP）技术，移动通信界将上述技术和移动核心网技术结合起来，提出了 IP 多媒体子系统（IMS）技术，形成一个统一的全业务的下一代融合网络。

整个全业务运营的融合网络必须有一个统一的核心网控制层，IMS 作为全 IP 网络的核心是其必然选择。IMS 是一个基于 IP 技术的、与接入无关的架构，能够为使用 4G、5G、WLAN 和固定宽带等不同接入手段的用户提供融合的业务。它的主要特点是统一的用户数据、统一和开放的应用/业务层、统一的呼叫会话控制等。

因此，对于融合业务的发展，需进一步整合和改造业务控制平台，加快 IMS 多媒体业务控制系统的应用部署，使之更便于开放和引入新业务，更便于形成跨网络多种业务的任意捆绑和统一呈现；通过采用 IMS 技术部署宽带固定语音、高清会议电视、IPTV/DTV 以及其他业务平台，一步到位地构建目标网络，实现网络融合。

2.3.2.3　网关接入方式

物联网的接入方式是多种多样的，如广域的 PSTN、短距离的 Z-Wave 等，物联网接入网关设备是将多种接入手段整合起来，统一互联到接入网络的关键设备。它可满足局部区域短距离通信的接入需求，实现与公共网络的连接，同时完成转发、控制、信令交换和编解码等功能，而终端管理、安全认证等功能保证了物联网业务的质量和安全。

物联网接入网关可以实现感知延伸网络与接入网络之间的协议转换，既可实现局域互联，也可实现广域互联应用于露天爆破和地下爆破等应用场景，并发挥着越来越重要的作用。物联网接入网关的具体功能如下：

（1）广泛的接入能力。目前用于近程通信的技术标准很多，仅常见的 WSN 技术就包括 Lonworks、ZigBee、6LowPAN、RUBEE 等。各类技术主要针对某一应用展开，如 Lonworks 主要应用于楼宇自动化，RUBEE 适用于恶意环境，如何实现协议的兼容性和体系规划是亟须解决的问题。目前在国内外已经有多个组织正在开展物联网网关的标准化工作，以实现各种通信技术标准的互联互通。

（2）协议转换能力。从不同的感知网络到接入网络的协议转换，将下层的标准格式的数据统一封装，保证不同的感知网络的协议能够变成统一的数据和信令；将上层下发的数据包解析成感知层协议可以识别的信令和控制指令。

（3）可管理能力。强大的管理能力，对于任何大型网络都是必不可少的，首先要对网关进行管理，如权限管理、注册管理、状态监管等。网关实现子网内节点的管理，如获取节点的标识、状态、属性、能量，以及远程唤醒、控制、诊断、升级和维护等功能。由于子网的技术标准不同，协议的复杂性不同，所以网关具有的管理能力不同。可用基于模块化物联网网关方式来管理不同的感知网络和不同的应用，以保证能够使用统一的管理接口技术对末梢网络节点进行统一管理。

2.3.2.4 物联通信网络

物联通信网是通过各种信息传感设备，如射频识别（RFID）、传感器、红外感应器、气体感应器、三维激光扫描仪、定位导航系统等各种装置与技术，实时采集任何需要监控、连接、互动的物体或过程，采集其声、光、电、热、生物、力学、化学、位置等各种需要的信息，与互联网结合形成的一个巨大网络。其目的是实现物与物、物与人，所有的物品与网络的连接，从而方便识别、管理和控制爆炸物品及涉爆人员、车辆、设备、仪器、仪表。物联通信网络可分为有线物联通信网络和无线物联通信网络。

A 有线物联通信网络

智能爆破物联网传输层的核心网应该建设成智能型核心网，其中关键网络模型基于 NGN 网络构建。

NGN（Next Generation Network）即为新一代网络，它是一种全新的电信网络体系架构，融合了 IP 技术和多媒体通信技术，提出了分组、分层、开放的概念，从面向管理的传统电信网络转变成面向客户、面向业务的新一代网络。NGN 汇聚了固定、移动、宽带等多种网络，是基于 TDM 的 PSTN 语音网络和基于 IP/ATM 的分组网络融合的产物。NGN 新一代网络是以软交换为核心，采用开放、标准化体系结构提供话音、视频、数据等多种媒体业务服务的下一代网络。

NGN 将传统交换机的功能模块分离成为独立的网络部件，各个部件可以按相应的功能划分各自独立发展，部件间的协议接口基于相应的标准。其网络构架如图 2-15 所示。

B 无线物联通信网络

智能爆破无线物联通信网络是集各种体制为一体的智能无线网络。智能爆破将以 LTE 为技术引领，WLAN、4G、5G 协同的泛在、融合、智能的无线网络；聚焦移动互联网和物联网两大重点新领域，大力推进无线宽带全覆盖、全业务协同发展、移动互联网持续拓

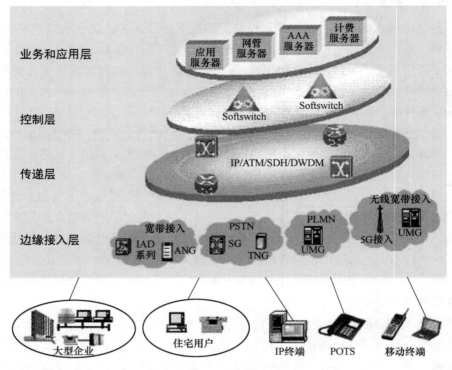

图 2-15　下一代网络构架

展、物联网规模突破和云服务迅速推广等几个方面，为智能爆破各个应用服务系统提供智能无线网络。

2.3.2.5　传输层的安全架构

在信息传输过程中跨网络传输是很正常的，在智能爆破应用环境中这一现象也很普遍，极有可能在正常而普通的事件中产生信息安全隐患。

智能爆破发展过程中，目前的互联网或者下一代互联网将是智能爆破传输层的核心载体，多数信息要经过互联网传输。互联网遇到的 DOS 和分布式拒绝服务攻击（DDOS）仍然存在，因此需要有更好的防范措施和灾难恢复机制。考虑到智能爆破所连接的终端设备性能和对网络需求的巨大差异，对网络攻击的防护能力也会有很大差别，因此很难设计通用的安全方案，应针对不同网络性能和网络需求有不同的防范措施。

在传输层，异构网络的信息交换将成为传输层安全的脆弱点，特别在网络认证方面，难免存在中间人攻击和其他类型的攻击，如合谋攻击、异步攻击等。这些攻击都需要有更高的安全防护措施。

简要言之，传输层的安全架构主要包括如下几个方面：

（1）节点认证、数据机密性、完整性、数据流机密性、DDOS 攻击的检测与预防；

（2）移动网中 AKA 机制的一致性或兼容性、跨域认证和跨网络认证（基于 IMSI）；

（3）相应的密码技术。密钥管理（密钥基础设施 PKI 和密钥协商）、端对端加密和节点对节点加密、密码算法和协议等；

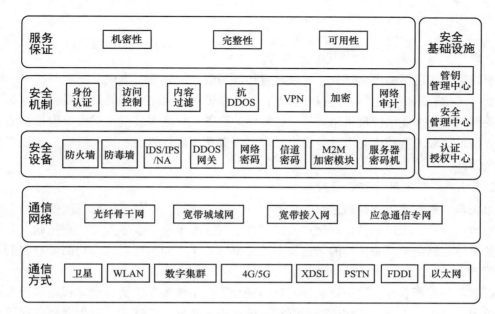

图 2-16　传输层安全架构图

（4）组播和广播通信的认证性、机密性和完整性安全机制。

传输层安全架构如图 2-16 所示。

2.3.3　支撑层

支撑层提供智能爆破应用领域的公共硬件、软件系统支撑，其发展目标是形成爆破行业信息化统一支撑平台。支撑层的核心是智能爆破云计算中心。

智能爆破云计算中心从体系架构上看可分为一套环境、两大体系和 4 类服务。一套环境指基础运行环境，两大体系包括安全管理体系和运行维护体系，4 类服务涵盖基础设施即服务（IaaS）、数据即服务（DaaS）、平台即服务（PaaS）和软件即服务（SaaS）4 个层次。

一套环境主要是指数据中心基础环境。数据中心的基础是承载云计算中心的机房，它既要满足云计算中心大规模和高密度的要求，同时还要符合绿色环保的趋势。

两大体系中，安全管理体系在传统的安全体系基础上，加大了对用户权限及信息访问控制的管理力度，提升了应用支撑云平台的安全水平；运行维护体系基于最新的 IT 服务管理理念，实现运维管理、运维服务和运维支撑工具的无缝连接，有效保障应用支撑云平台的稳定、可靠、持续运行。

4 类服务中，IaaS 层主要实现对于计算、存储、网络、安全等硬件资源的汇聚，并通过云计算操作系统抽象出弹性计算服务、云存储服务、云数据库服务和云安全服务等基础设施服务产品；DaaS 层主要实现对于行业基础数据资源和行业专题数据资源的汇聚，构建行业信息资源中心；PaaS 层主要包括资源服务平台和应用支撑平台；SaaS 层包括爆破器材智能管控、爆破智能优化设计、爆破作业现场智能管控和爆破危害智能监管等几方面的智能应用。

2.3.4　应用层

智能爆破应用层的主要任务是：通过对物联网信息的处理，实现对物联网世界中物体的识别、定位、跟踪、运算、监控、管理；根据爆破行业应用领域的业务需求，为爆破行业相关部门和企事业单位提供精细化、智能化的服务。智能爆破应用层主要包括爆破器材智能管控、爆破的智能优化设计与仿真模拟、爆破作业现场智能管控和爆破危害智能监管等几个方面。

2.3.4.1　爆破器材智能管控

爆破器材智能管控就是通过对爆破器材的生产、销售、贮存、运输以及使用信息的科学、规范化管理，把爆破器材在生产流通过程中与涉爆单位、涉爆人员的责任确立关联关系，使爆破器材由生产到使用的全过程留下完整轨迹，从而实现对爆炸物品全过程的动态跟踪管理。

爆破器材智能管控主要由爆破器材智能综合管控系统和爆破器材仓库视频监控系统等部分组成。其中，爆破器材智能综合管控系统由爆破器材追溯管理、全生命周期检验监控管理、爆破器材流通监管、重点场所视频监控管理和爆破器材标识管理等子系统组成。

2.3.4.2　爆破智能优化设计与仿真模拟

爆破的智能优化设计与仿真模拟是实现爆破作业智能化的重要途径。传统的爆破优化设计及仿真模拟软件是基于给定的参数进行设计。由于爆破工作面或者拆除的楼房没有实时的电子化数据，且输入的参数有限，设计的爆破方案往往与现场情况大相径庭。基于人工智能和物联网技术的爆破智能优化设计与仿真模拟系统，是将三维激光扫描仪等传感器实时获取的爆破工作面点云信息输入系统，在此基础上进行爆破智能优化设计、仿真模拟。此系统由智能终端数据采集、钻机钻孔卫星导航定位等功能模块组成。

智能终端数据采集装置将爆破现场数据通过无线通信网络等网络传输方式，传输至爆破智能优化与仿真模拟系统；爆破技术人员在此系统中建立爆破环境信息数据库，进行爆破设计。设计方案完成后通过无线网络传到钻机机载计算机中，在机载计算机屏幕上自动生成炮孔布置图，供钻机钻孔放样使用。实际孔位、装药等数据将由钻机计算机自动回传至爆破数据中心，供后续的爆破设计使用。

2.3.4.3　爆破作业现场智能管控

爆破作业现场智能管控是指对爆破作业现场与爆破有关的工序进行智能管控，使爆破作业过程数字化、可视化、智能化。爆破作业现场智能管控包括爆破现场智能视频监控系统、爆破过程安全监控系统等。

爆破作业现场智能管控系统采用人脸识别等技术，通过视频监控、信号传输、中心控制、远程监管等途径，形成适合爆破作业环境的智能视频监控系统，实现作业现场安全管理工作向科学化、规范化、数字化管理轨道迈进，提高安全管理水平。

2.3.4.4　爆破振动智能监测系统

随着人们对环境保护的意识日益增强，爆破危害的监控越来越重要。其中，又以爆破振动的监测尤为引人关注。爆破振动智能检测系统基于物联网概念设计，要求实现爆破数据无线实时传输，并利用 RFID 和 BDS 等技术对测振仪进行定位。

爆破振动智能监测系统采用现场采集、实时上传、在线计算和分析处理等技术，提高测振数据及分析结果的可信度。爆破测振智能监测系统，可以为爆破行业爆破测振与相应理论研究提供技术支撑，是改善爆破效果，实现智能爆破安全、环保目标的有效保障。

3 爆破环境智能感知技术

感知层相当于人的感官和神经末梢，是爆破实现智能化的基本条件。智能爆破技术体系要求感知层具有强大的环境感知能力。它通过条形码、射频识别、传感器、工业仪表等在内的采集设备感知和采集爆破环境中的温度、湿度、速度、位置、振动、压力、流量、气体等各种数据，实现对爆破行业相关设施、器材、地质、环境、安全等方面信息的识别、采集、监测和控制。其采集设备包括：智能卡（条形码、二维码、射频卡等）、传感器（温度、压力、湿度、化学等）、工业仪表（温度、压力、液位、分析仪等）、智能设备（开关、控制器、执行机构等）和音视频等多媒体设备。感知层的采集设备要求灵敏度、精度高，功耗低，且无线传输。

3.1 爆破环境感知的基本概念与组成

3.1.1 爆破环境感知的基本概念

"感"与"知"是相对于人类的感觉器官给出的定义。所谓"感"是指人类对自己器官所接收的信号做出认识。所谓"知"是对这些感觉信号在大脑中进行分类处理和存储，并对其进行分辨和识别，解释这是什么、有什么作用。人类有五感，分别为视觉、听觉、嗅觉、味觉和触觉，所对应的感觉器官分别为眼、耳、鼻、口和皮肤。

视觉是通过视觉系统的外周感觉器官接受外界环境中一定波长范围内的电磁波刺激，经中枢有关部分进行编码加工和分析后获得的主观感觉。光作用于视觉器官，使其感受细胞兴奋，信息经视觉神经系统加工后产生视觉。

听觉是声波作用于听觉器官，使其感受细胞处于兴奋并引起听神经的冲动以至于传入信息，经各级听觉中枢分析后引起的震生感。外界声波通过介质传到外耳道，再传到鼓膜，鼓膜振动，通过听小骨放大之后传到内耳，刺激耳蜗内的纤毛细胞（也称听觉感受器）而产生神经冲动。神经冲动沿着听神经传到大脑皮层的听觉中枢，形成听觉。听觉是仅次于视觉的重要感觉通道。

味觉是指食物在人的口腔内对味觉器官化学感受系统的刺激并产生的一种感觉。

嗅觉是由嗅神经系统和鼻三叉神经系统参与生成的一种感觉。嗅觉和味觉会互相作用。嗅觉是外激素通信实现的前提，它是一种远感，即说它是通过长距离感受化学刺激的感觉。相比之下，味觉是一种近感。

触觉是接触、滑动、压觉等机械刺激的总称，是指分布于全身皮肤上的神经细胞接受来自外界的温度、湿度、疼痛、压力、振动等方面的感觉。多数动物的触觉器官是遍布全身的，像人类的皮肤位于人的体表，依靠表皮的游离神经末梢能感受温度、痛觉、触觉等多种感觉。

随着社会的进步，人与人之间的交流范围越来越大，仅凭借身体本身，人们已经不能完成对周围事物的掌控。于是，人类不断创新发明，用工具来延伸自己的感官：比如脚力不及，人类便发明了轮子；听力不够远，人类便发明了电话。同样，媒介也是人类感觉能力的延伸：印刷媒介是视觉的延伸，广播是听觉的延伸，电视则是视听觉的综合延伸；按照这个逻辑，电脑作为媒介融合的产物，无疑就是人脑的延伸。随着感知手段的多样化、自动化、网络化，主流的技术创新一直以人的感官功能为诉求，人们持之不懈地研究人工智能、人机交互，以期实现感知的延伸。因此，"感知"在现今乃至未来的生产、生活中，不再仅仅是一般意义上的"感"和"知"，它还蕴含了智能、智慧的含义。

传感器是人类五官的延长，通常可以将传感器与人类的 5 大感觉器官相比较。光敏传感器替代视觉器官，声敏传感器替代听觉器官，气敏传感器替代嗅觉器官，化学传感器替代味觉，压敏、温敏、流体传感器替代触觉器官。

作为"智能爆破"感知层的不可或缺的一环，爆破环境的"感"和"知"是准确、快速和更智能地获取爆破区域的形态、岩性等信息，制造类似于人类视觉、听觉、嗅觉、味觉和触觉的传感器和信号传输、处理与存储工具，并对这些信息进行分辨和识别的重要手段。爆破环境的"感"和"知"为人类专家做出更好的爆破方案，使用更智能的爆破设计软件提供数据支撑。

近年来，随着微电子机械系统 MEMS（Micro Electro Mechanical Systems）的广泛应用，爆破环境感知所需的陀螺仪、加速度传感器、光电传感器、气体传感器、压力传感器、光学传感器等器件，都有了突飞猛进的发展。近些年涌现出一批新型传感技术，其中尤以三维激光扫描技术、无人机三维重构技术、微地震监测技术、岩性随钻测量技术的应用较为瞩目。

3.1.2 爆破环境感知层的基本组成

感知层主要由 RFID、定位导航系统、读卡器、视频监控设备以及其他专业传感器等设备，按照不同的需要和目的组建成各自的局域专网体系，实现对爆破环境的全方位感知，获取和上传感知数据。感知设备是认知爆破环境的神经末梢，它是智能爆破的基础。感知设备建设越发达，就越能推进行业向智能化发展。但感知设备不能盲目建设，否则造成更大的资源浪费，带来感知冗余和信息壁垒。因此，感知设备建设应该以实际需求为依据，统一规划、统筹协调，按职能分工协作、信息统一接入共享的原则，建设爆破感知体系。

3.1.2.1 感知层的主要构成

感知层指通过条形码、射频识别、传感器、工业仪表等采集设备获取信息。包括：智能卡（条形码、二维码、射频卡等）、传感器（温度、湿度、压力、化学等）、工业仪表（温度、压力、液位、分析仪等）、智能设备（开关、控制器、执行机构等）、音视频多媒体设备等数据采集和自组织网络系统。

（1）射频识别。射频识别即 RFID 技术，又称无线射频识别、电子标签，是一种通信技术，无需识别系统与特定目标之间建立机械或光学接触，即可通过无线电讯号识别特定目标并读写相关数据。常用的有低频（125~134.2kHz）、高频（13.56MHz）、超高频、无源等技术。RFID 读写器分移动式和固定式两种。

（2）传感技术。传感技术是关于从自然信源获取信息，并对之进行处理（变换）和识别的一门多学科交叉的现代科学与工程技术，它涉及传感器（又称换能器）、信息处理和识别的规划、设计、开发、制/建造、测试、应用、评价及改进等活动。传感技术、计算机技术和通信技术一起被称为信息技术的三大支柱。从仿生学观点，如果把计算机看成处理和识别信息的"大脑"，把通信系统看成传递信息的"神经系统"的话，那么传感器就是"感觉器官"。传感技术遵循系统论和信息论，包含了众多的高新技术，是现代科学技术发展的基础条件，也被众多的产业广泛采用。

（3）智能卡。智能卡又称非接触CPU卡，卡内的集成电路中带有微处理器CPU，存储单元，如包括随机存储器RAM、程序存储器ROM（FLASH）、用户数据存储器（EEP-ROM）以及芯片操作系统（COS），不仅具有数据存储功能，同时具有命令处理和数据安全保护等功能。可以作为爆破器材流通环节交易、检验等信息的记录载体。

（4）条形码。条形码是一种信息的图形化表示方法，可以把信息制作成条形码，然后用相应的扫描设备把其中的信息输入到计算机中。条形码分为一维条形码、二维条形码和彩色条形码。二维码相对于一维码可以存储更多的信息，比如产地、出厂时间、厂家信息等。彩色条形码比二维条形码优胜的地方，是它可以利用较低的分辨率来提供较高的数据容量。

（5）智能移动终端。智能移动终端主要包括智能手机、平板电脑，以及具备条形码识读、RFID和IC卡读写、手写输入等功能，并能通过无线或有线方式传输信息的移动式设备，配备开发相应的软件，可以方便在户外采集相关的数据信息。

（6）定位导航。智能爆破涉及众多的人员、设备，其定位与导航是实现智能化的重要环节。在露天爆破过程中，可借助全球定位与导航技术加以实现。地下爆破因为没有全球卫星导航系统的辅助，定位和导航难度较大。随着5G网络、可见光（VLC，Visible Light Communication）、Wi-Fi、Zigbee等新通信手段的兴起，结合物联网、GIS、激光等技术，可以对凿岩、测量等爆破相关设备进行精确定位与导航。定位导航是物联网延伸到移动物体、采集移动物体信息的重要感知手段，也是爆破智能化、可视化的重要技术。

（7）视频采集。数字视频监控技术是对爆破监控现场视频/音频的实时采集、高效压缩和实时传输，要求系统具备复杂且稳健的控制逻辑和实时的数据处理能力。

3.1.2.2　感知层的建设内容

感知层建设充分发挥数字化信息采集和监控的功能，转变传统爆破人工录入采集信息的方式，对爆破行业的所有应用领域实现智能、全面、深度的感知，形成智能互联感知网络，为爆破的综合应用提供智能、泛在的信息感知网络。

构建覆盖爆破行业所有应用领域的感知信息网络，须要考虑爆破行业各个作业过程对感知类型的需求，统筹规划传感设施，建设服务爆破工程全局的信息感知网，在避免应用体系不同类型之间同类感知设施重复建设的原则下，形成以通用感知设备为核心的行业级感知网。选择性建设视频感知网、定位导航感知网、无线感知网和综合传感器网等几类应用规模大、范围广、感知方式集中的物联网。

在对感知网进行规划的同时，充分考虑各类传感网的可扩展性以及感知技术发展的前瞻性，同时考虑传感设备的兼容性和信息的标准化等因素。

构建覆盖爆破全过程的感知信息网，是智能爆破的物联基础。在充分考虑爆破行业各个过程对感知设备需求的基础上，利用各类感知方式和感知技术，形成以主要感知手段为核心的各类行业级感知网。

　　智能爆破的感知网络应统筹规划，分布实施，集中建设。智能爆破主要包括如下4类感知网：

　　（1）视频感知网。在现有视频监控设备的基础上，进一步扩大视频感知范围，将爆破所有应用领域的重要场所纳入智能视频监控体系，形成视频感知网。在高清视频的基础上，增加图像智能识别应用，在行为异常模式识别、遗留物品报警、人脸特征识别、人员认证等方面优先部署。

　　（2）定位导航感知网。构建爆破范围内的炸药运输车、爆炸物品、特定人群的感知网，对移动的人与物的位置和移动轨迹进行有效的监控。基于北斗卫星建设车辆移动跟踪系统，形成车辆感知网。以车辆感知网为定位、导航的基础，将定位范围扩大至爆破相关仪器设备（如爆破测振仪、装药车、凿岩设备）、爆炸物品以及特定人群（涉爆人员等）。

　　（3）无线感知网。构建以手机、笔记本、平板电脑或其他手持设备为感知方式的无线感知网。移动终端将获取包括定位信息、图片信息、指纹信息、身份信息、条码扫描信息、RFID扫描信息、IC卡扫描信息等信息，通过无线网络传输到信息处理层，实现信息的有效传递、共享和存储。无线感知网为爆破行业提供移动执法、移动查询、移动办公和移动商务等功能。

　　（4）综合传感器网。以上几类感知网络具有应用规模大、领域多、范围广、感知方式集中的特点。除此之外，需要应用专业传感设备，构成专门的综合感知网络。如有毒有害气体监测仪、爆破噪声监测设备、爆破测振仪等感知设备组成的爆破环境监测感知网等。这些传感器网通过无线网络或者光通信网接入互联网，构成综合传感器网。

3.2　三维激光扫描技术

　　传统的爆破环境感知手段主要采用全站仪等仪器进行二维坐标测量，测量时间长、爆破设计滞后爆破工作面的推进。从二维到三维是人类对空间认知的基本规律，三维可以真实、直观、可视化表达现实世界。三维激光测量技术可以获取点云、测量目标的高密度的点阵三维坐标和影像纹理信息，具有非接触式主动测量、测量精度高、测量速度快、测量覆盖面广、自动化运行等特点，可对爆破区域进行大面积高密度三维数据的采集，是实现爆破环境三维可视化感知的重要手段。三维激光扫描仪可精确感知爆破环境的地形特征，克服了传统测绘技术以点测量为主、覆盖面小、受人为影响大且操作耗时等缺点，使测量结果的精准度或施工效率均有显著提高。

3.2.1　三维激光扫描技术原理

　　三维激光测量仪是由目标激光测距仪和角度测量仪组合而成的自动化快速测量系统。激光测距仪通过激光脉冲发射体向被测目标体发射窄束激光脉冲，测量激光脉冲从发出经目标体表面反射返回仪器所经过的时间得到仪器与测点的距离 L。同时，激光测距仪在两个互相垂直的步进电机的驱动下，分别在垂直和水平方向上转动，由一台步进机电驱动测距仪在铅直方向上完成一列测量后，另一台步进电机驱动测距仪在水平方向上转动一步，再进行下一列的测量。两台步进电机交替工作，如此依次量测过被测区域，通过步进电机的步数、步距角和起始角度得出测量目标体上各点的垂直方向角 θ 和水平方向角 α。同时结合数码相机，可得到测量点颜色信息。此外，三维激光数字测量仪还可以由目标的反射率得到目标的灰度值。

目前市场上应用较为广泛的两类三维激光扫描仪是脉冲式和相位式。相位式基本原理是利用无线电波的频率测定调制光往返测线一次所产生的相位延迟，再依据调制光的波长换算相位延迟所代表的距离。脉冲式基本原理是通过高精度时钟记录激光脉冲的往返时间差，并以光速和时间的乘积关系确定测距。另外，三维激光扫描仪有机载、车载以及地面式等多种平台工作模式。鉴于工业集成程度和制造成本限制，地面式三维激光扫描是当前市场应用最为普及的。

国内外主要有加拿大 Optech、美国天宝（Trimble）、德国徕卡（Leica）、英国 MDL，以及我国矿冶科技集团有限公司（原北京矿冶研究总院）等机构研发的三维激光扫描仪。

激光扫描三维探测一般使用仪器内部坐标系统，如图 3-1 所示。

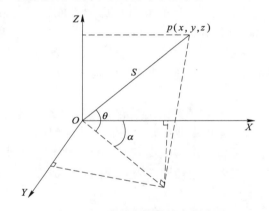

图 3-1　三维激光扫描技术原理图

X 轴在横向扫描面内，Y 轴在横向扫描面内与 Z 轴垂直，Z 轴与横向扫描面垂直。O 为扫描仪原点坐标位置，$p(x, y, z)$ 为云坐标。通过数据采集获得测距值 S，精密时钟控制编码器同步测量每个激光脉冲横向扫描角度观测值 α 和纵向扫描角度观测值 θ。由此可得到三维激光测量点 $p(x, y, z)$ 的坐标：

$$\begin{cases} X = S \cdot \cos\theta \cdot \cos\alpha \\ Y = S \cdot \cos\theta \cdot \sin\alpha \\ Z = S \cdot \sin\theta \end{cases}$$

然而，三维激光扫描仪提供的是仪器内部坐标，其原点为激光发射中心点，三维激光扫描仪由于安装位置可能会倾斜，与矿山坐标系并不一致，为此，三维激光扫描仪内通常会安装倾角传感器，对仪器的倾斜和滚动情况进行修正。

三维激光扫描仪倾角传感器输出的角度分别为 φ、ω、κ，则 $p(x, y, z)$ 坐标需要进行旋转来实现姿态修正。

旋转矩阵为：

$$R_{\varphi\omega\kappa} = R_\varphi R_\omega R_\kappa = \begin{bmatrix} a_1 & a_2 & a_3 \\ b_1 & b_2 & b_3 \\ c_1 & c_2 & c_3 \end{bmatrix}$$

其中

$$a_1 = \cos\varphi\cos\kappa + \sin\varphi\sin\omega\sin\kappa$$

$$b_1 = \cos\varphi\cos\kappa - \sin\varphi\sin\omega\cos\kappa$$

$$c_1 = \sin\varphi\cos\omega$$

$$a_2 = -\cos\omega\sin\kappa$$

$$b_2 = \cos\omega\cos\kappa$$

$$c_2 = \sin\omega$$

$$a_3 = -\sin\varphi\cos\kappa + \cos\varphi\sin\omega\sin\kappa$$

$$b_3 = -\sin\varphi\sin\kappa + \cos\varphi\sin\omega\cos\kappa$$

$$c_3 = \cos\omega\cos\varphi$$

由于三维激光扫描仪测量的距离依靠被测物体反射回来的测距信号，因此三维激光扫描仪与传统的免棱镜全站仪测量工作原理是一样的。

3.2.2 爆破点云数据三维重构

三维激光扫描仪是一种非接触式主动测量系统，可进行大面积、高密度空间三维数据的采集。与传统的探测和测量方法相比，具有点位测量精度高，采集空间点的密度大、速度快，不需要控制点就可以建立目标体三维模型等特点。扫描仪通过径向伺服驱动系统带动激光束水平偏转，以实现激光径向的扫描功能。扫描仪主体沿轴向自旋转，可实现轴向的扫描；每当径向扫描完成一个周期后，轴向电机步进一次，以进行第二次径向扫描。如此持续执行下去，最终实现对整个空间的扫描过程，如图3-2所示。

图 3-2 爆破现场三维激光扫描场景

三维激光扫描技术应用于感知爆破前后的环境，可以在爆破前获取爆破作业区域的点云数据，快速构建爆破作业区域的三维形态 DTM 模型，并分析爆破补偿空间。爆破后对爆破环境进行三维激光扫描，可以快速获得采场空区大小、爆堆形态，从而评价是否超爆或欠爆。

3.2.2.1　点云数据坐标映射

利用三维激光扫描仪扫描获取的爆破环境点云数据是相对仪器本身坐标系的，需要转换为大地坐标系才能与矿体等实体模型进行复合。通常采用全站仪将点云数据从相对坐标转换成矿山绝对坐标系。

（1）利用全站仪获取三维激光扫描仪两个靶标的坐标点 P_1、P_2，其中 P_1 点为三维激光扫描仪坐标原点，P_2 为后端靶标中心点；

（2）通过全站仪测量的坐标点 P_1、P_2 可以计算出整个矿用三维激光扫描仪的方位角 α_1；

（3）利用三维激光扫描仪系统内部的倾角传感器可以测量系统的倾角 α_2 和滚动角 α_3；

（4）将相关参数输入到三维激光扫描仪进行坐标映射，可以把扫描得到的点云数据转换成大地坐标系。由于三维激光扫描仪内部姿态传感器获取的倾角 α_2 和滚动角 α_3 在点云数据形成时已经进行转换，为此对应的坐标映射只需要输入三维激光扫描仪方位角和靶标点三维坐标即可完成坐标转换。

3.2.2.2　点云数据三维重构

在爆破前后，采用三维激光扫描仪扫描爆破区域，将获取大量的点云数据。这些数据是一系列散乱的点云，只能大致了解爆破前后爆破空间环境的形态及长、宽、高等基本信息。因此，有必要对点云数据进行预处理，把点云数据处理为扫描数据线，并在三维引擎中进行模型重构，形成三维实体模型，结合原有矿体三维模型和爆破设计方案，通过交集、并集等布尔运算法则，计算超爆、欠爆量。图 3-3 所示为实测爆破环境空间点云数据三维重建过程。

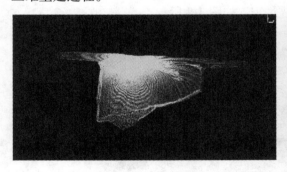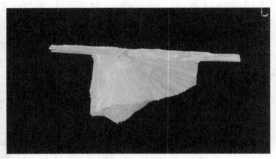

图 3-3　爆破环境空间点云数据三维重建

3.2.3　三维激光扫描的爆破应用

3.2.3.1　爆破方量与超爆、欠爆分析

为了计算爆破方量，爆破技术人员对爆破前后的三维激光扫描点云数据进行处理，可以利用三维爆破软件，对爆破前后的三维模型进行比对，通过布尔运算快速计算爆破方量。

同样，计算超爆、欠爆的矿石量，需要将扫描处理后的三维模型与设计的三维模型进行比对，确定是否发生超爆、欠爆；通过三维模型布尔运算提取超爆或者欠爆的区域，并对超爆或者欠爆的区域进行分类处理，计算其体积和矿量。超爆、欠爆分析的结果可有效指导下次爆破设计、凿岩、装药与施工。采场扫描模型与设计模型复合结果如图 3-4 所示，爆破前后点云数据模型对比如图 3-5 所示。

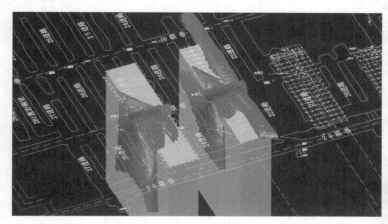

图 3-4 采场扫描模型与设计模型复合结果

扫一扫看彩图

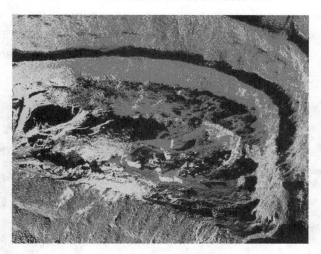

图 3-5 爆破前后点云数据模型对比

3.2.3.2 光面爆破残留炮孔自动识别

半孔率是衡量与评价光面爆破质量的一项重要指标。半孔率的统计分析需要获取残留炮孔弧长及其长度，而对弧长的判断大多依据经验进行。传统计算半孔率的方法主要是通过现场进行人工识别，或是在现场拍摄照片，后期进行人工判断。由于现场不方便测量半孔长度，通过人工现场识别半孔率的方式通常只能统计半孔的数量，而不能统计半孔长度占比。爆破半孔弧长本质上是一种三维空间特征信息，采用现场拍照后期人工判别的方式只能获得二维图像，难以得到半孔的准确数据，且存在参照物比例的问题，导致半孔率计算的效率和准确度都不高。同时，这两种方法的工作量非常大，智能化程度不高，不符合智能爆破的要求。

　　三维激光扫描获取的爆破三维空间点云数据带有精确的坐标信息，通过高精度的点云数据，可以提取丰富的空间特征信息，相较于摄影测量具有更高的精度。基于三维激光点云数据，可以自动识别光面爆破残留的炮孔，然后提取残孔的长度、弧长等特征参数，实现光面爆破半孔的高精度判断和统计。国内外学者在这方面已有探索，如图 3-6 所示。

图 3-6　光面爆破三维激光扫描现场

　　实际操作过程中，爆破技术人员将获取的多站点云数据进行拼接，获取完整的光面爆破残留炮孔点云数据，而后对点云数据进行去噪和压缩，得到高质量的三维点云数据，然后识别出残留炮孔位置并提取该位置下的残孔点云数据，进一步处理和分析点云的曲率值，得到经过可视化的带曲率信息的三维点云数据，如图 3-7 所示。

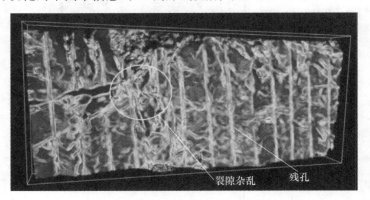

图 3-7　带曲率信息的三维点云数据

　　四川省安全科学技术研究院的爆破技术人员使用移动最小二乘法计算三维点云的表面曲率值，将曲率值进行排序，提取曲率较大的前 30% 作为特征数据点，如图 3-8 所示。

　　通过特征点拟合出三维空间残留炮孔位置，再将残留炮孔位置的原始点云数据提取出来，使用 RANSAC 算法进一步分析，快速拟合出炮孔轴线。在识别过程中每拟合出一条位置直线，就去除直线附近的特征点，不断进行拟合，直到特征点数小于预设值，或是拟合出的炮孔数等于钻孔数。同时对直线朝向进行判断，与预设朝向偏差过大视为错误拟合，予以去除，最终得到残留炮孔特征点位置拟合图，如图 3-9 所示。

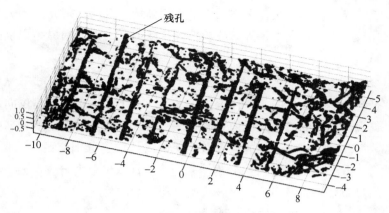

图 3-8　曲率特征点

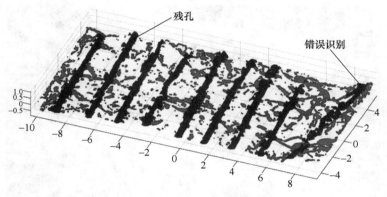

图 3-9　残留炮孔位置识别图

在获得残孔空间位置后，将各残孔点云分别提取出来，将其按炮孔轴线方向投影到二维平面中可以拟合得到炮孔半径及拟合圆心位置，再识别出炮孔的残余弧度，进而获得半孔率等参数，如图 3-10 所示。

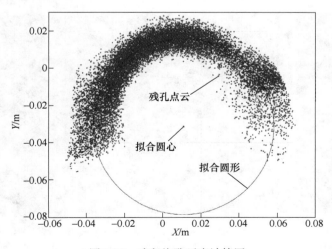

图 3-10　残留炮孔弧度计算图

相较于传统的人工识别方法，采用三维激光扫描技术自动识别光面爆破残留炮孔，可以得到残留炮孔长度、弧长和半径等参数的精确特征信息，能大幅提高识别的效率、精度和智能化程度。

3.2.3.3　爆破块度自动识别

爆破块度是评价爆破质量的主要评价指标之一。利用三维激光扫描仪向爆堆发射激光点获取目标对象表面真实的三维坐标信息的特性，可以远距离、高精度、高效率地获取爆破岩块的点云数据。基于爆破岩块的点云数据，国内外学者分别使用 Floodfill 算法、体积法、PCA 算法等工具，从岩块点云的分割结果中依次提取出单个岩块点云，自动计算岩块粒径并统计块度分布结果，最终达到爆破块度自动识别的目的。

图 3-11 所示为从爆破岩块原始点云信息。

图 3-11　爆破岩块原始点云信息

图 3-12 所示为从爆破岩块原始点云信息中提取出的单个岩块。

图 3-12　提取出的岩块识别效果

3.3　无人机遥感技术

无人机可以将 CCD、热传感器、多光谱传感器、磁力仪、激光雷达、LiDAR 和高光谱传感器等传感设备相结合，利用全球卫星定位系统（BDS、GPS 等）、地理信息系统（GIS）、惯性测量单元（IMU）传感器控制飞行位置与姿态，通过高度和航向传感器控制飞行高度和方向，对目标物进行快速数据采集，正在多个行业得到广泛应用。近年来，爆破行业已逐步使用搭载不同类型传感器的无人机，感知爆破环境的数据信息。无人机已成为爆破技术向智能化方向发展的重要工具。

3.3.1　遥感无人机的种类

遥感无人机是不接触物体本身，用传感器收集目标物的各种信息，经处理、分析后，识别目标物，揭示其几何、物理性质和相互关系及其变化规律的无人空中系统（UAS）或无人飞行器（UAV）。遥感无人机具有续航时间长、影像实时传输、高危地区探测、成本低、分辨率高、机动灵活等优点，是卫星遥感与有人机航空遥感的有力补充。

遥感无人机分为旋翼式和固定翼式（三角翼或传统机翼）两大类型，另外还有上述两种类型的混合机型。旋翼式无人机在较短的距离内具有良好的控制性能，且可轻松测量垂直面或狭窄空间，我国大疆无人机多属于此类型（如图 3-13 所示）。固定翼无人机通常续航时间较长，覆盖范围较广，但需要着陆跑道（如图 3-14 所示）。混合型无人机不仅具备旋翼式无人机垂直起降能力，又具备固定翼无人机长航时、广覆盖的特点，但价格比较昂贵（如图 3-15 所示）。

图 3-13　旋翼式无人机

遥感无人机利用空中和地面控制系统实现影像的自动拍摄和获取，同时实现航迹的规划和监控、信息数据的压缩和自动传输、影像预处理等功能，可广泛应用于生态环境保护、矿产资源勘探、海洋环境监测、土地利用调查、水资源开发、农作物长势监测与估产、农业作业、自然灾害监测与评估、城市规划与市政管理、森林病虫害防护与监测、公共安全、国防事业、数字地球等领域。

采用无人机搭载相关测量设备，对爆破环境进行扫描获取影像，通过后期处理得到三维影像资料，可以进一步提取数据信息。采用三维重建技术开展建（构）筑物爆堆形态三维摄影测量，可以实现爆堆的长度、宽度和高度等多参数统计，数据精确可靠，能满足爆

图 3-14　固定翼式无人机

图 3-15　混合型无人机

破拆除效果全方位分析要求。无人机遥感技术为智能爆破的设计、爆破效果分析提供了新的思路。图 3-16 所示为无人机在爆破区域进行航测的一种路线图。

3.3.2　遥感传感器与数据处理

无人机遥感系统依赖于无人机航测相关支撑技术的发展和瓶颈突破，包括无人机硬件、无人机飞控系统、测量仪器和测量数据处理软件等方面，其中以遥感传感器和数据处理软件尤为重要。

3.3.2.1　无人机遥感传感器

传感器的类型及灵敏度情况，是影响无人机遥感数据精度的一大因素。根据不同类型的遥感任务，遥感无人机使用相应的机载遥感设备，如高分辨率 CCD 数码相机、轻型光学相机、多光谱/超光谱成像仪、红外扫描仪，激光扫描仪、磁测仪、合成孔径雷达、Li-DAR 成像等传感器。随着技术的进步，光学成像精度和图像分辨率更高的各种新型传感器不断涌现。这些传感器不仅可以获取地形地貌，还可实现被测区域色彩的区分及危险源的辨识。高精度传感器的体积及质量日渐趋于小型化，传感器的运行也更为平稳，可较好

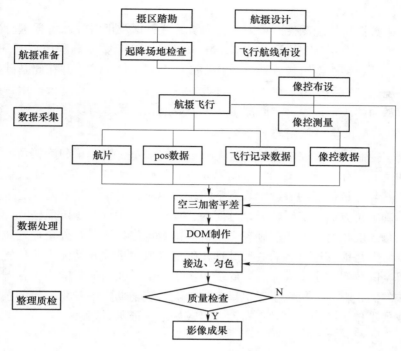

图 3-16 无人机航测路线图

地反映被测区域的清晰画面，实现实时拍摄的目的。高精度传感器具有高分辨率、色彩丰富的特点，具备飞行控制系统通信、获取飞行参数、解算适宜曝光时间、修正曝光时间、实时存储数据等功能，更为智能化。传感器的综合化及模块化使用，使得测量成图的精度得以保证。此外，立体矢量采集模块可测制矢量地形图，接收无人机航测的图像。

高性能遥感传感器呈现性能更优、体积更小的趋势，不再是搭载能力大、续航时间长的大中型无人机的专属。轻小型无人机搭载的测量仪器，近年来的进展主要体现在以下 3 个方面：（1）遥感测量仪器小型化、轻型化；（2）测量精度和测量效率提升；（3）测量手段多样化和集成化。高性能传感器的发展为轻小型无人机开展高精度航测作业提供了保障。

3.3.2.2 测量数据的后处理

无人机遥感系统主要采用遥测技术、视频影像微波传输和计算机影像信息处理等新型应用技术。与传统的航片相比，其采集的数据存在像幅较小、影像数量多等问题。根据爆破的特点以及相机定标参数、拍摄（或扫描）时的姿态数据和有关几何模型，相关科技工作者需要对图像进行几何和辐射校正，开发出相应的软件进行交互式处理；同时还有影像自动识别和快速拼接软件，实现影像质量、飞行质量的快速检查和数据的快速处理，以满足整套系统实时、快速的技术要求。

近年来，无人机测绘配套的测量数据后处理软件得到了较快发展，主要有 PixelFactory、Inpho、PixelGrid、DPGrid 等软件系统。这些软件主要基于集群网格化的并行计算，可实现影像的预处理、自动空中三角测量、同名点的密集匹配及影像的加工等，实现了测量的简单化及智能化。常用的空中三角解析法，可实现航测影像的加密处理，将二维航测图像转化为三维密集点云。

利用无人机数据后处理软件，可以对无人机遥感数据及正射影像数据进行图像解析处理，生成数字地面模型（DTM，Digital Terrain Model），或者数字高程模型（DEM，Digital Elevation Model）、数字正射影像（DOM，Digital Orthophoto Map），并在此基础上生成高精准度的爆破环境三维数字模型。无人机通过近景摄影系统，可以对露天矿山台阶爆破进行智能化设计，从而解决传统爆破空间测量、建模周期长，模型与现状出入较大等问题。

3.3.2.3　无人机姿态控制与精确定位

无人机姿态控制系统获取了测量瞬时无人机的航偏角、俯仰角和滚转角，其与描述像片空间姿态的角元素存在对应关系；借助无人机的精确定位技术，获取无人机在测量瞬间的空间位置，其与测量仪器的摄影中心点空间位置相对固定，可简单进行空间位置换算。

无人机精确定位方面，实时差分全球定位技术是一种新型常用的卫星定位测量方法，普遍应用于飞行速度相对较慢的多旋翼无人机的精确定位。事后差分全球定位技术，不能提高导航精度，但是能够通过事后数据处理精确地获取测量瞬间的无人机位置，其不必实时进行无人机空间位置的定位计算，因此受卫星数和信号强弱的影响小，普遍应用于飞行速度相对较快的固定翼无人机。全球卫星定位导航系统辅助空中三角测量的技术也有了一定的研究，取代了传统的地面控制点布设，可较好地保证测量精度。

3.3.2.4　无人机倾斜摄影

搭载在无人机平台上的倾斜摄影系统具有灵活的空对地观测视角，受地面环境的约束较小，能快速采集到地面三维激光扫描盲区数据。因此，在复杂的爆破生产环境中，为实现全视角的地面爆破环境信息采集，可采用中小型无人机搭载倾斜摄影或激光扫描等系统实施数据采集。

露天爆破无人机倾斜摄影测量，是将多角度高清相机搭载在无人机平台上，对爆破区域地表对象进行拍摄，再基于多视影像的地表点坐标实现密集匹配，进而快速获取三维数据的技术手段，能有效克服地面建筑和复杂地形的限制、干扰。无人机在空中拍摄时会通过 GNSS 和惯导系统自动记录拍摄照片空间位置和角度姿态，在保障照片之间足够重叠度的前提下，利用空中三角测量自动解算空间立体模型。

3.3.2.5　井下无人机

无人机通常需要 GNSS 辅助才能保持飞行稳定，但是在地下矿山或建（构）筑物内部，GNSS 信号无法覆盖，一种解决途径是使用实时定位与地图构建系统（SLAM，Simultaneous Localization And Mapping）稳定无人机飞行。采用 SLAM 技术的井下无人机，已经用于马里的一座地下矿山，实现了地下 $30000m^3$ 空间的测绘作业。如图 3-17 ~ 图 3-19 所示。

井下无人机结合 SLAM 和防撞传感器等技术，可实现无人机的井下自动飞行，全视角躲避障碍物。井下无人机结合三维激光雷达（3DLiDAR）、RGB 彩色热成像仪、气体传感器、辐射传感器等，可采集各类数据，用于调整和设计爆破后的采场形状，监控掘进和开采进度，分析巷道稳定性。

3.3.2.6　5G 网络无人机

5G 最大的优势是具有超级上行大带宽和低延迟特性，可以实现实时高清视频回传，

图 3-17 基于 SLAM 技术的井下无人机

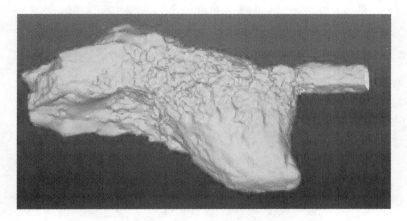

图 3-18 应用 SLAM 技术扫描获取的地下 3D 地图

图 3-19 井下无人机扫描获得的点云图

并对井下生产过程动态实时监控。神东煤炭上湾矿井采用领先的 5G 网络与无人机结合，开发了 5G 网络下的无人机智能巡检系统。通过 5G 网络，可以在超过 1000km 外的地面，控制井下 500 多米深度飞行的无人机，最低延迟仅为 20ms；传输的井下高清图像不仅清晰，而且实现了稳定的同步传输。该无人机通过激光扫描定位的方式，在无 GNSS 信号、无任何照明和复杂电磁环境下可以实现自主飞行、自主导航和自动避障、自动巡检，可以感知爆破前后的环境信息。如图 3-20 和图 3-21 所示。

图 3-20　基于 5G 网络的井下无人机

图 3-21　井下 5G 网络基站

3.3.3 遥感无人机的爆破应用

无人机遥感技术具有灵活性强，不受地形限制，拥有较好的三维可视化效果等优点。利用无人机进行爆破环境感知，能够大幅度提升爆破空间三维模型构建、爆破优化设计、爆破施工、爆破方量计算、爆破安全监控、爆破排产等工作的智能化、精准化程度和工作效率，具有传统测量技术无法比拟的优势。

3.3.3.1 矿山爆破区域环境三维模型构建

矿山爆破区域环境复杂多变，传统的全站仪等测量模式劳动强度大，工作效率低，与计算机的结合紧密程度较差。无人机遥感技术具有数据点密集、精度高、速度快、成本低、安全系数高、管理方便的特点，用于爆破区域环境的感知，可以大大提高爆破智能化程度。

无人机采用先进的遥感传感器、遥测遥控技术、全球卫星定位系统差分定位技术和通讯技术等，利用自带传感器及数据处理软件，可短时间内获取矿山爆破区域的数字三维模型、等高线分布情况、台阶的实际开采情况等，实现爆破环境的数字化建设与信息化处理。通过无人机对爆破区域地形地貌进行测绘，可以清楚直观地了解爆破区域的全貌及局部情况，能够快速构建爆破区域地形地貌的 DTM、DEM，用于后期爆破优化设计。

3.3.3.2 矿山爆破方量与超爆、欠爆分析

利用无人机搭载的三维激光扫描仪或者数码相机等遥感技术，获取爆破前的台阶形态，以及爆破后的爆堆形态，可以在三维爆破软件平台上，通过布尔运算快速圈定爆破方量。

通过无人机搭载的传感器，采集爆破后铲运结束的爆破区域形态，在三维爆破软件平台上，对比爆破设计方案与爆破后的区域形态，即可计算超爆或欠爆情况，以及相应的矿石量。

3.3.3.3 拆除爆破环境与爆堆形态分析

在拆除爆破领域，利用无人机的非接触感知特性，可以从不同角度采集建（构）筑物及其周边爆破环境的形态特征，在计算机上真实再现爆破环境的三维空间位置信息。这些信息对于了解待爆建（构）筑物周边的环境现状，精确判断建（构）筑物的结构特征和周边环境，合理确定建（构）筑物爆破拆除方案具有重要的作用。

爆堆周边环境恶劣，近距离测量爆堆形态存在诸多困难，通过无人机拍摄可以获得爆堆的三维形态，同时将 DSM 与内插生成的 DEM 相减可以得到爆堆高度值，进而验证爆破参数的合理性，定量评价爆破效果。

拆除爆破前，利用无人机遥感技术的非接触特征，远距离、多角度拍摄爆堆照片，通过软件处理为三维模型，可以进行任意点对点的距离测量，获取建筑物高度、楼层高度、长度、宽度和周边的建（构）筑物之间的距离，优化爆破设计。

拆除爆破后，可以通过爆破前后的三维模型，分析建（构）筑物轮廓形态的变化以及结构面破坏情况。同时，通过重建获得爆堆的三维模型，可以准确地测量爆堆的长度、宽度、高度、范围和总体积，以及分析各构件爆破后的空中姿态等情况。

3.3.3.4 爆破安全监控

爆破施工过程中，炸药装填、连线、起爆等环节均需要在警戒区或危险区边界设置明

显标识，并派出岗哨。对于警戒范围较大、地形复杂的爆破，安全监控工作压力大。无人机作为一种爆破环境空间数据获取技术手段，具有高现势性、视野开阔、影像清晰、实时传输，起飞降落受场地限制较小等优点，操作时无须接触爆破危险区域，巡查劳动强度低、效率高，在爆破等高危地区进行爆破安全监控作业具有无可比拟的优势。

在露天爆破前，通过无人机获取航拍图像，并应用机器视觉进行处理，可以实现爆破区域人员撤离后的自动巡查。由于当前目标检测算法对小目标识别率较低，不能满足巡查需要，图像超分辨率处理后，再进行目标检测可以显著提升目标的检出率。将爆破作业区域地图与爆破作业流程相结合，对无人机系统后台进行预编程，可以控制无人机在爆破现场的启停，实现对爆破现场作业重点环节和区域进行实时视频监控。

另外，还可以利用无人机航拍技术制作露天爆破作业现场720°全景图像，以帮助爆破监理机构、爆破作业单位对爆破施工工艺的实施情况、施工现场安全管理情况进行全方位的监督管控。

例如，必和必拓（BHP）自2014年以来，一直用无人机搭载军用级摄像机，获得矿区实时航拍影像和三维地图。在其所属澳大利亚昆士兰州一些煤矿中，无人机用于爆破前的现场清理以及爆破后的烟雾追踪。

3.3.3.5　爆破施工排产与生产调度

采用无人机获取整个矿山采场的实景全貌，及时更新地形地貌，对露天矿山进行全覆盖三维建模，可以及时而准确地了解矿区的采场现状，爆破区域的位置、范围及空间关系，掌握矿区道路及排土场的空间分布关系等，也可对重点区域进行进一步的高精度航测，为矿山爆破施工排产计划编制与现场设备布置提供依据，保证长期生产计划与短期爆破得以良好实施。

同时，可利用无人机进行爆破施工现场的调度与管理，对各爆破区域采剥作业进行计量与管理等，有利于现场调度员落实爆破生产计划、合理安排施工设备，使得现场管理决策更加智能化、科学化。

3.4　炮孔定位测量技术与装置

在爆破凿岩过程中，炮孔的定位是执行爆破设计方案的第一步。炮孔定位精度不够或者定位有偏差，将导致爆破抵抗线、孔间距或者排间距等重要参数发生变化，直接影响爆破质量。在露天爆破施工中，炮孔开钻前可以通过GNSS系统由卫星定位，误差较小。但是在地下爆破时，因为无法引入GNSS系统进行定位，炮孔的定位主要通过全站仪等测量仪器辅助进行，作业效率低，劳动强度大，一般需要多人配合操作。此外，传统的炮孔定位工作，其成图与测量是相互割裂的两道工序：放样时，需要根据设计图纸计算出各种尺寸和角度参数，再利用测量工具进行现场定位；验收时，需先进行现场测量，再到地表进行点位坐标计算和成图，因此劳动效率很低，也容易出现差错。炮孔定位测量装置具备自主供电、快速坐标转换、误差分析与补偿等功能，实现了炮孔点位设计、放样、验收、分析与成图的智能化。

3.4.1　炮孔定位测量技术原理

炮孔定位测量装置采用相位激光测量原理，通过测量回波信号相位与发射信号相位差来计算测量距离。使用炮孔定位测量仪时，首先将其对准测量基准点（即已知点），测量到已知点的距离、方位角和倾角，计算出测量仪自身的坐标。然后以测量仪坐标为基点，获取基点到被测点的距离和角度值，通过计算获得被测点的坐标值，如图 3-22 所示。

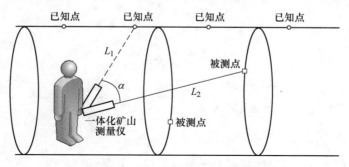

图 3-22　炮孔定位测量装置工作原理图

测量装置通过发射激光到被测目标，然后接收被测目标的发射激光，根据激光的往返时间差来精确测定距离信息。

空间坐标变换原理如图 3-23 所示。

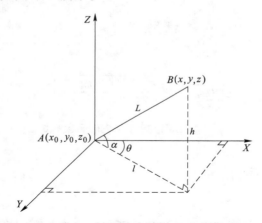

图 3-23　炮孔定位测量装置空间坐标变换原理图

已知测量装置在坐标系的坐标 $A(x_0, y_0, z_0)$，则计算被测炮孔坐标 $B(x, y, z)$ 需要测得 B 点对于 A 点的倾角 α 和方位角 θ，具体算法如下。

设 A、B 两点之间的距离为 L，则 AB 在坐标系的垂直投影为：

$$h = L \cdot \cos\alpha$$

水平投影为：

$$l = L \cdot \sin\alpha$$

坐标增量为：

$$\Delta x = l \cdot \cos\theta = L \cdot \sin\alpha \cdot \cos\theta$$
$$\Delta y = l \cdot \sin\theta = L \cdot \sin\alpha \cdot \sin\theta$$
$$\Delta z = L \cdot \cos\alpha$$

因此，坐标系内任一计算点的坐标为：

$$\begin{cases} x_i = x_0 + \sum_{i=1}^{n} \Delta x_i \\ y_i = y_0 + \sum_{i=1}^{n} \Delta y_i \\ z_i = z_0 + \sum_{i=1}^{n} \Delta z_i \end{cases}$$

式中　　　　　　　x_0，y_0，z_0——已知点坐标；

　　　　　Δx_i，Δy_i，Δz_i——坐标增量；

$\sum_{i=1}^{n} \Delta x_i$，$\sum_{i=1}^{n} \Delta y_i$，$\sum_{i=1}^{n} \Delta z_i$——增量累计。

　　炮孔定位测量装置使用陀螺仪或电子罗盘定位，其基轴（x轴）与测量探头的激光处于同一水平，或与激光发射水平线保持严格平行。如果测角度的元件为倾角传感器与陀螺仪或罗盘的组合，也应该使倾角传感器和陀螺仪或罗盘的组合满足图 3-24 所示的测量要求。

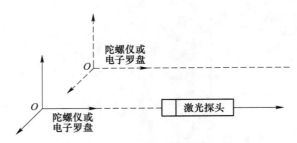

图 3-24　炮孔定位测量装置传感器测量方式

3.4.2　炮孔定位测量装置组成

3.4.2.1　硬件系统

　　炮孔定位测量装置硬件系统由手持坐标测量仪、传输电缆、井下便携式测量辅助计算机组成。辅助测量软件平台由通讯接口及测量参数配置、实时测量坐标显示、空间对象实体建模及三维形态展示、模型分析与评估、智能辅助测量等功能模块组成，如图 3-25 所示。

　　炮孔定位测量装置通过各种传感器确定炮孔开孔坐标及开孔角度信息。炮孔钻完之后，还可以用该仪器检验炮孔的方位信息，并将炮孔的实际方位数据上传到爆破智能设计系统，用于修正爆破设计方案。其中，炮孔角度主要通过高精度电子罗盘获得，包含倾角和方位角，通过短距离高精度的激光测距传感器获得距离信息。炮孔定位测量装置获得角度和距离信息后，通过微控制器进行处理，再通过网络或者串口的方式与上位机进行数据交互。

　　控制系统结构如图 3-26 所示。该系统以控制器为核心，不仅可以进行炮孔开孔坐标和角度定位，还具有数据存储、显示、声光控制等功能。

　　炮孔定位测量装置数据采集与处理流程如图 3-27 所示。

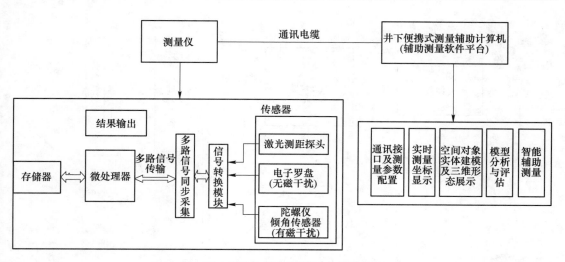

图 3-25 炮孔定位测量装置内部结构图

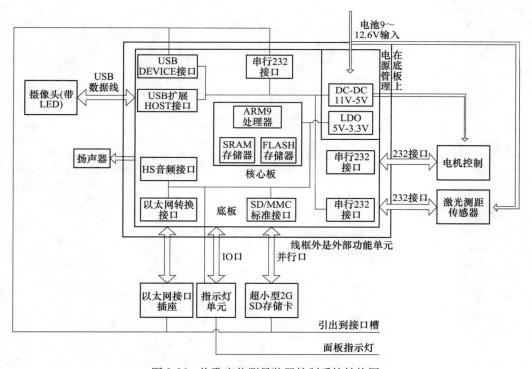

图 3-26 炮孔定位测量装置控制系统结构图

炮孔定位测量装置如图 3-28 所示。

炮孔定位测量装置定位炮孔开孔方位模拟场景如图 3-29 所示，打在墙的⊙光标即为定位的模拟炮孔。

3.4.2.2 软件系统

炮孔定位测量装置的软件系统由上位机软件和下位机软件组成。下位机负责测量控制

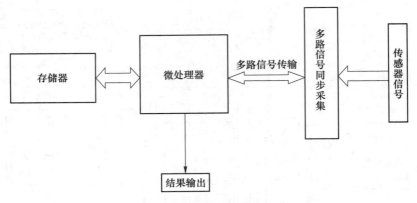

图 3-27　炮孔定位测量装置数据采集与处理流程图

图 3-28　炮孔定位测量装置实物图

图 3-29　炮孔定位测量装置模拟定位场景图

与交互，包括参数设置、基本测量、距离测量、角度测量、坐标转换、网络数据传输等功能。上位机负责三维实时展示，提供三维模型的后处理功能，包括炮孔的建模、空间分析、距离量算等。炮孔定位测量装置软件平台总体结构如图 3-30 所示。

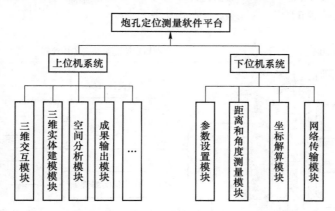

图 3-30 炮孔定位测量装置软件平台总体结构图

A 上位机软件

上位机软件是面向点云数据的实时展示与评估分析平台，以下位机的实时采集信息为基础，将采集空间坐标以点云的形式进行实时三维展示，并在此基础上进行三维实体建模与空间分析。

上位机软件主要分为三维交互模块、三维实体建模模块、空间分析模块、成果输出模块。

B 下位机软件

下位机软件是集信号采集、数据处理、数据存储、数据传输为一体的软件平台。其主要测量参数为距离、方位角和倾角，并根据这些参数和已知的参考点解算出仪器本身坐标。然后再以仪器本身坐标、距离、方位角和倾角为基础，解算出被测点的坐标值。

下位机软件主要分为人机交互模块、参数设置模块、距离和角度测量模块、坐标解算模块和网络传输模块，如图 3-31 所示。

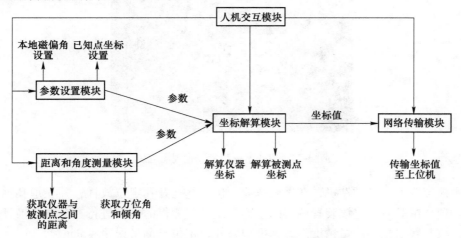

图 3-31 炮孔定位测量装置下位机软件功能结构示意图

3.4.3　炮孔定位测量技术应用

炮孔定位测量装置的构成与工作流程如图 3-32 所示。

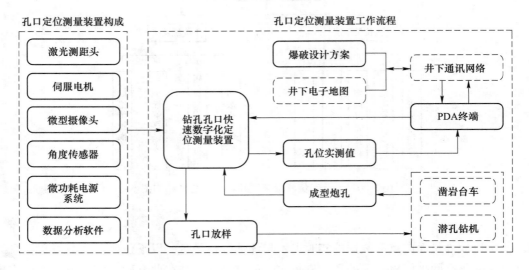

图 3-32　炮孔定位测量装置构成与工作流程示意图

利用该装置分别在河北承德寿王坟铜矿和广东凡口铅锌矿进行炮孔定位，随后进行炮孔检验等现场测试。在测试过程中，以全站仪作为辅助验证工具，如图 3-33 所示。

图 3-33　炮孔定位测量装置现场应用

利用该装置可以辅助钻机，在爆破作业面进行炮孔开孔定位放样，并在炮孔钻好后进行检验。现场试验时，将该装置测得的坐标与全站仪测得的坐标进行充分对比换算和验证后发现，该装置定位与测量精度高、速度快，孔口定位与测量误差≤5cm。

3.5 炮孔信息采集技术与装置

炮孔的孔深、倾角、方位角、偏斜率等参数，以及沿炮孔走向的断层、节理、裂隙等地质条件均直接影响爆破效果。因此，爆破前的炮孔信息采集是十分重要的工作。

为准确感知炮孔的相关信息和参数，炮孔信息采集装置采用微型电子定向与三维路径测量、快速数据传输及测量数据三维可视化等技术，采集包括炮孔倾角、方位角、深度、偏斜、路径等参数在内的数据信息，可实现磁性环境下炮孔参数的高精度测量。

3.5.1 炮孔信息采集与可视化技术原理

3.5.1.1 炮孔三维路径解算原理

炮孔三维路径结算时，假设炮孔路径视作无数个点的集合，将在每个采集点测量到的欧拉角度数据结合该处的炮孔深度信息，通过解算可得到该点的空间位置，再结合炮孔孔口坐标可得到该采集点在矿山坐标系下的三维坐标。装置的测杆部分内置多个高精度传感器，可采集测杆在动态测量过程中的姿态角、方位角及炮孔深度数据信息，通过炮孔路径解算方法实现炮孔中各采集点的坐标解算。

炮孔三维路径解算原理如图 3-34 所示。

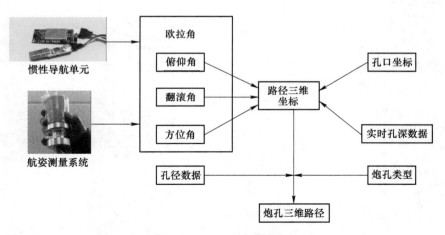

图 3-34　炮孔三维路径解算原理图

3.5.1.2 测杆姿态解算方法

通过内部的角度测量系统，炮孔信息采集装置可以实时采集测杆在炮孔内下放过程中的角度变化值，并使用 roll-pitch-yaw 定义的欧拉角系统表示测杆的各姿态角。炮孔信息采集装置的测角系统安装在测杆内部，并随着测杆下放深入炮孔内部，实时输出的三个旋转角度 $[\theta_{roll}, \theta_{pitch}, \theta_{yaw}]$ 可视作测杆绕坐标系三个轴的三次旋转，即可表示测杆此刻的空间姿态。系统定义的坐标系如图 3-35 所示，圆柱体即代表设备的测杆。

图 3-35 中，三个旋转角度 $[\theta_{roll}, \theta_{pitch}, \theta_{yaw}]$ 中，θ_{roll} 为测杆

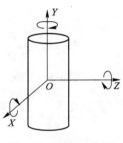

图 3-35　测杆坐标系及正方向示意图

绕 Z 轴的旋转角度，θ_{pitch} 为绕 X 轴的旋转角度，θ_{yaw} 为绕 Y 轴的旋转角度。它们的旋转顺序依次为 roll-pitch-yaw。旋转前物体的坐标系为 P_O，旋转后物体坐标系为 P_A。定义 R_{AO} 为由坐标系 P_O 得到坐标系 P_A 的旋转矩阵，是由三个方向的旋转矩阵组成：

$$\boldsymbol{R}_{AO} = \boldsymbol{R}_Y \cdot \boldsymbol{R}_X \cdot \boldsymbol{R}_Z$$

其中，$\boldsymbol{R}_X$、$\boldsymbol{R}_Y$、$\boldsymbol{R}_Z$ 分别代表坐标系 P_O 绕 X、Y、Z 轴的旋转矩阵，均可分别由欧拉角 $[\theta_{roll}, \theta_{pitch}, \theta_{yaw}]$ 获得。

$$P_A = \boldsymbol{R}_{AO} \cdot P_O = \boldsymbol{R}_Y \cdot \boldsymbol{R}_X \cdot \boldsymbol{R}_Z \cdot P_O$$

由此可求得旋转后坐标系 P_A，即可表征测杆在旋转后的姿态。

3.5.1.3　炮孔三维路径解算方法

炮孔信息采集装置的测杆在炮孔内的运动路径可视作无数个点的集合，装置在每两个采集点间的移动可以分解为平移和旋转两种运动的合成。

如图 3-36 所示，以空间内两个不同原点、不同方位的坐标系 A、C 为例：设一个过渡坐标系 B，B 与 A 原点相同，与 C 的方位相同。从 A 到 C 的变换过程可看作：A 在其原点位置旋转到 B，再由 B 平移到 C。

根据上述分析，炮孔信息采集装置内置的角度测量传感器在炮孔内的运动过程分解如图 3-37 所示。

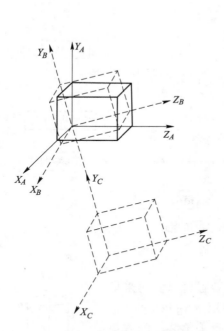

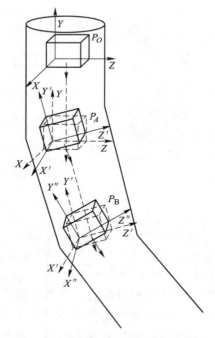

图 3-36　空间坐标系平移与旋转过程　　　图 3-37　炮孔内的传感器运动过程分解图

假设定义一个向量 r_0 为测杆在初始位置 O 点（0，0，0）的运动向量，且：

$$r_0 = [0, -1, 0]^{\mathrm{T}}$$

r_0 即为测杆在当前位置的指向，它决定了测杆初始的方向为垂直于水平面放置。而测杆马上开始的运动分为两步：

（1）旋转。测杆在 O 点进行了第一次旋转，r_O 经历了一个旋转矩阵为 $\boldsymbol{R}_{AO}$ 的旋转，测杆的指向变成 r_A；

（2）平移。测杆沿 r_A 运动了一段距离到达 A 点。此时的运动距离为此时孔深数据增加量 L_O。于是，当测杆由 O 点运动到 A 点时，物体实际经历了一个方向与 r_A 相同，模为 L_O 的向量。

具体计算过程为：

$\boldsymbol{R}_X(\theta_{\text{pitch}})$ 为绕 X 轴的旋转矩阵。

$$\boldsymbol{R}_X(\theta_{\text{pitch}}) = \begin{bmatrix} 1 & 0 & 0 \\ 0 & \cos\theta_{\text{pitch}} & -\sin\theta_{\text{pitch}} \\ 0 & \sin\theta_{\text{pitch}} & \cos\theta_{\text{pitch}} \end{bmatrix} = \exp\left(\begin{bmatrix} 0 & 0 & 0 \\ 0 & 0 & \theta_{\text{pitch}} \\ 0 & -\theta_{\text{pitch}} & 0 \end{bmatrix} \right)$$

$\boldsymbol{R}_Y(\theta_{\text{yaw}})$ 为绕 Y 轴的旋转矩阵。

$$\boldsymbol{R}_Y(\theta_{\text{yaw}}) = \begin{bmatrix} \cos\theta_{\text{yaw}} & 0 & \sin\theta_{\text{yaw}} \\ 0 & 1 & 0 \\ -\sin\theta_{\text{yaw}} & 0 & \cos\theta_{\text{yaw}} \end{bmatrix} = \exp\left(\begin{bmatrix} 0 & 0 & -\theta_{\text{yaw}} \\ 0 & 0 & 0 \\ \theta_{\text{yaw}} & 0 & 0 \end{bmatrix} \right)$$

$\boldsymbol{R}_Z(\theta_{\text{roll}})$ 为绕 Z 轴的旋转矩阵。

$$\boldsymbol{R}_Z(\theta_{\text{roll}}) = \begin{bmatrix} \cos\theta_{\text{roll}} & -\sin\theta_{\text{roll}} & 0 \\ \sin\theta_{\text{roll}} & \cos\theta_{\text{roll}} & 0 \\ 0 & 0 & 1 \end{bmatrix} = \exp\left(\begin{bmatrix} 0 & \theta_{\text{roll}} & 0 \\ -\theta_{\text{roll}} & 0 & 0 \\ 0 & 0 & 0 \end{bmatrix} \right)$$

所以，测杆由 O 点运动到 A 点时，运动的方向可表示为：

$$r_A = \boldsymbol{R}_{AO} \cdot r_O = \boldsymbol{R}_Y \cdot \boldsymbol{R}_X \cdot \boldsymbol{R}_Z \cdot r_O$$

根据数学中空间点平移方法，当设定第一个点坐标，即已知孔口坐标，且已知平移向量，即可解得第一个采集点 A 的坐标。以后的计算均以此类推。

由以上分析可知，通过将炮孔的路径视作离散上无数点的集合，在已知起始点和路径中每点的旋转角度及两点间的直线距离时，可求得路径中每个测量点时刻测杆的姿态和空间位移，从而解算并得到测杆在测量点的空间三维坐标，结合炮孔类型及孔径数据，即可在装置配套的三维展示平台上直观、实时地显示炮孔三维路径。

3.5.2　炮孔信息采集装置硬件系统

炮孔信息采集装置主要包括硬件系统、手持控制终端及配套软件两大部分。其中，硬件系统由绞车、传输电缆、测杆组成；手持控制终端使用 Surface Pro，并基于 Windows 开发了系统配套控制及数据处理软件；基于爆破设计软件平台开发适用于本炮孔参数测量系统的数据处理及三维展示功能。

装置的硬件设计主要有测杆和绞车两部分主体，均以 LPC11C14 为主控制器，分别对高精度角度传感器、高精度编码器、多路接近开关、压力传感器、以太网模块进行运行逻辑控制。

3.5.2.1　测杆控制器

测杆是炮孔参数测量装置中关键的测量组件，是炮孔角度测量的应用设备，通过绞车及线缆的连接将测杆放置于炮孔中。测杆在测量炮孔实时下放的过程中不断测量各角度信息，再将测得的数据信息上传至绞车，并接收来自绞车的控制指令，同时根据放置在测杆内的压力传感器及接近开关检测装置的运动状态。

测杆部分主控芯片内部自带 CAN 总线接口，同时具有较强的其他应用接口设计。利用其外设资源可实现测杆控制器与高精度的角度测量系统、绞车控制器的数据交互，测杆触底感知、通盲孔检测等。该处理器与绞车部分通信采用 CAN 总线接口，测杆与绞车之间采用四芯防磨线缆进行连接，其中两芯用于供电，另外两芯用于 CAN 总线通信。如图 3-38 和图 3-39 所示。

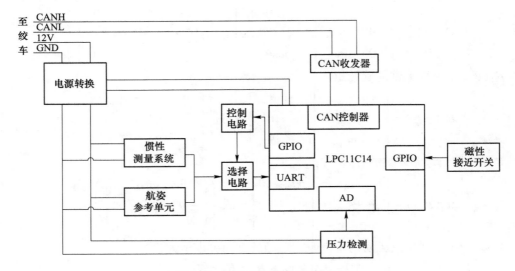

图 3-38　测杆控制器功能结构图

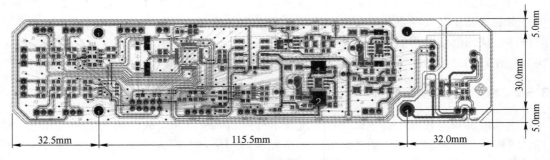

图 3-39　测杆控制器实物图

A　嵌入式处理器外围线路

处理器是系统硬件线路设计的核心，是测杆部分数据处理和控制的关键部件，处理器接收从绞车部分发来的指令，解析后识别指令内容去实现不同的控制操作，如读取角度测量系统数据，读取压力传感器模拟量、接近开关状态、控制角度测量系统切换等。处理器外部主要应用接口包括串口、CAN 总线接口、IO 口、数据下载调试接口等。线路如图 3-40 所示。

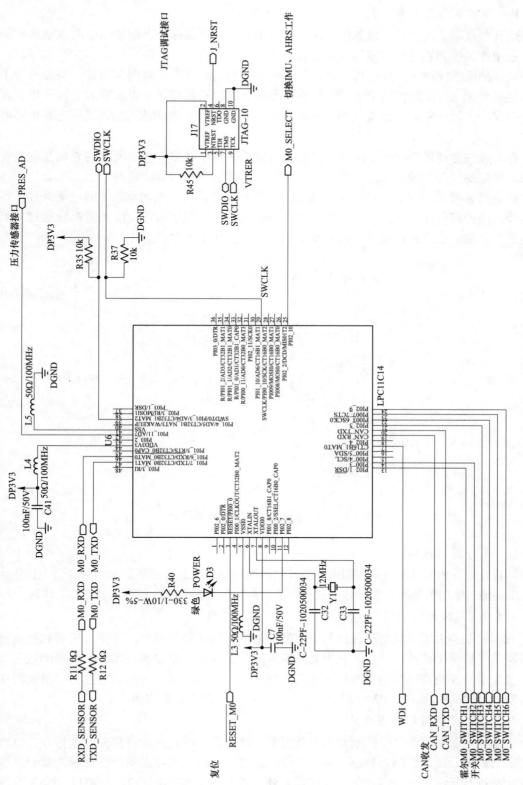

图 3-40 测杆处理器线路

B 高精度角度测量单元

炮孔参数测量装置通过内置两套角度测量单元，实现其在井下磁性与非磁性金属矿的双重适用性，控制器通过继电器实现两套测量单元的切换。

惯性测量系统用于磁性环境下测杆运动过程中的动态姿态和航向角测量，装置选用了一款高精度无须外减震器的全防护惯性导航元件，内置精确相互垂直安装的三轴环形硅振子陀螺仪、三轴油阻尼（或空气阻尼）加速度计，可实时、准确地给出装置姿态和传感器数据。

在非磁性金属矿环境下，炮孔参数测量装置采用微型航姿参考单元，内置相互垂直安装的三轴陀螺仪、三轴加速度计及三轴磁力计进行动态姿态和方位角测量。

该航姿参考单元的数据输出为 TTL 电平的串行接口，与微控制器芯片的电平兼容，可直接接入微控制器串口一侧。惯性测量系统与航姿参考单元这两路角度测量系统通过一组继电器对其供电电路进行控制，以实现其工作切换，如图 3-41 所示。

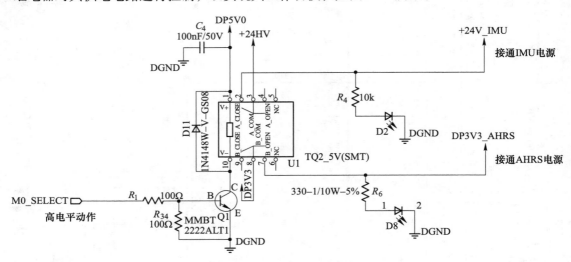

图 3-41   角度测量单元切换功能原理图

C 压力传感器单元

测杆在炮孔内移动时，采用固定在测杆底端的超小型压力传感器，识别测杆是否到达炮孔底部，通过实时分析其在测杆移动过程中的数据变化，判断测杆在炮孔中的移动状态。

3.5.2.2 绞车控制器

绞车控制器主要完成炮孔孔深测量、处理手持控制终端的指令，并将采集的数据通过无线网络上传至手持控制终端。利用其外设资源可实现绞车控制器与测杆控制器的数据交互，及与手持控制终端的指令与数据通信，炮孔孔深数据测量、本地信息存储、报警与指示等功能。图 3-42 和图 3-43 分别为绞车控制器的功能结构与实物图。

A 嵌入式处理器外围线路

绞车控制器是绞车部分控制及数据处理的关键部件，需要向测杆部分发送指令并接收其发来的数据，读取编码器数值，并与手持控制终端进行无线数据通信，同时需要对系统工作状态进行显示，进行本地信息存储等。处理器外部主要应用接口包括串口、CAN 总线

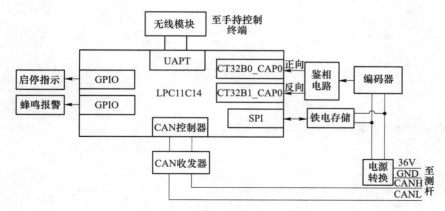

图 3-42 绞车控制器功能结构图

图 3-43 绞车控制器实物图

接口、IO 口、SPI 口、数据下载调试接口等，线路如图 3-44 所示。

B 孔深数据测量

炮孔深度数据的测量是通过在绞车计数轮安装一个增量式旋转编码器，输出的脉冲信号通过鉴相电路接入单片机的计数单元。由于单个脉冲对应的深度数据是固定的，通过对脉冲计数、软件编程可以计算钻孔的深度。

C CAN 收发隔离

由于装置在环境较严苛的井下工作，装置在测杆和绞车两部分都选用了带隔离功能的 CAN 收发器 CTM8251AT 和共模扼流圈，可有效提高系统 EMC 抗电磁干扰和 ESD 抗静电性能。如图 3-45 所示。

D 指示灯与蜂鸣报警设计

该部分线路功能主要是实现指示灯亮灭、闪烁控制和警示蜂鸣器控制，控制电路如图 3-46 所示。

3.5.2.3 控制器软件

测量装置的测杆及绞车控制器均使用基于 Cortex-M0 内核的 LPC11C14 处理器芯片，

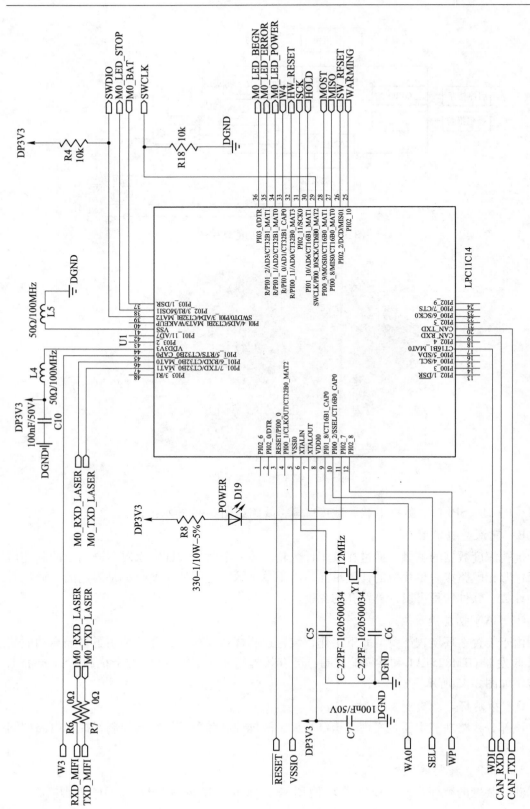

图 3-44　绞车处理器线路

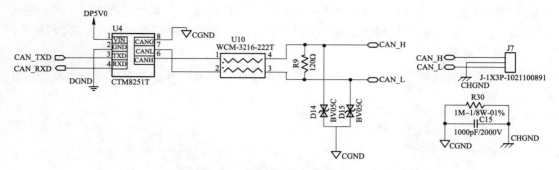

图 3-45 CAN 收发隔离原理图

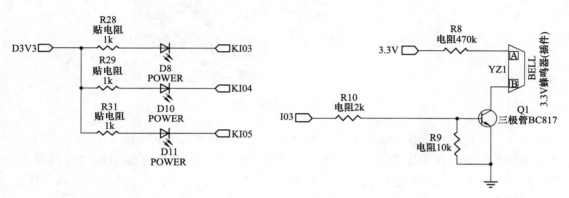

图 3-46 指示灯和蜂鸣报警线路

处理器软件开发均使用 C 语言，并分别基于 Keil 平台进行处理器程序开发。

测杆控制器配套软件具有 6 路接近开关状态检测、压力传感器信号 AD 检测、角度测量系统切换控制电路、串口数据处理、CAN 总线数据处理等功能。绞车控制器配套软件具有供电电压 AD 检测、孔深数据编码器信号处理、串口转无线数据处理、CAN 总线数据处理、本地数据存储、工作灯指示与蜂鸣报警等功能。

3.5.2.4 炮孔信息采集装置机械结构

炮孔信息采集装置的结构主体分为绞车和测杆两部分，两者用高强通讯线缆连接。

A 测杆结构

测杆长 70cm，直径 6cm，外部由不锈钢型材构成，如图 3-47 所示。测杆内部安装有高精度角度测量单元、压力传感器、电磁接近开关等，上下连接处均具有良好的防水防尘措施，整体防护等级可达到 IP66。此外，测杆可以检测盲孔是否触底，内部有良好的减振措施。

为获得准确的炮孔轨迹，测量外围配有对中器，使测杆

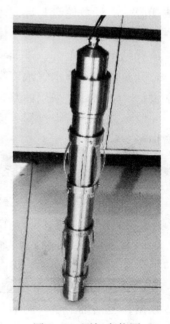

图 3-47 测杆实物图

沿着炮孔的中心线进行测量。对中器由一组铜质弹簧片组成，弹簧片一端固定，另一端可以沿测杆移动。因此对中器可以适应不同的炮孔直径，始终令测杆位于炮孔中心线上。

B　绞车结构

绞车在井下有两种状态，一种是炮孔信息采集状态，另一种是井下环境行走状态，如图 3-48 所示。

图 3-48　绞车实物图

绞车卷线轮盘可收卷 70m 高强度通讯线缆，通过手柄可实现下放和上升功能。绞车内部装有刹车装置，在非工作状态可以防止线缆松动。绞车底盘由不锈钢型材焊接而成，70m 高强线缆末端通过导电滑环进入底盘型材中，再进入电气防护箱，电气箱直接布置在计数轮轴上。

绞车通过计数轮盘轴上安装的编码器来测量炮孔内下放线缆的长度，进而得知炮孔深度信息。抗拉线缆连接着卷线轮与测杆，中间经过计数轮和导向轮等器件。为了防止抗拉线缆脱落，计数轮盘与导向轮盘处均安装有防脱轮。

绞车前端设计有二自由度机械臂。在炮孔测量过程中，机械臂可以向前延伸，将导向轮放置到炮孔正上方，进而将测杆垂直放置到炮孔中。

针对矿山井下水气浓度高、粉尘浓度高的特点，绞车电气防护箱进行了良好的防尘防水设计，动密封处采用曲路密封圈，静密封处采用防水接头，可以有效防水防尘。

绞车在井下行走过程，面对凹凸不平的路面，除了紧固所有连接处，还在行星轮轴处增加了减震片。

3.5.3　手持控制终端软件系统

炮孔信息采集装置基于 Windows 平台开发了配套的手持控制终端软件，并在 Surface Pro 上安装使用，使井下操作更便捷，炮孔信息展示更加直观。其主要功能有：

（1）实时操作控制。装置在进行炮孔参数测量时可通过手持控制终端软件进行控制，包括角度测量系统切换、设备启停控制、数据自动发送启停控制、误触底故障清除等。

（2）炮孔路径解算。通过将连续的炮孔路径分解为离散点，并对炮孔测量装置实时测量数据，包括翻滚角、俯仰角、方位角的角度值及编码器数值进行解算，可解得炮孔路径上测量点相对于孔口的三维坐标。

（3）炮孔路径三维展示。炮孔数据输入三维爆破设计软件，可对炮孔路径进行三维展示，也可在测量过程中实时进行炮孔的三维形态展示，并支持三维场景下的旋转及视角切换等操作，便于操作人员在测量过程中直观了解炮孔形态。

（4）工作状态显示。软件界面提供装置工作状态的显示，包括设备运行状态、故障信息与来源、电池电量显示模块。

（5）高级用户设置。软件提供多种用户权限，高级用户可对软件进行高级选项的设置，包括测杆长度、重力感应阈值等设备系统参数，以适应不同版本装置的需要。

（6）数据保存与上传。在每次炮孔测量工作完成后，软件以文本格式保存当次测量的所有数据。在手持控制终端与 PC 处于同一局域网内时，可通过设备间数据同步将测量结果批量上传至爆破优化设计平台的指定文件夹中，以供设计人员依据进行爆破设计。

3.5.4　数据处理与三维展示平台

炮孔信息采集装置具有数据处理及三维展示功能。

3.5.4.1　炮孔参数与相对坐标关系输入

为简化现场炮孔信息采集时的参数输入，在现场只需要对炮孔孔口进行编号记录，当测量人员回到办公室，可以使用三维爆破设计软件平台，对所测炮孔进行孔口坐标、相对坐标关系的批量或单孔录入。此项功能的界面如图 3-49 所示。

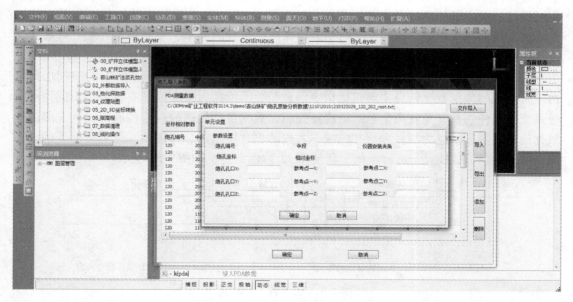

图 3-49　炮孔参数与坐标输入界面

3.5.4.2　炮孔形态三维展示功能

为使软件更好地兼容炮孔信息采集装置的测量数据，该装置测量数据采用如表 3-1 所示的解析格式。

表 3-1　数据解析格式

行号	数据个数	内容	具体内容及示例
LINE 1	6	系统参数	PDA 软件版本，系统参数个数，测量时间，测量人员，环境类型，测杆长度（mm）。示例：1，6，20150228115830，root；0（磁性）/ 255（非磁性），1200
LINE 2	6	炮孔基本数据	炮孔类型：5（通孔）/ 15（盲孔）；炮孔所在中段（m）：-150；炮孔编号：100；孔口坐标（m）：0.000000，0.000000，0.000000
LINE 3~n	4	炮孔轨迹数据	三维坐标（m）：0.316700，- 0.431200，10.675000；实时孔深（m）：12.450000

手持控制终端软件系统也支持 .dxf 和 .dwg 格式的图纸文件导入，可以适配普遍使用的 AUTOCAD 进行爆破设计。在软件中可以添加多个炮孔的三维形态，支持用户对三维炮孔模型进行编辑、标记、多视角观测，为爆破设计优化提供实时实测数据。

3.5.5　炮孔数据快速传输技术

要实现爆破的智能化，数据传输的速度是重要一环。炮孔信息采集装置的数据传输主要有 CAN 总线、无线通信两种方式。由于爆破工作环境比较恶劣，现场设备间的数据通信十分关键。为保证该装置具有可靠、稳定的数据通信保障，利用 CAN 总线通信速率高、实时性好、成本低的优势，装置的测杆与绞车间采用 CAN 总线的方式通信。为使操作人员的交互操作具有便捷、高效、实时的通信保障，装置的绞车、手持控制终端、爆破优化设计软件平台间的通信均采用无线数据传输方式。

为保证采集装置的高可靠性连接，基于 CAN 总线设置了适用于本装置的应用层传输协议。装置的内部数据信息主要包括指令信息与数据信息。指令信息主要包括不同角度测量系统的工作切换、角度测量系统的启停控制、数据自动发送的启停控制等，优先级高于数据信息。数据信息为测杆采集并向绞车发送的包含姿态角、方位角、压力传感器的动态测量值。通信协议支持 can 标准帧，即使用 11 位标识符，如图 3-50 所示。

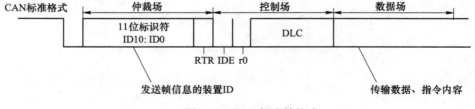

图 3-50　CAN 标准帧格式

本协议规定每帧数据属于命令、数据上传和应答 3 种类型之一。由表 3-2 报文格式可以看出，仲裁场包含有本帧节点编号及帧类型的信息，控制场中有本帧数据长度的信息。由于设备通信内容中大部分指令及数据只有较少的字节数，于是选用 CAN 标准帧通信即可，数据场的 8 个字节可写入需要发送的指令或者数据内容。

表 3-2　CAN 报文格式

仲裁场		
标识符位	名称	含　义
ID10：ID0	ID	发送本帧信息的节点编号 0x0c：绞车 ID 0x0d：测杆 ID
RTR	帧类型	0x00：数据帧 0xff：指令帧
控制场		
IDE、r0		保留，无需设置
DLC	数据长度	0x1000，表示数据长度为 8 字节
数据场		
字节数	名称	含　义
BYTE0~7	数据内容	当帧类型为数据帧时，为传输数据内容； 当帧类型为指令帧时，为传输指令

　　通过报文标识符 ID、帧类型和数据的结合使用，用优先级保证重要指令信息的交互，提高了 CAN 通信的实时性，减轻了 CAN 网络的总线负荷，从而提高了装置间 CAN 总线数据传输的可靠性。

　　绞车与手持控制终端间采用无线通信的方式，交互信息有指令和数据两种内容。指令信息主要包括不同角度测量系统的工作切换、误触底标志位的清除、系统的启停控制、数据自动发送等，优先级高于数据信息。数据信息包括用户设定的触底感应阈值，绞车向手持控制终端发送的炮孔深度及动态测量角度等信息。报文数据格式定义如表 3-3 所示。

表 3-3　无线传输报文格式

BYTE 0	标识符	#：帧起始标识符
BYTE 1	ID	发送本帧信息的节点编号 0x0a：手持控制终端 ID 0x0b：绞车 ID
BYTE 2	帧类型	0x55：指令帧 0xff：数据帧
BYTE 3	帧长度	此帧长度
BYTE 4~n-4	数据场	当帧类型为数据帧时，为传输数据内容 当帧类型为指令帧时，为传输指令
BYTE n-3	保留	默认：00
BYTE n-2	校验位	校验位
BYTE n-1	标识符	0x0d
BYTE n	标识符	0x0a

　　BYTE0 是每帧数据起始标识符。BYTE1 为节点设备 ID，以此区分发送本帧信息的是

手持控制终端或绞车。BYTE2 定义此帧数据为控制指令或是测量数据。BYTE3 定义为此帧数据长度。从 BYTE4 开始为传输信息内容，并有数据校验位。与帧起始类似，每帧数据的结束也使用两个字节作为标识符。通过在传输协议中定义标识符、设备 ID、数据类型等保证数据交互的可靠性，最终提高装置间无线数据快速传输的效率及稳定性。

3.5.6　炮孔信息采集技术应用

在凡口铅锌矿等矿山真实工况下，炮孔信息采集装置已进行了多次不同场景的测试，各项功能得到了验证。

在凡口铅锌矿−455m 中段的 S9 采场使用该装置进行炮孔信息采集，实验选取了 4 个垂直孔和 2 个斜孔，如图 3-51 所示。

图 3-51　炮孔信息采集装置现场实验

同时，在该装置的配套手持终端软件上可以观察到被测炮孔的路径及参数信息，如图 3-52 所示。

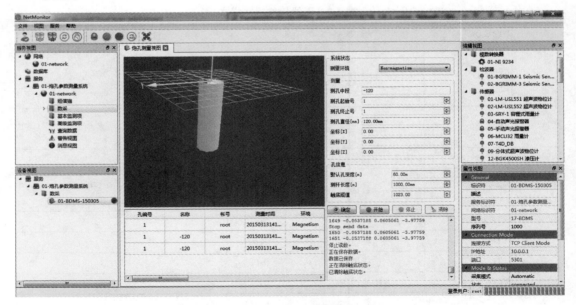

图 3-52　手持控制终端软件显示界面

手持控制终端展示的炮孔三维路径如图 3-53 所示。

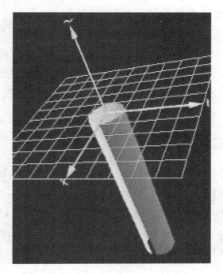

图 3-53　现场实验炮孔三维路径图

3.6　随钻岩性识别技术

3.6.1　智能凿岩设备的发展

凿岩装备是爆破生产的主体设备。早在 20 世纪初，国际采矿业便开始使用机械化的凿岩设备，并逐步取代了落后的手工凿岩方式。

20 世纪 60~70 年代，欧美等工业较发达的国家相继研制并逐步推广潜孔凿岩钻机、液压凿岩台车。随着机械、液压技术的发展，高气压潜孔钻机以及全液压凿岩台车相继问世并迅速发展成为国际采矿业的主流凿岩装备。

20 世纪 90 年代以来，随着计算机技术和微电子技术的快速发展，凿岩装备进一步变革。在日本、法国、瑞典、加拿大等国，各种智能化凿岩台车（凿岩机器人）相继研制成功。例如：日本东洋公司研制出 AD 系列双钻臂和四钻臂凿岩机器人，法国 Montabert 公司研制了 Robo-fore 凿岩机器人，瑞典 Atlas Copco 公司研制了通过钻进扭矩、推力、钻进速度等数据获取岩石可爆性参数的技术与装备，为优化调整现场混装装药车装药密度及炸药爆速提供支撑。

SANDVIK 公司研制的 DD422i 智能凿岩台车可实现自动寻孔、定位和凿岩功能。DD422i 凿岩台车可根据不同岩石条件，自动调整凿岩参数。该凿岩台车配备了 iSURE 智能化设计软件，凿岩时通过设定定位面保证所有炮孔孔底在同一水平面。工艺流程为：

（1）采用 iSURE 智能化设计软件建立新的巷道项目；

（2）将爆破资料（主要炮孔布设图和爆破参数）输入 iSURE 智能化设计软件，然后其根据现场岩石参数和炸药性能，出爆破参数和炮孔布置图；

（3）采用 USB 闪存盘拷贝至凿岩台车；

（4）在已开挖段的巷道顶端安装激光指向仪，采用激光定位方式进行凿岩台车定位；

（5）根据车载大臂辅助定位及炮孔设计图实现精确凿岩；

（6）根据爆破情况及随钻测量参数对设计图进行修正。

这些设备均采用计算机技术进行智能控制，能根据岩石状况自动调整凿岩参数，根据爆破方案设计的炮孔位置自动定位，有的还带有钻杆库，能自动完成接卸杆操作。近年来，随着数字化通讯技术、网络技术的日益完善，具备网络通讯功能的新一代智能化凿岩装备已成功开发，实现了设备的网络化远程控制、凿岩参数等数据回传、远程控制等目标。

3.6.2　随钻岩性识别技术原理

对岩土爆破而言，设计爆破参数首先要准确感知岩土的性质。传统的三维地质模型建立在一定数量的地质钻孔数据基础上，受勘探网度的影响，相邻钻孔之间的地质品位、岩性等信息只能靠特定的算法进行推断，所得结果误差较大，导致爆破设计往往出现偏差，爆破效果大受影响。解决这个问题的手段之一是随钻岩性识别技术，即在炮孔凿岩设备上设置必要的传感器，根据传感器和钻机本身获得的扭矩、钻进速度、油压等信息，进行分析、识别岩性。

随钻岩性识别是通过钻机对岩层物理力学性质及参数进行定性评价、岩层横向对比，实现岩石硬度和可爆性定性分析，以及实时钻孔钻进监控等目的的一种技术。随钻岩性识别已从单一的测孔技术向依据测孔数据数字化和更高级的智能化发展。但是，由于地质条件的不确定性和多变性、测孔数据的多解性和局限性，以及钻孔目的存在差异，随钻岩性智能识别仍处于发展阶段。

传统的凿岩设备仅仅是单纯的机械作业，其在穿孔作业过程中无论是遇到硬岩层或软岩层，都不能给予爆破设计与装药操作人员更改装药量及装药结构的指令，无法实现岩性识别。

露天钻机主要由履带式行走、平台、钻架和控制室四大部分组成。为了准确感知矿岩的岩性，有必要在钻机钻进过程中，对各个岩层进行岩性智能识别。因此，相关研究机构构建和拓展当前钻机智能控制系统、使之能够实时采集穿孔时的各种数据指标，通过大量的数据采集并分析构建出在一定置信度条件下的诸指标与各岩层岩性的关系，从而实现随钻岩性识别。

穿孔爆破作业过程中，钻机钻进会遇到不同岩石硬度的岩层，将表现出回转压力差、加压压力、风压大小变化与回转速度、钻进速度快慢变化。但是，传统钻机是在设定钻机工作参数的前提下进行钻进的，无论遇到何种岩性硬度的岩层，在钻进过程中钻机工作参数基本不会发生变化而自动实时调整。

露天钻机的随钻岩性识别系统通常在控制室装配岩性采集和自学习与穿孔爆破指令智能系统，钻架装配数据采集传感器。传感器主要采集回转速度（r/s）、钻进速度（m/s）、钻进深度（m）、风压（MPa）、加压压力（MPa）以及回转压力（MPa）6个特征参量。

岩性识别系统总体包括信号检测及数据预处理、控制器、电磁比例阀及执行机构、CAN通信模块以及软件系统等构成。

在钻进过程中，钻进压力变化信号通过加压油缸内的压力传感器，输出液压变化信号，液压变化信号通过压力变送器转换成电压信号，经过A/D采样后再通过选择单元进行判断，正常范围内压力信号的采样值与加压手柄给定值进行比较运算，输出控制量通过 PWM 调控电磁调节阀，同时输出可变的频率电压信号来控制回转马达的转速。回转马达转速和加压压力的变化，直接影响钻进速度，完成恒钻压闭环控制。如果由 A/D 采样后的钻压信号经选择单元后为异常钻压信号，则由判决单元自动给定一个钻进速度，直接输入到速度控制单元进行恒转速控制，直到钻进压力重新恢复正常。

在钻进过程中根据岩层硬度数据与钻机工作参数耦合关系和建立的多元回归方程式，自动记录各个岩层硬度及对应的钻机工作参数、深度和岩层厚度，从而实现岩性识别，并将以硬度为标识的岩层进行自动存储，反馈到控制系统。同样，在钻机自动控制系统启动模式下，目标性地对不同硬度的岩层，自动实时调整钻机工作参数，对硬度大的岩层适当提高回转压力差、降低回转速度。反之，对硬度小的岩层适当降低回转压力、提高回转速度，以保持钻进速度、提高钻进效率。

将钻机岩层序列剖面与以岩石硬度为特征的矿区综合地质剖面耦合，得到地质-钻机参数数据剖面。所建立的以岩石硬度为特征的矿区综合地质剖面和钻机岩层序列剖面，为确定钻机工作参数与对应的以岩石硬度为标识的岩层岩性空间参数之间的量化关系奠定了基础；再进行新的工作平盘钻进作业时，钻头遇到不同岩石硬度的岩层时，无需再自动停止钻进，而是直接进行钻进，并自动记录存储所遇到的各个岩层的岩石物理力学参数，实现岩性识别功能。

通过反复记录各岩层序列剖面所记录的各岩层的岩石硬度，以及与之对应的回转压力差、加压压力、风压、回转速度、钻进速度等钻机工作参数，完成钻孔的岩层硬度与钻机工作参数数据耦合采集。随后根据各岩层的岩石硬度及其对应的钻机工作参数，通过钻机控制系统的自学习功能，形成钻机岩层序列剖面，拟合出随钻岩性识别多元回归模型。

随钻岩性识别技术将岩层岩性参数、爆破参数和钻机工作参数优化耦合，可确定岩石的可钻性和可爆性，使钻进工作参数自动实时调整控制，从而达到优化爆破参数、提高钻机工作效率的目的。岩性识别是个复杂的过程，该系统需海量的数据支撑，通过数据分析才能得到岩性识别智能系统，但在钻孔过程中遇到节理甚至断层带会导致排渣风压瞬变，数据一致性变差，可能使得到的回归方程置信度降低。

4 爆破智能优化设计

传统的爆破设计主要依靠爆破技术人员的知识积累和经验水平，其优点是能够综合考虑地质地形条件、施工机械条件、施工方法和技术水平等多方面因素开展优化设计；缺点是爆破设计工作量大，重复性工作较多。虽然可借助计算机爆破辅助设计和爆破质量管理软件等工具，爆破设计过程已完全摆脱手工绘图的阶段，但是设计效率仍然较低，智能化程度不高。近年来，随着工程测量、物联网、云计算、大数据以及人工智能科技的不断进步，爆破设计迫切需要将这些技术应用到爆破环境感知、爆破优化设计中，使爆破设计朝着高效、智能方向发展。

4.1 爆破设计与模拟方法概述

4.1.1 爆破优化设计软件

爆破优化设计软件最早从各种专家系统的研制和开发起步。随着 5G、人工智能、大数据、云计算等为代表的新一代信息技术的发展，同时爆破环境感知技术，凿岩、装药等工具的智能化程度越来越高，无不要求爆破设计软件向智能化方向发展。

4.1.1.1 传统爆破优化设计软件

计算机在工程爆破中的应用研究始于 20 世纪 80 年代初期，开始主要用于露天台阶爆破，随着专家系统和 CAD 技术的发展，已经开发了一批能够完成爆破设计、参数优化和数据管理的系统软件。如加拿大 Noranda 技术中心自 1990 年开始研究开发三维爆破设计BLASTCAD 系统，法国巴黎高等矿业学院开发了用于露天矿爆破设计的 Expertir 系统，印度矿业学院研发出了爆破专家系统 BESTPOL。

国外爆破设计软件，比较突出的是澳大利亚澳瑞凯（Orica）公司开发的 SHOTPlus 软件。它主要用于矿山日常生产爆破优化设计，可以进行爆破振动联网分析，通过与澳瑞凯自有的电子起爆系统 i-kon 关联，实现软硬件结合。最近几年，国外的爆破设计软件都在向智能化方向发展，特别是对爆破效果的预测方面获得很好的应用，如 JKSimBlast、I-Blast、Maptek BlastLogic 等。

国内在爆破设计系统方面的研究起步较晚，所开发的软件大多以 CAD 为平台，属于CAD 环境下的二次开发，软件功能也都比较简单。如北京科技大学、水利水电科学研究院、西安建筑科技大学等都开发了基于 CAD 的爆破设计软件。

目前典型的爆破设计软件如表 4-1 所示。

4.1.1.2 三维爆破智能优化设计软件

随着新一代信息技术的迅猛发展，以及包含遥感技术（RS，Remote Sensing）、地理信

表 4-1 爆破设计专家系统

专家系统	开发机构	主 要 功 能	特 点
BESTPOL	印度矿业学院	可以完成对台阶地形图、钻孔布置及参数图等 15 个参数的输出，而每次解决问题的经验都用于对已有知识的优选修改和认可	采用案例推理，又使用规则推理，系统中采用横向检索策略搜索出有关相似案例资料，进而使用规则推理进行适当的修改，通过不断的反馈信息修改设计方案
爆破专家系统	澳大利亚西部矿业学院	整个系统具有爆破对策选择、设备选择、方案选择、矿石块度分布预测、矿石损失与贫化预测、参数的敏感性研究及参数最优选择等输出功能	利用模糊数学理论帮助用户进行爆破对策的选择和最优台阶高度的确定，对于某些决策可以显示出置信水平，系统可分为规划系统与咨询系统
露天爆破设计和咨询专家系统	美国俄亥俄矿业大学	可以进行爆破方案设计和爆破振动分析，该系统由两个相对独立的模块组成	
爆破优化设计专家	美国爱达荷矿业学院	集露天爆破方案优化设计和专家知识推理于一体的爆破专家系统	
ExPertir	法国巴黎高等矿业学院	以岩石最佳破碎为目标，系统由解决各种问题的不同模块衔接而成	专家系统在露天爆破中已经得到应用，并显示出良好的应用前景
BLASTCAD	加拿大 Noranda 科技中心	地下矿山开采爆破的三维计算机辅助设计系统 BLASTCAD。该系统实现了药孔布置图设计和方案设计文书输出的自动化	
SHOTplus	ORICA 公司	爆破参数设计和爆破网路设计，具有爆破效果预测和分析功能，可自动生成设计报表和文件	已实现三维爆破设计
Blast-Code	北京科技大学	通过分析地形、矿岩及炸药性能等因素，根据矿岩可爆性指数及台阶自由面条件，自动进行爆破设计和效果预测	已在国内多个大型露天铁矿推广使用

息系统（GIS，Geography Information Systems）和全球定位系统（GPS，Global Positioning Systems）在内的 3S 技术、数据库技术和计算机技术的日趋成熟和完善，基于传统二维引擎的爆破辅助设计与管理软件逐渐显露出诸多弊端，如准确性低、设计周期长、设计方案单一、工作效率低下，难以满足爆破信息化发展的要求，三维建模开始为人们广泛认可和接受。基于三维可视化技术的爆破设计软件，为爆破的精确化评价与管理、真三维设计和方案优化、多方案快速对比研究等生产管理和项目决策，提供了快捷、强大的智能支持。

早在 20 世纪 70 年代，西方矿业界就将 CAD 技术应用于地质、矿业领域，到 80 年代末，三维地质建模和可视化理论和技术的发展，推动了矿山计算机辅助地质建模技术。90 年代中后期，三维地质与采矿软件逐渐成为矿山专业软件的主流，国际矿业软件公司相继开发了专业三维软件，并在全球范围内推广应用。主要包括 MicroLYNX、Surpac、Micro-mine、Datamine、Mincom MineScape、EVS/MVS、MGE、Gemcomp、MineMap、Geovisual、PC-Mine、Vulcan、Whittle 3D and 4D 等软件。这些软件有些包含了三维爆破设计模块，如 Mincom MineScape、Surpac、Datamine、Dimine 和 3Dmine 软件，涉及地质勘探、矿床建模、回采爆破、地下通风、工程制图等模块，集合了露天矿和地下矿两大类矿山的三维设计功能，提供爆破布孔设计及其三维显示，相关功能仍在迭代过程中。如图 4-1 所示为国产 3Dmine 软件爆破设计功能界面，图 4-2 所示为国产 Dimine 软件爆破设计功能菜单。

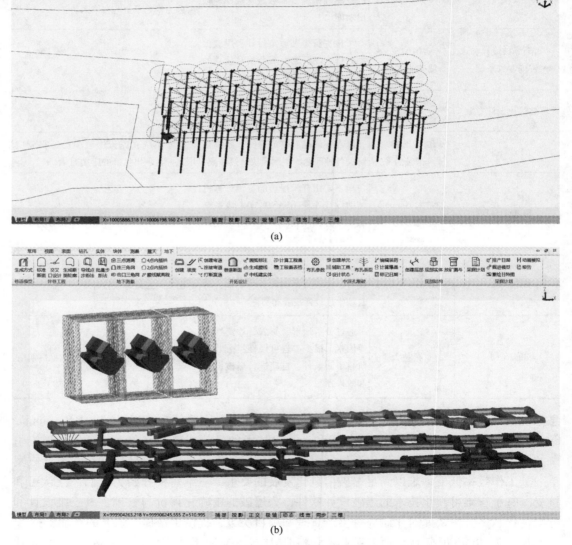

(a)

(b)

图 4-1　3Dmine 软件爆破设计功能界面

（a）露天爆破设计；（b）地下爆破设计

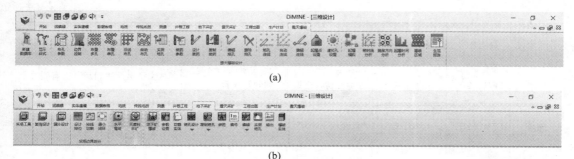

(a)

(b)

图 4-2 Dimine 软件爆破设计功能菜单
(a) 露天爆破设计；(b) 地下爆破设计

扫一扫看彩图

4.1.2 爆破数值模拟方法及软件

对于爆破这样特殊的应用技术而言，数值模拟方法是检验爆破设计方案的重要手段，也是优化爆破参数的重要参考依据。随着模拟方法及软件的不断发展，已经有不少成熟的爆破模拟软件推出。

数值模拟方法可根据对材料连续性及不连续假设分为：连续性方法、不连续性方法、连续与不连续相结合的方法。当模拟的区域足够大时，即岩石使材料内部存在节理、裂隙，应用连续性方法进行模拟也能够反映材料的力学行为。代表性的连续性方法有 ABAQUS，LS-DYNA 及 AUTOYN。这些软件已广泛应用于岩石的动态荷载下破裂模拟。然而，当模拟的区域比较小时，材料的不连续性就不能忽略。即需要考虑材料的节理、裂隙的存在。不连续性方法假设材料是由离散单元组成，每个单元之间存在力的相互作用。代表性的不连续性方法有 UDEC，DDA，DEM。连续性或不连续性方法都有自己优缺点，然而通过两种方法结合却能够克服各自的缺点。连续-不连续耦合的方法目前有边界元-有限元耦合（BEM/FEM），离散元-有限元耦合（DEM/FEM）及离散元-边界元耦合（DEM/BEM）。代表性软件有 ELFEN，Y2D，Y-2D/3D IDE（Y-HFDEM 2D/3D）。

表 4-2 所示为目前公开文献查到的与爆破相关的模拟方法及软件。

表 4-2 爆破相关模拟方法及软件

介质假设	数值方法	程序或软件	本构关系或力学模型	岩石类型	模拟结果
连续	FEM（2D）	自开发	弹性	水泥，均匀材料	模拟出了爆破漏斗区域几点的位移距离。没有模拟出裂纹及碎石
连续	FEM（2D）	自开发	断裂力学	花岗岩、各向异性材料、通过统计分布制造的材料	模拟出了破碎区和径向长裂纹，但没有模拟出碎石
连续	FEM（2D）	RFPA-RT	弹脆性材料模型	非均匀闪长岩	模拟出了破碎区及径向裂纹的发展过程，但没有模拟出碎石的产生与分离

续表 4-2

介质假设	数值方法	程序或软件	本构关系或力学模型	岩石类型	模拟结果
连续	FEM（2D）	自开发	准脆性材料模型	均匀石灰岩	从文章上无法判断是否有裂纹及碎石产生
连续	FEM（2D）	LS-DYNA	弹性损伤模型	各向同性磁铁矿石	模拟了应力波的传播过程，但是没有模拟出裂纹传播及碎石的分离
连续	FEM（2D）	AUTODYN	主应力破坏准则（Principal stress failure criterion）	闪长岩，各向同性	模拟出了拉伸破坏和剪切破坏，没有模拟出碎石或碎石的分离
连续	FEM（2D）	ABAQUS	Rankine 破坏材料模型	均质材料	模拟出了裂纹，但没有模拟出碎石
连续	FEM（2D）	LS-DYNA	损伤模型	花岗岩、各向同性材料	模拟出破碎区及长裂纹，但没有模拟出碎石及碎石的分离，没有考虑爆破气体的作用
连续	FEM（3D）	ANSYS-LSDYNA	损伤模型	花岗岩、各向同性材料	模拟了爆破引起的损伤，没有模拟出碎石及碎石头的分离
连续	FEM（2D）	ABAQUS	损伤模型	一般各向同性材料	模拟出了裂纹，但没有模拟出碎石
连续	FEM（2D）	AUTODYN	主应力破坏准则	水泥、各向同性材料	模拟出了拉伸破坏和剪切破坏，没有模拟出碎石或碎石的分离
连续	FEM3D	LS-DYNA	RHT 材料模型	磁铁矿石	模拟出破碎区及长裂纹，但没有模拟出碎石及碎石的分离，没有考虑爆破气体的作用
连续	FDM3D	FLAC3D	摩尔—库仑破坏准则	花岗岩、石灰岩、各向同性材料	模拟出了破碎区和径向长裂纹，但没有模拟出碎石
连续	DEM（2D）	内部软件	弹性	各向同性材料	模拟了爆破生成气体的作用，但没有模拟岩石破裂及分离
非连续	DEM（2D）	内部软件	弹性和脆性晶格网状模型	炭灰色花岗岩	模拟了应力的传播，破裂产生、长裂纹的扩展过程，也模拟出了破碎区，但没有模拟出破碎的碎石的分离
非连续	DEM（3D）	PFC3D	并行黏结模型	普通各向同性材料	模拟出了径向长裂纹，但没有模拟出破碎区、碎石
非连续	DEM（2D）	内部软件	黏结弹脆性模型	普通各向同性材料	模拟了破碎区的形成，长裂纹的产生。但没有模拟碎石头的分离
非连续	DEM（2D）	DDA_BLAST	塑性材料模型	各向同性材料	模拟忽略了应力的传播，仅模拟了爆破气体的增压过程。缺少出裂纹的传播、碎石的抛掷和堆积过程

介质假设	数值方法	程序或软件	本构关系或力学模型	岩石类型	模拟结果
非连续	DEM（2D）	UDEC	塑性材料模型	普通节理岩石	模拟了应力在有裂纹的岩石中的传播过程
非连续	DEM（2D）	DDA	节理模型（Artificial joint model）	普通水泥，各向同性材料	没能模拟出破碎区、裂隙区，也没有模拟出碎石的分离及抛掷
连续非连续相结合	FEM-DEM	Y2D	基于应变软化的模型	各向同性材料	模拟了爆破生产高压气体的气楔作用，没能模拟出碎石的分离
连续非连续相结合	FDM-DEM	FLAC-PFC	FLAC 采用摩尔-库仑模型，PFC 采用平行黏结模型（parallel bond model）	各向同性	模拟出了爆破引起的长裂纹
连续非连续相结合	FDM-DEM	HSBM	弹塑性晶格模型	人工合成岩石，各向同性均匀岩石	模拟出了应力波的传播及爆破气体的流动，没有形成真正的破碎区，大部分颗粒在爆破区域分散
连续非连续相结合	FEM-DEM	Y-2D/3D IDE	联合单一与弥散模型（combined single and smear fracture model）	基于韦伯分布的各向异性材料	模拟出了应力波的传播过程，及碎石的形成与堆积
连续非连续相结合	DEM-SPH	自开发	Bonded particle model	均匀材料	模拟出了破碎区、裂隙区，但没有模拟出碎石的抛掷
连续非连续相结合	FEM-DEM	Y-2D/3D IDE	联合单一与弥散模型（combined single and smear fracture model）	均匀材料	模拟出了应力波的传播、裂纹的产生与发展，模拟出了破碎区、破裂区及自由面外的拉伸破坏，碎石的形成与抛掷

其他软件还包括澳大利亚澳瑞凯公司的 MBM（Mechanistic Blasting Model），美国桑迪亚实验室与 ICI 公司共同开发的 DMC 软件，美国 ITASCA 公司的 Blo_Up（Blast Layout Optimization Using PFC3D）软件，美国洛斯-阿拉莫斯（Los Alamos）实验室的 SHALE-3D，美国桑迪亚实验室的 PRONTO，多家机构联合开发的 HSBM（Hybrid Stress Blast Model）。我国比较典型的是中国科学院力学研究所开发的 CDEM（Continuum Discontinuum Element Method）等软件。

有限元（AutoDyn）模拟岩石爆破过程如图 4-3 所示。

离散元（DDA）模拟岩石爆破过程如图 4-4 所示。

CDEM 软件模拟冷却塔的爆破拆除结果如图 4-5 所示。

Y-HFDEM 2D/3D 软件的典型计算结果如图 4-6 和图 4-7 所示。

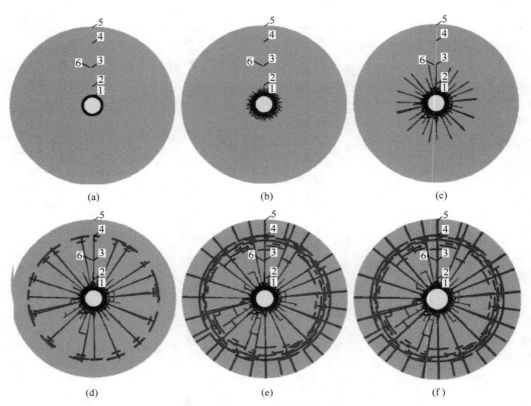

图 4-3　有限元（AutoDyn）模拟岩石爆破过程

（a）2.60μs；（b）3.91μs；（c）8.33μs；（d）12.18μs；（e）32.19μs；（f）100μs

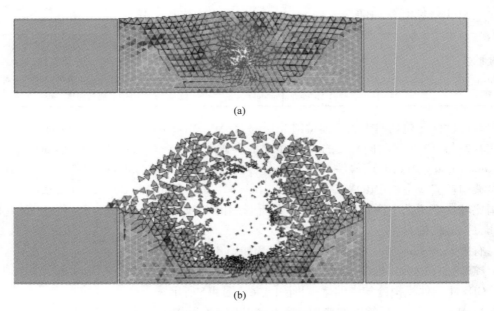

图 4-4　离散元（DDA）模拟岩石爆破过程

（a）$t=0.021$s；（b）$t=0.074$s

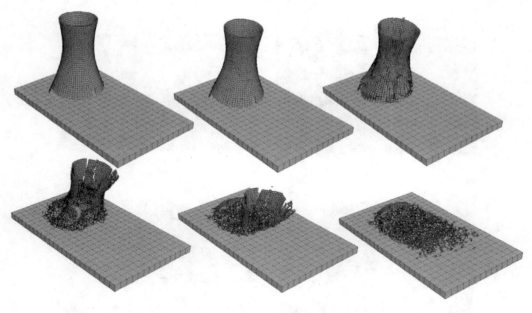

图 4-5　CDEM 软件模拟冷却塔的爆破拆除

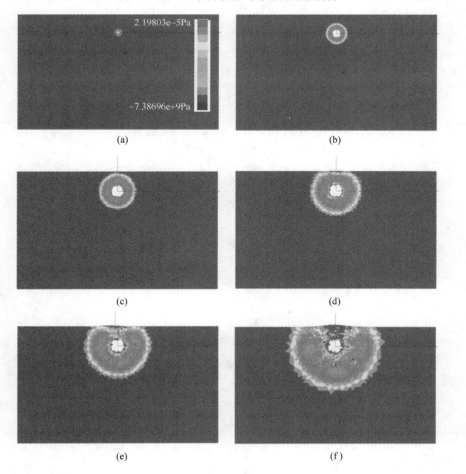

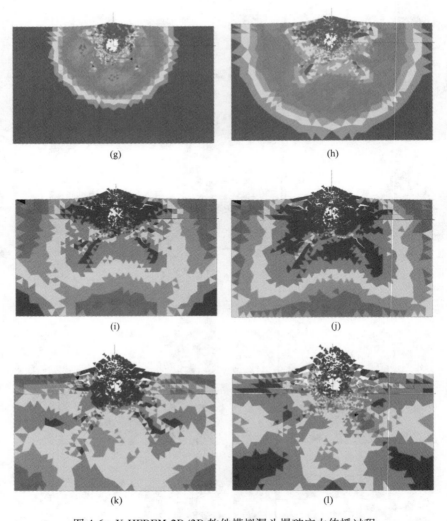

图 4-6　Y-HFDEM 2D/3D 软件模拟漏斗爆破应力传播过程

（a）$t=0.15\mathrm{ms}$；（b）$t=0.25\mathrm{ms}$；（c）$t=0.35\mathrm{ms}$；（d）$t=0.45\mathrm{ms}$；（e）$t=0.55\mathrm{ms}$；（f）$t=0.75\mathrm{ms}$；

（g）$t=1\mathrm{ms}$；（h）$t=1.5\mathrm{ms}$；（i）$t=2\mathrm{ms}$；（j）$t=2.5\mathrm{ms}$；（k）$t=3.5\mathrm{ms}$；（l）$t=4.5\mathrm{ms}$

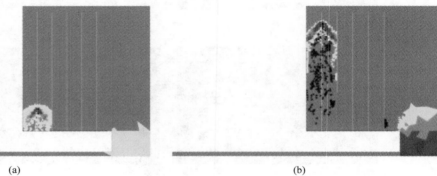

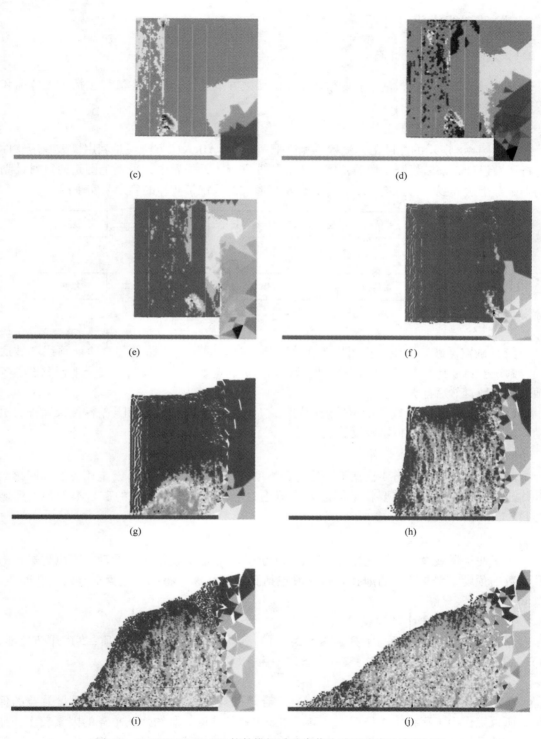

图 4-7 Y-HFDEM 2D/3D 软件模拟采矿崩落法矿石破碎及堆积过程
(a) $t=1.25\text{ms}$; (b) $t=5\text{ms}$; (c) $t=6.25\text{ms}$; (d) $t=11.5\text{ms}$; (e) $t=16.25\text{ms}$; (f) $t=50\text{ms}$;
(g) $t=100\text{ms}$; (h) $t=125\text{ms}$; (i) $t=175\text{ms}$; (j) $t=225\text{ms}$

4.2　爆破智能优化设计系统

4.2.1　爆破方案优化设计流程

以露天矿爆破为例，基于矿业软件平台的爆破方案设计，其基本流程包括爆破范围和爆破方案的设计：

4.2.1.1　爆破范围设计

根据图 4-8 所示的爆破工艺流程，无论采用传统 CAD 人工方法还是利用爆破专用软件进行爆破设计，都需要圈定爆破范围。矿业软件进行露天采剥中，采剥范围是通过对计划的爆破范围边界线、台阶坡顶线、坡底线及其形成的采掘带实体的确定来实现的。

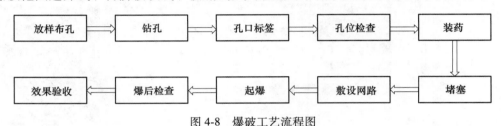

图 4-8　爆破工艺流程图

（1）确定爆破计划线。在图形工作区中拾取计划线及其所跨越的台阶坡顶线和坡底线，系统会自动计算其所属的台阶，提示计划人员确定如设计边坡角、安全平台宽度等各项开采参数，然后计算矿岩量。

（2）调整爆破设计线。确定爆破计划线之后，可以根据边坡角和开挖深度及高程，手动调整坡底的高度，调整爆破设计线。

4.2.1.2　爆破方案设计

爆破设计过程中，需要根据不同的矿岩类型、炸药类型等条件，设定相应的孔网参数和炸药装填参数，因此需要将不同的矿岩范围划分出来，根据相应的矿岩类型预设爆破参数。

A　炮孔参数预设

为了便于爆破设计，简化设计程序、设计成本和摆脱重复性单一劳动，可以先进行炮孔参数的预设。需要预设的炮孔参数一般包括孔径、孔深，超深，底盘抵抗线，孔间距，排间距和炸药单耗等。

（1）炮孔与凿岩参数预设

露天台阶爆破的孔径与下列因素有关：1）台阶高度；2）岩石性质；3）炸药性能；4）钻孔机械类型。一般来讲，穿孔设备定型后，炮孔直径即固定。

（2）炸药参数设置

矿用炸药是矿山爆破的主要消耗材料，合理的炸药消耗是安全生产和质量效益的保证，所以工作中工程技术人员都十分重视炸药单耗的选取。制约炸药单耗的因素较多，如岩性、地质构造、压碴厚度等，但在相同条件下炸药单耗基本上是一个相对固定值，一般需要根据现场实际情况选取单耗。随开采深度增加而增加，压碴厚度的变化或一次爆破排数的不同，炸药单耗随之变化。单孔装药量，以炮孔爆破负担体积岩石所需的炸药量计算确定。

（3）孔网参数设置

按照岩石类型的不同，预先设定相应的炮孔网度系数，即排间距和孔间距、孔网密集系数、最小抵抗线和底盘抵抗线、超深、堵塞高度等，保存在数据库中，方便在进行炮孔设计时，直接从爆破数据库中调出并使用炮孔预设参数。

（4）起爆方式预设

起爆方式（爆破网路）的设置影响爆破的成败与爆破质量，在爆破设计时可以提前预设。

B 炮孔方案设计

根据计划开采范围和不同矿岩类型，选择不同的最优预设方案和爆破参数。当爆破方案设计完成，利用生成的三维炮孔设计方案进行预览、检查、修正。

C 创建起爆网路方案

起爆药包在炮孔装药部分的位置决定爆轰波传播方向、岩石中的应力分布。在炮孔装药中，起爆药包的位置主要有：（1）正向起爆：起爆药包位于孔口处；（2）反向起爆：起爆药包位于孔底处。

创建起爆网路方案主要分为：创建起爆方案、调试起爆顺序、上传到数据库中。

D 创建爆破边界和爆破实体

首先是创建爆破区边界：从爆破数据库下载前面已经设定的炮孔设计方案，选择创建爆区边界。系统根据设计范围、标高及炮孔深度生成爆区边界线，然后根据上述设计创建爆破实体。

上述设计完成后，可设置不同的爆破区域，如图4-9所示。

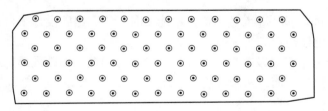

图4-9 爆破区域

E 生成爆破设计图表

爆破设计完成后，需要生成爆破穿孔作业指导书和爆破设计图表，以便现场装药、起爆，如图4-10所示。

4.2.2 爆破智能优化设计系统架构

目前，国内外现有的爆破设计软件主要用于矿山爆破，可根据爆区的地质结构、矿岩特性、使用的炸药类型以及对爆破质量的要求，设计出多套爆破方案，供设计人员依据具体爆破条件酌情选用。

传统的爆破设计存在诸多迫切需要解决的问题，具体表现为以下几个方面：

（1）设计人员选取爆破参数主要依靠经验，设计周期长、误差大、损耗多；

	A	B	C	D	E	F	G	H	I	J	K
1					爆破穿孔作业指导书						
2	编号	爆区	孔口X	孔口Y	孔口Z	孔深	孔径	方位角	倾角	装药重量	装药长度
3	A-1	795-140	588040.5449	3117134.929	765	15	220	0	-90	393.437356	9
4	A-2	795-140	588042.0059	3117139.711	765	15	220	0	-90	393.437356	9
5	A-3	795-140	588043.4669	3117144.492	765	15	220	0	-90	393.437356	9
6	A-4	795-140	588044.928	3117149.274	765	15	220	0	-90	393.437356	9
7	A-5	795-140	588046.389	3117154.056	765	15	220	0	-90	393.437356	9
8	A-6	795-140	588047.85	3117158.838	765	15	220	0	-90	393.437356	9
9	A-7	795-140	588049.311	3117163.619	765	15	220	0	-90	393.437356	9
10	A-8	795-140	588050.7721	3117168.401	765	15	220	0	-90	393.437356	9
11	A-9	795-140	588052.2331	3117173.183	765	15	220	0	-90	393.437356	9
12	A-10	795-140	588053.6941	3117177.965	765	15	220	0	-90	393.437356	9
13	B-1	795-140	588037.6758	3117135.805	765	15	220	0	-90	393.437356	9
14	B-2	795-140	588039.1368	3117140.587	765	15	220	0	-90	393.437356	9
15	B-3	795-140	588040.5979	3117145.369	765	15	220	0	-90	393.437356	9
16	B-4	795-140	588042.0589	3117150.151	765	15	220	0	-90	393.437356	9
17	B-5	795-140	588043.5199	3117154.932	765	15	220	0	-90	393.437356	9
18	B-6	795-140	588044.9809	3117159.714	765	15	220	0	-90	393.437356	9
19	B-7	795-140	588046.442	3117164.496	765	15	220	0	-90	393.437356	9
20	B-8	795-140	588047.903	3117169.278	765	15	220	0	-90	393.437356	9
21	B-9	795-140	588049.364	3117174.06	765	15	220	0	-90	393.437356	9
22	B-10	795-140	588050.825	3117178.841	765	15	220	0	-90	393.437356	9
23	C-1	795-140	588034.8068	3117136.682	765	15	220	0	-90	393.437356	9
24	C-2	795-140	588036.2678	3117141.464	765	15	220	0	-90	393.437356	9
25	C-3	795-140	588037.7288	3117146.246	765	15	220	0	-90	393.437356	9
26	C-4	795-140	588039.1898	3117151.027	765	15	220	0	-90	393.437356	9
27	C-5	795-140	588040.6508	3117155.809	765	15	220	0	-90	393.437356	9
28	C-6	795-140	588042.1119	3117160.591	765	15	220	0	-90	393.437356	9
29	C-7	795-140	588043.5729	3117165.373	765	15	220	0	-90	393.437356	9
30	C-8	795-140	588045.0339	3117170.154	765	15	220	0	-90	393.437356	9
31	C-9	795-140	588046.4949	3117174.936	765	15	220	0	-90	393.437356	9
32	D-1	795-140	588031.9377	3117137.559	765	15	220	0	-90	393.437356	9

设计报告书　穿孔作业指导书　炮孔装药指导书　装药结构示意图　爆破连线示意图　起爆时间分析　技术经济分析　⊕

图 4-10　爆破穿孔作业指导书

（2）爆破设计过程中，要不断调整爆破参数，计算工作量大，设计速度慢，精度难以保证；

（3）设计平台主要基于二维引擎构建，三维空间感较差，不同的剖面和视图，需要绘制不同的三视图；

（4）现场采集的爆破作业面数据信息不能实时上传到爆破设计平台，爆破工程师掌握的信息有限，设计工作与现场实际情况脱节；

（5）爆破设计方案不能及时根据现场的条件进行调整，爆破现场也不能及时将变化的信息反馈到爆破设计师层面，两者不能很好地协调互动，任意一方修改后另一方不能同步进行调整；

（6）数据管理不统一，调用、查询、迁移不方便。

上述问题的实质是由于爆破设计的理念和技术手段没有跟上时代的发展趋势。爆破数据管理与使用、炮孔布置与图形设计、数据采集设备、凿岩设备、装药设备需要整合成一个有机爆破设计系统。因此，研究出一套既能够继承传统爆破设计的优点，又能结合信息时代技术条件的爆破设计系统是十分有意义的工作，在理论研究和实际应用两个方面都有重要的价值。

随着人工智能技术的进步，特别是机器学习、算法的不断迭代，将人工智能程序引入到爆破设计系统是非常有必要的研究工作。利用采集到的相关爆破数据，结合爆破设计参数，进行不断的机器学习，实现爆破参数的智能设置，爆破效果的预测也会越来越准确。爆破智能设计系统涉及软件工程、人工智能、计算机图形学、爆破技术等多学科。

基于新一代信息技术的智能爆破设计的过程为：首先通过感知层各种传感器、RFID标签和各种仪器仪表等在内的智能终端，获取爆破环境的三维数据信息；再利用传输层的

5G、zigbee、Wi-Fi、mesh 等无线网络，将感知层获取的爆破环境信息数据传输到支撑层；支撑层利用爆破云服务平台，对海量数据进行分类、整理、挖掘分析，建立各种算法，实现爆破设计方案的可视化与图表化，并形成各种指令传输到应用层；应用层主要包含钻机控制系统、装药车控制系统、智能起爆终端设备、爆破器材管理终端设备，执行爆破设计的相关指令。

相对于传统爆破设计过程，基于新一代信息技术的智能爆破设计系统通过数据的相互融合、相互调用，形成数据闭环，可实现爆破参数选取智能化、爆破设计成图自动化、设计图表规范化、数据管理系统化，提高生产爆破的设计质量、设计效率与智能化水平。

爆破智能优化设计系统架构如图 4-11 所示。

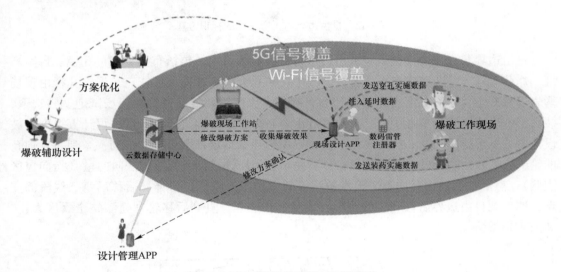

图 4-11　爆破智能优化设计系统架构

4.2.3　爆破智能优化设计方法

研究人员一直致力于探索爆破智能化设计方法。近年来，贵州新联爆破工程集团公司等单位发展了一种基于计算几何技术的自适应爆破设计方法。

4.2.3.1　炮孔自适应平面布置

自适应炮孔布置算法规则：

（1）现场测量的崖头线（坡顶线）坐标以及对应的坡底线坐标，通过坡顶与坡底线标定自由边界，即台阶爆破中的自由面，自由边界根据测点对应的两条线段的夹角大小分为一个自由边界或两个自由边界，即：如果某个测点所连接的两条线段在爆区内侧的夹角小于或等于 90°，则认为是两个自由边界，分别用 1 和 2 标识，否则认为是一个自由边界，用 1 标识。把自由边界区分为两个，其目的是：便于寻找第一个起爆的炮孔，而当只有一个自由边界时，则随机制定第一个起爆的炮孔；

（2）因为每次台阶爆破的规模是根据生产任务指标与铲装设备的能力决定的，所以每次台阶爆破只能是一个台阶的一部分，因而自适应炮孔布置算法中，还要给出需要爆破与保留岩体的分界线，这里称之为无穷边界。无穷边界用-1 来标识，具体见图 4-12 所示。

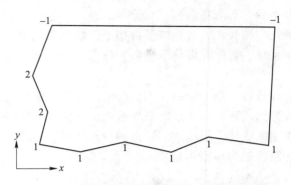

图 4-12　自由边界与无穷边界的标识方法

　　自由边界与无穷边界标识完成后，进行爆破参数录入，包括布孔方式、孔径、台阶高度、炸药单耗、装药密度和矿岩密度。其中，布孔方式可选择方形或三角形，孔径由现场凿岩设备确定，台阶高度由开采设计方案确定，炸药单耗根据经验和现场试炮调整选取，装药密度由填装炸药属性确定，矿岩密度由岩石力学试验确定。基于此，可计算得到爆破设计中的抵抗线距离、孔排距及超深。把自由边界按指定排距后推，得到一系列布置炮孔的轮廓线。自由边界的后推方法是：计算每个测点所连接两条线段的法向向量（指向爆区内侧），然后按法向向量的方向把每条线段后移排距的距离，再计算后移后每条线段的交点，即得到自由边界后移一次的轮廓。重复上述过程，直到后移轮廓充满整个爆区为止，如图 4-13 所示。

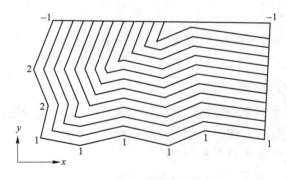

图 4-13　自由边界的后推方法

　　当自由边界后推完成后，即可在每个后移轮廓线上布置炮孔。方法是：以每条后移轮廓与无穷边界的交点作为起点，以孔距为直径做一个圆，则圆与轮廓线的交点有 1 个或两个。两个时取远离起点的那个交点，所得交点即为一个炮孔位置。依次对每条轮廓线重复上述操作，即可完成爆区内的炮孔布置，见图 4-14 所示。

　　在自由边界的后推过程中，可能会出现多边形交叉区域，即冗余点。为了消除冗余点，采用计算几何中的凸包算法，即只保留散点体系外轮廓上的点，从而达到消除冗余点的目的。自适应炮孔布置算法流程图如图 4-15 所示。

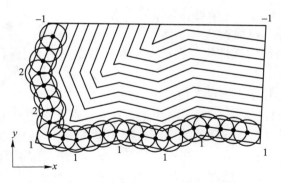

图 4-14　后移轮廓上炮孔位置布置图

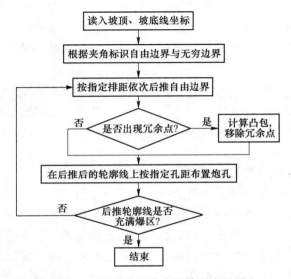

图 4-15　自适应炮孔布置算法流程图

4.2.3.2　起爆顺序设计方法

根据测量的地质资料以及确定的各组孔网参数，运用 Voronoi 网格技术，以每个炮孔为中心，对爆破台阶在二维平面上进行 Voronoi 随机网格划分。这时，每个 Voronoi 单元的参考点即为炮孔的位置；认为每个 Voronoi 单元包含的区域近似为每个炮孔的破坏区域，然后结合爆破自由面和最小抵抗线情况，来确定每个炮孔的起爆顺序，具体流程如图 4-16 所示。

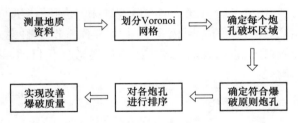

图 4-16　Voronoi 网格确定起爆顺序的流程图

一个炮孔起爆后，确定下一个炮孔起爆的原则是：

（1）是否具有最小抵抗线；

（2）根据该炮孔当前的抵抗线存在情况，判别其抛掷方向是否与前一个炮孔相同或不同；

（3）后续爆破的炮孔是否满足上述二个条件。

根据上述条件，在起爆顺序的每个时步上，对所有炮孔中进行搜索、比较计算，最后得出起爆顺序方案。最终起爆顺序的确定不仅要遵循 Voronoi 网格的起爆原则，而且要根据孔间和排间延期时间来共同确定。在划分完 Voronoi 网格，确定了各炮孔的爆破顺序后，必须结合孔间和排间的时差，进行二次起爆顺序确定。

4.2.3.3　爆堆表面块度分布算法

基于图像数字化、图像编码、图像压缩、图像增强、图像复原、图像分析的图像处理技术，通过设定更加合理的阈值，进行图像的局部自适应二值化，得到一个二维数组，提取出二值化图像中的细节，最后通过轮廓识别有效的目标形状的特征，统计步骤见图 4-17 所示。

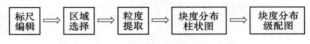

图 4-17　块度分布统计步骤图

4.2.3.4　爆破振动预测

地震波的模拟、预测是一项非常复杂的工作。目前国内外学者提出的各种模型都侧重于爆破振动的某方面信息：或是振动的最大振幅，或是振动的主频率等参数，采用有限元等数值方法、基于统计模型的预报法、完整时间历程模型等都存在一定的局限性。

研究人员根据台阶爆破的特点，利用 Volterra 泛函级数的台阶爆破振动效应非线性预测方法，改进了基于叠加时域波形的 Anderson 预测模型，提出了基于台阶爆破的地震比例系数改进的 Anderson 模型。开发了 Volterra 非线性系统模型、改进的 Anderson 模型及结构响应预测的计算程序。编制了 Volterra 非线性模型与改进 Anderson 模型的计算程序，并根据改进的 Anderson 模型和非线性 Volterra 泛函级数模型预测的振动波形，开发了振型分解反应谱法、时程分析法和传递函数法计算程序，用于预测建筑结构的内力、剪力、位移等振动效应随时间变化等规律。

4.2.3.5　爆破设计参数优化

实际操作中，评判爆破效果的主要指标是大块率、根底率及块度均匀率和爆堆松散度。在炸药类型、炮孔倾角、台阶高度、单次爆破进深、炮孔孔径等在实际生产设计中已经确定的情况下，影响爆破效果的主要因素为孔网参数、起爆顺序、延时间隔、炸药单耗。通过程序确定孔网参数，进行现场试验实现爆破参数优化目的，优化过程参见图4-18 所示。

4.2.4　爆破智能优化设计软件模块

基于经验与工程类比进行爆破设计的方法已经不能满足爆破智能化的要求。根据相关

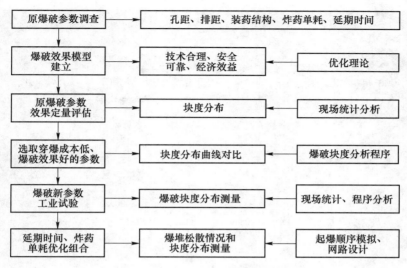

图 4-18　爆破参数优化流程图

爆破智能优化设计的系统架构，国内一些研究机构及商业公司开发了爆破智能优化设计软件。

例如，北京理工大学针对爆破设计的数字化、信息化与智能化的要求，基于 VC++平台开发集爆破设计、优化与效果评价于一体的程序代码与界面，基于 OpenGL 图形库开发设计软件的可视化模块，开发了设计与评价结果的存储、输出模块。软件开发中综合应用STL 标准模板库、WildMagic 数学函数库、四元数等技术与理论方法，实现爆破设计与效果评价的数字化、信息化与智能化。露天爆破智能优化设计软件可以实现了地形生成、爆区建模、钻孔和装药信息的计算和导入、起爆网路连接、起爆过程模拟、爆破效果预测等功能。

4.2.4.1　三维地形生成模块

生成三维地形首先需要确定初始条件。初始条件一般可分为 3 种情况：（1）一定数量的地形特征参数；（2）一定数量的随机分布的地形特征点；（3）一定数量的按规则格网分布的地形特征点。在这 3 种情况中，一定数量的地形特征参数是地形模型生成中较常用的，也是最为灵活的一种情况。这一生成过程首先需要根据给定的地形参数获得地形特征点，以形成地形的整体控制骨架表示，然后通过相关数据的插值及平滑算法等工具，在地形骨架的基础上获得地形的局部细节和地形特征。

采用三维激光扫描仪等设备可以快速完成三维地形点云数据的测量，如图 4-19 所示。

点云数据通过等高线和高程点建立不规则的三角网等方法处理后，即可生成三维矿山模型，如图 4-20 所示。

4.2.4.2　爆破方案设计模块

爆破方案的合理性与爆破工程客观条件和主观因素密切相关。客观条件包括：地质条件、机械设备、爆破器材等。主观因素包括：技术储备、相关工程经验等。合理的爆破方案必须是两者的有机结合，即在充分利用和了解客观因素的基础上，发挥技术优势，设计多种爆破方案并进行技术比较，论证每个方案的优缺点，从而确定出最优爆破方案。

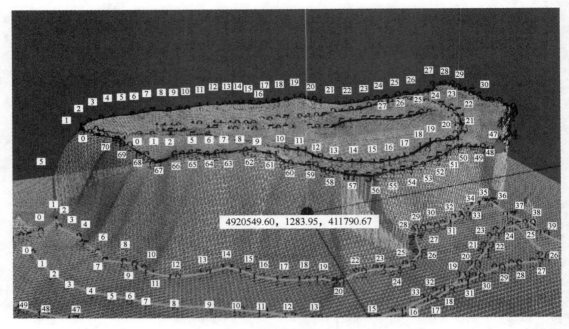

图 4-19　露天爆破环境三维点云图

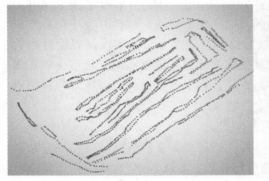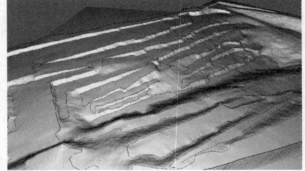

图 4-20　露天爆破环境三维模型地形生成图

　　岩石介质对爆破作用抵抗能力的大小与其自身性质有关。岩石的基本性质主要取决于其生成条件、矿物成分、结构构造状态和后期地质的营造作用。定量评价岩石基本性质的参数有 100 多个，设计软件中考虑与爆破相关的主要参数有：密度、容重、孔隙率、岩石波阻抗、岩石的风化程度、极限抗压强度。

　　爆破方案设计模块通过用户设定爆区地质、炸药、钻孔设备等信息，软件计算最佳钻孔位置和装药信息，并可视化到三维仿真环境中。当用户已有钻孔装药信息时，可通过文件形式输入系统，替换计算出的钻孔装药信息，如图 4-21 所示。

　　在爆破方案设计模块中设置基本参数后，即可对设计进行可视化，如图 4-22 所示。

4.2.4.3　爆破区域选择模块

　　通过用户交互，在矿区地形上选择爆区顶点，软件自动构建爆区物理模型及计算模

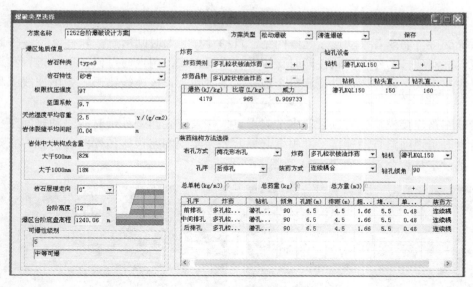

图 4-21　爆破方案设计模块

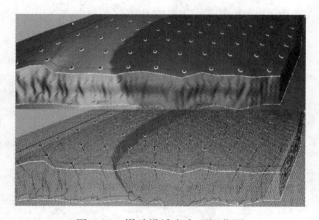

图 4-22　爆破设计方案可视化图

型。软件还可以通过导入的钻孔位置信息估算爆区信息，自动实现地形生成和爆区建模功能。如图 4-23 所示。

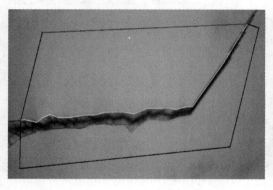

图 4-23　爆破区域选择

4.2.4.4　爆破网路连接模块

系统支持自动或者手动连接起爆网路，自动计算起爆时间信息。软件支持多种起爆网路连接方案实现自动连线。软件同时支持手动连线方式，用户通过鼠标选择雷管和钻孔即可实现快速连线。软件还提供计算每个炮孔起爆时间、校核连线错误、输出连线工程图等功能。

爆破网路连接模块中可以设置多个起爆点，在设定孔间毫秒延时间隔和排间毫秒延时间隔后可以实现网路自动连接，并根据起爆时差，实现网路连接传爆过程模拟，直观显示相关段别设定是否合理，如图 4-24 及图 4-25 所示。

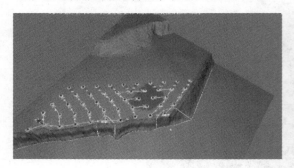
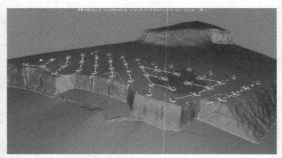

图 4-24　起爆网路设置

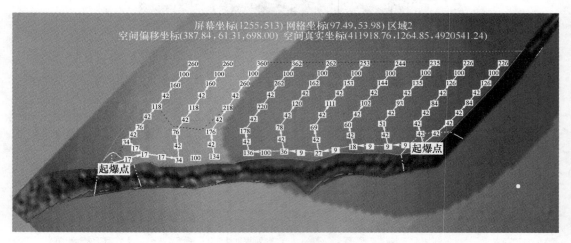

图 4-25　起爆网路连接

4.2.4.5　起爆过程模拟模块

软件提供按照时间仿真起爆过程的功能。首先，根据当前仿真时间和每个炮孔的爆破时间计算出当前炮孔、已爆炮孔和未爆炮孔信息；其次，根据当前炮孔位置和当前爆破地形信息计算出当前炮孔的负担区域并在三维界面中用白色线框标识出来；再次，计算出每个已爆炮孔对爆区地形的爆炸效果并在三维界面中显示；最后，计算爆破区域的包络线，并显示在界面中。随着仿真时间推进，循环实现以上功能，实现动态仿真效果。如图 4-26 所示。

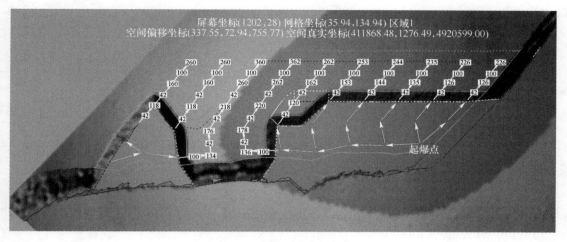

图 4-26　起爆网路时差模拟

4.2.4.6　爆破效果预测模块

软件根据矿岩情况、钻孔位置、装药情况、起爆网路连接情况估算出最终爆堆堆积及拉沟情况，在三维场景中绘制出来，如图 4-27 所示。

图 4-27　爆破后形态预测

爆破设计系统将爆破设计方案上传至爆破云计算平台并保存到相关数据库中，形成用于对爆破设计参数进行人工智能优化的参数库，最终实现爆破参数的自动选择。

4.2.4.7　爆破设计成果输出模块

爆破参数设计完成后，爆破设计成果可以采用 Excel 的 .xls 文件格式进行导出。该数据的采集将为实际爆破的布置提供重要依据。参数列表里面包括有对应炮孔编号、孔深、超深、孔径、抵抗线、坐标、装药量、填塞高度、段别。

4.2.4.8　钻机控制终端

通过钻机控制移动终端在云计算平台下载获取爆破设计中相关钻孔信息，自动生成钻机行走规划导航路径。钻机按照设计进行钻孔，并实时上传相关钻机工作状态信息，包括钻机轴压、钻杆转速等。根据预先设定的岩石类别参数数据库、轴压和转速实时调整爆破设计相关岩层信息，及时校正装药参数，如图 4-28 所示。

钻机控制系统同时记录易损件、消耗件生命周期内旋转圈数、工作时长、钻进距离，

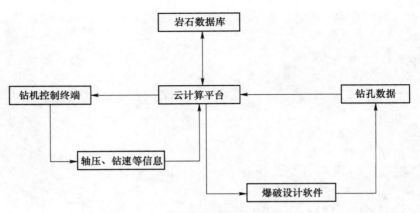

图 4-28 钻机控制系统流程图

更换信息，记录钻机各个设备的工作时间、工作参数、维修情况等。钻机工作人员需要通过指纹识别启动钻机、完成考勤记录、钻孔作业日志等；记录穿孔过程中的穿孔数量、当班产量、钻进总数、钻孔信息、爆破方量等；通过摄像头和音频设备记录现场工作人员状态，以及管理人员实时远程查看现场情况。

4.2.4.9 装药设备终端

装药车装配 4G 或 5G 通讯与全球卫星定位导航模块，通过移动控制终端接收装药设计数据，并导航至钻孔位置，发送指令给 PLC 控制器控制炸药的装药量，可以大大降低装药成本智能化装药流程如图 4-29 所示。

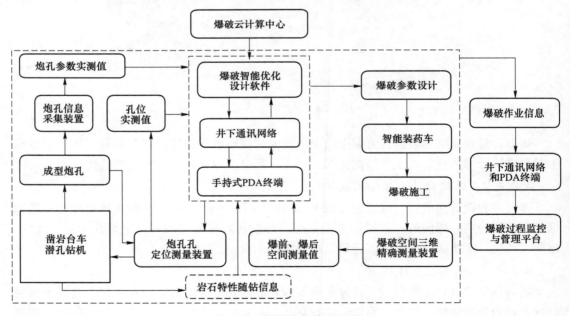

图 4-29 智能化装药流程图

装药车工作人员需要通过指纹识别启动钻机、完成考勤记录、装药作业日志等；记录装药过程中的装药孔数量、当班产量、装药总数等；通过摄像头和音频设备记录现场工作人员状态，以及管理人员实时远程查看现场情况。

4.2.4.10　智能起爆终端

本系统模块主要针对数码电子雷管使用环节进行开发，编码器实现与云计算服务平台实时连接，爆破设计软件将毫秒延时间隔设定信息和炮孔位置信息实时发送到云计算平台，编码器根据从云计算服务平台下载的相关信息对数码电子雷管进行通讯编码，如图4-30 所示。

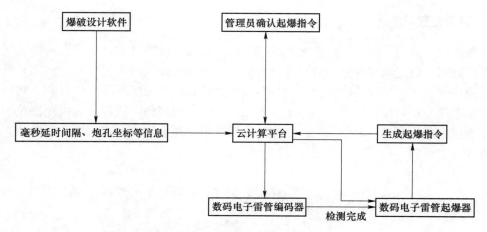

图 4-30　智能起爆终端流程图

起爆器与云计算平台实现实时通讯，实现远程起爆指令授权、现场起爆指令识别、起爆过程全程监控和位置信息定位，避免误操作引发的事故。

4.3　露天爆破智能优化设计与应用

新疆某露天煤矿年生产能力 300 万吨，层理明显，裂隙发育，地下有暗河存在，涌水量较大。根据煤层赋存条件，设计台阶高度12m，孔距7m，排距3m，采用耦合装药。由于裂隙较为发育，采用传统爆破设计方法时，常产生冲炮现象，炸药利用率低，施工成本高，爆破区域后方出现锯齿状边坡，爆破飞石多，爆破大块率较高，爆破效果差。技术人员在部分区域应用露天爆破智能优化设计方法，减轻了作业人员劳动强度，提高了爆破设计效率，有效改善了爆破质量。

露天爆破智能化设计方法适用于任意爆区形状，可以实现炮孔布置、孔网参数优选、装药量计算与起爆顺序识别的最优化。应用该方法后，爆破设计效率提高了50%，爆破平均块度由 58cm 降低到46cm，大块率降低20%以上，炮孔利用率提高27%，单方爆破成本下降13%，爆破振动降低 25%以上，同时减少了根底率，从而加快了铲装效率，提高了爆破施工进度。

爆破智能优化设计流程包括：通过智能感知设备获取台阶爆破区域点云信息，确定台阶坡顶轮廓线和台阶坡底轮廓线，针对台阶坡顶轮廓线和台阶坡底轮廓线内所有点要素生成初始的爆破区域底平面和坡顶线。以所生成台阶底平面为爆破区域，然后借助台阶坡顶线向爆区内推生成炮孔布置辅助线，然后在炮孔辅助线上等距截取炮孔中心坐标。以所生成炮孔中心位置坐标为中心，对爆破区域生成 vonoroi 网格，将网格沿炮孔轴向拉伸与爆区点云 DEM 相交生成 vonoroi 体。每个 vonoroi 体即为每个炮孔所负担的体积，进一步计算每个炮孔的装药量。根据每个炮孔中心在爆破区域底平面的坐标找到它们在爆区点云上的投影坐标，利用两坐标值及炮孔超深值计算每个炮孔长度值。根据连续耦合装药原理，利用每个炮孔装药量计算相应炮孔装药长度，再用炮孔长度和装药长度值计算每个炮孔填塞长度。汇总炮孔中心坐标值、相应炮孔装药量、炮孔长度及填塞长度，输出爆破参数汇总表。

4.3.1　露天爆破环境感知

在爆破设计之前，采用三维激光扫描技术或者无人机遥感技术，获取台阶爆破区域环境的点云数据。通过软件对点云数据进行处理，快速有效提取需要的信息。利用软件对影像进行栅格矢量化，快速得出该地区矢量图。通过计算地区的爆区面（体）积，利用信息提取，辅助高分辨影像和丰富纹理特征。利用三维激光扫描技术或者无人机遥感技术感知爆破环境信息，周期短、时效性强，能够快速计算出该地区准确的爆区面积和体积，节省大量的人力和时间，如图 4-31 和图 4-32 所示。

图 4-31　无人机感知台阶爆破区域环境信息

图 4-32　地面控制点布控量测

　　通过三维激光扫描仪获取待爆区域的点云模型，在扫描过程中开启图像模式，可以通过所获取的三维空间坐标信息，利用纹理粘贴技术粘贴到点云模型的对应点位置，实现爆区的实景复制模型，以便于识别爆区的几何特征。在扫描现场通过 RTK 定位准确的靶点坐标，在后期点云拼接处理时通过靶点坐标将三维点云坐标转换为大地坐标。实现待爆区域的数字化模型，为软件设计提供原始数据。通过无人机遥感或者三维激光扫描技术获得的矿山现状点云矩阵模型，如图 4-33~图 4-37 所示。

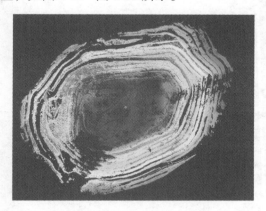

图 4-33　露天台阶爆破环境点云模型俯视图

图 4-34　露天台阶爆破环境点云模型正视图

图 4-35　露天台阶爆破环境 DEM 模型俯视图

图 4-36   露天台阶爆破环境 DEM 模型正视图

图 4-37   露天台阶爆破区域 DEM 模型台阶正视图

4.3.2 露天爆破智能优化设计

在爆破环境三维模型中，输入台阶爆破区域点云 C、台阶坡顶轮廓线 L_{top} 和台阶坡底轮廓线 L_{bom}，针对台阶坡顶轮廓线 L_{top} 和台阶坡底轮廓线 L_{bom} 内所有点要素生成初始的爆破区域底平面和坡顶线，包括以下内容：（1）输入台阶坡顶轮廓线和台阶坡底轮廓线与缓冲阈值，将台阶坡顶轮廓线投影到台阶坡底轮廓线所在平面，并且根据缓冲阈值将台阶坡顶轮廓线和台阶坡底轮廓线与未开挖区域边界部分合并，生成台阶底平面 S；（2）将台阶坡顶线两段延长与爆区边界线相交并超出小段，生成新的台阶坡顶线 T，如图 4-38 所示。

所生成台阶底平面 S 为爆破区域，借助台阶坡顶线向爆区内推生成炮孔布置辅助线，然后在炮孔辅助线上等距截取炮孔中心坐标 P_i，最后将炮孔中心坐标 P 投影到点云 C，包括以下内容：（1）通过台阶高度、炮孔直径、炸药密度以及炸药单耗计算孔距 a；（2）根据台阶底平面，确定的孔距 a 等间距将台阶坡顶线内推生成炮孔布置辅助线 L_a，直到布满整个爆破区域底平面，超出底平面以外部分裁掉；（3）在上一步生成的炮孔布置辅助线 L_a 上，等排距 b 依次截取每个炮孔中心的坐标位置，直到每条炮孔布置辅助线完成此操作，保存所有炮孔中心位置坐标到集合 P_i。如图 4-39～图 4-41 所示。

以所生成炮孔中心位置坐标 P 为中心，对爆破区域生成 vonoroi 网格（图 4-42），将网格沿炮孔轴向拉伸与爆区点云 DEM 相交生成 vonoroi 体群 N，每个 vonoroi 体 N_i 即为每个

图 4-38 爆破区域边界示意图

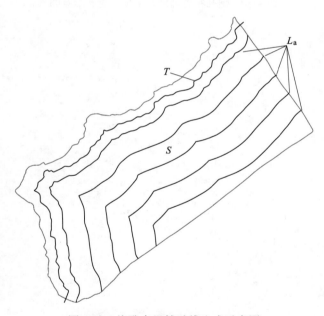

图 4-39 炮孔布置辅助线生成示意图

炮孔所负担的体积，进一步计算每个炮孔的装药量 Q_i，包括以下内容：（1）对含有炮孔坐标的爆破区域底平面 S，以炮孔坐标 P 为中心生成 vonoroi 网格；（2）根据输入的爆破区域点云生成 DEM，将 vonoroi 网格沿炮孔轴向拉伸与爆区点云 DEM 相交生成 vonoroi 体集合 N，计算每个 vonoroi 体体积并保存于 N_i；（3）用每个 vonoroi 体 N_i 体积与炸药单耗 q 相乘，计算每个炮孔的装药量并保存于 Q。

根据每个炮孔中心在爆破区域底平面 S 的坐标 P 找到它们在爆区点云 C 上的投影坐标

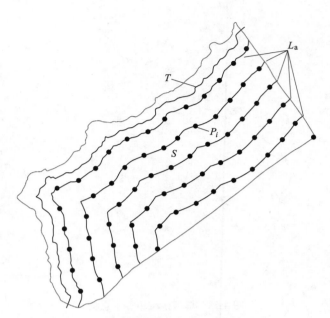

图 4-40　炮孔布置辅助线上生成炮孔示意图

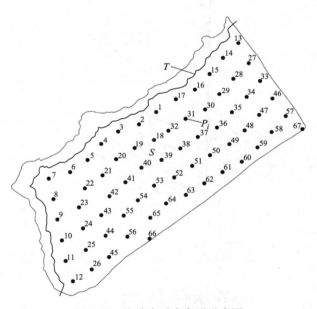

图 4-41　炮孔自适应布置示意图

P'，利用 P、P' 差的绝对值与炮孔超深值 h 的和计算每个炮孔长度值并保存于 L_i。

　　根据连续耦合装药原理，利用每个炮孔装药量 Q_i 计算相应炮孔装药长度 l_i，再用炮孔长度 L_i 和装药长度 l_i 计算每个炮孔填塞长度，并保存计算结果于 L_{D_i}。

　　汇总炮孔中心坐标值 P、相应炮孔装药量 Q、炮孔长度 L 及填塞长度 L_D，输出爆破参数汇总表。如图 4-43 所示。

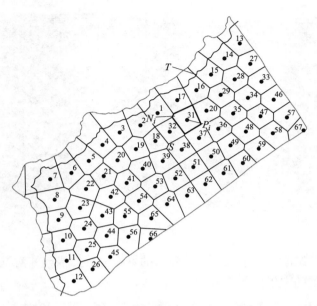

图 4-42　炮孔负担体积 voronoi 体生成示意图

炮…	孔深(m)	超深(m)	孔径(m)	抵抗线(m)	抵抗线相…	坐标X(m)	坐标Y(m)	装药量(kg)	填塞高度(m)	起爆顺序	地表延期(ms)	孔内延期(ms)	起爆时间(ms)
1	14.50	2.50	0.16	5.00	0.13	29194.93	51107.59	181.46	5.00	0	0	120	120
2	14.50	2.50	0.16	6.16	0.39	29201.91	51109.27	159.34	6.16	1	12	120	132
3	14.50	2.50	0.16	3.60	0.19	29209.01	51110.39	208.13	3.60	2	24	120	144
4	14.50	2.50	0.16	3.59	0.19	29216.18	51110.90	208.37	3.59	3	36	120	156
5	14.50	2.50	0.16	3.57	0.19	29223.36	51111.18	208.85	3.57	4	48	120	168
6	14.50	2.50	0.16	3.59	0.19	29230.54	51110.74	208.34	3.59	5	60	120	180
7	14.50	2.50	0.16	3.62	0.19	29237.71	51110.30	207.90	3.62	6	72	120	192
8	14.50	2.50	0.16	3.60	0.19	29244.89	51110.50	208.28	3.60	7	84	120	204
9	14.50	2.50	0.16	3.61	0.19	29252.04	51111.29	208.03	3.61	8	96	120	216
10	14.50	2.50	0.16	3.60	0.18	29259.18	51112.08	208.17	3.60	9	108	120	228
11	14.50	2.50	0.16	3.57	0.19	29266.37	51112.25	208.82	3.57	10	120	120	240
12	14.50	2.50	0.16	3.55	0.19	29273.55	51112.25	209.09	3.55	11	132	120	252
13	14.50	2.50	0.16	3.59	0.19	29280.74	51112.33	208.39	3.59	12	144	120	264
14	14.50	2.50	0.16	3.63	0.18	29287.92	51112.49	207.71	3.63	13	156	120	276
15	14.50	2.50	0.16	3.61	0.19	29295.10	51112.82	208.08	3.61	14	168	120	288
16	14.50	2.50	0.16	3.59	0.19	29302.28	51113.15	208.45	3.59	15	180	120	300
17	14.50	2.50	0.16	3.57	0.19	29309.47	51113.01	208.82	3.57	16	192	120	312
18	14.50	2.50	0.16	3.60	0.19	29316.65	51112.75	208.15	3.60	17	204	120	324
19	14.50	2.50	0.16	6.20	0.42	29323.51	51114.91	158.53	6.20	18	216	120	336
20	14.50	2.50	0.16	3.58	0.29	29330.67	51114.58	208.60	3.58	19	228	120	348
21	14.50	2.50	0.16	3.57	0.12	29193.25	51114.58	208.80	3.57	1	24	120	144
22	14.50	2.50	0.16	4.87	0.20	29200.24	51116.26	184.01	4.87	2	36	120	156
23	14.50	2.50	0.16	3.62	0.11	29207.32	51117.47	207.91	3.62	3	48	120	168
24	14.50	2.50	0.16	3.60	0.11	29214.49	51117.98	208.27	3.60	4	60	120	180
25	14.50	2.50	0.16	3.57	0.12	29221.66	51118.49	208.85	3.57	5	72	120	192
26	14.50	2.50	0.16	3.59	0.12	29228.83	51118.05	208.45	3.59	6	84	120	204
27	14.50	2.50	0.16	3.61	0.11	29236.00	51117.61	208.01	3.61	7	96	120	216
28	14.50	2.50	0.16	3.59	0.11	29243.19	51117.54	208.37	3.59	8	108	120	228
29	14.50	2.50	0.16	3.61	0.11	29250.34	51118.33	207.99	3.61	9	120	120	240

存储到数据库　　打印　　导出　　确定

图 4-43　露天台阶爆破参数设计表

4.3.3　露天爆破效果分析

三维激光扫描技术以精度高、速度快、抗干扰性强的方式对爆破环境信息进行亚毫米级点云数据采集，实现爆区数字化点云数据非接触测量的全方位实景模型复制，避免了人为找点受主观性影响较大而产生的误差，为后期爆破设计、爆破效果预测提供准确数据基础，同时通过爆破前后的点云数据采集可分析爆破块度、前抛距离、松散度等爆破效果。

根据软件设计参数进行炮孔布置并进行爆破，爆破效果见图 4-44 所示。

图 4-44　露天爆破效果图

爆破后，采用三维激光扫描仪，对爆破后的爆堆进行扫描，并对选取的区域进行阈值分割，出图像处理后的效果如图 4-45 所示。

图 4-45　爆破块度提取处理效果图

使用爆破优化设计后，新疆某煤矿的工程实践表明：

（1）基于 voronoi 图的装药量计算算法及逐孔爆破起爆顺序确定算法，结合 3D 激光扫描仪和 RTK 等测量仪器，能有效提高炮孔布孔精度和炸药能量利用率，炸药单耗降低 10% 以上，铲装效率提高 15%，炮孔抵抗线离差由 0. 056 降低为 0. 008。

（2）基于图像处理技术的爆堆块度尺寸分布算法，利用图像二值化方法与轮廓识别技术的大块率分析统计模块，对于给定爆堆，可以自动完成爆堆块度识别，统计时间缩短 30% 以上。

4. 4　地下爆破智能优化设计与应用

类似于露天爆破的设计过程，地下爆破智能优化设计主流软件也具有交互式操作工具及智能化辅助设计应用模块，包括钻孔在矿体中的自动开挖与边界识别、交互式参数录入、爆破结果三维展示与自动成图、自动报表、爆破设计文档自动生成、爆破器材自动统计、远程共享、权限管理等功能。同时，软件一般具有与炸药装药车的控制接口，实现爆破设计方案实时传输与装药过程的参数收集，并进行对比分析。

4.4.1 地下爆破环境感知

在广东某地下矿进行爆破设计之前，采用三维激光扫描仪对该矿采场爆破区域的环境进行了扫描。为了能够获得采场完整形态，进行了两次三维激光扫描，借助矿山提供的绝对坐标和方位角将扫描获得的点云进行拼接。拼接后形成的点云数据可以反映采场的整个形态，同时准确直观地复合到采场爆破设计图纸上。如图 4-46~图 4-48 所示。

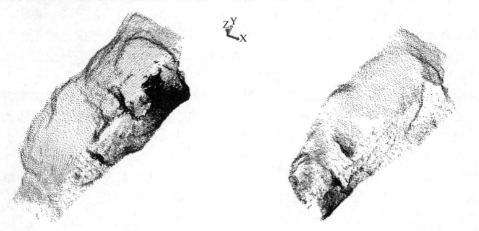

<table>
<tr><td>图 4-46 地下采场爆破环境
第一次扫描点云模型</td><td>图 4-47 地下采场爆破环境
第二次扫描点云模型</td></tr>
</table>

两次扫描获得的点云数据可以看出，点云数量非常多，每次扫描点云数量超过 200000 个，可以非常细腻的反映整个爆破区的局部细节。对于一次不能完整扫描的爆破区，使用多站拼接技术，可以完整获取整个爆破区的具体形态。

点云数据经过处理形成线框模型，有了线框模型后可以三维重建成三维实体模型。通过三维实体模型，可以准确计算整个爆破后爆堆区的体积。本系统采用的是块体模型的方式计算三维实体模型的体积。如图 4-49 所示为结合了地质数据库的块体模型。

图 4-48 地下采场爆破环境三维实体模型　　　　图 4-49 地下采场块体模型

建立采场的三维模型后,沿爆破设计方向进行剖切,可以准确获知爆破效果如何,发生超爆、欠爆的具体区域。超爆、欠爆的形态和体积也可以通过三维实体模型准确获得,可以为后续处理提供非常准确的数据。

4.4.2 地下爆破智能优化设计

本书展示的是一种基于三维矿业软件的地下爆破设计模块,它采用先进的 3D 图形引擎 OpenGL 技术,可以用三维形式展现矿山的爆破区域图形,并在三维的基础上进行爆破的相关设计工作,使爆破设计更加立体直观、方便操作,对炮孔轨迹、抵抗线、装药结构进行直观显示和输出。爆破软件利用 3D 计算机图学、图形数据碰撞、剖面定位工作面制图等技术,使操作更加直观,有范围约束;利用八叉树建立矿山地质品位数据模型,使计算更加准确,图形分析有理有据,方便设计和分析。

通过矿山地质数据、随钻采集数据、炮孔测量数据等绘制矿体剖面图,构建多剖面不规则剖面线的复杂矿体实体模型,对复杂块体模型进行自适应空间分割。在复杂矿体表面模型和块体模型算法的基础上,实现对复杂矿体和工程结构的旋转、平移、放大、缩小等可视化操作及实时漫游,并能对矿体进行任意剖切。

爆破软件可以实现地下爆破设计功能,包括图形数据的导入编辑及三维化,支持图形创建、修改、编辑、输出;支持 CAD 基础数据的导入,实现三维设计;能约束矿体边界和回采边界,并对设计内容进行表格式化输出指导矿山的爆破设计。

4.4.2.1 软件界面

如图 4-50 所示,地下爆破软件主要包括菜单栏、工具栏、文件导航器、层浏览器、图形工作区、坐标指示器、属性框、信息栏和状态栏等部分。

图 4-50 爆破三维设计软件界面

扫一扫看彩图

菜单栏:主菜单采取下拉菜单模式,用户可快速使用这些菜单找到同类应用功能。

工具栏：位于菜单栏的下面。工具栏均以图形标志的快捷键方式呈现，用户通过单击相关图标即可执行相应操作。

图形工作区：绘图操作和图形显示的区域，位于显示器中间部位。

文件导航器：当前计算机存储设备里的文件均可在此部分以层状结构显示，可在此处设定当前工作目录。

层浏览器：以层状形式显示当前图形工作区的点、线、面、实体、数据库等文件，可在此处设置层的显示或隐藏。

坐标指示器：是当前图形工作区二维或三维状态指示标识。

属性框：主要显示当前绘制图形的颜色、图层、线型、体积等属性。

信息栏：用于显示绘图工作的结果或者过程信息，也可以在此处的命令栏里直接输入绘图命令。

状态栏：用于显示当前光标所在位置坐标信息，可设置捕捉、投影、正交、极轴、动态、线宽、剖面等状态。

4.4.2.2 主要功能

（1）兼容性。主流的矿业软件和地理信息系统软件有：Datamine、Micromine、Auto-CAD、Mapgis、Surpac、FLAC 3D、ArcGIS 等，目前的爆破设计软件均可以直接读取上述软件的数据文件，与这些软件的点、线、面、实体文件进行兼容，使用上述软件的数据库和块体模型文件，同时输出相应的文件格式。

（2）数据库结构。支持 SQL Server，Access，Oracle 等主要数据库，支持表的创建、数据录入等。

（3）爆破建模。爆破建模时可绘制多种闭合边线，可快速绘制腰线、中线和断面的巷道，可以快速形成设计方案和打印图表。

（4）绘图功能。可根据爆破要求及基于三维激光扫描仪采集的点云图数据模型，同AutoCAD 等常用软件一样，绘制巷道、采场及进行爆破设计。图 4-51 为自动绘制的巷道。

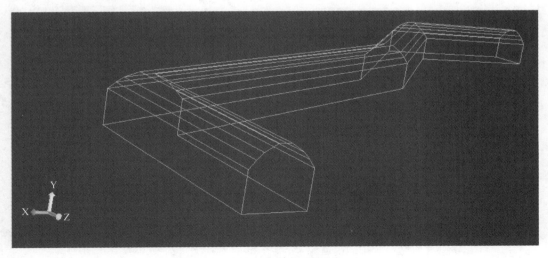

图 4-51　巷道自动绘制

4. 4. 2. 3　爆破设计

采用上述爆破智能优化设计软件对某地下矿山进行爆破设计。

A　炮孔布置

根据切割槽、炮孔装药参数、爆破效果，实际线装药密度大于一般矿山经验参数，爆破块度较小，因此后期孔网参数应适当增大，同时遵循炸药单耗由大到小逐步优化调整的原则，布孔范围内地质矿量约为 2407t，损失矿量为 144t，损失率为 6%；废石混入量为 120t，废石混入率为 5%。采出矿石量为 2407t，共施工钻孔 43 个，炮孔总深度为 380m，平均崩矿量为 6.3t/m。图 4-52 为采场炮孔布置平面图。

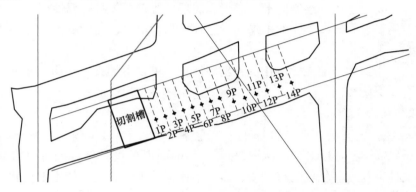

图 4-52　采场炮孔布置平面图

B　爆破参数设计

如图 4-53 所示，在进行爆破方案设计时，首先进行参数初始化，对孔底距、钻孔参数、钻机参数等进行设置。

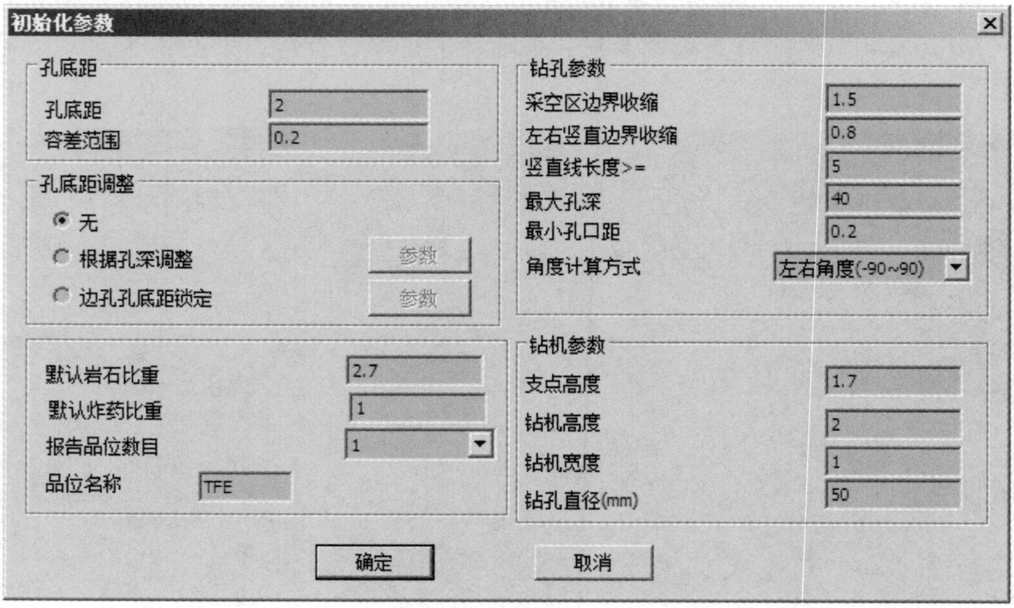

初始化参数		
孔底距		**钻孔参数**
孔底距　2		采空区边界收缩　1.5
容差范围　0.2		左右竖直边界收缩　0.8
孔底距调整		竖直线长度>=　5
⦿ 无		最大孔深　40
○ 根据孔深调整　　参数		最小孔口距　0.2
○ 边孔孔底距锁定　　参数		角度计算方式　左右角度(-90~90)
默认岩石比重　2.7		**钻机参数**
默认炸药比重　1		支点高度　1.7
报告品位数目　1		钻机高度　2
品位名称　TFE		钻机宽度　1
		钻孔直径(mm)　50
确定　　　　**取消**		

图 4-53　爆破设计参数设置

相关爆破设计参数的含义分别为：

容差范围：当布置的最后一个炮孔不吻合时，按照设定的容差范围进行调整，不能超过该范围；

根据孔深调整：认为孔底距随孔深的变化而变化，为不同的孔深设置不同参数；

边孔孔底距锁定：认为边孔的孔底距与中间孔的孔底距不同，应另行设定；

采空区边界收缩：对于上个分层已经采空的位置，炮孔不能击穿它，这时炮孔需要收缩；

左右竖直边界收缩：相邻采场之间，回采边界线不能打穿，需要一个收缩距离；

竖直线长度>=：当竖直线长度大于或等于一个数值时，认为是相邻边界位置。

C　爆破排线设计

如图 4-54 所示，拉线创建后，平面图中显示出排线编号。转换到三维状态下观察，形成一系列的方框，每个方框都是一个回采单元。将这些回采单元单独保存出来，为后面做爆破设计做准备。

D　创建回采单元

在钻机位置布置扇形孔时，边界收缩范围以虚线表示出来。爆破进路的排线设计好后，需要创建一系列爆破回采单元，如图 4-55 所示。

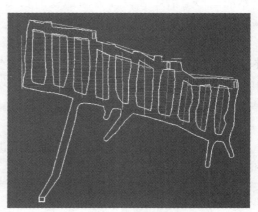

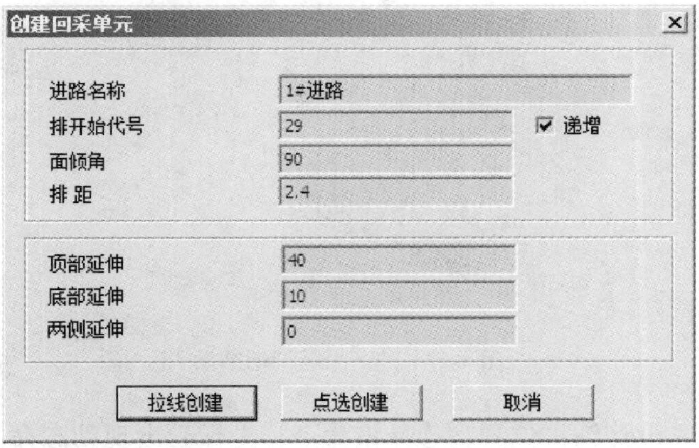

图 4-54　爆破排线设置

图 4-55　创建回采单元参数设置

排开始代号：爆破单元的编号；

面倾角：回采单元平面的倾角；

顶部延伸：以设计的排线平面高度为基点，向上延伸的距离；

底部延伸：以设计的排线平面高度为基点，向下延伸的距离；

两侧延伸：排线两侧宽度的延伸距离；

拉线创建：从起点拉出一条直线，与直线相交的排线都会被赋予编号，这里要注意拉线的方向，方向不同，编号的朝向就不同，意味着回采的方向也不同；

点创建：点某个排线为其创建编号。

E 采场剖切

随后根据扫描结果，在三维爆破设计软件中将建立的三维模型与采场进行复合，并进行爆破设计。图4-56所示为沿爆破设计方向对采场进行剖切的过程，图4-57所示的矩形是沿爆破设计方向建立的长15m、宽7m的采场剖切结果。

三维爆破设计软件采用空间数据库和属性数据库技术，对原始地质测量资料和成果进行导入、转换、编辑、查询以及矿体的三维可视化操作，实现矿体属性数据的自适应重构和爆破量计算。

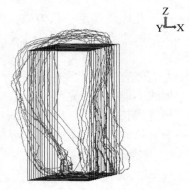

图4-56 沿爆破设计方向
对采场进行剖切

F 钻机参数设计

进入某个爆破单元的剖面状态后，可进行切割巷道和矿体边界的操作。

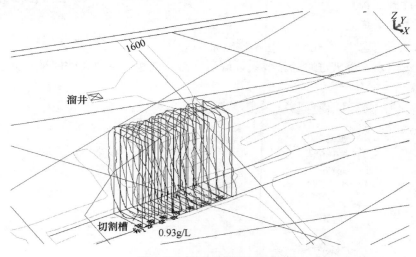

图4-57 地下采场剖切结果

在巷道边界线内设计钻机位置，选择该命令，光标后出现动态命令框，输入钻机高度，回车确定后，捕捉中到巷道两侧，拉出一个垂直中线，点击鼠标左键后，在巷道内显示出一个十字点，这就是钻机位置。这时，双击爆破单元框，将做好的巷道边界和钻机位置一起上传到爆破单元中进行保存。设置完参数后，找到钻机位置放置扇形孔，弹出"调整钻孔"对话框。根据实际情况，进行"不调整""加孔调整"或者"不加孔调整"，如图4-58所示。

参数确定后，图形区中炮孔延伸的范围呈虚线显示，在此虚线范围内任意位置单击鼠标左键，形成闭合的虚线框即为回采边界。如果没形成闭合回采边界，可检查一下对采场边界局部进行调整，使其与爆破单元边框形成闭合区域。

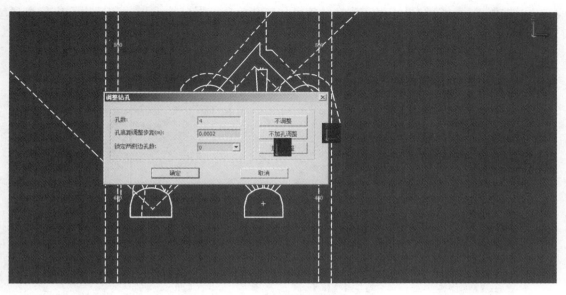

图 4-58　调整钻机参数

G　爆破量计算

做爆破量计算前，需要将已做好的块体模型加载进来。选择"计算爆破量"命令后，弹出如图 4-59 所示对话框。

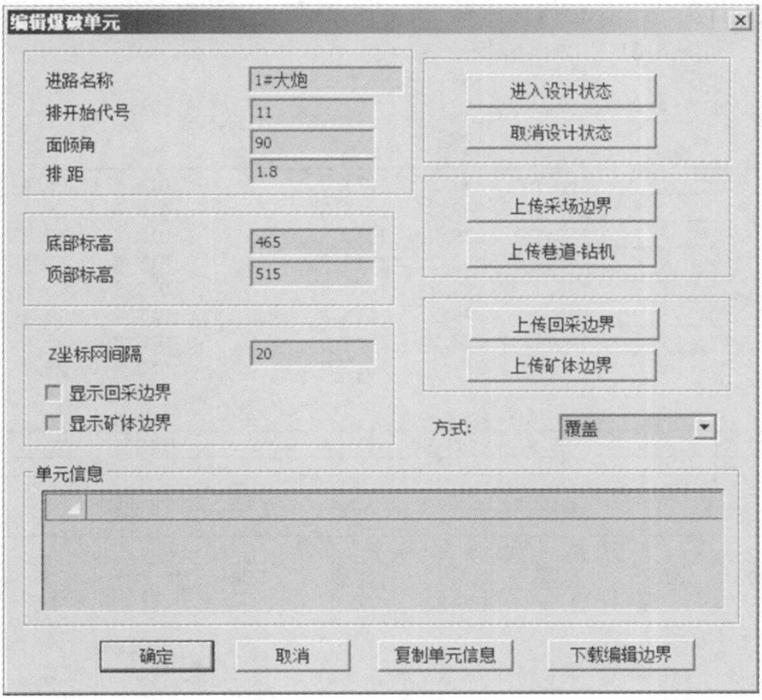

图 4-59　计算爆破量界面

　　根据爆破量计算结果，将实测炮孔信息、装药信息、爆破技术指标和矿岩详细信息通过 Excel 表报告出来，如图 4-60 所示。

孔号	孔深		角度		长度	装药		备注
	设计	实际	设计	实际		填塞	药量(kg)	
1	10.5	10.5	L47.0	L47.0	9.1	1.4	17.9	
2	10.8	10.8	L59.7	L59.7	5.3	5.5	10.4	
3	10.4	10.4	L71.4	L71.4	7.8	2.6	15.3	
4	15.8	15.8	L86.8	L86.8	9.8	6	19.3	
5	15.6	15.6	R88.6	R88.6	14.3	1.3	28.1	
6	9.5	9.5	R75.9	R75.9	4.5	5.1	8.5	
7	10.4	10.4	R63.3	R63.3	7.9	2.5	15.6	
8	9.2	9.2	R49.0	R49.0	8.2	1	16.2	
小计	92.3	92.3			66.9	25.4	131.4	

爆破技术指标			
回采面积	166.8	排距	1.8
矿量(t)	1020.6	回采体积	300.19
岩量(t)	0	炸药单耗(kg/m3)	0.44
总量(t)	1020.6	炸药单耗(kg/t)	0.13
TFE	0	延米崩岩量(t/m)	11.06

1#大炮 第11排 详细信息				
矿种	面积	宽度	体积	重量
ore	132.4	1.8	238.38	810.51
waste	34.3	1.8	61.8	210.13
小计	166.8	1.8	300.19	1020.64

图 4-60　爆破量计算表

H　打印出图

　　爆破参数设计完成后，将炮孔数据、装药信息和矿岩信息等内容形成图表格式，可以快速打印出图，如图 4-61 和图 4-62 所示。

进路	排号	面积	体积	矿量	岩量	总量	TFE	备注
				中深孔回采计划书(2012-1)				
1#大炮	1	165.7	298.2	1013.8	0	1013.8	25.4	
	2	165.7	298.2	1013.8	0	1013.8	25.4	
	3	165.7	298.2	1013.8	0	1013.8	25.4	
	4	165.7	298.2	1013.8	0	1013.8	25.4	
	5	165.7	298.2	1013.8	0	1013.8	25.4	
	6	165.7	298.2	1013.8	0	1013.8	25.4	
	7	165.7	298.2	1013.8	0	1013.8	25.4	
	8	165.7	298.2	1013.8	0	1013.8	25.4	
	小计	1325.3	2385.5	8110.6	0	8110.6	25.4	
总计	8	1325.3	2385.5	8110.6	0	8110.6	25.4	

矿种	面积	宽度	体积	重量	Tfe	P	S
		1#大炮 第1排 详细信息					
ore	131.6	1.8	236.79	805.1	25.4	10	20
waste	34.1	1.8	61.39	208.73	25.4	10	20
小计	165.7	1.8	298.19	1013.83	25.4	10	20

图 4-61　爆破设计装药量表

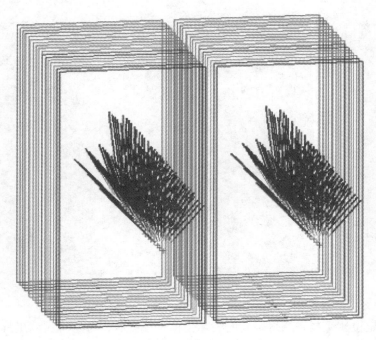

图 4-62 爆破设计图

4.4.3 智能化爆破施工

4.4.3.1 炮孔定位及测量

爆破设计完成后，根据设计的炮孔坐标及方位角、倾角等数据，用炮孔定位测量装置在井下进行钻孔放样。凿完炮孔后，对炮孔坐标等参数进行复核测量，用于修正爆破设计，如图 4-63~图 4-64 所示。

图 4-63 炮孔定位参数设置

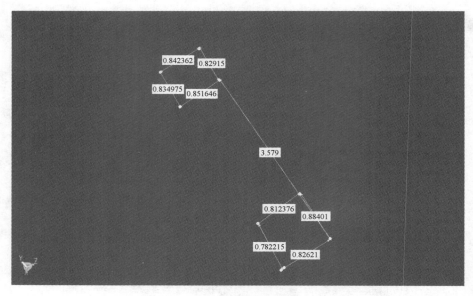

图 4-64　炮孔实测方位图

利用炮孔定位测量装置测得炮孔的实际坐标等参数后，需要将实测坐标等数据导入智能爆破设计软件，对爆破设计进行修正，如图 4-65 所示。

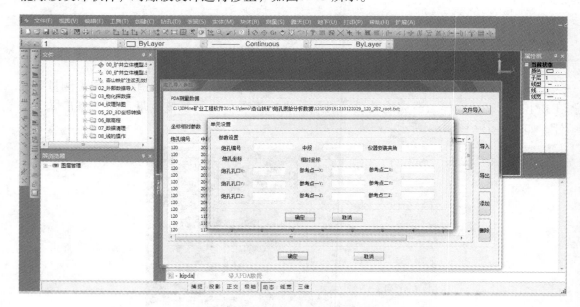

图 4-65　炮孔实际坐标导入界面

4.4.3.2　炮孔三维形态测量

炮孔钻完之后，采用炮孔参数测量装置对炮孔的三维形态进行测量，如图 4-66 所示。最终形成如图 4-67 所示炮孔三维形态显示效果。用户可对三维效果图进行编辑、标记、不同视角观测，为后续爆破设计优化工作提供可靠基础。

图 4-66 炮孔三维形态智能化测量

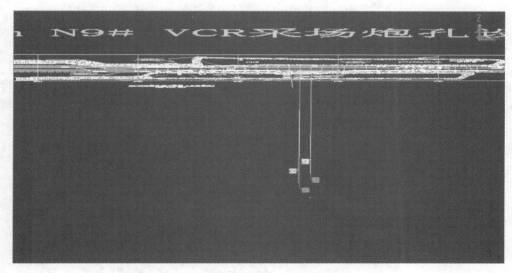

图 4-67 炮孔三维路径显示效果图

将现场测量的炮孔三维数据导入三维爆破智能优化设计软件并管理，软件将按照实测数据进行重新绘制，同时也将自动重新进行装药计算，如图 4-68 所示。

4.4.3.3 智能化装药

A 自主行驶功能

按照重新设计的爆破方案，在矿山地面调度室对井下车辆进行控制，通过智能调度软件发送智能混装车的控制指令，混装车可在井下自主行驶到指定位置进行装药待命状态。

智能混装车底盘状态的主要数据参数，包括发动机转速、转向角、车辆速度、遥控（自主）信号、引擎运行信号、空挡信号、驻车制动信号、机油压力低（报警信号）、缸盖温度高（报警信号）、断带保护（报警信号）、前一挡信号、后一挡信号、二挡信号等，通过 can 总线方式采集到泛在信息采集装置，然后通过无线网传输到地面调度平台，实现远程监控。

通过现场试验，智能混装车能够在井下巷道内按照调度指令准确、顺利地到达指定位

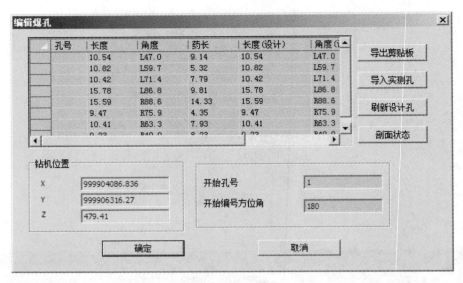

图 4-68　炮孔参数实测数据导入

置。在进行过程中，智能混装车能够顺利按照规划设计路线进行自主行驶，反复自主行驶 80m 路程，定点停车的最大误差只有 12cm，平均误差 7.4cm；从停车硐室到主斜坡道转弯角小于 90 度，全过程没有发生与巷道壁的磕碰情况。

图 4-69　调度室实时显示智能混装车行驶画面

图 4-70　智能混装车井下自主行驶画面

图 4-69 是智能混装车在接到调度室的控制指令后，行驶到指定地点的三维实时显示动画截图。图 4-70 所示为智能混装车在井下自主行驶的现场画面。

B　智能寻孔

智能混装车自主行驶到爆破作业面后，能够在井下环境中实现 $\phi \geqslant 35$mm、各角度炮孔的对准和输药管的插入，对孔误差 $\leqslant 5$mm，平均每个炮孔的寻孔时间约为 20s。工作臂动作平稳、顺畅、稳定，全过程没有发生工作臂与巷道壁的磕碰情况。另外，智能混装车可以通过井下无线通讯系统读取地面调度平台下发的装药参数，装药结束后，实际装药参数可上传至调度平台，如图 4-71 所示。

图 4-71　智能装药车井下智能寻孔

5 爆破器材智能管控技术

爆破器材的智能管控需要从本质安全、源头管控和末端管控 3 个层面进行讨论，即：（1）开发使用本质安全性较高的爆破器材及其生产和使用工具；（2）发展爆破器材全生命周期的信息标识与识读技术；（3）从源头和末端对爆破器材及爆破作业过程进行管控。爆破器材智能管控的目标是对爆破器材的生产、销售、运输、贮存以及使用等环节的信息进行有效采集，并实行科学规范、安全高效的智能化管理，使爆破器材从生产、使用到消亡的全过程留下完整轨迹，从而实现对爆破器材全生命周期的动态管控。

可以实现爆破器材智能管控目标的技术主要有：本质安全性较高的工业炸药现场混装（乳胶基质远程配送）技术、工业电子雷管技术，以及可以实现源头管控的爆炸物品示踪溯源技术。

5.1 爆破器材智能管控的基本问题

5.1.1 智能管控的主体

爆破器材智能管控涉及生产厂家、销售公司、使用单位和监管部门 4 大主体。其中，生产厂家主要记录生产信息和出售给销售公司的相关信息；销售公司主要记录爆破器材入库信息和销售出库信息；使用单位主要记录爆炸物品购买以及发放的信息，系统自动记录购买和发放等操作与时间；监管部门管理各从业单位、人员及爆炸物品，并接收、分析数据，及时对相关问题进行处理。

5.1.2 智能管控的对象

爆破器材智能管控的对象分别是爆破器材、爆破从业人员、爆破从业单位。

5.1.2.1 爆破器材

爆破器材品种较多，主要分为炸药和起爆器材两类。炸药包括铵油类炸药、水胶炸药、乳化炸药、起爆药、单质炸药等；起爆器材包括雷管、导爆索、导爆管、导爆管雷管、电雷管、电子雷管等。另外，按照国家相关规定，硝酸铵、氯酸钾也纳入民用爆破物品的管理范围。

5.1.2.2 爆破从业人员

爆破从业人员指从事爆破器材生产、运输、销售、仓储、使用、销毁和科研等有关人员，主要包括单位法人、项目负责人、技术负责人、安全责任人、工程技术人员、生产人员、爆破员、安全员、押运员、保管员和其他涉爆人员。

5.1.2.3 爆破从业单位

爆破从业单位主要包括生产厂家、运输单位、销售单位、仓储单位、使用单位、销毁单位、服务单位、科研单位等。

5.1.3 智能管控的目标

爆破器材智能管控的目标包括如下几个方面：

（1）应用物联网、人工智能等新一代信息技术和先进的管理模式，实现涉爆行业信息资源的连通和共享，提高爆破器材的管理水平；

（2）建立爆破器材物质信息流和管理信息流畅通的并行通道，并通过管理信息流监控物质信息流；

（3）加强爆破器材管理部门对爆破器材和相关单位、人员的管理和监控力度，促进爆破器材管理安全责任制的落实，实现爆破器材及相关单位的标准化、规范化、智能化管理；

（4）提高从事爆破器材生产、管理、销售、运输、仓储、服务、使用和销毁等单位的工作效率，实现办公自动化，方便各用户单位快速、有效地完成相关业务办理，缩短办事时间；

（5）监控爆破器材从生产到使用，其间经过的各个环节、相关单位、相关人员等所有信息，快速、全面、准确地掌握爆破器材的流向与流量，及时掌握爆破器材在某一时刻的状态及相关责任人。

5.1.4 智能管控的内容

爆破器材智能管控涉及面较广，不但包括信息的采集、存储、传输等过程，而且包括对信息的分析处理、查询统计、备份恢复、数据挖掘等内容。爆破器材的信息资源主要包括与爆炸物品相关的 11 大类信息，即：示踪信息、企业信息、产品信息、人员信息、生产信息、销售信息或交易信息、运输信息、库存信息、消耗信息（使用、抽检、销毁等）、失控信息、出警信息。

信息的采集方式分为人工采集和自动采集。信息采集的基本要求是采集信息及时准确、校验功能严密、录入手段方便，保证采集信息的系统性、可靠性和连续性。信息采集的方法很多，在采集过程中要注意遵循基本程序。

信息存储包括介质（如纸张、光盘、硬盘、优盘、云存储等）的选择、存储位置分配、信息安全性、使用方便性、冗余度大小（即重复存储量的多少）和信息一致性保证等内容。信息存储形式是多样的：卡片文件、打印文件和纸质文件等属于不可重复使用的介质，光盘、硬盘、优盘等属于可删除或修改的介质。采用哪种存储形式，以便于信息的汇总、检索等管理工作为原则。

信息传输由信源（information source）、信道（information channel）和信宿（information register）3 部分组成。信息传输方式是多种多样的，可以根据传输对象、时间、距离、内容、经济效益和实际效果等不同情况和要求选择适当的传输方式。

信息分析处理是指将采集的信息资料通过分类、统计、对比、计算、研究、判断、编纂等工作，使之成为反映全面情况的信息，成为有使用价值的信息。信息分析处理方法分为定性和定量两类，一般采用概率论、统计学、运筹学等方法进行信息分析处理。

信息查询统计是涉爆行业管理信息系统重要的组成部分。爆破器材信息量相当庞大，为了提高查询统计效率，需要建立一套科学的信息查询统计方法，对信息进行科学的分类和编码。

信息的备份和恢复可以利用软件自动实现。软件要满足自动化、高性能、安全性、可靠性和操作简单等要求。对信息进行备份，要从保证信息的安全性、历史记录、灾难恢复等多方面考虑。制定一个好的备份策略可以达到降低成本、保障信息及整个网络系统安全的目的。信息备份的方式可以分为全备份、增量备份、差量备份等3种。

5.2　爆破器材智能管控的共性技术

民用爆炸物品的安全管理历来受到政府的高度重视，《民用爆炸物品安全管理条例》（国务院令466号）第四条和第七条规定：公安机关负责民用爆炸物品公共安全管理和民用爆炸物品购买、运输、爆破作业的安全监督管理，监控民用爆炸物品流向；国家建立民用爆炸物品信息管理系统，对民用爆炸物品实行标识管理；民用爆炸物品生产企业、销售企业和爆破作业单位应当建立民用爆炸物品登记制度，如实将本单位生产、销售、购买、运输、储存、使用民用爆炸物品的品种、数量和流向信息输入计算机系统。

西方工业国家也十分重视爆炸物品在生产、流通、使用、销毁等领域的安全管理工作，对爆炸物品的流向进行严格的跟踪监控。例如，欧盟于2008年4月4日开始执行一个有关爆炸物品唯一性标识和流向跟踪的法令（The Directive on Identification & Traceability of Explosives）。该法令规定必须对所有民用包装爆炸物品进行唯一性标识，并能够跟踪其"生命"周期中的每个环节，要求每个唯一性标识的单元信息记录要保存10年，以备查验。爆炸物品包括炸药、雷管、导爆索、起爆体等。这些措施与我国采取的措施有很多相似之处。

爆破器材智能管控的共性技术主要包括爆破器材的标识管理与识读、示踪溯源管理、末端管控等技术。

5.2.1　爆破器材的标识与识读

爆炸物品的标识技术基本上可以划分为物理标识和化学标识两大类。物理标识系指通过在爆炸物品包装上做各种标记，如图形、数字、条码等，来区分和标识爆炸物品，这些标识技术均是通过其物理特征来达到标识目的。化学标识系指在爆炸物品内部添加微量的化学物质，通过这些物质所携带的化学信息来区分和标记爆炸物品。

爆炸物品的物理标识技术包括雷管打码管理技术、条形码和电子标签（RFID）管理技术、欧洲民用爆炸物品的物理标识管理等。

爆破器材信息标识和信息采集工作是实现爆破器材智能管控的基础性工作。标识管理赋予爆破器材一个可识别的唯一性标记，且标记（标识）信息能方便地被光电识读器读取，通过识读器再将产品信息传输到计算机。标识的目的是把需要管理的产品信息标注到产品外表面上，以便在流通过程中绑定相关人员或单位的责任。因此，爆破器材信息标识是信息处理的源头，是实施爆破器材智能管控的关键一环。

5.2.1.1　技术要求

用于普通商品生产信息的标识方法很多，有以实际生产时间为基础，以生产线下线产品顺序排列序号的；也有以年份、月份、日期为基础排列序号的；还有以批量产品为单位划分批号等方法。采取哪一种方式，主要取决于产品的特性，即技术上可行且标识方便，当然还取决于管理的目的，即信息量是否能满足管理者的最终需要。

爆破器材流向信息标识的具体要求，有一般商品的普遍性又有其特殊性，主要需满足标识的唯一性、耐久性、关联性等要求。

5.2.1.2　标识方式

根据行政主管部门对爆破器材管理需要的信息量来分，标识方式包括外部标识和本体标识两大类。外部标识和本体标识结合，就会形成本体与包装相对应、整体与个体相关联的立体标识，为各种相关信息与爆破器材的绑定提供基体。

（1）本体标识。本体标识是指均匀分布在爆破器材内部并与其相伴始终的标识技术。该技术是对爆破器材本体的标识，不受包装局限，近年来我国已在国际上率先研发成功并发展成熟。

（2）外部标识。外部标识是指对包装单元的标识，主要包括条形码、二维码、三维码及电子标签（RFID）等技术。

5.2.1.3　识读方式

对爆破器材产品进行统一标识，仅仅是把需要管理的部分信息标注到了产品表面或内部，要把每一个产品的个体信息或管理批次的信息方便地采录到信息系统内，还需要把这些信息转换到特殊信息载体上，使其能在流通过程中被便携式识读器读取所含的信息。

（1）标识信息转换方式。产品标识信息转换的常见手段有 IC 卡配合专用读写器、条形码配合光电扫描识读器、信息钮配合专用读写器等。采用哪一种技术手段实现爆破器材生产编码信息的最佳转换，主要考虑以下几个因素：1）技术手段性能要可靠、方便；2）仪器应该满足安全要求，能在易燃易爆场合使用；3）运行成本要合适。

（2）条形码流向信息标识。在示踪安检技术出现之前，我国主要采用条形码技术对爆破器材进行标识。如雷管生产企业在雷管生产线上对雷管管壳逐发编号，然后再使用条形码技术对雷管进行逐盒、逐箱信息绑定。即在雷管的盒、箱外贴上包含盒内或箱内所有雷管编码关联信息的盒条码和箱条码。

（3）产品信息与条形码的关联原理。条形码只有附加了产品信息才有实用价值，其关联原理是将产品信息与条形码进行绑定（或称"关联"）。如将雷管盒的条形码与盒内雷管编码进行关联，具体做法是把需要管理的雷管相关信息按统一的规定设计成 18 位数码，其中的 11 位数码是雷管管壳表面上前 11 位的编码，其余的字码则是根据管理内容需要增加的。同样道理，箱内雷管的信息也可被转移到箱条形码上。

由于雷管管理信息要求做到个体识别，信息量较大，信息的表述和转换等相对较复杂。对于用批量标识法管理的产品，就要简单得多，对于同一批产品只要在包装箱外贴上按规定制作的同一种条形码即可。

5.2.1.4　信息采集

生产企业对爆破器材流向信息进行标识的目的，就是要把信息存储到信息系统中。条形码的引入为标识信息转换创造了条件，只要解决采用何种设备、在何处实现信息采集即可。

在工业雷管实施编码管理的实践中，信息采集过程使用了一种手持式 POS 扫描器，通过它读取数据后，可以直接将信息下载到生产企业管理系统中，此时即建立了产品信息数据库，计算机可将数据库的信息再转换到 IC 卡上。

5.2.2　爆破器材的示踪溯源管理

爆破器材的示踪溯源管理旨在对爆破器材从生产到加工、运输物流、销售环节，再到爆破器材的使用，进行全程监控，实时通过网络和各种标签、条形码记录信息，帮助供应链上的各个主体明确责任。如出现爆破器材安全方面的问题，即可及时发现事故原因及事故环节，快速追踪爆破器材的来源和去向。

我国从 2003 年开始逐步在国内推广实施工业雷管编码和条形码技术措施，建立起民用爆炸物品信息管理系统，实现了静态管理向动态管理的转化，取得显著成效。但这些措施仅局限于外包装或外壳，尚未实现对爆炸物品本身的标识和跟踪。在当前情况下，当炸药脱离开包装、换个包装或标签被磨损、撕毁等情况发生时，就无法辨别其来源和流向。在爆炸物品发生爆炸后，更无从获知其来源。从国内查获的多起雷管流失案件来看，雷管外壳上的编码多数情况下被人为磨损或清除。

随着反恐形势的发展，国际爆炸恐怖袭击活动频发，反恐形势严峻。特别是美国"9·11"事件后恐怖活动的非对称性和严重破坏性，国际反恐工作的重心不得不由"应急处置"向"反恐预警"转移。面对严峻的反恐形势，各国政府都在采取积极的措施来防止爆炸恐怖活动的发生。世界各国越来越重视爆炸物品在生产、流通、使用、销毁等各个领域的流向监控。

以美国、以色列为代表的少数西方工业发达国家从 20 世纪 60 年代开始，相继提出数十种化学示踪技术方案并投入巨资进行研发，但在众多的技术方案中，达到实用要求的研究成果寥寥无几。美国为了研究、推广应用爆炸物品的示踪安检技术，专门成立了"爆炸材料标识、钝化和许可委员会"，对各类示踪安检剂的研究方案进行检测、评估和推介。

1980 年，瑞士从美国引进了一种民爆物品示踪技术，并在其工业炸药中推广应用。瑞士引进的示踪剂是肉眼可以看到的塑料颗粒，呈多层结构，每层有不同颜色，每种颗粒的各层颜色序列形成不同示踪信息编码。但其示踪剂存在的主要不足是成本高、炸后收集和检测困难，且只示踪不能解决安检问题。

1991 年，国际民航组织发起《在可塑炸药中添加识别剂以便探测的公约》，2015 年已经有 153 个签约国。其技术原理是利用易挥发的有机物质的挥发性来检测炸药。国际民航组织批准使用的三种物质为：二甲基二硝基丁烷（DMNB）、硝化甘醇（EGDN）、准硝基甲苯（p-MNT），其中以 DMNB 最为常用。主要缺陷包括：（1）爆炸物品如果被严密地封装，将无法被检测到；（2）示踪物质挥发完之后就失去示踪作用，有效期较短；（3）成本高。另外，该技术只针对安检，不能对爆炸物品实施跟踪溯源。

尽管国际上提出的示踪安检剂形式有多种多样，并以各种不同方式进行信息编码，但最终在技术上达到成熟并被政府认可和获得应用的则寥寥无几。这些技术的发展趋势是：身份标记、安检"二合一"，一体化解决示踪、溯源、安检、打非问题。

我国同西方国家相比面临的恐怖主义威胁差异较大，但是在国际安全困境的影响下，我国遭受的恐怖主义威胁必将长期化且越来越多地呈现全球性特征。另外，随着我国国际影响力的日益提高，承办类似于奥运会、世博会、世运会等大型国际活动的机会逐年增多。随着我国经济和社会改革的持续深入，社会不安定因素增多，反恐形势也更加紧迫，爆炸恐怖活动对我国的国家安全和社会稳定构成巨大的威胁。因此，反恐工作是一项艰巨、复杂、长期的政治任务。全国人大常委会第二十三次会议于 2011 年 10 月 24 日审议了国务院提请的《关于加强反恐怖工作有关问题的决定（草案）》。

我国从 20 世纪 80 年代开始相关研究，直到 2013 年才由汪旭光院士团队历经 8 年取得突破性进展，形成了完全由我国自主研发且具有国际领先水平的爆炸物品化学示踪技术。

2006 年，公安部治安管理局研究决定开展爆炸物品示踪技术研究。2007 年，国家反恐办立项为国家反恐科技专项项目（"709"计划）。2009 年，工信部安全生产司和公安部治安管理局联合下发通知，分别在国内 6 省 1 市 12 条工业炸药生产线和 2 条工业硝酸铵生产线开展了工业炸药示踪剂添加试验，取得理想结果。2010 年，国家反恐办委托总装工程兵装备论证试验研究所（63956 部队）对 150 种示踪剂开展炸前炸后检测的考核验证试验，准确率达 100%，完全达到项目考核目标和实用性要求。2011 年，在前期研究基础上，公安部追加安检探测技术研究任务，立项为部重点项目。2012 年 9 月 19 日，该技术通过国家反恐办组织的专家组验收。2013 年 12 月 25 日，公安部组织专家组验收，认定为"国际领先水平"。2014 年，该项技术获得公安部科技成果登记，并会同相关的技术先后于 2014 年和 2016 年，参加第七届和第八届中国国际警用装备博览会。2016 年 1 月 1 日正式实施的《中华人民共和国反恐怖主义法》第二十二条规定："对民用爆炸物品添加安检示踪标识物"。

该技术的中心思想是在所有民用爆炸物品中添加微量示踪标识物，使爆炸物品具有身份标识，既具有"爆炸性"的统一标识，又具有生产厂家、品种、型号、生产地点、生产时期、责任人等唯一性标识，因此能够一体化解决示踪、溯源、打非、安检等问题，是强化源头治理、实现系统治理的重要手段，是建立我国爆炸物品立体化防控体系、提升现代化治理水平的基础性技术。智能爆破的重要内容之一是建立以化学示踪剂为核心的爆破器材溯源管理体系。

5.2.3　爆破器材的末端管控技术

所谓爆破器材的末端管控，是指对爆破器材运输车、存储、施工现场的管控，主要采用卫星定位导航、视频监控等技术。视频监控管理在规范施工操作行为、追查事故责任方面具有十分重要的作用。例如：在追查辽宁思山岭"6·5"重大炸药爆炸事故过程中，视频监控对查清事故发生的经过和原因，认定事故的性质和责任起到了关键作用。

视频监控显示：2018 年 6 月 5 日 16 时 9 分 46 秒，思山岭铁矿基建期间，在措施井地面井口处，准备用主提升吊桶向井下转运炸药时，接班工人将一塑料袋雷管扔进装有炸药的吊桶内，雷管与吊桶内壁发生碰撞，产生的机械能超过了雷管的机械感度，导致雷管爆炸，进而引发炸药爆炸。事故造成井口地面 12 人死亡，井下 23 人被困，井下吊盘上 2 人失踪（已确认死亡），10 人受伤（含井下受伤 1 人），直接经济损失 4723 万元。

因此，有必要对爆破器材从生产、出厂、流通、运输、储存直至配送到施工现场的全过程进行实时监控，并通过 Wi-Fi、5G 网络或有线传输等方式将视频信号传输到监控中心并进行存储、备份。

在爆破器材生产、加工企业，有必要对重点生产、加工工序安装视频监控设备，使得企业和相关监管部门可以实时监控生产加工过程。在流通环节，需要对重点流通场所、车辆安装视频监控设备，使得企业和相关监管部门可以实时监控重点流通场所、车辆的爆破器材流通过程。在使用环节，爆破器材使用过程是视频监控的重点，需要在爆破现场安装视频监控设备，使得相关监管部门、技术人员可以实时监控爆破现场的重点区域。

5.3　智能爆破示踪溯源技术

我国的爆炸物品品种多、性能差别大、使用范围广、涉及单位多，其中有些品种很容易加工，要做到"底数清，情况明"，确保危险物品不被暴恐分子利用，难度相对较大。在加强立法的同时，需要加强技术研究，做到人防、物防、技防结合。尤其是需要加强爆炸物品的流向追踪、安检与防控工作，通过完善管控技术、监控设施、安检设备，加大安全防范力度，提升安检效果和效率。需要科学技术、管理手段、政策措施等一系列配套手段协同作用。

我国化学示踪技术的成功研制，为爆破器材示踪溯源管理的智能化提供了关键、全套解决方案。

5.3.1　化学示踪技术研究进展

化学示踪技术研究的目的是：（1）为每家合法生产企业的爆炸物品建立本体身份标识，加强源头治理，规范合法，打击非法；（2）通过示踪编码，追踪爆炸物品的流向，规范爆炸物品的流通秩序，建立爆炸物品全生命周期大数据；（3）实现爆炸物品爆炸前和爆炸后的来源追溯，加强责任追究，为事故调查、案件侦查和量刑定罪，提供先进技术手段和重要的依据、证据；（4）提高爆炸物品安检的针对性和准确率。

其基本思路是在爆炸物品中添加特制的具有化学编码的示踪物质，作为微量组分，与爆炸物品相容共存，伴随爆炸物品从生到灭的整个"生命周期"，直到爆炸物品爆炸之后遗留在现场。依托每种示踪剂唯一的示踪编码，建立爆炸物品的身份标识，示踪剂就成为爆炸物品自身携带的"身份证件"。

由我国开发的化学示踪技术先后攻克了唯一性化学编码、单个微小示踪剂颗粒的快速分析检测、微弱示踪信号的安检探测等多项核心技术，成功研发出两大类示踪剂（无机玻璃体示踪剂和高分子示踪剂，见图 5-1~图 5-3）、快速精密分析检测仪器和示踪安检设备。

无机玻璃示踪剂 有机高分子示踪剂

图 5-1　化学示踪剂的两大类型

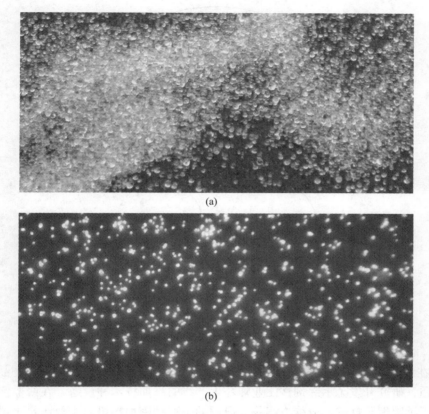

(a)

(b)

图 5-2 化学示踪剂外观形貌

（a）自然光下的化学示踪剂；（b）紫外光下的化学示踪剂

(a)   (b)

图 5-3 化学示踪剂工业产品

（a）桶装化学示踪剂成品；（b）袋装化学示踪剂成品

该技术以示踪剂为核心，配套有示踪剂在线添加、炸后收集、在线均匀性监测等技术与装备，以及示踪溯源信息系统、示踪编码数据库等软件系统。化学示踪安检技术体系如图 5-4 所示。

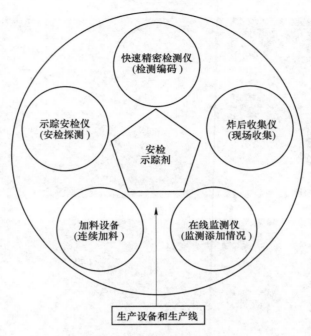

图 5-4　化学示踪安检技术体系

（1）在线添加技术与设备。为了解决安检示踪剂在工业炸药等民用爆炸物品中的工业化添加问题，研究开发了示踪剂在工业炸药生产线的添加技术和设备、在线监测技术和设备，开发了示踪编码规则、分配方案等。研制的小型精密加料机，主要满足下料流量、精度、防爆、自控等要求。在线添加设备具有完备的控制和监测系统，设定好添加比例即可自动调节化学示踪剂给料速度，保持精确的给料量。在炸药生产线的添加工艺简单，只需选择一个恰当位置连续添加即可，如图 5-5 所示。

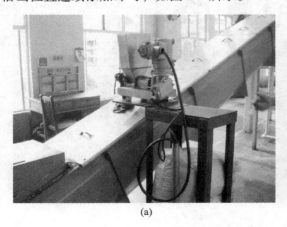

(a)　　　　　　　　　　　　　　　　　(b)

图 5-5　炸药生产线示踪剂在线添加设备

（a）炸药生产线上的添加设备；（b）添加设备主机

（2）在线监测技术与设备。为了监测生产线添加示踪剂是否符合标准要求的数量与质量，同时开发了在线检测设备和监测软件系统，如图 5-6 和图 5-7 所示。

图 5-6 炸药生产线在线检测设备

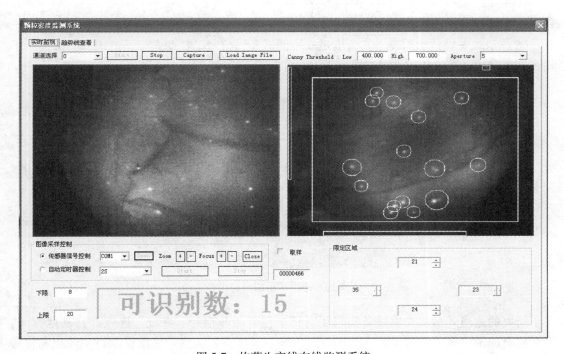

图 5-7 炸药生产线在线监测系统

（3）炸后探测收集技术与设备。化学示踪剂的重要作用是在炸药爆炸后能在现场灵敏地探测到残存的微弱示踪信息并自动报警，同时能够从爆炸物中或爆炸现场抽取或收集到化学示踪剂。研发的炸后探测收集仪如图 5-8 所示。

（4）快速编码检测技术与设备。示踪剂快速编码检测设备要求快速、精准，操作简便，为准确判读示踪编码提供检测手段。目前已成功研发出 Ux-710 型快速精密检测仪，如图 5-9 所示。该检测仪各项指标均满足快速检测的要求。性能指标如表 5-1 所示。

图 5-8　炸后收集仪

图 5-9　示踪剂快速精密检测仪

表 5-1　示踪剂快速精密检测仪性能指标

项目	检测精度/μm	检测时间/s	可靠性/h	工作温度/℃	分辨率/eV	管压/kV	管流/μm
指标	≥100	50~300	≥1000	-10~+50	145±5	5~50	50~1000

（5）示踪安检技术与设备。为满足安检的需要，研制了移动式、通道式、手持式、车载式等系列的示踪安检仪产品，如图 5-10 和图 5-11 所示。

图 5-10　通道式示踪安检设备

研发的通道式示踪安检设备实现了对行李包裹的非接触、在线、连续、自动地探测。行李包裹的最大尺寸为宽×高＝600mm×550mm，长度不限。皮带速度根据行李体积和材质在 2~20cm/s 之间自动调节。平均检测时间为 5~20s。

示踪安检设备重要特点包括：示踪信号的唯一性决定了爆炸物品探测的准确性，且不受爆炸物品品种限制；探测到爆炸物品后，可进一步溯源；可在线探测，探测灵敏度只与示踪剂添加量下限有关；工作稳定且设备寿命长（每台设备至少可无故障使用 5 年以上）；自动报警，无须人工参与。

此外，今后可将全国的示踪安检设备互联互通，建立安检设备物联网，可远程诊断、检测、记录每一台设备的运行情况，设备出现异常或需要维修保养时会自动检测并主动提

图 5-11　车载式示踪安检设备

醒，更有利于实现智能管控。

5.3.2　化学示踪编码技术基本原理

不同的化学元素具有不同的特征 X 射线，根据物质不灭定律，不管物质发生怎样的化学变化，原子不会变。这就是采用不同的化学元素进行编码且能够稳定存在的基本原理。

化学示踪技术根据上述原理，在元素周期表中筛选一些元素，将不同元素及它们的含量梯度形成组合，由各元素的特征 X 射线荧光的谱峰位置和强度，组成一个标识特征，从而形成化学编码。为使这种化学编码固定不变，并形成标识物产品，满足实际应用，将元素组合均匀地融入稳定性优良的物质内，例如：玻璃、陶瓷、高分子材料等，可确保组合元素的种类和含量不变化，从而形成具有确定化学编码的示踪剂。

将微量安检示踪标识物添加于民爆物品中，微小的示踪颗粒均匀分布于民爆物品内部，成为其身份标识，两者相容共存，相伴始终，直到爆炸之后，示踪颗粒遗留在爆炸现场。如图 5-12~图 5-14 所示为在现场可收集到的各种示踪颗粒。

图 5-12　爆炸后现场收集的示踪颗粒

图 5-13　爆炸后遗留在现场的 A 编码示踪颗粒

图 5-14　爆炸后遗留在现场的 B 编码示踪颗粒

每一个元素组合（化学编码）特征能谱的产生过程为：在 X 射线的照射下，示踪剂中不同元素原子的内层电子被激发并产生空穴，外层电子向这些空穴跃迁时，就会放射出特征 X 射线，由这些特征 X 射线组成的光谱图，由专业仪器进行识读，就可辨别出编码，这个过程就是编码检测。

根据这一原理，通过调整示踪元素的种类和含量梯度，就可配制出数百万种以上的安检示踪剂，以满足实际需求。同时结合示踪安检技术的特点和民用爆炸物品的公共安全管理需要，研究了示踪编码规则和分配方案、示踪安检技术体系的应用方案、民用爆炸物品示踪安检管理方案以及基于示踪安检技术的立体化防控体系建设方案等。此体系中，示踪编码标识民爆物品的"出身"，即：生产厂家、产地、生产线、品种型号、责任人等，用安检信息标识民爆物品的"爆炸性"，通过探测这种安检信息，实现非接触、不开包、自动探测报警。这样就实现了爆破器材的示踪溯源目标。

化学示踪技术的特点主要包括：

（1）本体标识。与爆炸物品紧密结合，完全融为一体，是基于民爆物品本体的标识，因此不受包装限制，不与外界接触，不受外界磨损、污渍、气候等影响。

（2）全链条追溯。在包装之前就添加进入民爆物品，在拆开包装之后，它还存在于民爆物品之内，直到爆炸之后散落到现场，不仅可以追溯整个流通过程，还向生产源头和末端管控两头进行延伸，因此是全链条追溯，可解决诸多难题，例如：包装之间无标识问题、包装磨损或更换包装之后无标识问题、拆箱之后的退库信息绑定问题等。

（3）隐蔽性。示踪标识是潜在的、隐藏的，外表看不出来，不被人觉察。

（4）关联性。作为一条主线，示踪编码将爆炸物品整个生命周期中的相关信息按照时间和空间两个维度，串联起来。从生产、销售、储存、运输到使用的各个环节中，绑定各类各种信息（信息全面），动态生成数据库，既可查流通轨迹，又可查空间分布。这种关联性还可将所有涉爆领域和各管理层有机联结起来，为民爆物品立体化防控体系提供基础和支撑。

（5）整体性。一箱一码是个体标识，而示踪编码则将一批爆炸物品联结成一个整体，从而可利用整体特征（如数量平衡）从整体上管控民爆物品，解决一些个体管控解决不了的问题，有利于提升整体管控能力。

此外，与一箱一码条码信息管理系统相结合，可建立起本体与包装相统一、整体和个体相对应、炸前与炸后相一致的立体标识体系，既有对每个包装单元的单线跟踪监控和管理，又有对一定数量爆炸物品的整体跟踪监控和管理，从而做到纵向到底、横向到边，织密爆炸物品公共安全网络。

5.3.3 化学示踪技术的工业化应用

由于化学示踪剂编码清晰、明确、唯一，且能与各种爆炸物品相容共存，爆炸之后能保留下来，既保证长时间与爆炸物相容，又能在环境中慢慢老化失效，编码数量可根据实际需要不断地扩充，因此可以将化学示踪剂添加在工业炸药、雷管、工业索类爆炸物品用于示踪溯源。

在全国多个炸药厂的工业炸药生产线中通过添加化学示踪剂，已取得工业应用效果，如图 5-15 所示箭头所指为通过示踪检测设备检测出的化学示踪剂颗粒。

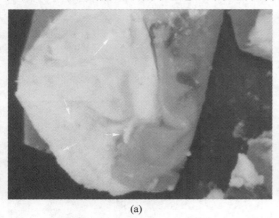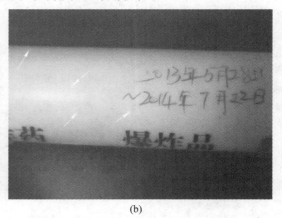

（a）　　　　　　　　　　　　　　　　（b）

图 5-15　添加化学示踪剂的乳化炸药储存试样

（a）乳化炸药成品内检测出化学示踪剂；（b）透过乳化炸药包装检测出化学示踪剂

此外，研究团队分别在北京京煤化工有限公司的导爆管、雷管和导爆索生产线上，进行了化学示踪安检剂的试用。针对这 3 种爆炸物品的生产工艺特点，采取了不同的添加方法和技术，开展了添加比例、混合均匀性、炸前炸后检测等试验。

其中，生产了添加化学示踪安检剂的导爆管 27.6 万米，电雷管 1.6492 万发，导爆索 6.7319 万米。试验结果表明：添加均匀性满足要求，示踪安检剂对 3 种产品的性能没影响，炸前炸后的检测结果亦 100% 准确。添加化学示踪安检剂的导爆管的爆速和抗拉强度的测试结果均与日常检测结果一致，符合国家标准，如图 5-16~图 5-21 所示。

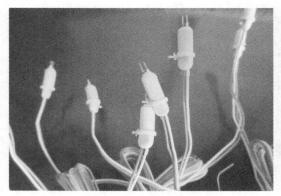

图 5-16　添加化学示踪安检剂的雷管注塞

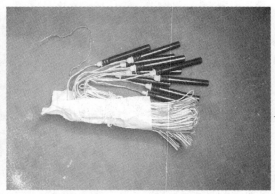

图 5-17　添加化学示踪剂的雷管

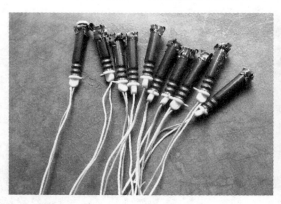

图 5-18　添加化学示踪剂雷管爆炸后的情形

图 5-19　添加 0.06% 化学示踪安检剂的导爆管

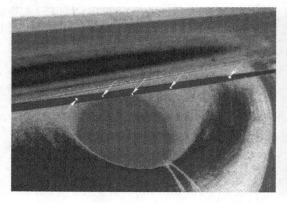

图 5-20　加入导爆管内的化学示踪剂颗粒

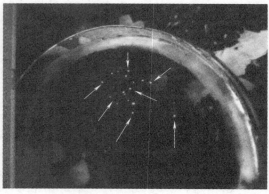

图 5-21　导爆管燃烧后遗留下的化学示踪剂颗粒

5.3.4 爆破器材立体智能防控体系

示踪编码是爆炸物品的身份编码，为绑定各种相关信息提供载体，并作为一条主线，在爆炸物品的整个生命周期中将所有信息串联、衔接起来，为建立爆炸物品全生命周期大数据提供了基石。

依托示踪编码的唯一性，为爆炸物品建立本体身份标识，示踪剂就成为爆炸物品自身携带的"身份证件"。这就为将爆炸物品与各类相关信息绑定以及爆炸物品实时动态监控体系的建立提供了基础。爆破器材立体智能防控体系利用示踪信息系统，在爆炸物品整个流通过程中，实时地将有关信息累加绑定在示踪编码上，建立爆炸物品关联信息的大数据，以有效防范爆炸事故和爆炸案件，整体提升爆炸物品安全管控水平和治理能力。

示踪安检技术应用到民爆物品之后，每个厂家的每条生产线在一段时期内生产的民爆产品将会具有统一的、内在的、隐含的示踪编码，从而可将各类信息、责任等与爆炸物品本体进行绑定。爆炸物品示踪安检技术体系如图 5-22 所示。

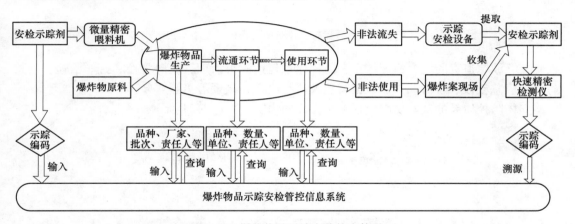

图 5-22　爆炸物品示踪安检技术体系

爆破器材立体防控体系是基于示踪编码、示踪技术的特点、应用方法和爆炸物品智能管控目标要求，开发利用示踪信息系统，结合物联网、云计算、大数据等先进的信息技术，在爆炸物品整个流通过程中，将有关信息累加绑定在示踪编码上，达到跟踪爆炸物品流向、记录爆炸物品流通轨迹、追溯爆炸物品来源等管理效果，以有效防范爆炸事故和爆炸案件的发生。爆破器材立体防控体系不仅实现炸前溯源，还能够实现炸后溯源，只要在爆炸物品内部或爆炸现场找到示踪剂颗粒，即可获知爆炸物品的生产厂家、品种、生产日期、相关责任人等信息。在有效预防和降低爆炸事故和案件发生概率的同时，为涉爆案件的侦破提供有力的技术支持，以提高爆炸案件的侦破效率和对恐怖分子的打击力度。

爆破器材立体智能防控体系基本架构如图 5-23 所示，主要包含根基层、内涵层、外延层和高端层。

基于化学示踪剂技术的爆破器材立体智能防控体系实现了爆炸物品的本体标识、整体管控、纵横联结、立体防控。该立体防控体系将民用爆炸危险物品的生产、销售、运输、储存、使用、销毁以及所有涉爆领域和环节有机衔接起来，形成源头控制、过程跟踪、全

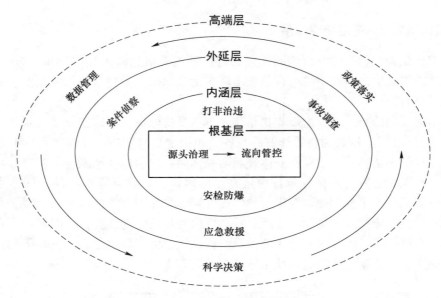

图 5-23　爆破器材立体智能防控体系基本架构

程管控、溯源追责的综合治理体系。防控体系包括源头治理、流向管控、打非治违、安检防爆、应急救援、事后调查、数据管理及科学决策、政策落实等部分。

立体防控体系的基本功能包括 4 个方面的内容，如图 5-24 所示。

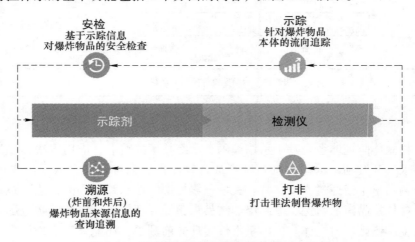

图 5-24　爆破器材立体智能防控体系基本功能

（1）安检。基于示踪信息对爆炸物品的安全检查。所有民爆物品具有统一的示踪信息，利于爆炸物品全覆盖；民爆物品自带特征信息，提高安检的针对性；基于示踪信息研发和应用专用的安检设备，具有统一性；变被动检查为主动设置标识，提高主动性；主要原材料或易制爆物品添加安检示踪标识物，扩大安检覆盖面。

（2）示踪。针对爆炸物品本体的流向追踪。爆炸物品拥有自己的"姓名"，为完整记录流通轨迹，提供前提；示踪编码让爆炸物品具有"身份"，为流向管控和闭环管理，提供抓手；民爆物品的物理流，与示踪编码的信息流相对应，示踪编码是民爆物品在信息系统中的"影子"，民爆物品的任何变化，都可通过示踪编码在信息系统中反映出来，便于采用先进的信息技术，提升管理能力和效果。

（3）溯源。炸前和炸后爆炸物品来源信息的查询追溯，既实现了炸前溯源，还填补了炸后溯源的空白；为爆炸案件侦查，提供线索和证据；不仅查询爆炸物品的来源，还可通过流通轨迹、相关单位、人员、地点、时间等信息，分析、研判流失环节，定位责任人，直至犯罪嫌疑人。

（4）打非。打击非法制售爆炸物品。示踪标识的本体性、隐蔽性，让爆炸物品自身携带身份证明；示踪剂是快速甄别和准确识别是否为非法爆炸物品的重要判据；对爆炸物品的主要原材料或易制爆物品（如：硝酸铵、硝酸钾、高氯酸钾等）进行示踪，从源头的源头，控制非法制造爆炸物品。

安检示踪技术的安检、示踪、溯源和打非功能，紧密联系、不可分隔，一体化解决，构成民爆物品立体化防控体系的骨架。

化学示踪技术是一个综合性的技术手段，使爆炸物品安全管理的各个方面协调运行，相互促进，是一个系统性的解决方案，为建立爆破器材立体化防控体系提供技术支撑。爆破器材立体智能防控体系逻辑关系如图 5-25 所示。

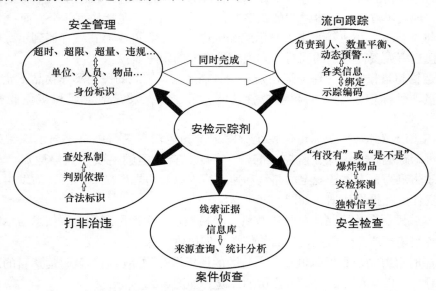

图 5-25 爆破器材立体智能防控体系逻辑关系示意图

要实现爆破器材的流向跟踪管控和溯源追责，就必须将爆破器材流通过程中的各类相关信息与示踪编码进行动态绑定。

爆破器材全生产周期大数据是爆破器材立体智能防控体系的主体部分。其中，信息构成了爆破器材立体智能防控体系的血脉，对数据的动态感知、计算和判断等智能分析就构成了立体智能防控体系的神经系统。

5.3.5 立体智能防控体系的应用

示踪剂在爆炸物品安全管理中的作用是多方面的、综合性的。微量示踪剂均匀混合于爆炸物品之后，与其相伴终身，即使爆炸物品发生爆炸也会有示踪颗粒遗留在现场，这是示踪剂的一个基本特点。这个基本特点决定了示踪剂对爆炸物品的本体标识作用。示踪剂在爆炸物品安全管理中的所有作用，均以本体标识为基础。

基于化学示踪技术的爆破器材智能立体防控体系的爆破器材内有示踪编码，外有警示标识、登记标识和条形码，形成本体与包装、整体与个体、炸前与炸后相统一的内外结合、明暗呼应的立体标识，可以实现爆炸物品的全生命周期流向跟踪管控。

为充分发挥示踪安检技术的立体智能防控体系的作用，需要在全国建立一个云计算中心，各用户和仪器设备通过互联网直接与云中心进行信息交互，各个终端的数据实时上传并储存在云中心，云中心定时与公安专网通过网闸进行数据交换。任一环节通过检测示踪剂获取示踪编码之后，都可通过示踪编码在信息系统中查询所示踪的爆炸物品的所有相关信息，结合生产日期和箱号可以查询每一箱爆炸物品的流通轨迹，结合车牌号可以查询该车辆行驶路线、车速、出发和到达时间等信息。

5.3.5.1 爆破器材运输过程跟踪监控

在装载民用爆炸物品上路之前，押运员与仓库管理员进行交接时，通过示踪信息系统将所装载的爆炸物品各相关信息与示踪编码进行绑定，并通过互联网实时上传到示踪信息系统中，实现对民爆物品运输过程的跟踪监控。其作用主要包括如下几个方面：

（1）将押运员、司机等当事人与示踪编码进行绑定，并实时在线存储到示踪信息系统中，在增强当事人责任意识的同时，实现对当事人的跟踪监控。

（2）运输超量报警。为保证运输安全，每辆运输车装载的民用爆炸物品不允许超出其最大装载量，示踪信息系统的超量报警功能，可主动、及时地发现和避免此类情况的发生。

（3）将 GPS（BDS）全球定位系统跟踪记录的运输车辆行驶轨迹与示踪编码进行绑定，可通过示踪编码，跟踪、监控、记录、存储、查询运输路线、经停地点、车速等信息，以有效防范当事人不按规定的路线和速度行驶以及违规停靠等不法行为发生，并为调查取证和责任追究提供依据，如图 5-26 所示。

（4）车载民用爆炸物品的品种、数量、规格型号、生产厂家等各类信息与示踪编码的绑定，为各类违规或意外情况发生后的信息查询提供了保障。

（5）超时报警功能督促每辆在路上行驶的民用爆炸物品运输车及时运达目的地，不在路上耽搁时日，以尽可能减少运输途中的风险，如图 5-27 所示。

（6）车辆和车况信息与示踪编码的绑定，对合法运输车辆及其维修保养情况等进行监督和管理，防范违规使用非专用车辆或不合格车辆运输民用爆炸物品的行为。

5.3.5.2 爆破器材仓储监管中的应用

在民爆物品入库和出库时，通过示踪信息系统将每笔交易中爆炸物品的品种、规格、型号、数量、生产日期、交库人、保管员等相关信息与示踪编码进行绑定，并实时上传、存储到示踪信息系统中，如图 5-28 和图 5-29 所示。

系统自动加减、核算仓库内储存的爆炸物品品种、数量、储存时间等信息，实现民爆物品仓储环节的实时动态监管，其作用主要有如下几点：

（1）绑定责任人，落实安全管理责任。

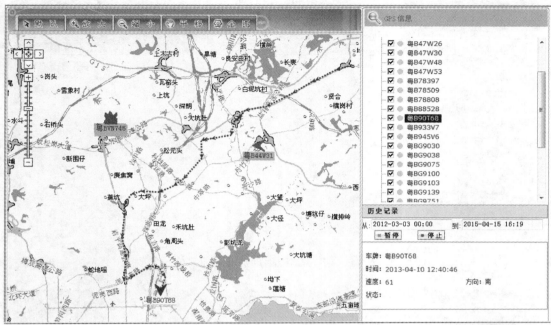

图 5-26 车辆运输轨迹查询示意图

扫一扫看彩图

图 5-27 运输超时未到的民爆物品示警信息查询示意图

（2）超量报警。每个爆炸物品仓库都有其最大允许库存量，如果库存的爆炸物品数量超出允许量，则是一个安全隐患，属违规行为，信息系统通过自动核算，超出最大允许量时立即报警，从而及时提醒当事人和主管部门进行处理。

扫一扫看彩图

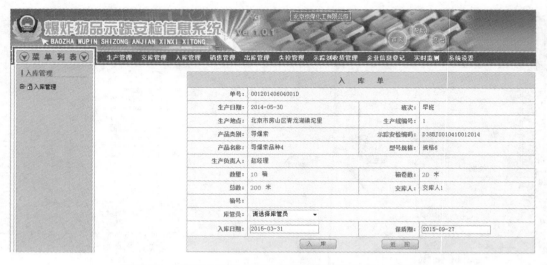

图 5-28 入库的民爆物品信息与示踪编码绑定的一个界面

图 5-29 与示踪编码绑定的已出库的民爆物品信息查询界面

（3）过期报警。由于过期爆炸物品的爆炸性能不稳定，质量无法保证，容易发生安全事故，因此《民用爆炸物品安全管理条例》（国务院令 466 号）第四十三条规定：民用爆炸物品变质和过期失效的，应当及时清理出库，并予以销毁。库存的爆炸物品如果储存时间超出保质期，示踪信息系统会报警，提醒企业和管理部门及时组织销毁，以有效监控仓储爆炸物品的过期情况。

（4）自动识别同库储存的爆炸物品是否性质相抵触，如果相互抵触则系统报警（只需预先将性质相抵触的爆炸物品名称录入示踪信息系统）。《民用爆炸物品安全管理条例》（国务院令 466 号）第四十一条规定：对性质相抵触的民用爆炸物品必须分库储存，严禁在库房内存放其他物品。

5.3.5.3 爆破器材使用监管

爆破工地是爆破器材的使用环节，由于点多面广，人多手杂，操作人员的专业能力和职业素质参差不齐，尤其是拆包后的爆炸物品更难于管理。因此，在民用爆炸物品的使用环节最易发生爆炸物品的流失。在民用爆炸物品使用环节的安全监管中，化学示踪技术主要产生如下几个方面的作用：

（1）通过示踪信息系统将现场负责人、分发人、领取人、安全员、爆破员等各责任人与爆炸物品的示踪编码绑定，落实安全责任，强化安全意识，使现场安全管理更加规范和严密。

（2）示踪信息系统不仅记录爆炸物品的使用单位和使用人，还记录使用时间和地点，以及爆炸物品的品种、数量等信息，这些完整的信息组合，客观地记录了爆炸物品爆炸消失之前的最后轨迹，不仅有力地防控爆炸物品的流失和不正当使用行为，而且为爆炸事故分析和爆炸案件侦察提供了依据、情报和证据等支持。这是由于爆炸物品内均匀混合的微小示踪剂颗粒，在爆炸物品爆炸前和爆炸后均能搜集到，通过快速分析获取示踪编码后就可获知爆炸物品的各种信息。

（3）巨大的威慑力。由于化学示踪技术的独特作用，以及完整记录爆炸物品的生命轨迹及各环节责任人，因此对心存侥幸的潜在犯罪分子具有巨大的威慑作用。

（4）示踪信息系统的超时报警功能，有利于督促当事单位和现场责任人及时完成民爆物品的交接和爆破作业，尽可能缩短危险持续时间，从而降低安全事故的发生概率。

化学示踪技术对于爆炸物品的流向管控、防范爆炸物品流失以及在建立实时动态监控和跟踪溯源管理体系等方面具有独到的优势，是解决爆炸物品安全管理难题的一项有效技术手段，可在现行管理技术措施基础上进一步强化爆炸物品的流向监管和综合治理功能。

5.4　电子雷管在智能管控中的作用

工业电子雷管，俗称电子雷管或数码雷管，是应用微电子技术、数码技术、加密技术，实现延时、通讯、加密、控制等功能的工业雷管。在电子雷管内部有专用电子控制模块，其中内置有雷管身份信息，具备雷管起爆延期时间控制和起爆控制功能，能对点火元件的通断状态进行测试，并能和起爆控制器及其他外部控制设备进行通讯，如图 5-30 所示。

作为一种新型爆破器材，电子雷管从设计上完全颠覆了传统工业雷管的组成结构。与传统的电雷管和导爆管雷管等起爆器材不同，电子雷管用电子控制模块取代了化学延期体，延期时间完全由模块控制，具有延期精度高、可靠性高、安全性好、网路可检测等多项优点。同时，电子雷管内置了身份码和密码，符合国家发展规划和爆破器材产品流量流向智能化监管的要求。

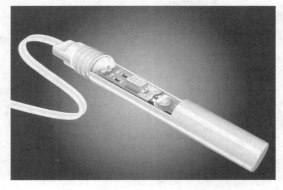

图 5-30　工业电子雷管示意图

5.4.1　电子雷管的发展历程

电子雷管技术的研究开发工作始于 20 世纪 80～90 年代，在此期间电子雷管及其起爆系统取得了快速发展。随着研究和应用的深入，电子雷管逐步趋于成熟并进入爆破工程应用阶段。

　　1993 年前后，瑞典 Dynamit Nobel 公司、南非 AECL 公司分别公布了各自的第一代电子雷管技术和相应的电子延期起爆系统，1996 年、1998 年又分别公布了第二代电子雷管技术。1998 年之后，Dynamit Nobel 公司在法国注册了 Davey Bickford 公司，开发生产 Daveytronic 电子雷管系统，与 Orica 公司合资在德国开发生产 PBS 电子雷管系统。与此同时，全球范围内陆续出现了多家开发、生产电子雷管的新公司，涌现了多种品牌的电子雷管系统。目前，国外发展最为成熟的是澳大利亚 Orica 公司生产的 i-Kon 电子雷管起爆系统，2006 年我国三峡围堰爆破使用的就是 Orica 公司的数码雷管。

　　我国电子雷管的起步也较早。1985 年，原冶金部安全环保研究院开始与多家单位合作研制电子延期超高精度雷管，于 1988 年研发出我国第一代电子雷管。自 2008 年起，国内有关电子雷管的专利申请数量持续增长，专利数量属世界前列。

　　电子雷管因其出色的稳定性、安全性，十余年来在围堰拆除、城镇拆除爆破、水下爆破、隧道工程、矿山等领域都得到了成功的应用。目前，国内生产电子雷管的企业已达十余家，主要有中国兵器工业系统总体部（北方邦杰）、贵州久联民爆器材发展股份有限公司、西安 213 所以及国内几家知名的民爆器材生产企业，产品包括传统的电起爆电子雷管系统、可用导爆管起爆的电子雷管、无线自组网新型电子雷管等。电子雷管产品已全面实现国产化，性能也得到了全面提升，延期芯片产业日趋发展成熟，电子雷管价格也大幅下降。与传统工业雷管相比，电子雷管的性价比进一步提升，为其普及提供了市场竞争力，取得了较大的突破。

　　我国电子雷管的研发历程如图 5-31 所示。

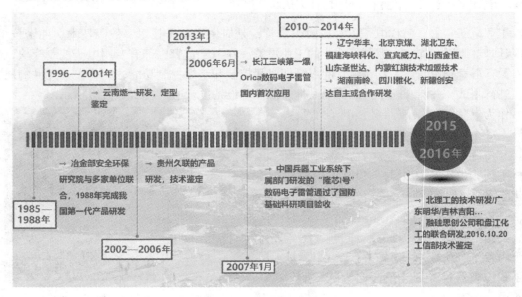

图 5-31　国内电子雷管研发历程

5.4.2　电子雷管的结构及其特性

　　与传统工业雷管起爆系统不同，电子雷管起爆系统由电子雷管网路、电子雷管专用编码器和专用起爆器组成。编码器可单独使用也可与起爆器配套使用。有些电子雷管起爆系统一台编码器可连接 200 发电子雷管，形成单机爆破网路。一台起爆器可连接 20 台编码器，形成具有多条支线的起爆网路，其最大组网爆破规模为 4000 发电子雷管。

电子雷管的类别包括：（1）根据延期时间设置方式有现场设置型电子雷管和预设置型电子雷管；（2）按爆破网路的连接方式有并联型电子雷管和串联型电子雷管；（3）按应用环境有煤矿许用型电子雷管和普通型电子雷管。

电子雷管的构成主要包括控制模块、内储能电容、点火头、火管等部件。而传统雷管主要包含点火头、延期元件和火管等部件，如图 5-32 所示。

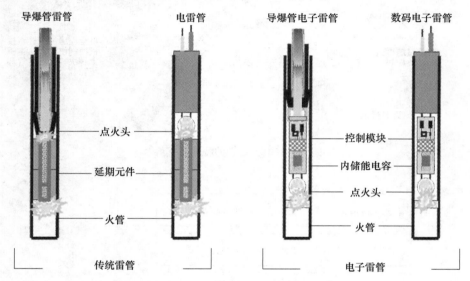

图 5-32　电子雷管的结构及与传统雷管的比较

电子雷管的安全性，主要取决于它的发火延时电路。传统延期雷管靠简单的电阻丝通电点燃引火头；而电子雷管的主发火电路由充电晶体管和放电晶体管组成。与传统电雷管相比，电子雷管除受电控制外，还受到微型控制器的控制，且在起爆网路中该微型控制器只接受起爆器发送的数字信号。通常情况下，电子雷管的内储能电容在微控制器控制下，通过点火晶体管放电并引燃引火头。

相对于传统雷管，电子雷管具有 8 个方面的优势：（1）可以精准控制爆破延期时间，大部分电子雷管延期步长可精确到 1ms；（2）爆破振动可以得到有效控制；（3）可以减少爆破次数 50%~80%；（4）炸药能量利用率可有效提高，节约炸药 20%；（5）可以改善破碎效果，均匀度提高 13%，铲装施工效率提高 5%~30%；（6）爆破综合效益可提高 6%~10%；（7）安全可靠性可提高 10%；（8）可全程追溯监管，授权控制使用，从本质上解决行业监管环境及社会安全，如图 5-33 所示。

这些优势体现在爆破工程中，可以实现雷管在线检测，确保起爆网路稳定可靠，多重起爆密码保证安全。此外，因为雷管段别无限制，网路设计较为简单，最终可获得使用传统延期雷管无法实现的最优爆破方案和爆破效果，如图 5-34 所示。

5.4.3　电子雷管的编码管理

电子雷管具有很强的抗静电、抗射频、抗杂散电流、抗振动等性能，起爆系统现场编

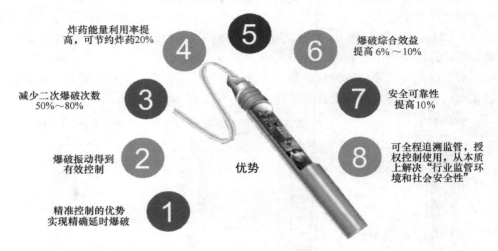

图 5-33　电子雷管的特性及优势

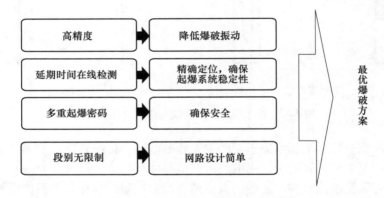

图 5-34　电子雷管在爆破作业中的优势

程、设置延期时间和起爆密码，实现了雷管在线检测、故障网络诊断。电子雷管使用专用起爆器进行起爆，使用多重密码对应才能起爆，一旦发生丢失、被盗的情况，没有密码不能起爆。传统的起爆器无法使其起爆，可最大限度减少民爆物品被不法分子利用危害社会的可能性，能进一步加强危险品管理，提高危险品流通、使用环节安全水平。

5.4.3.1　电子雷管工作码管理

电子雷管使用 UID 码、起爆密码、工作码和雷管壳体码进行多重编码管理。其中，UID 码是在工业电子雷管中写入的用于通信、控制的一组数字、字符或其混合信息体；起爆密码是在工业电子雷管中写入的用于同起爆器数据进行核对的一组数字、字符或其混合信息体；工作码是将工业电子雷管 UID 码、起爆密码和雷管壳体码组合，经加密编码后形成的一组数字、字母或其混合信息体。《工业电子雷管信息管理通则》（GB 1531—2018）详细规定了工业电子雷管的信息管理要求。

图 5-35 所示电子雷管工作码管理要求为：工业电子雷管生产过程中，应将 UID 码、

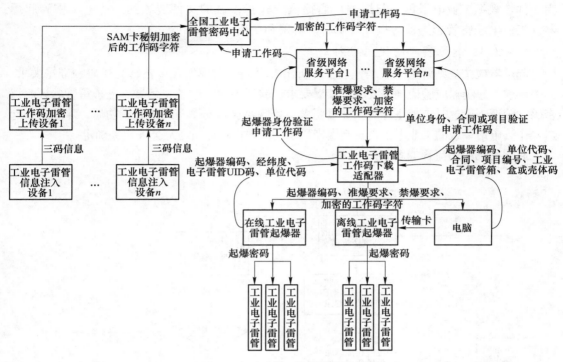

图 5-35 电子雷管工作码管理流程图

起爆密码和雷管壳体码传递给工业电子雷管工作码加密上传设备。工业电子雷管工作码加密上传设备进行三码绑定生成工作码后上传到全国工业电子雷管密码中心。全国工业电子雷管密码中心存储工作码，向省级网络服务平台提供工作码申请服务。工业电子雷管起爆器应能读取工作码，且按规则解密使用。工业电子雷管起爆器或工作码下载适配器应将起爆后的工业电子雷管使用信息，通过省级网络服务平台传回全国工业电子雷管密码中心。全国工业电子雷管密码中心解密并标记已使用的工业电子雷管工作码。未使用的工业电子雷管工作码应能重复下载。人工不能查看或修改工作码管理和储存过程。

5.4.3.2 工作码的申请

A 在线申请方式

电子雷管起爆器应以起爆器编码、单位代码、工业电子雷管 UID 码、当前经纬度信息、爆破合同（可选）、项目编号（可选），直接或者通过工业电子雷管工作码下载适配器从使用所在地省级网络服务平台申请工作码。

工作码申请成功，应将包含工作码、准爆要求、禁爆要求的加密信息传到电子雷管起爆器。电子雷管起爆器应按照规则解密和使用。

B 离线申请方式

企业应通过单位卡登录工业电子雷管工作码下载适配器网址，以单位代码、工业电子雷管壳体码或盒条码或箱条码、起爆器编码（可选）、爆破合同（可选）、项目编号（可选），从使用所在地省级网络服务平台申请离线下载工作码。

工作码申请成功，应自动返回包含工作码、准爆要求、禁爆要求的加密信息，并保存为文件。根据工业电子雷管起爆器厂商提供方式将下载的文件装载到工业电子雷管起爆器。工业电子雷管起爆器应按照规则自动解密和使用。

5.4.3.3　起爆密码的使用规则

起爆器应按规则解密下载工作码，解析出 UID 码、起爆密码、雷管壳体码和准爆要求、禁爆要求。起爆器应验证准爆要求、禁爆要求，验证不通过时禁止起爆。电子雷管验证起爆密码，验证不通过时应禁止起爆。准爆要求、禁爆要求和起爆密码校验成功后，才能进行起爆操作。申请下载的工业电子雷管起爆密码使用期限由作业所在地公安机关确定。

起爆密码使用流程如图 5-36 所示。

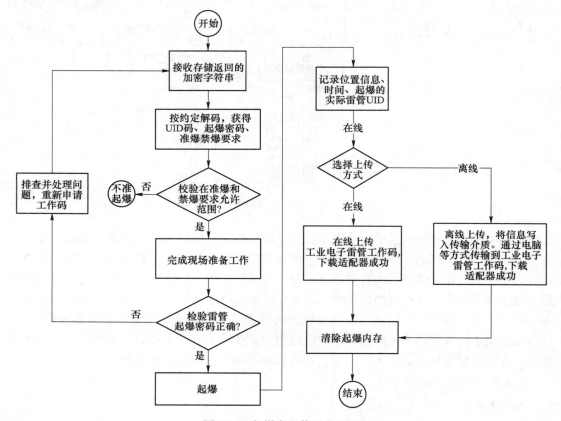

图 5-36　起爆密码使用流程图

5.4.4　电子雷管的智能管控

电子雷管采用专用芯片以精确延时为特点，核心价值体现在可为公安监管、为公共安全带来数字化革命，满足产业升级和两化融合的需求。而且电子雷管具有自毁装置，即对雷管通以工作电流，雷管正常起爆，通以工作电流以外的电流，不论大小，电子芯片即行自毁，之后再通以任何形式和大小的电流均不能起爆，减少了被犯罪分子非法利用进行作案的机会。同时，UID 码、起爆密码和雷管壳体码等多重信息加密，为电子雷管的智能管控提供了技术基础。

2011 年 7 月，公安部召开了电子雷管流向监控研究及推广应用工作专家小组会议，印发了《电子雷管流向监控管理总体方案》，目标是规范统一全国电子雷管及相关设备在安全管理上的性能指标，变事后核查为事前控制，变被动管理为主动管理，减少雷管非法流失所带来的社会危害。

2015 年 4 月 30 日，工业和信息化部批准发布了 2015 年第 28 号公告，工信部安全生产司组织民用爆破器材标准化技术委员会制定的《工业数码电子雷管》（WJ 9085—2015）等 10 项民爆行业标准正式发布，标准规定了工业数码电子雷管的分类与命名、要求、试验方法、检验规则、标识、包装、运输及贮存等内容。

2017 年 3 月，全国民爆信息管理系统——电子雷管管理功能上线，由公安部统一部署全国电子雷管密码中心存储密码并提供下载申请，实现电子雷管跟踪管理、起爆器管理、设定准爆规则、禁爆规则、接收起爆器信息等功能。

2018 年 11 月，电子雷管管理、生产、销售、爆破作业单位及芯片生产和研发等十多家主要单位共同起草的《工业电子雷管信息管理通则》（GA 1531—2018）由公安部发布，于 2019 年 2 月 1 日起实施。

各省、市、区县公安机关可以使用"全国民爆信息管理系统"电子雷管管理功能，对本辖区电子雷管进行管控，提高监管水平。主要管理功能包括综合信息展示、实时监控、起爆器管理、禁爆区域设置、准爆区域设置、下载密码有效期设置、黑名单设置、报警管理以及轨迹溯源功能。

全国各省的民爆信息管理系统已经完成电子雷管管理功能的升级，"全国电子雷管密码中心"已经部署完成，三码绑定软件也已在湖南、贵州及广西等地完成了试运行，全国各地的公安机关及涉爆企业已经可以登录民爆信息管理系统使用电子雷管管控功能。

全国电子雷管智能管控流程如图 5-37 所示。

图 5-37　全国电子雷管智能管控流程图

5.5　炸药乳胶基质远程配送

乳胶基质远程配送是指在一个地面站集中大规模生产乳胶基质，通过远距离运输，输送到多个储存站（或配送点）、爆破作业工地，是"一站多点"的现场混装模式，如图5-38 所示。

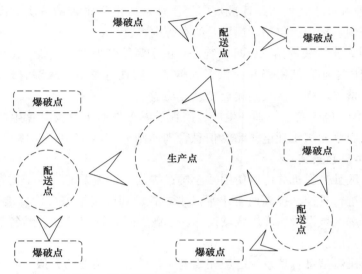

图 5-38　工业炸药现场混装远程配送模式示意图

该模式具有很强的优越性，提高了炸药生产的集中度，大大减少了生产点数量，有利于安全生产管理，代表着现场混装技术的发展方向。

近年来，我国工业炸药研发机构不断开展新技术研发和应用，一些规模较大的炸药、爆破企业也积累了丰富的生产、施工和管理经验，培养了一定规模的管理、技术和安全人才，有的还具备了较强的研发能力，为炸药乳基质远程配送管理模式创造了技术条件。

总体而言，我国经过 40 多年的发展，已经在炸药现场混装与乳胶基质远程配送领域相关的技术、设备、软件、管理、工程、业绩、人才等各个方面取得了实质性的进步，已经具备了乳胶基质大规模生产技术，包括地面站和配送点建设，及配套的设施和装备。乳胶基质远程运输车辆和现场混装车均取得较大进展，具备了乳胶基质远程配送的能力。

构建以现场混装为核心的现代工业炸药和爆破技术体系，是爆破器材减少流通环节、实现智能管控的有效手段。本着安全高效地满足各矿山作业需求的原则，现场混装炸药车将成为各矿山开采必备的设备和主力军，随着现场混装车管理和应用的提升和完善，乳胶基质远程配送将在我国经济建设中发挥其更大的作用。乳胶基质远程配送是实现我国爆破行业由"小、散、低"逐步向集中、大产能、高技术装备的方向转变，实现"采矿总承包"和"爆破一体化"转变的核心技术。以现场混装炸药技术为基础，逐步形成我国"集中制备-远程配送"新型工业炸药体系和智能管控模式，已经成为行业共识和发展方向。

6　炸药现场混装与智能管控

作为矿山开采技术及安全生产的重要一环，炸药装填技术的进步尤为重要。目前矿山主要采用人工装药和装药器装填两种作业方式。这两种装填方式存在着效率低、劳动强度大、深孔装药困难、耦合性差等问题，严重制约了矿山安全生产。

炸药现场混装是在爆破作业现场边混制、边装填炸药的一种综合性技术，它集原材料运输、现场混制、机械化装药、爆破作业于一身。与传统工业炸药生产模式相比，现场混装流程缩短、工序减少、节能环保，而且更便于使用物联网、人工智能等技术，实现混装车生产作业过程的信息采集和智能管控。

6.1　炸药现场混装技术发展现状

6.1.1　我国工业炸药生产概况

统计数据显示，2014—2016 年，我国工业炸药年产量呈现逐年下降趋势，2017 年开始有所回升，2018 年工业炸药年产量恢复到 427.74 万吨，如图 6-1 所示。

图 6-1　2014—2018 年我国工业炸药年产量变化

从工业炸药产品类型来看，近些年来乳化炸药（包括胶状乳化炸药和粉状乳化炸药）市场份额超过 60%，如图 6-2 所示。

近些年来，现场混装炸药年产量稳步提升：2017 年，我国现场混装炸药产量 95.22 万吨，占炸药总产量 24.18%；2018 年，现场混装炸药年产量 108.14 万吨，同比增长13.57%；2019 年，现场混装炸药年产量约 118 万吨，同比增长约 8%。2020 年前三季度，现场混装炸药产量累计完成 92.70 万吨，同比增长 7.28%，如图 6-3 所示。

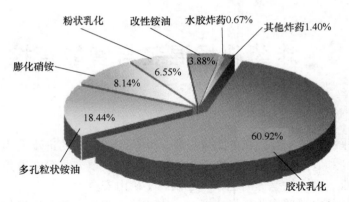

图 6-2　2020 年前三季度工业炸药产品品种结构

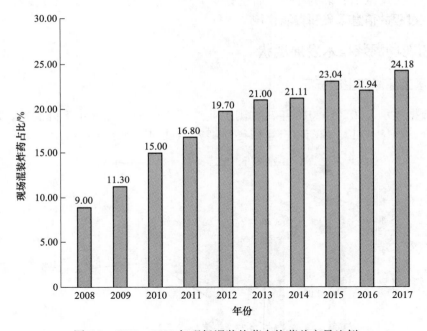

图 6-3　2008—2017 年现场混装炸药占炸药总产量比例

　　截至 2018 年年初，国内现场混装车作业点总计 119 个，现场混装炸药车总数 507 辆，生产许可能力 155 万吨。其中：多孔粒状 ANFO 炸药车 279 辆，产能 88 万吨；乳化炸药车 209 辆，产能 61 万吨；重铵油炸药车 19 辆，产能 6 万吨，如图 6-4 所示。

　　尽管我国工业炸药现场混装技术获得了一些发展，在工业炸药年产量中的占比逐年增加，但是与发达国家 80%，甚至 90% 多的占比相比，差距还相当大。

6.1.2　工业炸药现场混装技术优势

　　工业炸药现场混装技术是当今世界工业炸药和工程爆破领域一个主要发展方向，它集炸药的生产、运输、装填于一身，具有良好的系统集成和优化功能，在安全、环保、降

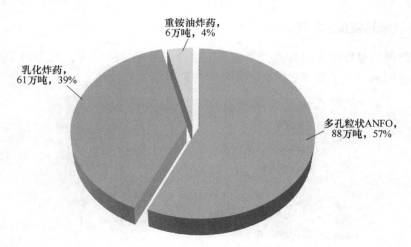

图 6-4　2017 年我国现场混装炸药品种产量结构

本、增效等诸多方面均具有显著的优势。

　　该技术主要由地面制备站（地面站）和现场混装车（装药车）组成。有些公司在运输路程较远时还配备有乳胶基质专用运输车。地面站负责集中生产乳胶基质半成品或储备硝酸铵、柴油等原材料，装药车在地面站装载半成品或原材料之后，驶入爆破作业现场，利用车载混拌系统，将原材料或半成品与少量添加剂按比例进行掺混之后，直接输送到炮孔中。

　　与传统商品工业炸药相比，现场混装技术将工业炸药的生产和使用紧密结合起来，具有缩短流程、节省工序、降低成本、减少浪费、提高效率（机械化、自动化作业）、本质安全性高等特点。

　　现场混装技术改变了传统的爆破装药作业方式，消除了炸药在生产、运输、储存及装药过程中的不安全因素。生产过程基本无废水、废料排放，无须使用包装材料，对环境不会造成任何污染，生产效率高、装药爆破效果好、钻爆成本低，真正实现了炸药生产、销售、爆破服务一体化，提高了炸药生产与爆破施工的本质安全水平，其技术优势如表 6-1 所示。

表 6-1　炸药现场混装技术优势

比较项	经济性	便利性	安全性
与传统爆破作业的比较优势	钻爆综合作业成本下降 10%，孔网参数扩大，钻孔工作量下降 30%，炮孔利用率 100%	装药效率由 0.05 吨/工时提高到 0.23 吨/工时以上，大约提高了 5 倍；减少钻孔超深和二次破碎量，提高了挖装效率，能实现预装药，施工组织灵活	只有在进入炮孔后，才形成炸药，不存在因炸药质量问题引起拒爆、殉爆，无运输、储存、装填时的火灾、爆炸之忧
与传统工厂的比较优势	基础设施投资少，省去炸药库和看守，炸药组分简单、无包装物，炸药成本可节约 500～1500 元/吨	炸药使用即时方便，不受时间、运输、库存等因素的影响	杜绝生产、运输过程中发生火灾、爆炸，简化了工序、方便了管理，防止了偷盗炸药的产生

6.1.3　国外现场混装技术发展现状

工业炸药现场混装技术因其具有爆破施工结合紧密等诸多优势，成为当今世界工业炸药和工程爆破领域一个主要发展方向。图 6-5 为现场混装炸药车。

图 6-5　现场混装炸药车

美国、加拿大、澳大利亚等矿业发达国家现场混装铵油炸药、乳化炸药为代表的低感度产品，占主要民用炸药、现场混装炸药与工业炸药总量一般都在 80% 以上。近年来，一些发展中国家现场混装炸药也表现出强劲势头。例如，南非 BME 公司年产散装乳胶基质 22 万吨，远程配送至非洲多国爆破作业现场。

国外现场混装技术发展经历了 4 个阶段。

（1）多孔粒状硝酸铵的研制成功，开启了工业炸药混装阶段。20 世纪 70 年代，多孔粒状硝酸铵研制成功，用其混制为多孔粒状铵油炸药，工艺大大简化，只要将它与柴油进行简单混合即成炸药。20 世纪 80~90 年代，美国 IRECO 公司、AM 公司、加拿大 ICI 公司等利用其制作工艺简单的特点，把混制、装填结合起来，研制出了粒状铵油炸药现场混装车，在一些大型露天矿山推广应用，从而进入了混装车阶段。

（2）浆状炸药混装车阶段。美国 IRECO 公司研制成功了浆状炸药混装车，把各种原料装在车上容器内，现场混制并装入炮孔。但这种方式很快就被乳化炸药混装方式所取代。

（3）第一代乳化炸药现场混装车。20 世纪 70 年代，美国、加拿大、瑞典等国家研制了乳化炸药现场混装车，这种装药车装载硝酸铵水溶液（保温）等炸药原料，到爆破现场后制备成可泵送的乳化炸药，应用于露天矿山大直径炮孔装药爆破作业，成为第一代露天现场混装乳化炸药技术。

（4）第二代乳化炸药现场混装车及"集中生产，远程配送"一体化模式。20 世纪 80~90 年代，ICI 炸药公司发展了第二代露天现场混装乳化炸药技术。将车载乳胶基质制备系统转移到地面站，使整车保温技术要求与混装工作系统不再复杂，大大提高了装药车技术性能与工作稳定性。继而，在此基础上又研制成功了重铵油现场混装车。

20 世纪 90 年代后期，矿业发达国家逐渐淘汰车载油水相溶液、车上制备乳胶、现场混制装填的乳化炸药现场混装技术与装备，发展成地面集中制备稳定性好、质量高的乳胶基质，将乳胶当作一种原料装于车上的储罐内，将发泡剂或干料等同车运输到爆破现场，与发泡剂混合后装填入炮孔内。

第二代乳化炸药现场混装技术得到了普遍应用，并在此基础上发展了远程配送系统，实现了集中制备乳胶、分散装药的体系。澳大利亚 Orica 等公司已经完成这种转变，并向外输出技术与相应的装备。

Orica 公司在澳大利亚新南威尔士州猎人谷（Hunter Valley）地区建立了年产乳胶 15 万~20 万吨的地面制备站，占地面积很小，直接面向猎人谷地区各煤矿的配套现场混装车，配送乳胶基质。构建成 Orica 公司在该地区的现场混装炸药制备、起爆器材供应、矿山爆破施工与技术服务一体化新型技术体系与新型商务模式。其散装乳胶基质已远程运输至澳大利亚塔斯马尼亚岛铁矿、巴布亚新几内亚、非洲和中国香港等。

20 世纪 90 年代，Orica 公司收购 ICI 公司全球炸药业务后，即开始调整其发展战略，致力于推动"ICI 炸药"向"Orica 采矿服务"转型发展，面向全球工业炸药用户，发展"科研-生产-爆破服务"一条龙新型业务，为客户提供"炸药爆破一体化"解决方案，并围绕其发展战略进行转型，以现场混装炸药技术为基础，研究开发并率先应用"集中制备-远程配送"现代工业炸药新型技术体系。乳胶基质远程配送车如图 6-6 所示。

图 6-6　乳胶基质远程配送车

6.1.4　我国现场混装技术发展现状

我国炸药现场混装技术经历了先缓慢后加速的发展过程。总体来看，可划分为三个发展阶段：1991 年以前是引进消化阶段；20 世纪 90 年代为跟随发展阶段；2000 年以来进入自主创新阶段，如图 6-7 所示。

在跟随发展阶段，我国成功开发了"地面站制备乳胶基质"的第二代现场混装乳化炸药技术，并向蒙古国、俄罗斯等国家出口成套技术和混装车。

自主创新阶段，国内的几家企业先后开发出自己的产品，申请了 40 多项专利。目前，国内已有专业制造混装炸药车企业 8 家，可提供固定式地面站、移动式地面站和露天、井下现场混装车设备，能够满足国内需求。

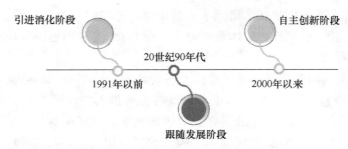

图 6-7　我国工业炸药现场混装技术发展阶段

1965 年，山西省特种汽车制造公司（原长治矿山机械厂）联合马鞍山矿山研究院及马钢南山铁矿共同研制了 YC-Z 型露天矿用粉状铵油炸药装药车，1969 年在马钢南山铁矿通过原冶金部鉴定，后来又开发 BC-8、BC-15 等几种型号，各种型号总共生产了 20 多台。1986 年，山西省特种汽车制造公司从美国 IRECO 公司引进第一代乳化炸药现场混装技术，1991 年开始在德兴铜矿、南芬露天矿等国内大型露天矿山推广应用。但在随后的十余年内，从整机性能来看，这些装备所采用的工艺技术基本上还停留在 20 世纪 80 年代的第一代现场混装技术（车上制乳）的水平上，普遍存在原材料浪费大、产品成本高、配方陈旧与单一等问题，见图 6-8。

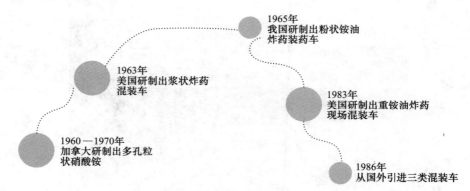

图 6-8　炸药现场混装车重要技术节点

矿冶科技集团有限公司是国内最早从事现场混装技术开发的科研机构之一。随着 EL 系列乳化炸药及现场混装技术的研发成功，该机构于 1992 年开始将现场混装技术出口到蒙古国、俄罗斯等国；1999 年开始 BCJ 系列中小直径散装乳化炸药装药车的开发工作，先后突破了一系列关键技术，实现乳胶基质在小直径软管中长距离输送及计量自动化，2001 年 5 月研制成功第一台样车，此后陆续开展了不同型号装药车的研制工作，在国内外首次开发成功井工煤矿炸药现场混装技术、水下爆破炸药现场混装技术、爆炸加工炸药现场混装技术、井下自动化装药现场混装技术等一系列新技术，形成"BCJ 系列中小直径乳化炸药装药车"技术和产品（表 6-2），在国内外成功推广应用 200 余台（套），取得良好的社会效益和经济效益，对我国民爆行业"科研、生产、销售、爆破服务一体化"模式的发展产生积极的推动作用。

工业炸药现场混装技术的发展趋势主要是：（1）应用数字化技术提升混装系统的控制

表 6-2 BCJ 系列装药车型号、技术参数与主要应用领域

型号	装载药量/kg	装药速度/kg·min⁻¹	动力系统	主要适用范围（建议）
BCJ-1	600~1000	15~20	内燃-液压或电动-液压	铁路、公路隧道
BCJ-2	600~1000	15~20	—	大型硐库开挖
BCJ-3	10000~15000	≤300	—	中小型露天矿山、采石场 机械化开采地下矿山
BCJ-4	1500~3000	20~50	—	中小断面巷道掘进
BCJ-5	100~200	15~20	—	

精度；（2）装药过程的自动化和智能化；（3）炸药配方的现场调整和能量精确控制；（4）水相制备直接使用硝酸铵溶液。

6.2 炸药现场混装车概况

6.2.1 露天炸药现场混装车

露天现场混装技术及其装药车已在矿业发达国家获得广泛应用，其技术水平、生产效率和作业安全性已有大幅度提高。露天混装车包括现场混装乳化炸药车、现场混装铵油炸药车、现场混装重铵油炸药车等类型，主要为适应露天矿爆破大孔径、装药结构多样等特点而研制。

我国于 1991 年前后在一些大型露天矿山（如南芬铁矿、德兴铜矿、平朔煤矿等）和大型水利工程（如三峡工程等）中推广应用现场混装技术，其技术优越性、本质安全性、作业高效率已得到业界广泛认同。经过三十多年的发展，我国露天炸药现场混装技术逐渐成熟，实现了自动化控制，取得了长足的进步。

矿冶科技集团有限公司在国内首先开发成功"中小直径乳化炸药现场混装技术"及 BGRIMM 品牌系列露天矿用炸药现场混装车，包括 BCJ-3 型乳化炸药现场混装车（如图 6-9 及表 6-3 所示）、BCJX 铵油炸药现场混装车（如图 6-10 所示）、BCJ 型铵油炸药现场混装车（如图 6-11 及表 6-4 所示）、BCJ 多品种炸药现场混装车。

图 6-9 BCJ-3 型乳化炸药现场混装车

表 6-3　BCJ-3 型乳化炸药现场混装车技术参数

动力行驶技术参数		工作技术参数	
项目	指标	项目	指标
排放标准	国Ⅳ/国Ⅴ	装药效率/kg·min^{-1}	≤300
最大输出功率/kW	276	计量精度/%	±2
发动机排量/mL	9726	炸药密度/g·cm^{-3}	1.05~1.20
总质量/kg	31000	炸药爆速（φ150mm）/m·s^{-1}	4800~5200
最高车速/km·h^{-1}	80	装载量/t	10~15

图 6-10　BCJX 铵油炸药现场混装车

BCJ 型铵油炸药现场混装车（如图 6-11 及表 6-4 所示）采用了独特的螺旋豁口设计，应用了柴油多点喷射、微波固体流量测量技术，解决了传统铵油炸药现场混装车混料不匀、计量不准、炸药性能不稳定的技术难题，适用于露天干孔爆破作业和低硬度岩石爆破作业。该车装载量 10~15t，装药效率 200~450kg/min。

图 6-11　BCJ-15 型铵油炸药混装车

表 6-4　BCJ-15 型铵油炸药现场混装车技术参数

动力行驶技术参数		工作技术参数	
项目	指标	项目	指标
排放标准	国Ⅳ/国Ⅴ	装药效率（自动可调）/kg·min⁻¹	100~400
最大输出功率/kW	276	计量精度/%	±2
发动机排量/mL	9726	炸药密度/g·cm⁻³	0.8~0.85
总质量/kg	31000	炸药爆速/m·s⁻¹	≥2800
最高车速/km·h⁻¹	80	装载量/t	10~15

露天炸药现场混装车具有良好的机动性和灵活性，涵盖了露天爆破的大、中、小直径炮孔。

6.2.2　地下炸药现场混装车

20 世纪 90 年代后期，炸药现场混装车陆续应用于国外大型地下矿山。澳大利亚 Orica 公司、法国 EPG 集团公司、挪威 Dyno Nobel 公司和南非 AECL 公司先后报道了他们的"地下现场混装乳化炸药装药车"。德国 EPC 集团公司在 1997 年前后研制出一种地下爆破散装乳化炸药生产集成系统，简称 MORSE 系统。目前国外应用的地下混装乳化炸药装药车主要由 Orical、BTI、tlas GIA、Normet 等公司生产，针对不同需要，形成了系列化产品。

我国地下矿山占比超过了 70%。在地下矿山开采的钻、爆、装、运 4 个主要环节中，爆破的机械化水平已经成为制约地下矿山开采过程中提高生产能力的瓶颈。

国内地下装药机械的研制始于 20 世纪 60 年代，最初是由长治矿山机械厂从瑞典引进 ANOL 系列装药器，并在此基础上研制了 BQ 系列装药器。这种装药器存在劳动强度大、效率低、返药量和有毒气体生成量较大等缺陷。

地下乳化炸药现场混装技术的发展和应用，有效地解决了上述问题。国内以矿冶科技集团有限公司为代表研制了地下混装车并在部分矿山应用，推动了我国地下现场混装炸药车的技术进步。BCJ 系列装药车可根据地下矿山采矿方法的不同，配置满足全方位炮孔现场混装炸药的输药管及泵送系统，实现炮孔完全耦合装药。BCJ-5 型装药车如图 6-12 所示。

图 6-12　BCJ-5 型装药车

6.2.3 其他类型现场混装设备

6.2.3.1 海上炸礁现场混装炸药作业船

海上炸礁现场混装炸药作业船是将乳化炸药现场混装系统、移动式乳胶基质制备站、水下钻机等集成在一条船上，完成水下钻孔、炸药生产、装药、爆破，实现海上炸礁一体化作业。由矿冶科技集团有限公司研制的世界上首条海上炸礁一体化作业船，应用于斯里兰卡某港口建设，缩短了建设周期，节约了建设成本（图6-13）。

图 6-13 海上炸礁现场混装炸药作业船

6.2.3.2 水陆两栖防凌破冰装药车

水陆两栖防凌破冰装药车用于在冰面上边打孔边装药，解决了以前通过飞机投弹容易造成次生灾害以及能量损失大和爆破效果不理想的问题（图6-14）。

图 6-14 水陆两栖防凌破冰装药车

6.2.3.3 移动式乳胶基质地面站

乳胶基质移动式地面站即现场混装炸药车移动式地面辅助设施，是现场混装炸药车配套贮存和加工炸药半成品原料的移动式设施。该设施将设备安装在几辆半挂车上，是可移动的原料加工厂。图 6-15 是矿冶科技集团有限公司开发的 MEF 型移动式乳胶基质地面站。

图 6-15　MEF 型移动式乳胶基质地面站

6.2.3.4 现场混装铵油炸药地面站

现场混装铵油炸药地面站相对于其他的混装炸药生产系统具有投资小、工艺简单、成本低等特点。设施包括多孔粒状硝酸铵仓库、多孔粒状硝酸铵储罐、斗式提升装置、加料塔及其附属设施、柴油罐及泵送系统等（图 6-16）。

图 6-16　现场混装铵油炸药地面站

6.3　炸药混装车自主行驶技术

矿冶科技集团有限公司基于自主研发的 BCJ 系列中小直径散装乳化炸药混装车，成功研发出 BCJ-4I 型智能地下乳化炸药混装车，如图 6-17 所示。主要有如下功能：

（1）自主行驶。可以在人工驾驶、无线遥控行驶和自主行驶之间自由切换；

（2）智能寻孔。可以通过无线遥控技术寻孔，或通过图像识别技术自动寻孔；

（3）智能送管。开发有智能送管器和卷筒系统，向炮孔内插入输药软管，自动计量炮孔深度、装药时自动退管，退管速度与炮孔直径和装药速度自动匹配；

（4）动态监控。采用电液比例闭环控制技术精确控制现场混装炸药组分，炸药性能调整灵活方便，可实现炸药性能与岩性的良好匹配。

图 6-17　BCJ-4I 型智能地下乳化炸药混装车

该混装车设计装药速度为 20~50kg/min、一次装药量可达 2.5t。其主要技术参数如表6-5 所示。

表 6-5　BCJ-4I 型地下乳化炸药现场混装车技术参数

动力行驶技术参数		工作技术参数	
项目	指标	项目	指标
排放标准	国Ⅳ/国Ⅴ	装药效率/kg·min^{-1}	20~50
额定功率/kW	115/2200	计量精度/%	±2
转弯半径/m	4.5	炸药密度/g·cm^{-3}	0.95~1.20
最高车速/km·h^{-1}	30	炸药爆速（φ150mm）/m·s^{-1}	4800~5200
最大爬坡度/%	29.5	最大装载量/t	≤3

6.3.1　智能混装车结构

地下矿开采装药技术经历了人工装药、压气装填铵油炸药、泵送装填成品乳化炸药、乳化炸药现场混装技术等阶段。

BCJ-4I 型地下矿山智能乳化炸药现场混装车由自主行驶汽车底盘、五自由度工作臂、智能送管器和卷筒系统、物料储存与输送系统、液压系统、智能寻孔系统、自动控制系统和动态监控信息系统组成。其中，自主行驶、智能寻孔、智能送管、动态控制为关键创新技术。如图 6-18 所示为 BCJ-4I 型地下矿山智能混装车功能拓扑关系，其结构如图 6-19 所示。

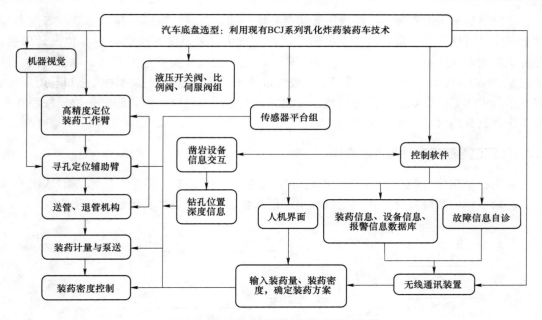

图 6-18 地下矿山智能混装车功能拓扑图

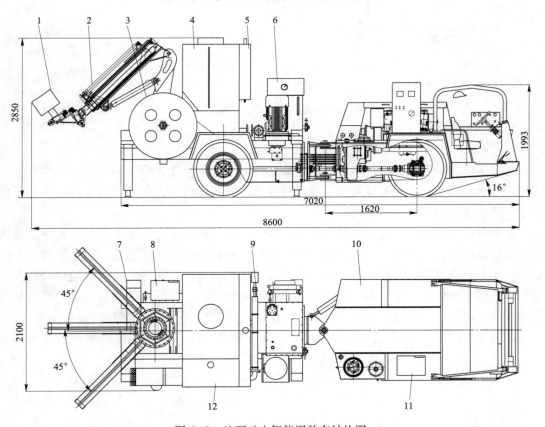

图 6-19 地下矿山智能混装车结构图

1—送管器；2—工作臂；3—卷筒；4—乳胶箱；5—水箱；6—液压系统；

7—支腿；8—控制柜；9—螺杆泵；10—底盘；11—配电柜；12—添加剂箱

智能混装车无人驾驶技术集人工智能、环境感知、自动控制、远程动态监控等众多技术于一体，可用于井下危险环境下的装药工作。自主驾驶系统采用机电一体化设计思想，在传统矿用车辆底盘主要以液压控制为主的基础上，集成开发了电子制动、电子转向、自动驻车、动力/传动一体化控制等多项电控先进技术，通过激光扫描测距仪感知巷道环境、井下车载无线定位模块、高性能的自主驾驶底盘控制器及导航控制算法统一协调控制各系统工作，具有高可靠、通用化的特点。

6.3.2　定位导航自主行驶技术原理

自主行驶定位导航有相对导航和绝对导航两种工作模式，其总体技术方案如图 6-20 所示。地下矿山智能乳化炸药现场混装车采用组合定位导航技术实现自主行驶功能。

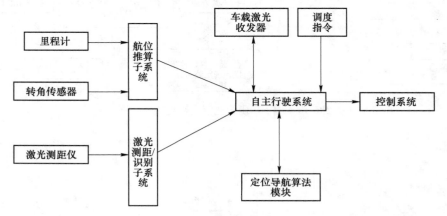

图 6-20　定位导航自主行驶技术方案

6.3.2.1　绝对定位导航自主行驶技术原理

绝对定位导航自主行走技术系统由车载定位模块、激光接收追踪模块及混装车自主行驶控制模块等组成。地面智能调度系统通过井下无线通讯系统、井下精确定位与导航系统引导车辆自主行驶。

这种定位导航方式，混装车通过安装在前后车体的高精度定位模块与安装在巷道壁的多个定位模块进行数据交互，巷道壁的定位模块的绝对坐标是标定好的，通过混装车上的定位模块与巷道壁的定位模块的距离等信息可以计算出混装车的绝对坐标。通过安装在前后车体的两个定位模块又可以计算出混装车的航向角信息，然后通过安装在混装车的转角传感器信息就可以实时获得混装车的姿态数据，为导航控制提供实时数据。

如图 6-21 所示，安装在巷道壁基点 1 的定位模块，与设备上的定位模块进行数据交

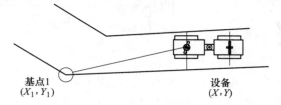

图 6-21　绝对定位导航示意图

互，确定出固定基站与移动设备的距离和角度，从而得出设备的精确位置。

6.3.2.2　相对定位导航自主行驶技术原理

相对定位导航自主行驶系统通过车载激光测距传感器感知巷道信息实现自动避障行驶，相比绝对定位导航自主行驶系统而言，不用搭建井下无线通讯系统、智能调度系统及建立井下巷道电子地图等，整体成本较低。该系统主要由航迹推算子系统、激光测距/识别子系统、车载激光收发器、导航算法等组成。航迹推算子系统主要由转角传感器、里程计等组成，对混装车的姿态和位置进行推算定位。激光测距/识别子系统通过激光测距仪采集的数据进而对航迹推算的累积误差进行修正。车载激光收发器将激光定位数据和定点激光收发器信息通过 CAN 总线发送至车载电脑，由车载计算机的自主行驶系统负责接收，对车辆进行精确定位。定位算法模块通过对激光定位数据、距离数据及其他传感器数据进行计算，输出车辆的定位结果、轨迹偏差、角度调整量。

地下车辆通常都是在预定的巷道内反复行驶，要完成车辆在井下巷道内自主行走，就要根据激光测距仪扫描到的距离巷道壁的距离计算出一条合理的路线，此路线一般是巷道的中心线，从而保证车辆自主行走时与巷道壁的安全距离（偏离位移 δ）和角度（偏离角 β）在合理范围内。一般情况下，合理的路线就是车辆与巷道壁平行，且车辆两侧外廓距离两边巷道壁距离相等，如图 6-22 所示。

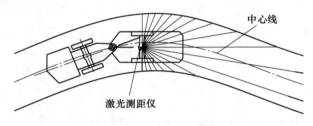

中心线

激光测距仪

图 6-22　激光测距导航示意图

A　混装车的运动模型

BCJ-4I 型混装车底盘为铰接式，相比其他车辆，这种底盘在长度相同的情况下转弯半径较小。导航系统首先明确混装车的运动模型及运动特性，车辆模型能够利用传感器采集的数据信息观察车辆的相关参数对车辆运行的影响。此模型包括两个部分：车辆自身的运动模型和误差模型。要确定混装车的位置及航向，就需要对影响模型的误差的输入变量误差进行估计建模，从而知道这些误差在系统中的影响。

B　智能混装车姿态的确定

智能混装车的状态变量主要包括：

（1）转向角 α：混装车前后车体的水平面相对转动角。设置混装车逆时针转弯的转向角 α 为正，反之为负。混装车的转弯半径和行驶轨迹是由其转向角和转向角变化速率决定的。自主混装车正是通过对转向角的不断调整来实现跟踪期望路径。

（2）航向角偏差（偏离角）β：混装车定位中心点速度方向（航向角）与期望路径上对应点切线方向（航向角）的差值。航向偏离角反映了混装车行驶方向与地下巷道电子地图确定的行驶路线的偏差。为了能使混装车沿着预定的路径行驶，应使混装车的航向角偏差在 0°左右摆动。

（3）横向位置偏差（偏离位移）δ：混装车定位中心点与期望路径上对应点的横向位置差值。以混装车的定位中心点在期望路径的右边，此时的横向位置偏差定为 δ 为正值。横向位置偏差反映出混装车在巷道内的横向定位情况。

（4）曲率偏差 ΔK：混装车定位中心点的轨迹曲率 K 与期望路径上对应点曲率 K_0 的偏差。

混装车在巷道中的当前位置姿态偏差可由 β、δ 和 ΔK 三个状态变量来反映。

混装车定位首先需要获得混装车的各种姿态位置参数，确定混装车的姿态。由于混装车地下行走巷道的路线大部分是固定不变的，而巷道又为智能混装车相对定位提供了可能，所以采用了更加精确的航迹推算和地图匹配相结合的定位系统。

控制混装车自主行驶的最终效果，是使混装车能够在巷道中，沿着巷道中心线，平行于巷道侧壁运行并与巷道壁保持一定距离，在前行方向上能避免碰到障碍，而且要根据具体车况和路况（主要是前方可行驶区域的大小）来实时控制混装车行进速度，使其平稳可靠的行进。

a　转向角 α

混装车采用铰接车架，液压动力完成转向。转向时，一只油缸的活塞杆伸出，另一只油缸的活塞杆缩回。使得前机身绕中央铰接点转动，实现转向，其角度一般可达到左右各 $40°$。由于铰接点采用上、下球面关节轴承铰接结构，使得混装车的转向还涉及小范围的纵向转动，但相对于横向的转向来说，纵向的转动是由于地势的凹凸不平引起的，对于大的坑和障碍物，混装车都应躲避，故可以忽略纵向的转动角。

如图 6-23 所示，角位移传感器安装在混装车铰接点的上部，传感器与铰接轴同轴安装，传感器及传感器的旋转检测轴通过支架分别与混装车的前后车体固定。

图 6-23　角位移传感器

混装车的转向是通过左右两个活塞位移来确定，在活塞杆上加装位移传感器，通过测量其中一个活塞杆的相对位移 ΔL，可以得到与位移一一对应的转向角信息。转向角与活塞位移关系如图 6-24 所示。图中 N 为混装车中央铰接点到前车架转向油缸铰接点之间的距离，M 为混装车中央铰接点到后车架转向油缸铰接点之间的距离，L 为混装车转向角为 $0°$ 时的转向油缸长度。混装车设计完成后，这三个尺寸 N、M、L 就是固定的值。当操纵混装车转向阀给转向油缸供油，使转向油缸的长度伸长了 ΔL 时，对应混装车转向角为 α。

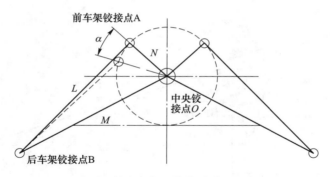

图 6-24 转向角与活塞位移关系示意图

b 偏离角 β

井下巷道内的偏离角 β 和偏离位移 δ 可以通过激光测距仪测得的数据计算后得出。

为了准确获得混装车的姿态位置参数控制混装车的自主行驶,在试验车上安装了 6 个激光测距仪,如图 6-25 所示。前后车体的两边分别安装 1 个 LMS400 激光测距仪,激光朝左右两侧射出。取扫描范围是 30°,分辨率设置为 1°,这样,每个激光测距仪就有 30 个位置点的信息可以被测量出来,以供系统计算使用。其中每个点包含两种信息,一是扫描的距离,二是扫描角度。根据安装方式和采集回来的距离及角度信息,可以推算出此时车体距离巷道壁的距离和车的中轴线与巷道壁的夹角。两个 LMS511 激光测距仪分别安装在车体的头部和尾部,通过扫描 190° 范围内的距离来计算前向和后向可行驶区域用以避障并且参考控制车速。

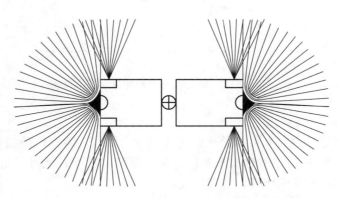

图 6-25 激光测距仪安装位置图

在理想的巷道中,假设巷道路面中心线与巷道壁是平行的,则偏离角 β 即后车体的中轴线与巷道壁的夹角。偏离角 β 的测量方法主要有:

(1)单个激光测距仪测量方法。如图 6-26 所示,后车体中轴线与巷道壁夹角 β,理想情况下,需要实时控制 $\beta=0°$,车才能平行于巷道运行。

(2)多个激光测距仪测量方法。多个激光测距仪定位混装车后车体的基本原理如图 6-27 所示,在 XOY 坐标系中以混装车中心 O_R 为原点建立坐标系 $O_R X_R Y_R$,混装车的后车体

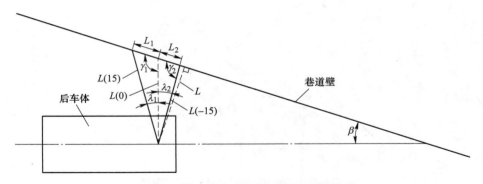

图 6-26　车行驶中激光扫描测距模型简图

四个顶点分别为 A、B、C、D，每个顶点分别装有一个测距仪。S_1、S_2、S_3、S_4 分别为四个顶点的测距仪测得距离巷道壁的垂直距离。根据定义，O 点为混装车的定位中心点，δ 为混装车中心偏离位移；β 为混装车偏离角，L_1、L_2 则分别为前、后测距仪距离后车轮中心的安装距离。

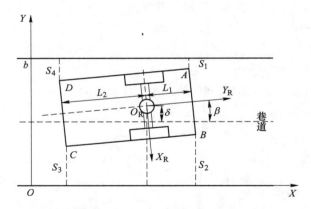

图 6-27　混装车后车体激光测距仪定位示意图

c　偏离位移 δ

小车距离巷道壁的距离 L 可以通过激光传感器来测量。激光传感器发出的 30 个点的长度投影到与巷道壁垂直的轴上，把所有的垂直距离取平均，就可以得到与巷道壁的距离。这个数据的精度在毫米级别，精度比较高。

如图 6-27 所示，车体中心与巷道壁距离 L，理想情况下，需要实时控制 L 为一个提前设定好的值，车才能与巷道壁保持一定的安全距离运行。

C　自主行驶车速与转角控制

根据理论研究，影响车速的 3 个主要参数包括（1）偏离角 β；（2）偏离位移 δ；（3）车体前向可行驶区域的距离 M。因此，车速的控制是由关于 β、δ、M 3 个变量的函数确定的。

混装车自主定位导航系统的目标是使得车辆以尽可能小，甚至无误差地跟踪期望的路径，通过对混装车的转向角的控制来完成对其运动轨迹的控制。一般以地下巷道路面的中心线作为规划混装车地下巷道内行驶的期望路径。导航时控制混装车的前桥中点 A 或后桥中点 B 沿着期望路径行走。由混装车的运动轨迹特性可知，混装车前后桥的中点并不能覆盖全部理想的跟踪期望路径。

在车辆定位导航系统中利用激光测距仪扫描巷道壁以及安装在巷道壁上的信标，来感知外部环境信息，进行准确位置识别和计算，以确定车辆在巷道内的准确位姿，并给出相对定位所需要的初始位置偏差和初始航向角偏差，消除航迹推算定位导航过程中产生的累积误差，恢复航迹推算的定位精度。特别是在一些关键地点，如转弯处、避障处、起始点、终止点等，更是需要路标的准确定位数据。图 6-28 所示为车辆在一些特殊路段的信标安装及导航策略。

如图 6-28（a）所示，车辆按照箭头方向行驶到三岔路口识别到信标后，可以根据激光测距仪扫描左侧的巷道壁，沿着左侧巷道壁行驶；图 6-28（b）所示为车辆按照箭头方向行驶到三岔路口识别到信标后，可以根据电子地图存储的转向信息，引导车辆完成转弯，然后再根据激光测距仪扫描巷道壁及航迹推算进行导航行走；图 6-28（c）所示为车辆按照箭头方向行驶到十字路口识别到信标后，放弃激光测距仪的扫描数据，而只利用航迹推算导航完成十字路口的穿越，过了十字路口后再根据组合导航系统进行导航行走；图 6-28（d）所示为车辆按照箭头方向行驶到巷道壁很不理想的路段后，车辆自动降低激光测距导航子系统的信息分配系数，减小激光测距系统的权值，主要采用航迹推算完成车辆的导航行走。

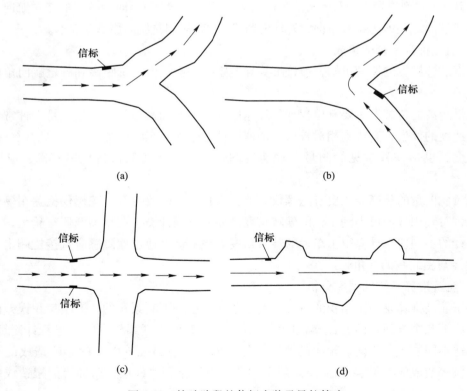

图 6-28 特殊路段的信标安装及导航策略

D　航迹推算系统

a　航迹推算技术原理

航迹推算是一种常用的自主式车辆定位技术，其原理如图 6-29 所示。

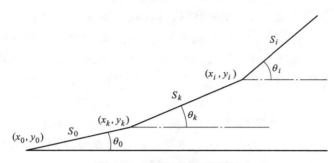

图 6-29　航迹推算原理示意图

在航迹推算中，里程计作为距离传感器，角速率陀螺仪作为角度传感器共同对车辆的位移矢量做出推测，进而推算出车辆的实时位置。一般在陆地上行驶的车辆，可以认为车辆是在二维平面上行驶。

图 6-29 中，(x_0, y_0) 是车辆在 T_0 时刻的初始位置，(x_k, y_k) 为车辆在 T_k 时刻的位置；θ_0 是车辆在 T_0 时刻的初始航向角，θ_k 是车辆在 T_k 时刻的航向角；S_i 是车辆从 T_i 时刻的位置到 T_{i+1} 时刻位置的位移；θ_i 是车辆从 T_i 时刻的位置到 T_{i+1} 时刻位置的绝对航向；连续两个绝对航向之差即为相对航向，T_i 时刻到 T_{i+1} 时刻的相对航向用 $\Delta\theta_i$ 表示。

b　航迹推算系统的组成

根据航迹推算的原理可知，航迹推算导航系统一般是由测量距离和测量航向角的传感器组成的。

测量距离的传感器主要有里程计、加速度计和多普勒雷达等。里程计是一种常见的测量车辆速度的仪表，其成本相对较低。加速度计通过测量车辆的加速度，然后积分得到车辆的速度，也是一种常见的测量车辆速度的传感器。多普勒雷达成本较高，应用相对较少。

测量航向角的传感器主要有陀螺仪、差分里程计和磁罗盘等。陀螺仪检测车辆的角速率信息，对其积分便可得到车辆的偏转角度。差分里程计安装在车辆两侧车轮上，根据两个里程计的不同速率计算得出车辆的转弯角度。磁罗盘是通过地磁感应直接检测出车辆的航向角（与磁北线的夹角）。

c　航迹推算系统的误差分析

由于航迹推算是一个累积的过程，其定位误差也是不断累积的。产生累积误差的主要因素有如下几个方面：（1）陀螺仪的漂移误差，随时间不断累积；（2）里程计测量误差，由于车速不同、载荷不同、轮胎的磨损、轮胎的气压、路况等因素的影响造成的车辆打滑、弹跳等造成的测量误差；（3）航向误差，由于车辆的横滚、俯仰等因素造成的航向误差。

（1）里程计误差模型。设车轮的半径为 r，传动轴每转动一周，车轮转动的弧度为 ω_0，同时传感器输出 p 个脉冲信号。车辆行驶距离的测量误差源主要是里程计的刻度因子误差，由于此误差一般是缓慢变化的，与车辆车速、载荷、轮胎胎压和摩擦等因素有关。

（2）陀螺仪的误差模型。压电陀螺仪的输出是电压信号，电压与载体角速率成正比关系。为了减小航迹推算传感器积累误差，采用的方法有：1）利用车载激光测距仪实时检测巷道壁和巷道壁上安装的路标对航迹推算积累的误差进行修正；2）采用基于联合卡尔曼滤波的多传感器融合技术对传感器的累计误差进行修正，减小漂移误差和信号干扰的影响。

6.3.3 自主行驶控制系统

地下智能混装车的驾驶功能有 4 种工作模式，分别为：视距遥控驾驶、远程视频遥控驾驶、相对定位导航自主驾驶及绝对定位导航自主驾驶模式。

地下智能混装车自主行驶车载控制系统采用了以 CAN 总线为基础的现场总线分布式容错控制结构，如图 6-30 所示。车载控制系统主要由 8 个控制模块组成，包括总线管理控制模块、无线通信模块、4 个基本控制模块（油门、转向、制动、换挡/换向）和 2 个备用控制模块。各控制模块直接挂接在 CAN 总线上，通过总线进行信息传递，完成对车辆基本功能的控制，并实现控制系统的故障自诊断、故障报警及容错控制。

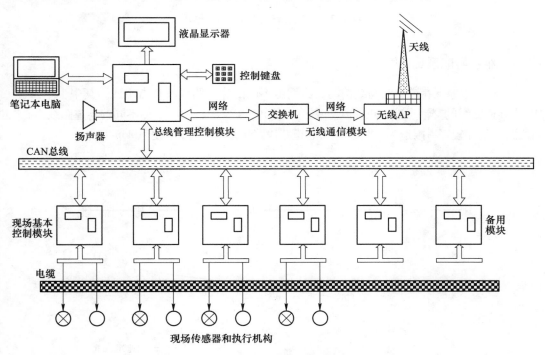

图 6-30 车载控制系统结构框图

智能混装车自主行驶控制器结构和算法如图 6-31 所示。自主行驶控制器具有良好的稳定性、较高的控制精度和快速响应能力。

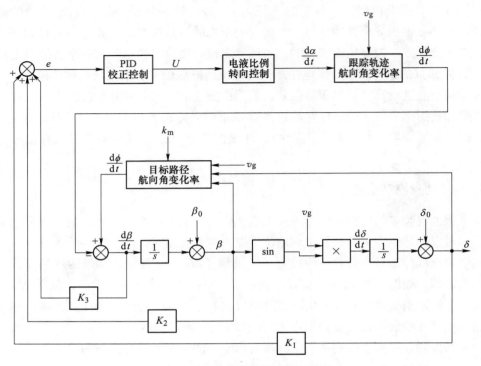

图 6-31　自主行驶控制器结构框图

6.3.4　组合导航系统程序

图 6-32 为地下巷道的路网结构图，路网由不同的巷道路线及节点组成。其中 J1、J2、…、J10 为巷道路线的交汇点即节点；g1、g2、…、g10，s1、s2、…、s5 为不同的巷道路线。g 巷道路段路况条件较好，限速为 30km/h；s 巷道路段路况条件较差，限速 10km/h。

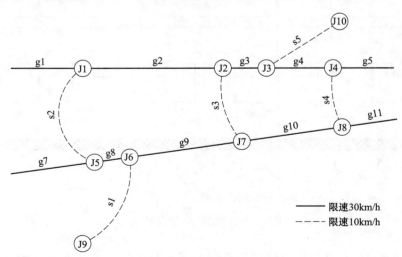

图 6-32　地下巷道路网结构图

节点包括转弯等信息。各路段的距离信息如表 6-6 所示。

表 6-6　各路段距离信息表

路段	g1	g2	g3	g4	g5	g6	g7	g8	g9	g10	…	s1	s2	s3	s4	s5	…
距离	100	210	40	65	85	122	30	160	155	80	…	130	120	100	80	100	…

图 6-32 路网结构中，混装车从 J9 点到 J10 点的导航信息如图 6-33 所示，其最近路径是 J9—J6—J7—J2—J3—J10。

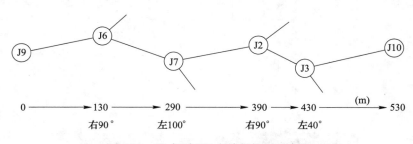

图 6-33　J9 点到 J10 点路径规划示意图

根据节点电子地图，混装车由节点 J9 到节点 J10 的导航程序为：

IF obstacle_nearTHENAvoid（）

IF nextNode（J6）AND NOT oriented（s1）THEN Orient（s1）

IF nextNode（J6）THEN Follow（s1）

IF nextNode（J7）AND NOT oriented（g8）THEN Orient（g8）

IF nextNode（J7）THEN Follow（g8）

IF nextNode（J2）AND NOT oriented（s3）THEN Orient（s3）

IF nextNode（J2）THEN Follow（s3）

IF nextNode（J3）AND NOT oriented（g3）THEN Orient（g3）

IF nextNode（J3）THEN Follow（g3）

IF nextNode（J10）AND oriented（s5）THEN Follow（s5）

IF nextNode（）THEN Still（）

混装车从节点 J9 出发沿着 s1 行驶，届时只有一条路线行驶，混装车可以完全利用相对导航方式进行行驶；当混装车到达节点 J6，出现两条路线 g7 和 g8，这时需要混装车做出抉择选择那一条路线，此时可以通过电子地图规划好的路径给混装车一个信息右转 90° 走路线 g8，而且此时还要利用混装车的组合导航控制系统完成混装车的转弯动作。

6.3.5　车载传感器及控制器

车载传感器的安装位置及数量如图 6-34 所示，其实物如图 6-35 和图 6-36 所示。

激光测距仪要求大景深，可精确扫描不同高度物体，不易受被测物体颜色和材质影响，抗环境光干扰能力强，外壳坚固，分辨率和扫描频率高。因此，车体前后选用 LMS511 型激光测距仪，测量距离可达 65m，最大扫描角度 190°。车体侧面选用 LMS400 型激光测距仪，范围（最大值为 10% 反射率）0.7~3m，扫描角度 70°。以上激光测距仪

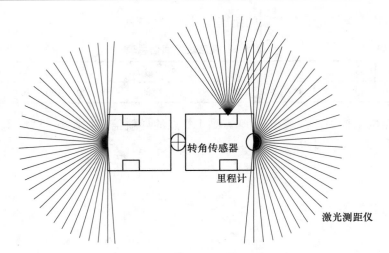

图 6-34　车载传感器示意图

图 6-35　车载传感器实物图

图 6-36　车载后向激光测距仪实物图

防护等级为 IP67。

转角传感器是控制车辆姿态的关键部件，选用派芬 530 720-A00AX22-0 型传感器，测量角度和输出信号均能满足要求。里程计选用派芬齿轮转速传感器 s18，它采用的固态磁性传感元件测量齿轮的转动分辨率高及频响宽，可靠性高、测量间距大，能够适合远距离传输。车载控制器选用易福门 cr0020，输入/输出功能可设，可根据 IEC 61131-3 编程，40 个输入/输出能够满足技术要求。

6.4　智能寻孔与智能送退管系统

6.4.1　五自由度工作臂

为实现智能寻孔，结合地下矿山巷道和爆破装药工作环境，设计了五自由度（DOF，Degree of Freedom）机械工作臂。该工作臂由底座、回转支撑、转台、多节嵌套可伸缩臂、臂头回转机构等组成。通过控制工作臂多自由度的复合动作，能够实现工作臂末端输药管中心线与井下巷道任何方位炮孔中心线对准和重合，可在井下巷道工作范围内任何方位炮孔进行智能寻孔。

图 6-37 为五自由度机械工作臂设计图。

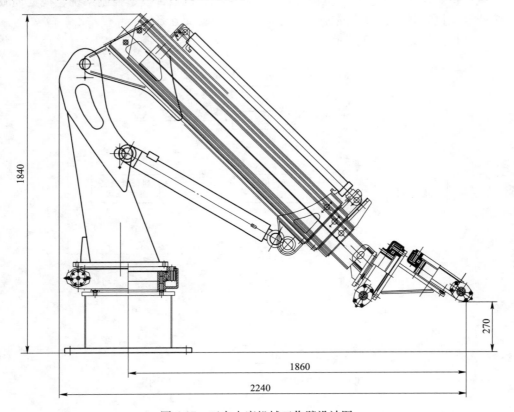

图 6-37　五自由度机械工作臂设计图

五自由度机械工作臂实物如图 6-38 所示。

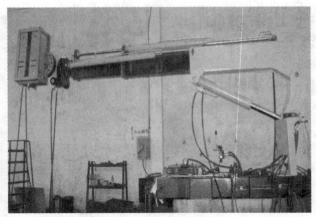

图 6-38　五自由度机械工作臂实物图

6.4.2　图像识别与智能寻孔

机械臂智能寻孔系统包括：机械臂底层控制系统、机械臂模型控制系统、视觉伺服系统、装药自动控制系统、智能混装车与调度平台的信息交互系统。

系统运行流程如图 6-39 所示。

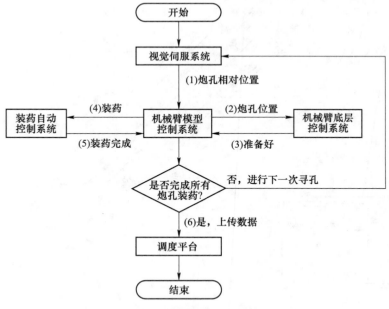

图 6-39　机械臂智能寻孔系统运行流程图

实际运行时，机械臂按如下步骤寻孔：

（1）车在静止状态下，视觉伺服系统通过图像识别算法测算出炮孔的相对位置，将数据通过以太网传输给机械臂模型控制系统；

（2）机械臂模型控制系统借助混装车相对位置，计算出炮孔在机械臂坐标系中的三维坐标，然后通过模型逆运算计算出三维坐标相对应的 5 个自由度数据，并将数据以串口通讯形式传输给机械臂底层控制系统，底层控制系统通过上位机传来的数据，控制机械臂准确地运动到目标位置，即合适的装药位置；

（3）机械臂底层控制系统向机械臂模型控制系统发送"准备好"的指令；

（4）装药自动控制系统启动自动送管、自动退管、自动装药等功能，顺利完成装药；

（5）然后装药自动控制系统将"装药完成"指令反馈给机械臂模型控制系统，进行下一个炮孔的寻孔和装药；

（6）智能混装车与调度平台的信息交互系统将整个装药过程中的装药参数、装药结果等数据，上传给调度平台，完成整个装药过程。

6.4.2.1 机械臂底层控制系统

混装车在地下矿山工作面作业时，通过控制工作臂 5 个自由度的单独动作和联动，实现炮孔对准。工作臂各自由度的运动副采用伺服马达及油缸进行驱动，控制方案如图 6-40 所示。

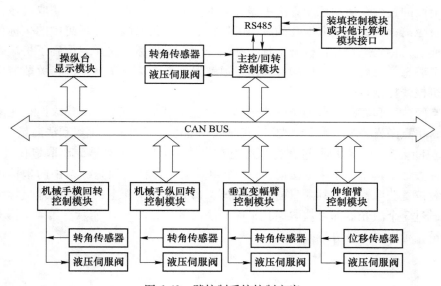

图 6-40　臂控制系统控制方案

机械臂安装三个控制器，控制器的功能模块与工作机械技术参数如下：

（1）主控/回转控制模块。其功能为主计算和控制，接受机械臂模型控制系统和手动操纵杆的命令，计算和解译后形成控制命令并通过 CAN 总线发给下属两个命令执行模块。并将命令执行的实时数据采集和发送给上级工控 PC 机。

（2）垂直变幅臂伸缩臂控制模块。其功能为固定在伸缩臂第一段上，对垂直变幅臂伸缩臂的动作进行控制，并接收变幅臂的角度转角传感器数据和伸缩臂的位置传感器数据。接受主控模块命令，在执行命令的同时将命令执行的实时数据发送给主控制模块。

（3）机械手二维回转控制模块。其功能为固定在伸缩臂上端，对上端二维机械手的动作进行控制，并接收二维机械手的两个角度转角传感器数据。机械臂接受主控制模块命令，在执行命令的同时将命令执行的实时数据发送给主控制模块。

（4）机械臂底层控制系统与机械臂模型控制系统通信协议。PC 机（机械臂模型控制系统）与主模块通讯采取应答方式，主模块 RS485 的通讯速率默认值为 115Kb/s，最大通讯距离约为 10M。设定从 PC 端发出请求到辅模块应答的时间间隔最大为 200ms，超过此值则报错。

6.4.2.2　机械臂控制算法及软件

五自由度机械臂的控制算法设计过程包括：（1）建立机械臂运动学模型，在运动学模型的基础上分析机械臂的工作空间；（2）利用建立的运动学模型，结合液压伺服控制系统，构建基于视觉反馈的机械臂伺服控制算法；（3）通过建立理论模型设计控制软件系统。

A　机械臂控制算法

机械臂运动控制算法实现的目标是将机械臂末端的送药管垂直送入到炮孔中，需要得到目标点和目标点的垂直矢量，这样才能控制机器人的位置和姿态，将送药管送入到炮孔中。

针对上面的过程在运动控制算法中需要实现如下几个步骤：首先，获取机械臂和炮孔之间的垂直距离；其次，获取炮孔的方向矢量；然后，获取炮孔在视野中的坐标位置，通过坐标变换后，得到炮孔在机械臂工具坐标系统的空间坐标，这样就得到了机械臂控制的最终位置和姿态。最后，通过机械臂运动学逆解得到各个关节角度，进行关节液压伺服控制，达到机械臂控制目的。

用于空间位置和姿态获取的传感器包括：视觉传感器（相机），获取炮孔在坐标平面中的位置；单点激光阵列（4 个激光），获取炮孔至送管器的垂直距离和法向量。

（1）空间姿态矢量获取通过在送管器上安装的 4 个单点激光器，获取炮孔（目标点）所在平面在大地工具坐标系中的法向量。4 个单点激光器在大地坐标系中的坐标可以通过激光器安装位置获取，结合其测量的垂直距离，得到炮孔平面上的点在大地坐标系中的坐标。这样通过 3 个激光器即可获取炮孔平面的法向量，如图 6-41 所示。第 4 个激光器作为冗余计算量，可以提高计算准确度。

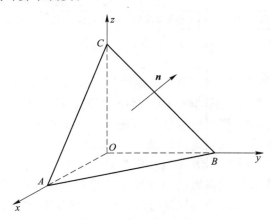

图 6-41　目标点法向量获取原理图

（2）空间位置获取如图 6-42 所示，送管器安装在机械臂的末端，相当于机械臂的工具，其主要任务就是将送药管送到炮孔中。因此在机械臂的控制过程中，控制目标就是将送药管和炮孔位置重合、姿态垂直。

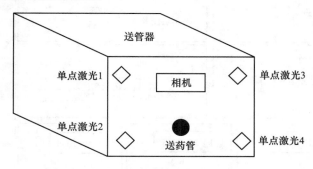

图 6-42　送管器及传感器位置关系图

炮孔在大地坐标系中的坐标是通过安装在送管器上的相机和 4 个单点激光传感器复合获取的，即通过相机和单点激光传感器的相对位置，利用坐标变换，获得炮孔在大地坐标系中的空间坐标。

B　机械臂控制软件

软件系统整体采用瀑布模型（Waterfall Model），即顺序执行用例分析、概念定义和架构设计。

软件系统架构的设计流程包括：系统的功能分解结果（功能模块）按耦合关系被分配到（数量更少的）系统的各个类中，形成系统的类图；系统的各个类被（数量更少的）系统进程调用；系统的进程和类还需要按照功能耦合关系分解到（数量更少的）软件包中。

软件采用 VC++和 MATLAB 以及 OPEN INVENTOR 等工具编写，最终实现机械臂控制功能。

a　控制软件框架

通过应用层、行为层和硬件层的模式来构建软件框架，如图 6-43 所示。

应用层为机械臂与操作者交互的部分，包括操作者的任务输入界面和三维动画显示界面，分别是接受操作者生成的控制命令和显示机械臂的运行状态。

行为层是机械臂控制命令生成层，也是整个控制软件的核心部分，分别通过 MATLAB 程序计算机械臂的正逆运动学，通过 VC++构建整个程序框架，并且通过硬件层获取的传感器数据计算得到机械臂末端的位置和姿态，以及操作者控制命令的解析等。

硬件层实现的主要是与硬件部分通讯的功能，此部分包括通过 ETHERNET 通讯的视觉系统（相机系统），通过 CAN BUS 通讯的单点激光系统，以及通过 CAN BUS 通讯的液压伺服控制系统。

在 3 个控制层之外建立的错误检测模块，负责检测各部分的运行状态。

b　系统功能模块与类图

系统的功能分解为若干子功能，如图 6-44 所示。

（1）机器人初始化。当需要执行初始化操作时，控制中心通过通用机器人接口，向协

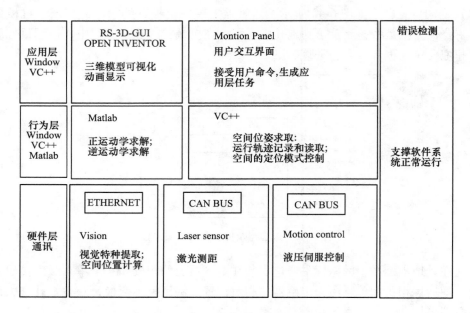

图 6-43　机械臂控制软件结构框图

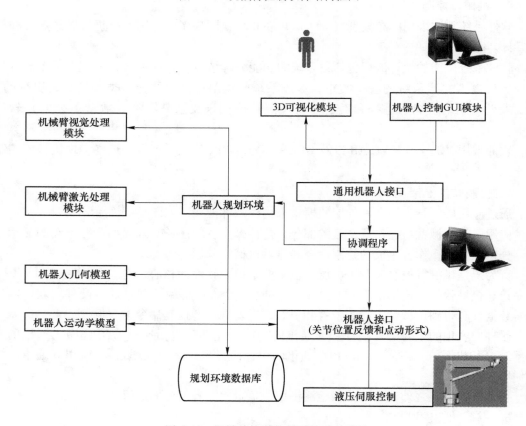

图 6-44　机械臂控制软件系统功能模块

调程序发送单轴初始化指令，协调程序直接将该指令发送给机器人控制程序，由它通过 CAN-BUS 驱动程序模块控制单轴完成初始化流程。初始化的模块包括相机模块、单点激光模块和伺服控制模块等。

（2）点动。对于关节空间中的运动，控制中心通过通用机器人接口，向协调程序发送单轴运动指令，协调程序直接将该指令发送给机器人控制程序，由它通过 CAN-BUS 驱动程序模块控制单轴完成运动。对于笛卡尔空间中的运动，控制中心驱动程序模块，通过通用机器人接口，向协调程序发送工具坐标系的笛卡尔运动指令，协调程序直接将该指令发送给机器人控制程序，机器人控制程序通过运动学模型求解逆运动学并通过 CAN-BUS 驱动程序模块控制多轴完成运动。

（3）标定。当用户通过点动将关节运动到零位时，控制中心驱动程序模块，通过通用机器人接口，向协调程序发送单轴位置设定命令，协调程序直接将该指令发送给机器人控制程序，由它通过 CAN-BUS 驱动程序模块控制单轴位置归零。

（4）示教点录入。当用户通过点动将关节运动到指定位置时，控制中心驱动程序模块，通过通用机器人接口，向协调程序发送位置保存命令，协调程序读取当前的机器人笛卡尔空间状态和关节坐标状态，并将结果写入轨迹和参数数据库。

（5）轨迹运行。控制中心驱动程序模块，从轨迹和参数数据库读取已有的轨迹名，用户选择好轨迹名后，将该轨迹名通过通用机器人接口发送给协调程序。协调程序调用示教功能模块，后者从数据库读取轨迹，通过 CAN-BUS 发送给液压伺服系统，进而实现运行。

C　硬件通讯及数据处理

（1）硬件通讯。硬件通讯协议的控制模式。控制方法类似硬件系统自带的调试软件。与前面的手动和自动控制的区别是：输入的轴号是硬件定义的轴号，不是运动学轴号；运行的目标位置和实时反馈的运行位置都是未标定的原始数据；实现的功能不同；实时反馈的运行位置；运行的目标位置输入，单轴控制状态选取；运行状态反馈；运行状态可视化显示；激光测距传感器反馈数据显示。

（2）图像采集接口。通过相机获取目标点的位置，通过 4 点激光测距传感器获取目标平面的法向量，从而得到送管器末端的位置和姿态矢量。图像采集信息是基于相机坐标系的，首先建立相机坐标系与工具坐标系（送管器末端）之间的位置关系（单轴平移）。可以将图像处理的位置转化到工具坐标系中，进而通过机械臂运动学的坐标变换转化到基坐标系统，也就是在基坐标系中控制的目标位置。

（3）激光采集姿态接口信息。通过三点获取目标平面的法向量，进而获取目标平面方程。此法向量也是基于工具坐标系的，通过坐标变换转化到基坐标系中。这就是机械臂要运动到的姿态。也就是机械臂的运行姿态。

机械臂控制软件界面如图 6-45 所示。

D　运动控制模式

软件的运动模式包括笛卡尔坐标空间模式、关节空间运行模式、任意关节角度输入和任意关节滑动条输入。其中，笛卡尔坐标空间模式，也就是机械臂正逆运动学控制模式又

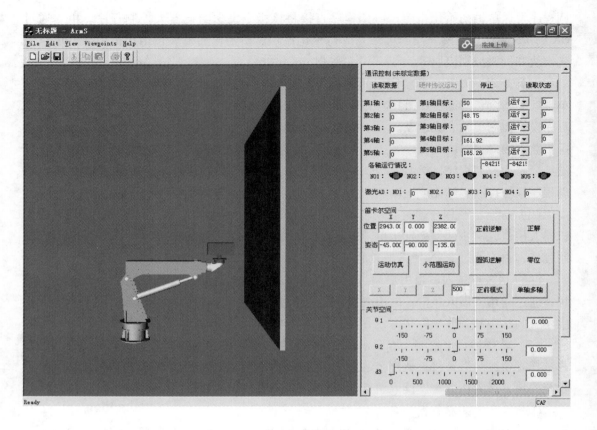

图 6-45　控制软件界面

包括：

（1）运行的位置和姿态的显示，通过硬件反馈的各个关节角度数据，利用机械臂正解求取的机械臂末端的位置和姿态；

（2）正前逆解（一种特殊姿态的控制）：保证送药管与正前平面垂直姿态的位置控制；

（3）圆弧逆解（一种特殊姿态的控制）：保证送药管与巷道截面圆弧垂直姿态的位置控制；

（4）正解：通过硬件反馈的各个关节角度数据，利用机械臂正解求取的机械臂末端的位置和姿态；

（5）零位：运行到标定的垂直位置；

（6）运动仿真：切换显示的动画是机器人的实时运行位置，还是通过逆运动学求解的位置，也就是切换是仿真动画显示还是实时运行状态动画显示；

（7）小范围运动：解决液压系统小范围不能运行的问题，也就是判断液压系统给定的目标位置和现在位置运动间隔较小时，液压系统自动运行出一段距离，然后再运行到目标位置；

（8）单轴多轴：选择在运行过程中是采用多轴运行模式还是单轴运行模式，默认为多轴运行模式。

E 运行状态显示和人机交互

（1）运行动画显示。在运行过程中，实时显示机器臂运行的位置；在仿真状态下，显示机器人必将要运行到的位置和姿态，用于验证逆运动学计算位姿的正确性。

（2）控制模式选取。自动控制，基于摄像机数据的自动运行及控制；手动输入，一种方式是通过手动输入各个关节的角度，从而实现运动，另一种方式是通过输入末端位置和姿态（矢量）进行逆解关节角度，进而实现机械臂的运动控制。

（3）摄像机位置输入。输入摄像机采集到的目标点的位置（相机坐标系位置）；输入基坐标系位置（也可以将相机坐标系中的位置转换到此坐标中）；末端矢量输入；激光传感器到达距离转化为末端的矢量（通过平面方程获得目标平面法矢量在工具坐标系的表示，然后转化到基坐标系中）。

（4）手动输入运动控制。各个关节的运动角度的实时显示（标定后角度）；各个关节运动的目标角度（标定后角度）；多轴运行模式，也就是多轴同步运行，可能会出现个别轴不运动的情况；单轴运行模式，运动命令从第一个轴开始执行，直到最后一个轴，实际测试过程中，第一个轴（基座回转）和最后一个轴（姿态回转）运动到位调整时间较长；运动停止，在运动过程中随时停止运动。

（5）报警信息显示：

1）系统：控制系统反馈回来的运行信息和运行状态，如在单轴运行过程中会显示任务已经执行到哪个轴了，哪个轴正在运行等；

2）正常：系统运行正常信息反馈；

3）警告：系统运行警告信息显示；

4）错误：控制系统运行错误信息显示，如运行过程中有某一个轴没有到位，将会跳出控制循环，显示错误信息。

6.4.2.3 机械臂运动控制方法和软件实验测试

图 6-46～图 6-48 分别为机械臂在控制算法和软件控制下的左右运动、上下运动和前后运动动作展示，表明五自由度工作臂的控制算法和软、硬件均能满足智能寻孔的控制要求。

6.4.2.4 视觉伺服系统

为实现智能寻孔，技术人员在五自由度工作臂末端安装了可编程智能工业摄像机和激光测距仪，并在此基础上开发了基于炮孔特征向量的图像识别技术。传感器获得炮孔的 x 轴，y 轴坐标值，再通过安装在摄像机周围的激光测距传感器得到摄像机与炮孔之间的 z 轴距离，从而获得炮孔的空间位置。通过理论模型建立工作臂正逆运动学模型仿真计算，工作臂自动计算出炮孔与输药软管末端的位置，在软件中对工作臂各个关节的运动范围给出数值，并控制工作臂实现多自由度复合动作，从而达到智能寻孔的目的。

视觉伺服系统采用了"单摄像头＋激光测距仪"模式，如图 6-49 所示。

图 6-46　左右运动控制

图 6-47　上下运动控制

A　图像识别原理

　　如图 6-50 所示，4 个激光点照射在炮孔周围，可以确定炮孔所在平面相对于相机坐标系的倾斜角度（3 个激光点确定一个平面，第 4 个激光点做冗余），求解该平面的法向量，即可获得炮孔朝向，并估算出镜头到炮孔中心的位置，即 z 轴距离。

图 6-48　前后运动控制

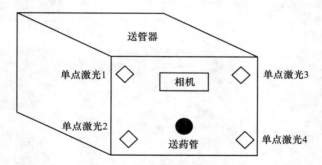

图 6-49　视觉伺服系统示意图

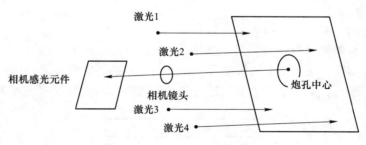

图 6-50　视觉伺服系统原理图

B　图像识别软相机

采用康耐视 In-Sight 7000 系列相机识别炮孔图像。光线射入炮孔之中，反射较少因而图像灰度较小，且炮孔本身也具有"类圆形"的特征，利用灰度差与炮孔特征量的综合识别方法即可识别出炮孔。

C　与机械臂模型控制系统通信方式

机械壁模型控制系统直接读取相机中寄存器的数据，获得炮孔中心点在图像中的坐标。井下炮孔图像识别场景如图 6-51 所示。

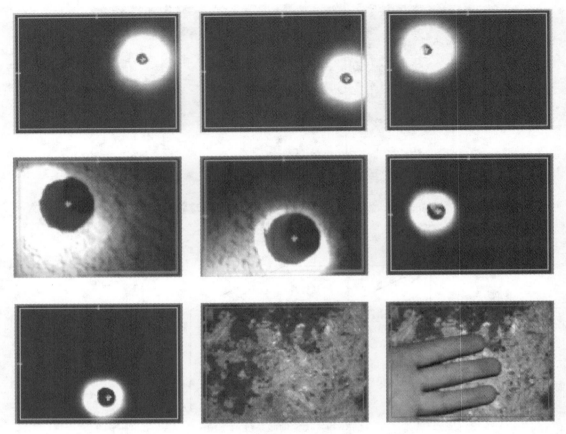

图 6-51　炮孔图像识别场景图

6.4.2.5　智能混装车与调度平台的信息交互

智能混装车与调度平台的信息交互过程，是实现智能装药的关键环节。混装车通过两者的信息传递，实现了快速精准的智能寻孔、安全可靠的智能装药。同时，混装车将参数实时上传到调度平台，实现了整个装药过程的实时监控。图 6-52 为信息交互过程。

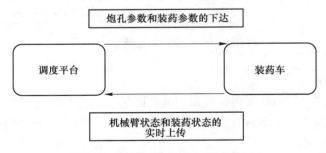

图 6-52　智能混装车信息交互示意图

A　调度平台到混装车的数据传递

通常，设计人员将实际的炮孔位置和针对实际炮孔设计的装药参数通过客户端软件上传到调度平台。当混装车到达指定装药位置时，施工人员请求调度平台下发炮孔位置参数和装药参数，并将数据保存到本地，为智能装药做准备。保存到混装车的数据如图 6-53 所示，其中，炮孔参数包括：孔口位置（3 个参数）、孔口朝向（3 个参数）、孔底位置（3 个参数）、孔底朝向（3 个参数）；装药参数包括：孔深、孔径、填塞长度、设计装药量、岩性参数。

paokongzuobiao_x	paokongzuobiao_y	paokongzuobiao_z	paokongchaoxiang_x	paokongchaoxiang_y	paokongchaoxiang_z
-0.629093	-0.195011	0.085487	90	90	0
-0.948368	0.031148	0.10702	90	90	0
-0.882165	-0.329739	0.228025	90	90	0
-1.090514	-0.582514	0.364856	90	90	0
-0.997905	-0.915226	0.433319	90	90	0
-1.362952	-1.12519	0.517055	90	90	0
-1.20405	-1.501859	0.543538	90	90	0
-1.275626	-1.75798	0.529866	90	90	0
NULL	NULL	NULL	NULL	NULL	NULL

(a)

kongshen	kongjing	tiansaichangdu	zhuangyaoliang	yanxingcanshu
18.7	51	2	80	4
20	52	2	82	4
19.1	52	2	80	4
18.8	52	2	80	4
19.5	50	2	80	4
17.9	50	2	80	5
20.3	51	2	82	4
16.9	52	1	78	5
NULL	NULL	NULL	NULL	NULL

(b)

图 6-53　炮孔参数和装药参数截图
（a）炮孔参数截图；（b）装药参数截图

混装车负责把收到的装药参数发送给装药系统，把炮孔位置信息发送给寻孔系统。寻孔系统借助炮孔位置信息以及自身的视觉伺服系统，实现精准寻孔，使得送管器成功将管道插入炮孔当中。装药系统根据下发的装药参数，动态地调整装药量和炸药组分的配比，最终完成智能寻孔和装药。

B　混装车到调度平台的数据传递

在智能装药过程中，寻孔系统将工作臂姿态信息的实时状态（5 个参数）回传给混装车。装药系统将各个传感器、阀门的状态以及装药过程（10 个参数），实时地反馈给混装车。混装车将收集到的工作臂姿态参数和装药状态参数实时反馈给调度平台，使得调度平台能够实时监控整个寻孔过程、装药过程，提供可靠的安全保障。具体参数如表 6-7 所示。

表 6-7　智能装药过程中的动态参数

序号	参数数据库中名称	数据类型	备　注
1	time	datetime	数据更新的时间
2	rujiaobeng	bit	乳胶泵开关标志
3	songguanzhishi	bit	送管器送管指示
4	tuiguanzhishi	bit	退管器退管指示
5	chaowenbaojing	bit	超温报警信号
6	rujiaoduanliaobaojing	bit	乳胶断流信号
7	minhuayeduanliubaojing	bit	敏化液断流信号
8	rujiaoliuliang	float	乳胶流量
9	minhualiuliang	float	敏化液流量
10	yizhuangyaoliang	float	已经装填的炸药量
11	jixiebi_1	float	机械臂底盘传感器
12	jixiebi_2	float	机械臂俯仰传感器
13	jixeibi_3	float	机械臂伸缩传感器
14	jixiebi_4	float	机械臂末端传感器 1
15	jixiebi_5	float	机械臂末端传感器 2

C　实时视频监控系统

除了以上的数据交互外，为了保障混装车在运行和装药过程中的安全，混装车在车头以及车尾分别设置了两个网络摄像头。地面调度平台可以调取混装车的实时画面，监控装药过程，增强装药过程的安全性。

6.4.3　自动送管器

自动送管系统是地下智能乳化炸药现场混装车的关键设备之一。目前国内外研发的各类送管机构，主要采用摩擦轮式送管器、皮带式送管器和抓握式送管器。

地下智能乳化炸药现场混装车采用履带式送管器设计方案，如图 6-54 ~ 6-56 所示。该送管器主要由传动机构、间隙调节机构、传感器等组成。送管器由液压马达驱动上下两组履带实现传动，履带由主动链轮、从动链轮、链条和金属夹块等部件构成，夹块与链条固定，跟随链条一起运动。主动链轮轴与液压马达直连，两组马达通过串联方式接入液压管路。光电式旋转编码器与马达传动轴相连，通过测量传动轴角速度和角位移，间接测量输药管的输送速度和输送长度。在从动链轮轴上，装有横向顶轴螺杆，用于调节链条张紧程度。两组履带依靠安装在送管器外壳上的 4 组螺栓调节间隙。

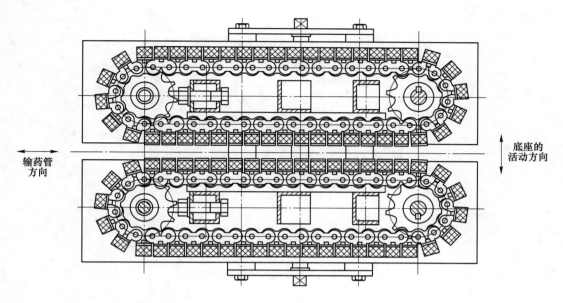

图 6-54　履带式送管器设计图

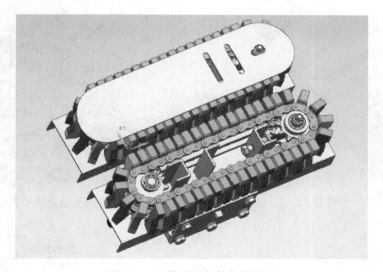

图 6-55　送管器上部结构设计图

　　送管器的进出口两端设计了输药管管壁清洁器，如图 6-57 及图 6-58 所示。清洁器前端是两个可以扣合的半圆形不锈钢夹块，夹块内嵌双层聚四氟乙烯垫圈，清洁器后端管接头直接固定在送管器进出口箱体上。两半圆形夹块与管接头通过不锈钢卡箍快速拆装。

　　为了实现地下矿爆堆上方第一排炮孔装药，送管器前部设计了快拆式导向管，如图 6-59 所示。经过优化的送管器如图 6-60 所示。经过试验验证，自动送管系统具备深孔送管、孔底识别、孔深测量以及退管装药联动控制等功能，可以实现地下矿上向 40m 深孔智能化送管装药。

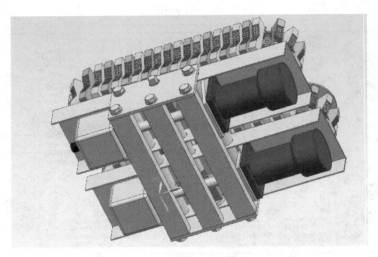

图 6-56　送管器底部结构设计图

图 6-57　管壁清洁器设计图

图 6-58　管壁清洁器实物图

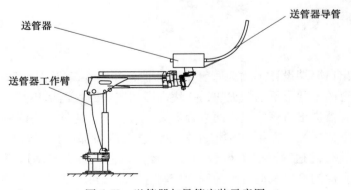

图 6-59　送管器与导管安装示意图

图 6-60 优化后的送管器实物图

6.4.4 输药管卷筒系统

地下矿的上向深孔自动化装药，对输药软管有着特殊的要求：（1）输药软管必须要有足够的刚性，才能通过机械送管的方式进入孔底，否则如果输药管太软，则会由于管子打弯而使输药管未到达孔底之前就会被折坏，另外对送管长度和孔深计量的准确性也会产生严重影响；（2）输药管也要有一定的柔韧性，由于井下环境空间有限，如果管子太硬，则无法送到井下，更无法进行装药，因此，必须把输药管盘在卷筒上随车到达爆破作业面以实现送管装药。

目前成熟的输药管卷筒的原理是物料输送管通过旋转弯头与卷筒中心轴相连，卷筒轴为空心轴，输药管与中心轴出料口相连，中心轴两端通过轴承座与卷筒支架固定，从而使输药软管盘在卷筒上。但是，这种类型的卷筒并不适合地下矿山使用，原因主要是：（1）所研制的输药软管刚性较大，弯曲半径也较大，如果把输药管盘在这种卷筒上，输药管很容易散开，并且该卷筒不具备送管功能；（2）要求卷筒送退管速度和送管器的送退管速度必须通过闭环控制达到一致，而这种卷筒上的输药管是没有规律的叠加在一起，通过卷筒转速无法准确计量送退管速度。

借鉴起重机钢丝绳的输送原理，设计出具有自动送退管、自动排管、自动计量功能的大直径卷筒系统，能够实现与泵送系统、送管器的联动调速，如图 6-61 所示。

设计的输药管卷筒主要由玻璃钢螺旋滚筒、不锈钢压辊、主从动链轮、链条、线性螺杆、滑块、线性滑轨、侧板、不锈钢主轴、光电传感器、液压马达等组成。工作时，液压马达通过链条带动主动链轮旋转，主动链轮通过链条带动从动链轮旋转，从动链轮带动丝杆旋转的同时，带动滑块在导轨上移动，从而实现输药管的收、放及自动排管。光电传感器主要实现收放管长度的计量和滑块移动到丝杆末端时自动停止移动防止链条受损。卷筒实物如图 6-62 所示。

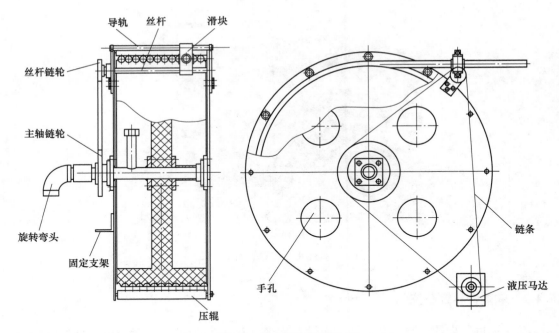

图 6-61　输药管卷筒设计图

图 6-62　输药管卷筒实物图

6.5　电液系统控制与物料储存输送

6.5.1　电液比例负载敏感控制

在系统设计中，需要实现电液系统自动化、高精度、高灵敏度控制，而通常使用的开关型定值液压阀无法满足相关需求，智能混装车选用了可以实现比例控制、高精度、高灵敏度、抗污染能力强、结构简单、易于维护的电液比例阀。相较于开关型定值液压阀，电液比例阀以阀内电气-机械转换装置根据输入的电压（或电流）信号产生相应动作，使工作阀阀芯产生移动，以此完成与输入电压成比例的压力、流量输出，达到线性控制液压系统流量等参数的目的，而且还可以方便地对液压油压力、流量、流向进行远距离的自动连续控制和程序控制，响应快、工作平稳，自动化程度高，容易实现编程控制，控制精度高，提高了液压系统的自动控制水平。

液压系统的设计满足以下 3 原则：

（1）节能设计。为了达到节能设计的目的，降低液压系统的溢流损失和发热量，系统采用负载敏感液压技术。

（2）电液比例控制。为了实现乳化基质和敏化剂的精确匹配控制，以及装药速度与卷筒、送管器送退管速度的精确匹配控制，保证混装乳化炸药质量的稳定性和炮孔装药的耦合性、连续性，系统采用电液比例控制技术。

（3）逻辑补偿控制。为了精确实现整车装药系统的电液比例闭环控制，消除负载变化对液压马达转速的影响，系统采用逻辑补偿控制技术。

设计的液压系统工作原理如图 6-63 所示。

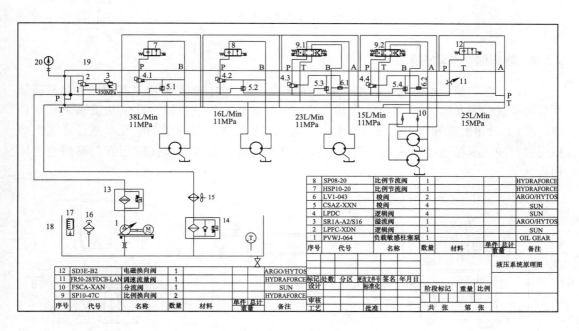

图 6-63 液压系统工作原理图

液压动力系统由液压油箱、电机、液压泵、液压马达、液压油冷却器及进出油支管、控制元件组成，如图 6-64 所示。

液压动力系统在试验台进行了模拟加载试验和比例特性模拟试验。通过模拟加载器，每一组系统加载到 25MPa 以上时，液压油流量均保持不变。通过模拟控制箱，对每一组系统都测试了电压和液压油流量的关系曲线，该系统比例控制线性度好，控制死区均远离正常工作区间。

图 6-64　动力及液压系统实物

6.5.2　物料储存与输送系统

物料储存和输送系统包括乳化基质储存输送系统和敏化剂储存输送系统。乳化基质储存输送系统如图 6-65 所示，由乳化基质箱、电动蝶阀、冲洗水箱、乳化基质输送泵（即螺杆泵）、计量装置和压力传感器等组成。乳化基质箱体通过管道与乳化基质输送泵入口相连接，冲洗水箱通过不锈钢管与乳胶泵入口相连接，泵体出口接输药管与输药管卷筒相连。

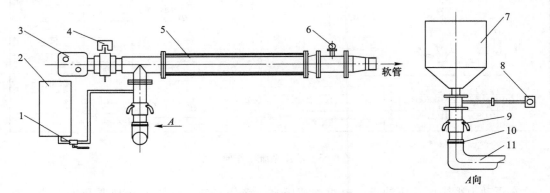

图 6-65　乳化基质输送系统示意图

1—球阀；2—水箱；3—马达；4—测速仪；5—乳胶泵；6—压力表；7—乳胶基质箱；
8—蝶阀；9—快拆接头；10—卡圈；11—胶管

工作时，只需在触摸屏点击进入"装药状态"，然后按照自动控制系统的程序，先后启动敏化剂泵和乳胶输送泵，靠泵的压力把乳化基质和敏化剂同步地经过输药管路泵入炮孔中。当需要清洗时，只需从"装药状态"切换到"清洗状态"，清水即由泵吸入到输药软管中，完成清洗工作。清洗后需及时关闭各物料箱体出口阀门，需将系统状态切换到"复位"。

敏化剂储存输送系统主要由敏化剂箱、输送泵、过滤器、流量计、止回阀和管路等零部件组成。工作时，敏化剂输送泵由液压系统驱动，泵入口用负压软管与敏化剂箱出口相接，泵出口用耐压软管和乳胶泵出口相接，从而将敏化剂泵入乳化基质中。敏化剂的量可依据工艺要求，通过调节泵速达到调节敏化剂流量的目的。

设计的高黏稠乳化基质数字化计量系统，有别于以往通过霍尔传感器计算泵的转速再换算成物料流量的计量方式，提高了乳化基质输送计量的准确性、可靠性、安全性，真正实现断流停车保护功能。高黏稠乳化基质数字化计量系统计量误差≤1%。物料储存和输送系统如图6-66及图6-67所示。

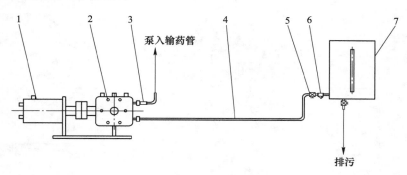

图6-66　敏化剂输送系统工作原理图

1—马达；2—添加剂泵；3—止回阀；4—软管；5—球阀；6—过滤器；7—添加剂箱

图6-67　物料储存和输送系统实物图

6.6　混装车动态监控信息系统

地下矿智能乳化炸药现场混装车动态监控信息系统满足混装车生产数据及地理位置信息的采集与上传。混装车的日生产总量、地理位置信息自动汇总定时自动发送至民爆行业生产经营动态监控信息系统和爆破作业所在省"民用爆炸物品信息管理系统网络服务平台"。设备参数采集后定时发送到混装车管理平台。系统通过无线通讯与定位等技术实现地下混装车远程监控、远程故障诊断、远程管理。

混装车动态监控信息系统由数据采集系统（混装车自动控制系统）、数据交换系统（车载处理终端）、车载视频采集储存系统和民爆行业生产经营动态监控信息系统以及企业混装车管理平台组成，如图6-68及图6-69所示。

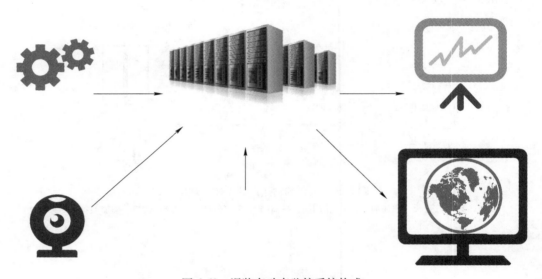

图 6-68　混装车动态监控系统构成

6.6.1　动态监控信息系统

根据《工业炸药现场混装车动态监控信息系统通用技术条件（试行）》的要求，BCJ系列现场混装车动态监控信息系统具有以下功能：

（1）混装车自动控制系统自动采集每日生产量和位置信息，并将数据上传到车载消息处理终端数据库，待车载处理终端进行处理；

（2）混装车自动控制系统与车载处理终端（数据交换系统）具有互锁功能，当系统通讯故障或车载处理终端未运行时，混控车自动控制系统无法启动，不能进行生产作业；

（3）根据每一台混装车的规格型号的不同，对混装车自动控制系统内的炸药标定值等参数设置了上下限，不符合规定的参数值无法输入到控制系统，从而有效防止人为篡改生产数据；

（4）数据交换系统每日将采集到的生产数据进行汇总，按照通用技术条件要求的数据格式每天定时自动发送到民爆行业信息管理平台，具有数据发送成功提示功能，如果现场

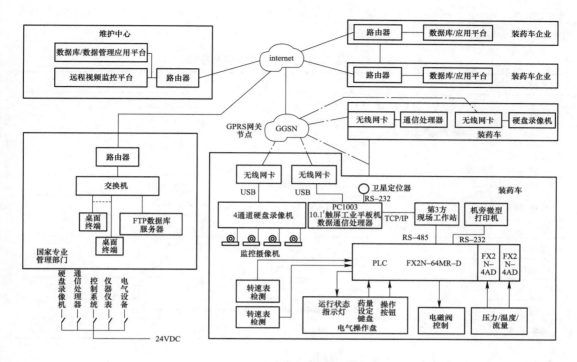

图 6-69 混装车动态监控系统原理图

混装车当日未生产，发送生产总量为 0；

（5）车载消息处理终端在无生产活动、无人值守的情况下，能定时自动开启，程序自动运行，连接网络，当网络通讯正常后，数据上传，如果网络没有连接成功，数据存入数据库中，待下次网络正常后上传，车载消息处理终端每次自动开机 20min 后，自动关机；

（6）车载消息处理终端具有 2GB 的内存，64GB 的存储空间，确保生产数据保存 3 个月以上；

（7）系统意外断电后，生产数据将自动保存、自动恢复和自动补发；

（8）车载消息处理终端数据库中，保存现场混装车生产作业时的多个地理位置信息，生产作业开始每小时存储一个地理位置信息，只上传首次作业地理位置信息；

（9）车载消息处理终端的组态软件中，设置了系统运行日志，运行日志包括控制系统的启动时间、结束时间以及故障记录时间；

（10）通过车载消息处理终端配置信息可查询混装车的唯一性编码；

（11）卫星自动授时功能，系统开机后，卫星定位系统接收时间信息后，车载消息处理终端将自动接受卫星授时时间。

6.6.2 车载消息处理终端

6.6.2.1 车载消息处理终端硬件

数据交换系统硬件选用的是工业级车载计算机，具有以低功耗 CPU 为核心的高性能嵌入式人机界面。该工业级车载计算机集成了卫星定位模块和 3G/GPRS 网络模块，系统安全、稳定、可靠，易于维护。车载处理终端（交换系统）主要参数指标如表 6-8 所示。

表 6-8　车载消息处理终端主要参数指标

特性	描　述
液晶屏	10. 4-inch TFT LCD panel with LED backlight；1024x 768 pixels（XGA）；Brightness：400 cd/m^2（typical）；Contrast ratio：500 : 1（typical）
CPU 主板	Intel$^®$ Atom^{TM} Dual Core processor D2550 1. 86GHz Intel$^®$ ICH10R chipset
使用环境	Operating temperatures ambient with air：-30℃ to 60℃
	Storage temperatures：-30℃ to 70℃
	Relative humidity：10% to 90%（non-condensing）
电源电压	24V DC 电压允许波动范围+12V~+36V
存储设备	64GB SATA SSD
内存	DDR 2GB
触摸屏	5-wire resistant touch；Anti-glare coating surface
总体尺寸	290mm(W)×230mm(L)×60mm(D)

6.6.2.2　车载消息处理终端软件

车载消息处理终端依靠数据交换系统和人机界面两部分，实现数据的传输和现场混装车的控制操作。消息处理软件自动采集控制系统的生产数据，并根据设备运行状态进行判断，当每类炸药的所有设备启动后方将生产数据记录为产量，不将标定和调试产量计入总产量，防止了数据的误采。

系统实现每日生产量和位置自动定时上传，上传成功提示与上传失败报警。该系统能有效防止生产数据误采、漏采或不采、篡改、漏报，使得数据传输可靠、准确，具体工作流程如图 6-70 所示。

6.6.2.3　企业综合管理平台

企业综合管理平台是矿冶科技集团有限公司为了提高对用户的服务质量而开发的，行业主管部门和企业用户均可登录平台进行查询，如图 6-71 所示。

在井下工况环境中，动态监控系统应用井下无线通讯与定位技术，实现地下混装车远程监控、远程故障诊断、远程管理。通过该系统不但可以查询每台混装车生产数据的上传情况，还可查询混装车状态的各项参数信息。混装车企业管理平台根据混装车上传的工作参数自动诊断混装车运行状态，一旦发现设备工作参数与数据库数据不一致，将自动产生报警信息，智能混装车生产企业可通过报警信息对设备故障进行远程诊断，并可协助企业解除故障。混装车系统工作流程见图 6-72。

6.6.2.4　视频录像系统

视频录像系统由车载硬盘录像机和高清红外防爆车载摄像头构成，在混装车工作过程中进行实时录像，图像存储在硬盘录像机中，可随时通过网络视频监控软件调阅，录像可存储 90 天以上。

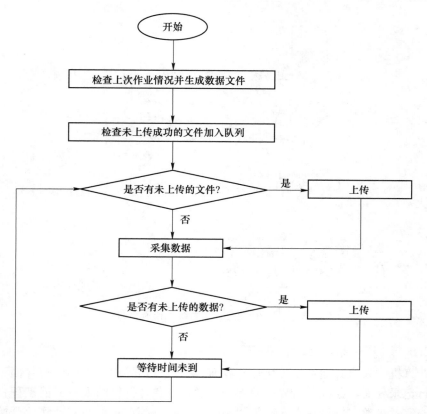

图 6-70 车载消息处理终端工作流程图

序号	车辆ID	乳胶泵	润滑泵	散热器	主油阀	敏化剂阀	乳化选择	温度报警	低压报警	敏化断流	超压报警	冷却手动	乳胶压力	液压油温	乳化转速	乳化应转转数	乳化装药量	温度下限值	温度上限值	低压报警设定值	超压报警设定值	润滑泵延时	低压延时	敏化剂电磁阀延时	敏化断流停机延时	乳化计量	乳化装药量设定	乳胶标定	生成时间	上传时间	操作
1	134	0	0	1	1	0	1	0	0	0	0	0	0	49.3	97	97	24	35	50	0.1	2	2	30	0	0	5472	24	0.246	2015-07-16 20:16:20	2015-07-16 20:18:06	简要信息
2	134	0	0	1	1	0	1	0	0	0	0	0	0	49.3	97	97	24	35	50	0.1	2	2	30	0	0	5472	24	0.246	2015-07-16 20:11:20	2015-07-16 20:12:57	简要信息
3	134	0	0	1	1	0	1	0	0	0	0	0	0	49.3	97	97	24	35	50	0.1	2	2	30	0	0	5472	24	0.246	2015-07-16 20:06:16	2015-07-16 20:08:10	简要信息
4	134	0	0	1	1	0	1	0	0	0	0	0	0	49.3	97	97	24	35	50	0.1	2	2	30	0	0	5472	24	0.246	2015-07-16 20:00:48	2015-07-16 20:08:05	简要信息
5	134	0	0	0	1	0	1	0	0	0	0	0	0	49	0	97	0	35	50	0.1	2	2	30	0	0	2542	24	0.246	2015-07-15 20:25:00	2015-07-16 20:07:59	简要信息
6	134	0	0	0	1	0	1	0	0	0	0	0	0	49	0	97	0	35	50	0.1	2	2	30	0	0	2542	24	0.246	2015-07-15 20:20:00	2015-07-16 20:07:54	简要信息
7	134	0	0	0	1	0	1	0	0	0	0	0	0	49	0	97	0	35	50	0.1	2	2	30	0	0	2542	24	0.246	2015-07-15 20:06:18	2015-07-15 20:08:47	简要信息
8	134	0	0	0	1	0	1	0	0	0	0	0	0	49	0	97	0	35	50	0.1	2	2	30	0	0	2542	24	0.246	2015-07-15	2015-07-15	简要信息

图 6-71 企业综合管理平台数据监控界面

用户
本地服务器
数据库服务器
Internet
数据交换中心
应用程序服务器
主巷道
无线基站
分巷道
无线基站
VMC3000
车载视频监控系统

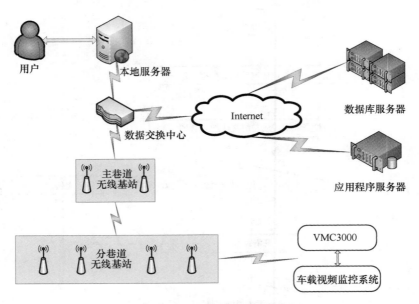

图 6-72　智能混装车系统工作流程图

6.6.2.5　车载计算机的人机界面

车载计算机的人机界面包括乳化炸药界面、参数设置界面、报表浏览界面、报警信息界面、运行记录界面、曲线分析界面 6 部分。通过车载计算机的人机界面工程技术人员查看装药系统实时参数、报警状态、阀门状态、设备状态等信息，在装药作业开始前查看并修改孔网设计参数，在装药作业结束后浏览孔网实际参数并导出对应数据，查看实时报警信息和历史报警信息等功能，如图 6-73 所示。

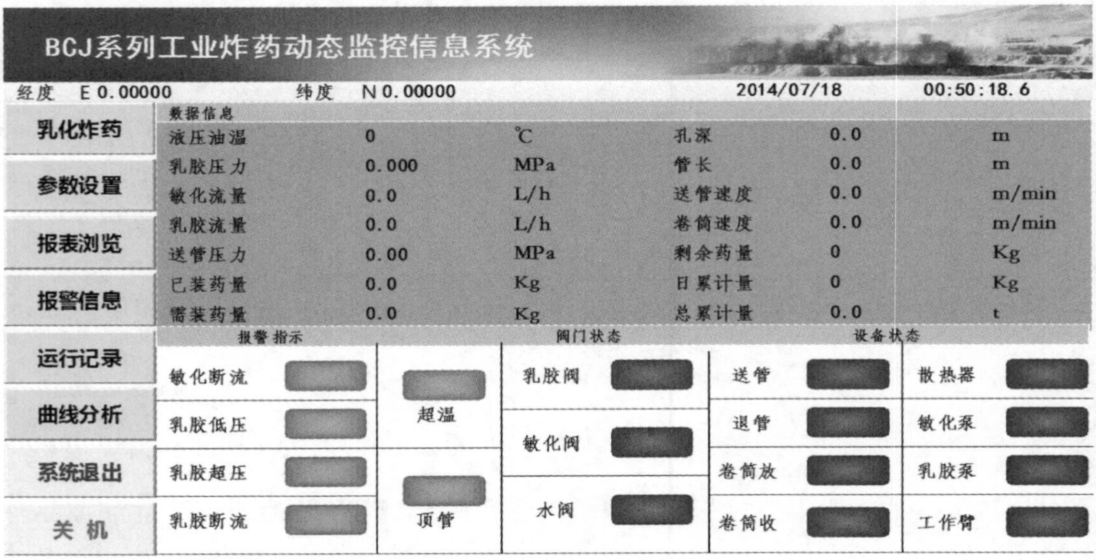

BCJ系列工业炸药动态监控信息系统
经度　E 0.00000
纬度　N 0.00000
2014/07/18
00:50:18.6
乳化炸药
参数设置
报表浏览
报警信息
运行记录
曲线分析
系统退出
关 机
数据信息
液压油温　0　℃
乳胶压力　0.000　MPa
敏化流量　0.0　L/h
乳胶流量　0.0　L/h
送管压力　0.00　MPa
已装药量　0.0　Kg
需装药量　0.0　Kg
孔深　0.0　m
管长　0.0　m
送管速度　0.0　m/min
卷筒速度　0.0　m/min
剩余药量　0　Kg
日累计量　0　Kg
总累计量　0.0　t
报警指示
阀门状态
设备状态
敏化断流
乳胶低压
乳胶超压
乳胶断流
超温
顶管
乳胶阀
敏化阀
水阀
送管
退管
卷筒放
卷筒收
散热器
敏化泵
乳胶泵
工作臂

图 6-73　乳化炸药动态监控信息系统

6.6.3 装药自动控制系统

地下矿智能乳化炸药现场混装车自动控制系统的设计满足如下几方面的要求。

（1）系统动力的获取。鉴于地下矿用设备的工作环境相对密闭，通风条件较差，系统动力无法通过车载发动机持续工作获取，故采用电力作为主动力；

（2）液压系统的稳定控制。为了实现装药过程中乳化基质和敏化液之间的输送速度匹配控制，以及送管器与卷筒之间的线速度匹配控制，本系统采用 PID 控制方式对电液比例阀进行闭环控制，满足了混装乳化炸药在炮孔内的耦合性和连续性，保障了装药质量和工作效率；

（3）现场工作的实用性和可操作性。鉴于现场混装车的实际工作环境，设计的无线遥控系统使操作人员处于安全且便于观察的位置进行操作，实现一键装药；

（4）系统运转过程中的安全性。为了确保混装车在工作过程中安全可靠，本系统对乳胶流量、敏化液流量、乳胶泵压力、乳胶温度、液压油温度等参数进行实时监测，当参数出现异常时，系统会触发安全联锁保护，并进行报警延时停机；

（5）装药系统与地面调度系统的通讯。装药系统可从爆破设计软件或地面调度平台获取炮孔参数，装药结果自动反馈。

6.6.3.1 自动控制系统结构

地下矿智能乳化炸药现场混装车自动控制系统由车载动力配电柜、可编程控制器（PLC）、嵌入式控制屏以及各类仪表和传感器、无线遥控器等组成。主要分为动力配电系统、混装车控制系统和无线遥控系统 3 大部分，分别实现液压动力系统控制、液压设备系统控制、生产工艺控制、安全联锁保护等功能。自动控制系统结构如图 6-74 所示。

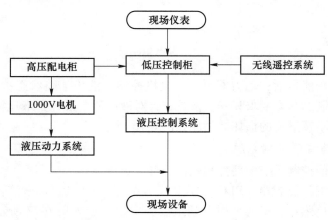

图 6-74 自动控制系统结构图

6.6.3.2 动力配电系统

动力配电系统主要由动力配电柜和液压油路状态传感器构成，在控制系统中负责液压动力系统控制功能，为混装车液压系统和控制系统提供动力和低压电源。配电柜原理如图 6-75 所示。

为了保障装药作业过程的安全可靠，整车电力供应的起始端配电柜设置了接地故障保护、防漏电保护和防短路保护等措施。当发生配电系统故障，出现接地故障、漏电流或者相间短路等情况时，该配电柜可实时切断整车电源，保障工作过程中设备和人员的安全。

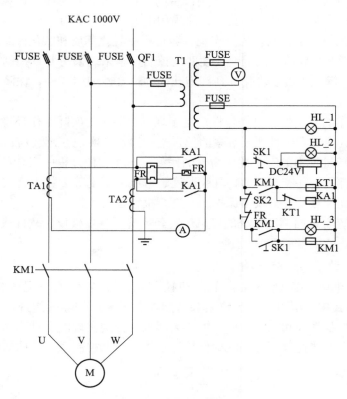

图 6-75　配电柜原理图

动力配电系统功能包括：动力配电、主电机控制、液压油路状态报警、低压电源等，满足了系统动力控制的基本要求和安全保护，针对液压油泵设计了液压油路状态保护，防止液压油泵因油路不畅造成的损坏。功能如图 6-76 所示。

6.6.3.3　装药智能控制系统

混装车装药智能控制系统由硬件和软件两部分组成。

硬件主要由可编程控制器（PLC）、人机交互界面（GS2107）电液比例执行机构、高精度数字化仪表和传感器、车载平板电脑组成。系统构成如图 6-77 所示。自主开发的智能化控制系统控制流程如图 6-78 所示。智能控制系软件模块如图 6-79 所示。

装药过程中，智能控制系统可按设计药量或根据送管系统自动探知的炮孔深度自动计算药量、自动装药，实现了乳化基质和添加剂流量的智能化匹配以及退管速度与装药速度、炮孔直径智能化匹配。

智能控制系统的核心在于控制液压系统比例电磁阀，对各个液压设备进行稳定控制，使其运转速度与所需的系统速度相匹配。在控制过程中，主要体现在实现卷管速度、送管速度与装药速度数字化联动调速。其中，退管速度与装药速度、炮孔直径自动匹配。另

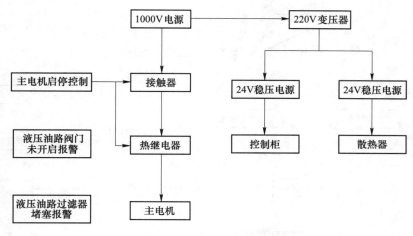

图 6-76 动力配电系统功能图

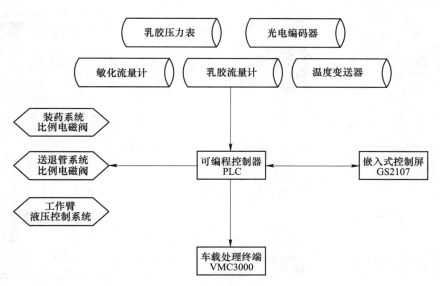

图 6-77 装药控制系统构成图

外,为保证装药的连续性、耦合性和炸药性能的稳定性及实现装药密度与岩性的自动匹配,必须实现乳胶泵和添加剂泵速度的数字化联动调速。为了保证速度匹配稳定可靠,开发了分段式 PID 闭环控制算法对电液系统进行控制。PID 控制器由比例单元(P)、积分单元(I)和微分单元(D)组成,通过实时读取仪表反馈信号与控制目标值进行比对,以及内部运算对控制电压值进行调节以达到反馈值趋近于目标值的目的,形成稳定的闭环控制系统。

智能控制系统实现乳胶泵和添加剂泵速度的数字化联动调速,装药密度可在 0.95~1.20g/cm³ 范围内依据矿岩特性智能自动调节或按设计调节,炸药爆速在 4800~5200m/s 范围内依据矿岩特性智能自动调节或按设计调节、装药速度 20~50kg/min 可调,计量误差 ≤1%,可装填炮孔直径 35~120mm。

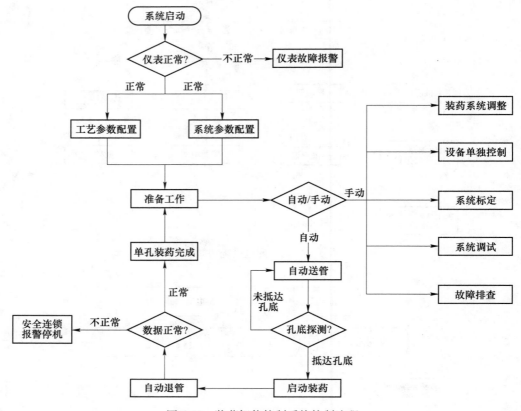

图 6-78　装药智能控制系统控制流程

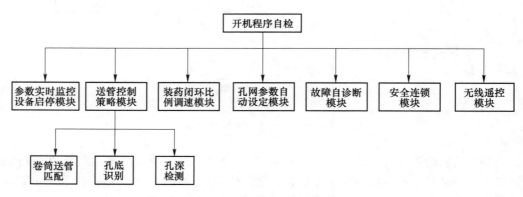

图 6-79　装药智能控制系统软件模块

如图 6-80 及图 6-81 所示，混装车智能控制系统可通过岩性参数自动调节敏化液比例，从而调节装填炸药密度和爆速。

6.6.3.4　安全联锁保护系统

为了保障混装车在工作过程中的安全性，系统设计了一整套针对各项工艺参数的安全联锁保护系统，包括液压油温度监测及控制、乳胶泵出口压力监测、乳胶泵出口温度监测、乳胶流量监测以及敏化液流量监测等。在装药系统工作中，任一工艺参数超出允许范

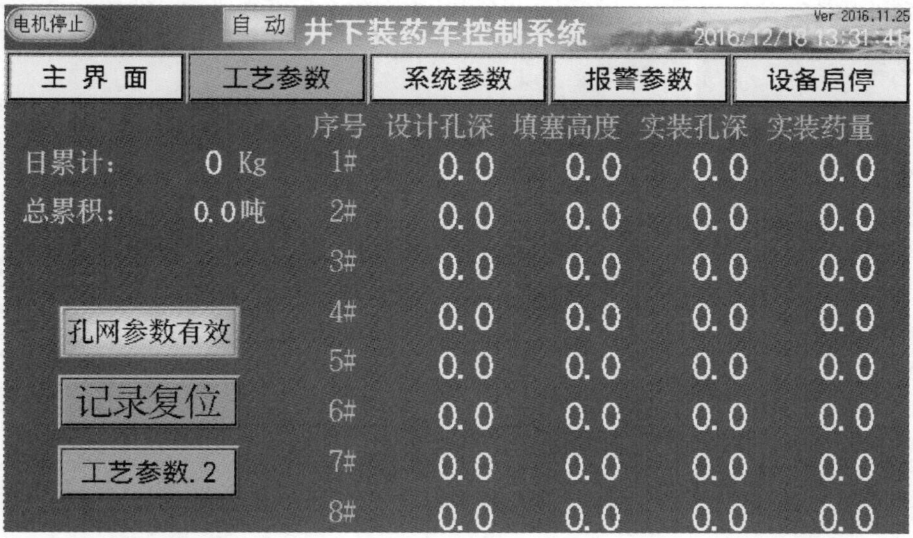

图 6-80 混装车智能控制系统界面

围时，均会触发安全联锁保护，系统发出声光报警提示现场操作人员，若参数在指定时间内未恢复正常，安全联锁保护系统将会做出干预行为，停止相应设备的运行。以上装药过程关键参数均能够自动采集与远传，实现了在线监测与远程故障诊断，提高了作业过程安全性。

除此之外，考虑到工作过程中可能出现的突发情况，在混装车车身两侧共设计了 3 处急停开关，分别位于控制柜、配电柜和卷筒旁，以便于紧急情况下停机。

6.6.3.5 无线遥控系统

无线遥控系统由无线遥控器、信号处理器、PLC控制单元和上位机构成。智能混装车通过在无线遥控器上进行操作，经过高频信号调制，将控制信号

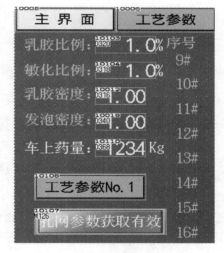

图 6-81 孔网参数获取界面

附加在高频载波上传送给信号处理器，由信号处理器进行信号解调，将控制信号解析出来并生成对应的模拟量或数字量信号，传递给 PLC 控制单元完成控制功能。PLC 控制单元与上位机通过 RS-422 端口实时通讯，由上位机将需要在无线遥控器上显示的数据通过 RS-232 端口发送到信号处理器，并由信号处理器对数据进行调制处理发送给无线遥控器终端解析显示。

无线遥控器工作电压为 3V，射频功率为 1.1（±0.3）mW（功率控制开启）～9.5（±1.0）mW（功率控制关闭），工作频率为 UHF（特高频）433MHz，防护级别为 IP65。根据《爆破安全规程》（GB6722—2014），射频功率对电爆网络有影响，当射频功率为 1～10W 时，UHF（特高频）安全距离为 0.8m，选用的无线遥控器射频功率仅为 mW 级。为

了保证爆破装药安全，规定混装车在非电雷管起爆的爆破装药现场，使用无线遥控功能；在使用电雷管起爆的爆破装药现场，使用有线遥控功能。无线遥控系统结构如图 6-82 所示。

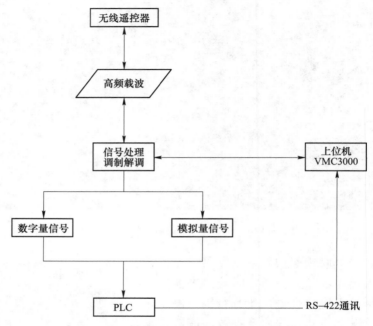

图 6-82　智能混装车无线遥控系统结构图

6.7　炸药现场混装系统智能管控

炸药现场混装系统包括地面站、炸药混装车以及与之配套的其他设备。目前，炸药现场混装系统的智能管控主要存在 4 个问题：

（1）智能化程度不足。在 BCJ-4I 智能混装车研发之前，炸药现场混装车在自主寻孔、智能装药等方面有较大欠缺。如机器视觉炮孔定位、智能机械送管、炮孔深度探知、自动退管、装药密度与岩性的智能匹配等功能均较少研究；

（2）安全监管难度大。传统的炸药现场混装车在硝酸铵、乳胶基质等原材料的投入、半成品的生成及炮孔装填等环节均无法实现物料的准确计量。爆破作业现场通常在偏远的野外，即便运用现有信息化管理方式，也无法及时有效地解决炸药混装车"超产""超量""超员""违章作业"等问题，甚至还存在敏化后的炸药流失的安全隐患；

（3）主体责任落实难。民爆行业的监管包括工信、公安、应急管理等多方部门，经营涉及生产、销售、使用等多家单位，且作业往往跨越省、市、区、县。炸药现场混装车在一体化经营的执行过程中普遍遇到管理要求不统一、责任落实不明确等问题，也直接导致了出车难、推广难及实际使用率低的现状；

（4）信息处理能力弱。自现场混装炸药车投入使用以来，其信息化进展仅局限在对车辆及车载基本设备的单项操控优化及有限整合上，BCJ-4I 智能混装系统探索了结合政府监管、行业管理及企业内部管理需求的信息化。

针对上述问题贵州久联民爆器材发展股份有限公司开发了现场混装炸药智能管控系统，能对现场混装炸药的实时工作信息进行远程监控，并通过远程系统控制其生产的启动或停止。

6.7.1 智能管控系统组成

智能管控系统运用智能传感、识别等物联网技术，采集并管控移动作业全过程信息，通过设置智能感应点，依托卫星定位及通讯网、VPN、Wi-Fi 及有线网络，建立原材料与产成品数据，混装车现场作业区域、生产数据和许可审批数据，混装车进出地面站及现场作业视频监控数据等的闭环管理，从而达到现场混装炸药一体化经营过程的全环节综合管控。该系统包含 4 个子系统，即现场混装炸药车监管子系统、地面站监管子系统、应用管理子系统、GIS 应急管理子系统。该系统建有 2 个硬件智能管控台，即车载和地面站智能管控台。

6.7.1.1 现场混装炸药车监管子系统

包括自动采集并上报混装车的现场生产数据、车辆行驶数据，采集作业现场视频监控数据并进行相关信息比对及车辆的管控，即车辆生产数据报送及统计分析、车辆运行状态的监控、车辆生产授权责任绑定、车辆设备实时自检、车辆现场作业过程视频存储调阅、车辆运行生产数据及时上报、车辆产能实时比对、车辆生产区域实时比对。

6.7.1.2 地面站监管子系统

包括区域内混装车辆身份识别与状态监控、区域内视频监控取证调阅、混装车辆加料计量与监管、混装地面站加料信息统计分析、混装地面站加料与车辆信息绑定上报。

6.7.1.3 应用管理子系统和 GIS 应急管理系统

该子系统分为 3 个部分，即行业主管（工信）部门监管部分、企业管理部分、其他行业监管部分。包括以 GIS 为用户界面，实时显示地面站、混装车动态信息及系统预警信息。如：企业地面站总数量、混装车的总数量及不同状态的车辆数量，预警的地面站或混装车基本情况，链接查询地面站、混装车当前状态详细信息，链接查询混装车随车人员等其他相关信息。

A 行业监管应用功能

行业主管部门用户权限是：审批企业混装炸药总产能，初始化产能 IC 卡，查询统计混装车加料、生产信息及当前地理位置，确定生产区域地理信息，调阅加料及生产现场视频监控图像。

图 6-83 为系统地面站视频监控图像的截图。

B 企业监管应用功能

企业监管主要权限包括下面两个方面。

（1）企业管理部门权限：查询统计混装车加料、生产信息及当前地理位置，调阅加料及生产现场视频监控图像，调配生产计划并制发混装车产能 IC 卡，开具混装车生产派车单。

（2）混装地面站用户权限：实时采集加料数量，确认车载管控台开启，确认车载管控台数据（视频监控图像）自动上传完毕，如图 6-84 所示。

图 6-83　地面站视频监控界面截图

通过该功能，企业可为所属的混装车制作混装车产能 IC 卡，并将指定车辆的许可产能产量写入该卡。企业可在总产能的限额下，自行调配所属混装车的生产产量。混装车产能 IC 卡可在系统中设置为与具体的混装车进行绑定使用。

6.7.1.4　智能管控台

智能管控台包括车载智能管控台和地面站智能管控台两套系统。

车载智能管控台安装在每辆现场混装炸药车上，集成连接多种物联传感、识别装置、车载定位装置、智能监控设备。它是混装车接入本系统的一个硬件平台，也是系统对混装车实现物联管控的终端，通过其内嵌的现场混装炸药车监管子系统，实现对混装车的现场作业及其他相关数据实时采集、比对预警及控制锁定功能，同时联动并储存车载监控设备的视频数据。车载智能管控台无论在与后台系统联网或断网的情况下，均能实现自动采集并及时上报混装车现场生产作业信息，执行系统预先设置的各项管控指令，对混装车的生产进行管控。该管控台经初始化设定后，可自动运行，不需要人工干预操作，包括自动采集并及时上报混装车现场生产作业信息、自动执行与系统的"自检应答"（防止管控台及其连接的各项车载设备被损坏）及数据比对。企业操作用户可直接在车载智能管控台上查看生产数据、产能余量、视频监控、设备状态等信息。

地面站智能管控台集成联动多种异构分布式设备，能自动识别混装车，对混装车加料信息进行数据处理、储存、上报及管控，采集地面站视频监控信息，自动接收混装车的现场作业视频监控信息。

6.7.2　智能管理系统工作流程

现场混装炸药智能管控系统拓扑关系如图 6-84 所示。具体操作包括：

（1）混装车在地面站时，地面站监管功能通过联动视频监控、RIFD 自动识别对混装车的进出地面站、停放、加料等进行信息关联绑定，并通过网络与数据中心实时进行数据通信；

（2）混装车行驶时，混装车车载智能管控台实时将混装车的地理位置等数据通过北斗卫星传输到数据中心，数据中心自动比对混装车的许可行驶路线、停靠位置等安全管理参数，对行驶环节实现管控；

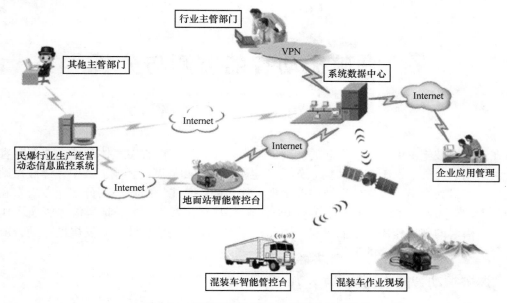

图 6-84　现场混装炸药智能管控系统拓扑图

（3）混装车现场作业时，车载管控台自动进行生产许可条件判别，条件违规时进行生产停止管控，作业现场全过程视频监控录像，实现对现场作业环节的管控；

（4）行业主管部门监管子系统是整个系统运行管理的最高端，包括独立产能密钥管理，确保数据安全；统一标识管理；比对许可管理，建立控制"红线"定制规则，多点比对、连锁管控等。即用户权限管理与角色分配、行业下属监管单位管理、混装生产企业信息管理、现场混装车加密产能卡制发、现场混装车生产人员卡制发、现场混装车生产运行远程监管、地面站及作业现场视频监控信息管理、备案管理等；

（5）企业管理部分包括为企业内部管理提供多项管控功能、为行业主管部门和企业提供信息交互服务，如生产管理、产能调配、安全管理等信息；

（6）其他行业监管部分包括许可购买、运输证登记管理、信息备案管理等。

该系统不仅解决了工业现场混装炸药生产经营信息和视频信息的自动采集和报送问题，而且各级行业主管部门和企业都可以通过该系统，实现在现场混装炸药车整个生命周期内对其安全生产、安全作业的远程实时管控，为现场混装炸药生产、销售、运输、使用全过程实现智能管控提供了科技保障和装备基础，提升了民爆物品本质安全管理水平。

7 爆破振动智能监测与分析

在工程爆破施工中，爆破引起的振动、噪声、飞石、有毒有害气体和冲击波等有害效应会对周围的人员、设施和建（构）筑物产生不同范围和程度的影响。其中，爆破振动所产生的危害最为突出。爆破地震波的能量仅占炸药爆炸总能量的很小部分，即在岩石和干土中约占 2%~6%，在湿土中约占 5%~6%，在水中约占 20%。爆破地震波尽管所占比例不大，但引起的破坏作用却不能忽视。因此，深入了解爆破地震波，研发爆破振动智能监测与分析技术是非常重要的工作。

7.1 爆破振动智能监测技术

随着我国工程爆破技术的不断发展，工程爆破测量技术也取得了长足的发展。特别是中国爆破行业远程测振信息管理系统、工程爆破振动测试标定中心、工程爆破振动测试数据中心暨云计算中心的建设完成，实现了测振标准的统一、远程（异地）标定和数据处理，减少了企业测振专职人员配备，提升了数据分析处理的质量，提高了数据的可信度，加快了爆破行业科学技术发展。

为了更好地确保工程爆破安全，研究爆破地震波的传播规律，提高测振数据的价值，测点数目要足够多，一般一条测线上测点数不少于 6 个。而传统测振仪由于价格、体积、重量、布线等多个方面的限制，很难促使企业对每次爆破均进行多点测振，从而限制了测振数据研究利用价值，无法为工程爆破振动测试研究提供更多有价值的数据。特别是大规模综合性测量实现难度较大，很难获得大量有价值的数据，降低了工程爆破振动测试数据中心数据挖掘、大数据管理的实际作用。同时，工程爆破测振面临测点分散化、环境复杂化、需求多样化等新特点，传统测振仪器操作复杂、布线要求较高，往往导致实际测振过程中存在一些操作不正确、方法不规范、数据处理技术和方法不科学、数据可信度不高等问题。因此，利用物联网在内的新一代信息技术，研制智能测振仪成为实现智能爆破的重要手段之一。

7.1.1 爆破振动智能监测系统的技术基础

爆破振动监测系统经历了 4 个发展阶段。第一代测振系统采用传统传感器，外加光线示波器，无存储和分析功能，仪器大而重、导线长几十上百米，一台仪器配合几支传感器。第二代测振系统采用传统传感器与瞬态记录仪，单一连续存储，通常是一台记录仪配一支传感器，仪器重、开机时间长、导线长。第三代测振系统采用传感器加远程记录仪的形式，一般具有可扩展的存储和处理能力，体积较小、单台设备为 1~5kg，但仍然需要布线。目前正在研发的第四代测振系统采用移动控制仪，结合物联网记录仪（传感器与记录仪一体），采用大容量存储和高速计算机处理能力的芯片，单台仪器轻便，无须布线。如图 7-1 所示。

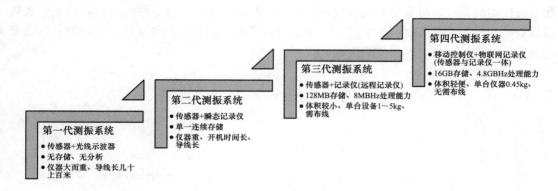

图 7-1 爆破振动监测系统发展阶段

第四代测振系统融合了物联网等新一代信息技术、传感器技术、身份识别技术、移动智能终端等先进科技。该测振系统由高性能移动控制终端和多个智能测振仪组成，具有智能感知、智能监测和智能预警等功能，可以将测振数据向云计算服务平台实时上传，实现爆破现场多点监测、信息共享、数据挖掘等目标。新一代爆破智能测振系统的研发除了得益于物联网、大数据等技术的发展，还利用了如下新技术：

7.1.1.1 智能移动终端身份识别技术

智能移动终端主要包括智能手机、平板电脑，以及具备条码识读、RFID 和 IC 卡读写、手写输入等功能，并能通过无线或有线方式传输信息的移动式或固定式设备，配备开发对应的软件，可以方便在户外采集相关的数据信息。

RFID 射频识别即 RFID（Radio Frequency IDentification）技术，又称电子标签、无线射频识别，是一种通信技术，可通过无线电讯号识别特定目标并读写相关数据，而无须识别系统与特定目标之间建立机械或光学接触。常用的有低频（125 ~ 134.2kHz）、高频（13.56MHz）、超高频，无源等技术。

智能卡在卡内的集成电路中带有微处理器 CPU、存储单元（包括随机存储器 RAM、程序存储器 ROM（FLASH）、用户数据存储器 EEPROM）以及芯片操作系统（COS），不仅具有数据存储功能，同时具有命令处理和数据安全保护等功能，可以作为流通环节交易、检验等信息的记录载体。

7.1.1.2 移动互联网技术

从起源上说，移动互联网是移动通信技术与互联网技术融合的产物。从本质上说，移动互联网是一种新型的数字通信模式。广义的移动互联网是指用户使用蜂窝移动电话、PDA 或者其他手持设备，通过各种无线网络，包括移动无线网络（例如 4G、5G、Wi-Fi 通信网络）和固定无线接入网等接入到互联网中，进行话音、数据和视频等通信业务。

移动互联网的意义在于它融合了移动通信随时随地随身和互联网开放、共享、互动的优势，代表了未来网络的一个重要发展方向，改变了人们的生活方式。

7.1.1.3 信号分析技术

爆破振动信号是典型的随机非平稳信号，包含有较宽的频带区间，其中往往包含有一个或几个主要频率成分。建（构）筑物对爆破振动不同频率成分的响应是不同的。因此，在爆破振动数据分析时有必要进行爆破振动信号的频域特征分析。频谱分析以傅里叶级数和傅里叶变换为基础,目前多采用 FFT 算法进行分析。图 7-2 为典型爆破振动信号频谱分析类型。

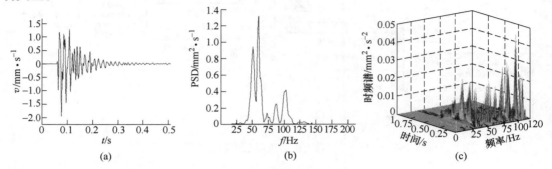

图 7-2　典型爆破振动信号频谱分析图
(a) 爆破振动信号时程曲线;(b) 功率谱曲线;(c) 爆破振动信号时频能量谱

以时间历程的方法描述振动过程称为时域表示。复杂信号包含有很多频率成分的谐波分量,将时域信号变换为频率域信号,以求得各种频率成分和它们相应的幅值、能量、相位等,就是爆破振动信号的频谱分析,主要包括幅值谱、功率谱和相位谱分析。

幅值谱是动态信号中所包含的各次谐波幅度(振幅)值的全体,表征幅值随频率的分布情况以及最大幅值所对应的作用频率。相位谱是各次谐波相位值的全体,表征相位随频率的分布情况。功率谱是各次谐波能量的全体,表征各谐波能量随频率的分布情况。

7.1.1.4　远程校准技术

远程校准(标定)又叫异地标定。远程测振标定以中爆专网资源为基础,利用中爆专网各级节点平台及专网联接测振中心平台、爆破从业单位、从业人员、测振仪器设备、以及办公电脑和服务器等,形成覆盖全国的测振信息管理系统。

当测量单位与测振中心不在一个地方时,测量单位利用小振动台定期或不定期对传感器、记录仪进行标定。在标定的同时,利用中爆专网将标定信息上传到爆破数字档案馆的测振分馆。或者由标定中心通过中爆专网给出信号,对异地的传感器等设备进行标定。爆破测振仪远程校准系统如图 7-3 所示。

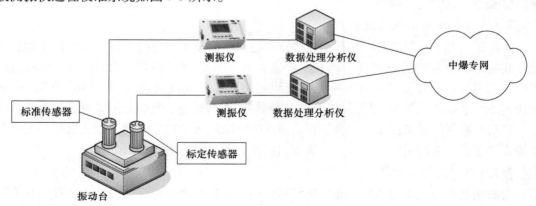

图 7-3　爆破测振仪远程校准系统

7.1.2 爆破振动智能监测系统的架构

传统的爆破记录仪主要由检波器、放大器和自记仪等构成。随着爆破环境的不断变化，传统的爆破振动监测仪器已不能满足爆破振动数据实时传输和监测智能化的要求。而基于物联网技术设计并研发的爆破振动智能监测系统能实现爆破数据无线实时传输的要求，同时它可利用卫星定位等技术确保爆破监测的真实可靠。基于上述设想研发的爆破振动智能监测系统已逐步应用于各个领域的爆破振动监测，大大降低了现场的布线工作量，组网灵活，综合成本低，可扩展性好，实现了工程爆破无线、实时、远程监控和智能化管理。

（1）系统设计。爆破振动智能监测系统由振动传感器、数据采集仪、通信网络、云服务器和终端监测管理系统（计算机、Pad、手机、笔记本）等几个部分组成，具备远程实时监控多个爆破点的功能。爆破现场多个爆破点的爆破振动数据由传感器多路信号并行采集并处理后，传输至数据采集仪。多个不同采集仪采集的数据通过无线通信网络传输到云服务器，经云服务器对爆破振动数据进行分析和处理后，传输至终端监测管理系统，终端系统对数据进行应用和展示。爆破专家可以通过远程传输回来的数据进行分析，也可以对爆破现场的监测仪器进行远程控制。系统布置如图7-4所示。

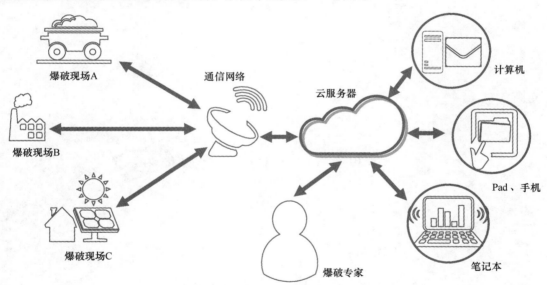

图 7-4　爆破振动智能监测系统布置图

（2）数据的实时传输。爆破振动数据的特点是数据量大、持续时间短，具有瞬时性，满足数据实时传输是爆破振动监测的重点和难点。得益于通信手段的不断发展，爆破振动监测系统通过内嵌的无线传输模块，如 GPRS、CDMA、EDGE、3G、4G、5G、Wi-Fi 等网络进行传输，可以通过公用通信网络实时传输到指定服务器接收。5G 网络具有高速度、泛在网、低功耗、低时延、万物互联的特点，随着 5G 网络的成熟商用，处于复杂且网络品质较差环境中的爆破，也可以获得 5G 网络的广泛覆盖，从而实现爆破振动监测数据的实时传输。

（3）爆破振动测点的定位。爆破振动传感器的位置对监测数据的真实性具有特殊的意义。通常在爆破振动监测过程中，使用 GPS 监测仪器标出测点位置。目前研发的爆破振动智能监测系统均具有卫星定位功能，能够实时监测到爆破测振仪传感器的具体位置，同时卫星定时功能可以保证多台测振仪的时间同步，确保爆破数据的真实有效性。随着 5G 网络的发展，还可利用 5G 网络的准确定位特性提高爆破振动测点的定位精度。

（4）远程智能控制。爆破振动的监测点往往在偏僻位置，而爆破专家不一定会每次都能在现场，所以通过远程智能控制功能实现仪器标定和参数设置就显得尤为重要。爆破振动智能监测系统通过 5G、Wi-Fi 等网络实现联网之后，可以实现实时的爆破测振管理和智能控制相关功能。

针对爆破振动监测的新要求，基于物联网概念研发的新一代爆破振动智能监测系统的架构如图 7-5 所示。

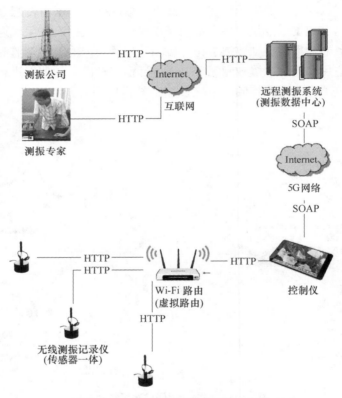

图 7-5　爆破振动智能监测系统的架构

新一代爆破振动智能监测系统具有全球卫星定位、语音视频、波形显示、FFT 频谱分析、回归计算、振速预测等功能。通过移动互联网，智能测振仪可将现场采集的爆破振动数据上传至云服务平台进行数据分析。此外，爆破振动智能监测系统还可将地震勘探所获取到的地质结构分析结果通过中国爆破互联专网传送至企业、地质勘探专家。经云计算中心进行大批量、高效率数据计算，并结合 GIS、GPRS、FRID 等技术定位能源资源在地壳中的位置和存量等信息，再通过频谱分析技术结合实际产生的数据进行分析，进行 3D 模拟，形成三维地质模型图以及资源、能源的存储位置图。

目前，国内外主要使用的爆破测振仪有：加拿大的 Minimate 和 Blastmate 系列振动检测仪，美国的 Mini-Seis 系列爆破测试仪，我国的 TC-4850 系列、Blast 系列、NUBOX 系列、CBSD 系列等多种爆破测振仪以及基于物联网和 3G、4G、5G 或 Wi-Fi 等无线网络技术的远程智能爆破振动监测系统 TC-6850、NUBOX-8016、CBSD-VM-M01、Blast-Cloud 等型号可供选择，如表 7-1 所示。

表 7-1　常用爆破测振仪性能参数表

生产厂家	型号	物理量	频率范围/Hz	通讯模式	量程范围/cm·s^{-1}
Instantel	Minimate Pro	速度、频率、噪声	2~250/ISEE；1~315/DIN	USB/无线	0.013~25.4
White	Mini-Seis Ⅲ	速度、频率、噪声	2~250/ISEE；1~315/DIN	USB/外接	0.0127~26
中科测控	TC-6850	速度、频率	5~300	USB/Wi-Fi/4G	0.01~25
四川拓普	NUBOX-8016	速度、频率	5~500	3G/4G	0.0047~33
泰测科技	Blast-Cloud	速度、频率、噪声	5~500	USB/Wi-Fi/2G/3G/4G	0.0005~35
广州中爆	CBSD-VM-M01	速度、频率	5~500	Wi-Fi/3G	0.01~35.5

其中，国内以 CBSD-VM-M01 智能测振仪为代表，已在众多爆破现场得到了实际应用。CBSD-VM-M01 智能测振仪的技术细节如下所述。

A　系统组成

CBSD-VM-M01 智能测振仪由核心控制电路、数据采集电路、通讯模块 Wi-Fi/5G、传感器机芯、外壳、配件等 6 部分组成。

B　核心控制电路 ARM

CBSD-VM-M01 智能测振仪采用 ARM11 作为控制芯片。ARM11 主频高达 533MHz 以上，并且 ARM11 许多芯片提供片上众多 I/O 硬件资源，为保障采集数据的安全，利用现有 Wi-Fi 等网络功能在 TCP/IP 协议基础上进行重新封装，形成自定义通讯协议。ARM11 核心平台包括 CPU、内存、网络等硬件基础。ADS1274 模块负责模数转换，将传感器的模拟信号转换成数字信号交由 ARM 处理。核心控制电路 PCB 如图 7-6 所示。

C　数据采集电路 ADS

采集模块主要完成控制 ADS1274 驱动，完成传感器数据的转换及存储。当启动采集模块后首先读取开关量（GPIO）判断程序是否可以开始采集，读取配置文件得到文件数量及文件目录，判断当前文件数量是否超标，读取配置信息，通过判断是否达到触发电平，传感器转换结果的记录。当传感器值达到触发电平开始将临时空间的值写入文件，并将达到触发电平开始到存储长度的值一并写入文件。

ADS1274 使用 SPI 与 ARM 通讯。为了提高采样速率，使用 AMR 的 GPIO 口模拟 SPI 接口，并通过 PWM 输出作为 ADS1274 的工作时钟。连接方面，PWM 输出连接到 ADS1274 芯片的 CLK，通过 GPIO 口模拟 SPI 的 SCLK，并从 DOU1 中读取转换好的数据。

IOCTL（fd，arg1，arg2）函数，当 arg1 为 0 时表示设定 ADS1274 采集速率为 arg2；当 arg1 为 1 时表示设定 ADS1274 的触发电平为 arg2；此处 arg2 为 24bit 整数，直接与读取的 24bit 的转换 AD 值做对比，从而加快对比速度。

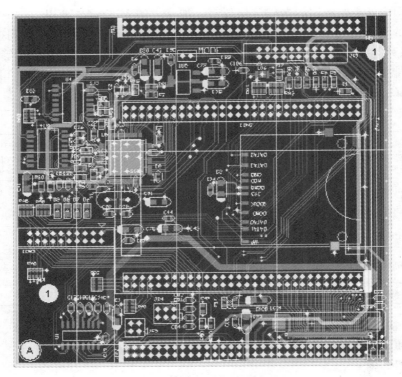

图 7-6   核心控制电路 PCB 图

READ（fd，arg1，arg2）函数为采集函数，进入函数直接启动采集，并判断是否达到触发电平。若达到，则开始记录指定时长 arg2 的数据，并通过 arg1 传回。该函数将对采集到数字量进行调理还原。具体处理过程如下：B(Kx+a)+b，其中，K 为传感器灵敏度，a 为传感器偏移量，B 为采集仪的线性比率，b 为线性平移度，x 为 ADS1274 的数字量输出，如图 7-7 所示。

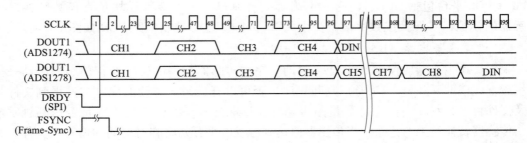

图 7-7   ADS1274 SPI 时序图

D   传输电路

传输电路主要是利用 TCP/IP 协议上进行了重新定义，保证与数据交换仪和数据中心的通讯安全，通讯命令包括仪器检测、参数设置、任务设置、信息读取、文件读取等 34 个命令。传输速率可达到 200Kb/s，经天线放大 Wi-Fi 传输距离可达 500m。图 7-8 为网络芯片电路，其外部接口如图 7-9 所示。

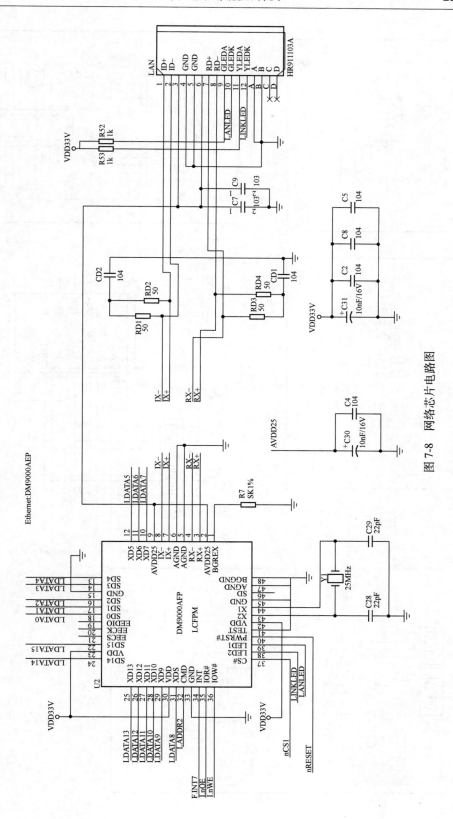

图 7-8 网络芯片电路图

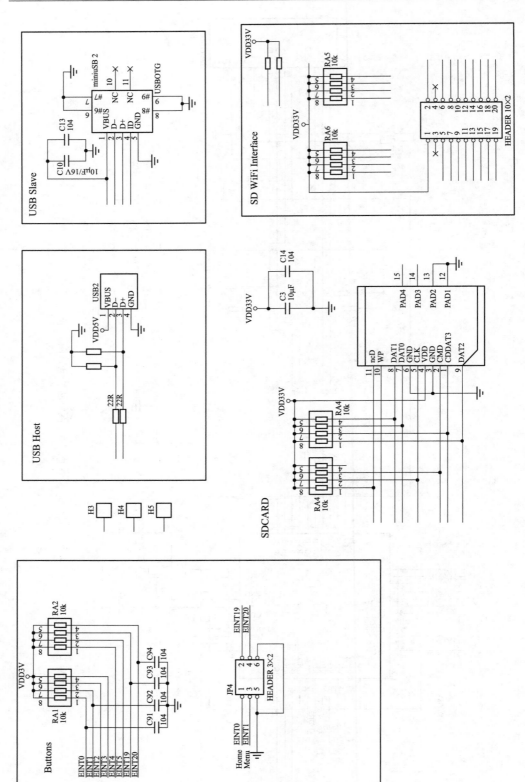

图 7-9　外部接口电路图

设备统一编码固化到设备中，二进制格式定义如表7-2所示。

表7-2 数据结构定义

字段	厂家编号	设备种类	类型	类别	保留	序列号	生产年份代号	生产月份	生产日
宽度（比特）	16	2	2	2	10	16	7	4	5
取值范围	0~65535	0~3	0~3	0~3	0~1023	0~65535	10~127	1~15	1~31

图7-10所示的统一设备编码作为仪器的唯一识别码，固化在传感器、二次仪表、振动台等仪器上烧录，不可更改，但可通过通信协议读出，作为仪器的唯一识别码。

E 内置传感器

CBSD-VM-M01智能测振仪内置3个国内知名传感器机芯生产厂商制造的电磁式速度传感器机芯，每个机芯均经过严格的检验，与采集模块通过转接电路相接，同时利用设备的多功能接口向外提供标定接口，便于传感器的标定和校准。

```
typedef struct
{
    unsigned long facID:16;        //厂家编号
    unsigned int sort:2;           //设备种类（:传感器，:二次仪表，:振动台，:暂无）
    unsigned int type:2;           //类型(0:暂无，:单向，:暂无，:三维)
    unsigned int Class:2;          //类别(0:暂无，:速度，:加速度，:位移)
    unsigned int res:10;           //保留
    unsigned long serialNo:16;     //序列号
    unsigned int year:7;           //生产年份代号
    unsigned int month:4;          //生产月份
    unsigned int day:5;            //生产日期
}DEV_PARA,*LPDEV_PARA;
```

图7-10 统一编码结构定义

CBSD-VM-M01智能测振仪的体积小、功耗低，测振现场无须任何布线，大幅降低测振仪器安装施工难度，环境适应能力强，可利用其进行复杂环境、长期监测等各种工程爆破测振。智能测振仪没有布线环节，不存在传统测振仪线缆接线松动、裸露、过长等电容电感干扰对测振数据的影响。其主要特点包括：

（1）实现了测振系统的设备检测、参数设置、任务编写、无线遥测遥控、数据文件读取传输、波形显示、幅频分析以及多点测振时的爆破振动波衰减规律实时分析等远程测振功能；

（2）具有与传统测振仪器进行数据交换的功能，可将传统测振仪的数据文件读取后，按照要求上传至数据中心；

（3）可利用瞬态信号校准仪或正弦信号校准仪对于数据交换连接的传感器进行远程校准；

（4）可利用全球卫星定位、照相、音视频系统的辅助功能对振动信息进行进一步完善，同时也可利用专家软件系统进行在线解答、音视频会商等辅助现场人员进行爆破振动测试；

（5）处理能力跨越式提升。目前采用的是四核 CPU，总处理能力可达 4.8GHz，相比传统测振仪提高了近 300 倍，并且由于采用软交换技术，处理能力可随载体的升级不断提升；

（6）存储容量由原先的几百 MB 提升至 16GB，目前最大可扩展至 48GB，相比传统测振仪提升了近 1000 倍，完全可以适应大规模振动测试的数据交换需要；

（7）移动终端具有 Wi-Fi、蓝牙等多种网络接口，与子机的 Wi-Fi 等网络接口可进行自由组网，便于用户根据实际需要灵活调整组网形式、节约网络信道租用费用；

（8）在线版本升级。由于采用软交换技术可随时进行版本升级，可以保持设备的算法、功能的不断更新。

7.1.3　爆破振动智能数据交换仪

第四代测振系统逐渐向传感器与记录仪一体化设计方向发展。CBSD-VM-M01 智能测振仪传感器主要通过爆破振动智能数据交换仪进行控制，其功能结构如图 7-11 所示。数据交换仪利用物联网技术、身份识别技术和成熟的移动终端制造技术，使用嵌入式软件实现数据交换、分析、处理等功能，确保测振数据全过程无缝管理。

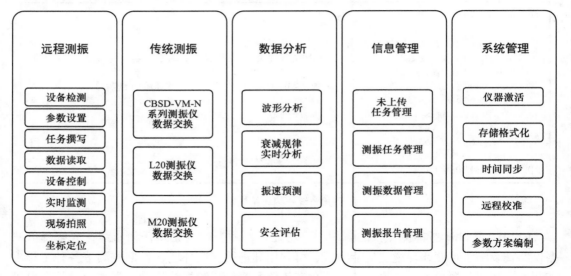

图 7-11　数据交换仪系统功能结构

数据交换仪功能可分为远程测振、传统测振（数据交换）、数据分析、信息管理、系统管理 5 部分，以及在线注册、版本升级等辅助功能。

系统核心功能为远程测振、数据分析、远程校准。传统测振目前支持 CBSD-VM-N 系列测振仪、L20 \M20 测振仪的数据交换，CBSD-VM-N 系列可支持设备接入，还可融入多个厂商的各种设备。数据分析以波形分析和爆破振动波衰减规律为主；信息管理主要处理未上传任务和测振报告的下载、浏览。系统管理主要是为上述功能服务的各种辅助功能，如图 7-12 所示。

数据交换仪系统主要功能如下。

（1）设备检测。检测智能测振仪器的设备状态，包括电源情况、存储情况、采集情况、仪器自检情况等信息。

图 7-12 数据交换仪系统界面

（2）参数设置。对智能测振仪进行采集参数设置、包括采样频率、时长、触发电平、负延时等，还可利用系统预置或自定义的参数方案进行快速设置，参见图 7-13。

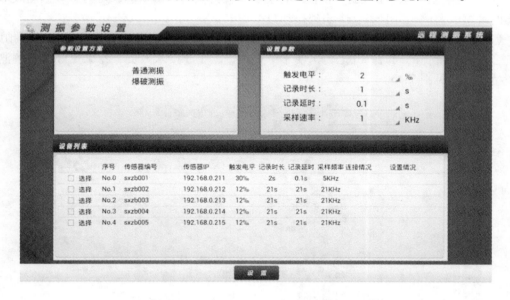

图 7-13 数据交换仪测振参数设置界面

（3）任务撰写。对当前测振项目的名称、地点、时间、启动方式进行简要编写，启动方式包括手动启动、定时启动、长期监测 3 种。

（4）数据读取。测振完成后对智能测振仪数据进行读取，读取后系统会直接将数据上传至数据中心，无网络环境下可利用信息管理中未上传任务模块，稍后在有网条件下上传，未上传任务将不会由数据中心生成测振报告。

（5）设备控制。如图 7-14 所示，利用数据交换仪可对智能测振仪进行无线遥控、遥测，控制智能测振仪进入或退出采集工作状态。

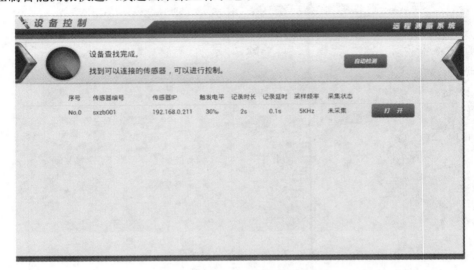

图 7-14　数据交换仪设备控制界面

（6）实时监测。利用数据交换仪和智能测振仪的实时监测功能，可对爆破振动波形进行实时观察、监测，并且不会影响到振动数据的采集。

（7）现场拍照。利用拍照功能可对爆破点现场、测振点现场的安装、环境进行拍照，系统会在数据上传的同时一并上传，便于中心人员、企业技术人员、专家更好地了解测振环境情况，参见图 7-15。

图 7-15　数据交换仪现场拍照界面

（8）坐标定位。利用全球卫星定位系统（BDS/GPS）对测振地点进行坐标定位、便于数据中心为企业、监管单位在地理信息系统中提供测振信息服务。

（9）数据交换。利用与各传统测振仪厂商的数据对接，可将以传统测振设备记录的数据上传至数据中心。

（10）波形分析。如图 7-16 所示，可对振动数据的实测波形、幅频特性、相频特性等进行数据分析和波形显示。

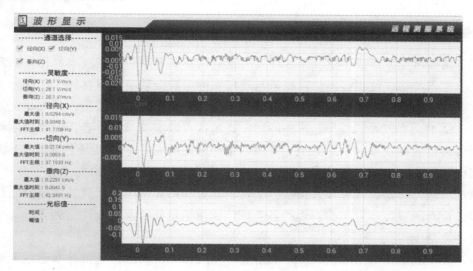

图 7-16 数据交换仪波形显示界面

（11）任务管理。对数据交换仪中的所有任务信息进行管理，根据检索条件进行检索、查看测振数据和波形。

（12）报告管理。对数据中心生成的报告进行下载、浏览，根据检索条件进行快速检索。

（13）实时分析。利用萨道夫斯基公式对一次测振的多点数据自动进行回归计算、振速预测等，便于对爆破振动波的衰减规律进行实时分析，如图 7-17 所示。

图 7-17 数据交换仪数据分析界面

（14）时间同步。为保证振动数据的可靠、准确，需要不定期对智能测振仪的时钟进行同步，确保时间的一致性。

（15）远程校准。利用远程校准技术对智能测振仪的灵敏度进行校准、包括基准波形与校准波形的比较和校准灵敏度的自动计算和自动设置。

7.2　爆破振动监测云平台与数据共享

由于爆破地震波传播介质及爆区环境的复杂性，加之爆破地震波本身传播的随机性和非平稳性等特征，使得经验估算结果与现场实际爆破振动响应存在较大的误差，经常出现在一个工程爆破项目中如果有两家单位同时对爆破振动进行监测，其测量记录和数据处理的结果会有较大的差异。这些问题一直困扰着爆破测振工作者，也严重制约了我国工程爆破行业的发展。因此必须加强爆破基础理论研究，探索和解决与实践有关的爆破作用机理问题，建立通用的爆破模型、专家优化系统，加强理论与工程实际相结合。这些系统的建立需要云计算大数据服务平台，充分利用先进的云计算技术整合工程爆破从业单位现有的设计、生产和管理的各个环节，使信息便捷及时地传递到设计、生产和管理的各个层面。

云计算是基于互联网的相关服务的增加、使用和交付模式，通常涉及通过互联网来提供动态易扩展且经常是虚拟化的资源。狭义云计算指 IT 基础设施的交付和使用模式，指通过网络以按需、易扩展的方式获得所需资源。广义云计算指服务的交付和使用模式，即通过网络以按需、易扩展的方式获得所需服务，这种服务可以是 IT 和软件等互联网相关内容，也可以是其他服务。它意味着计算能力也可作为一种商品通过互联网进行流通。

7.2.1　爆破测振云平台体系架构

爆破测振云服务平台采用自下而上的层次型体系结构，松耦合平台服务管理方式，各个服务层之间以组件服务的方式为上一层提供支撑服务，根据服务的类型，在相关开发、部署、定制、集成工具的支持下实现各层之间的交互。体系结构如图 7-18 所示。

基于云计算的工程爆破大数据分析平台自下而上分为数据采集层、数据汇聚层、数据存储层、数据分析层、数据应用层。

（1）数据采集层主要通过智能测振仪、传感器等实时采集海量的多源异构工程爆破数据；

（2）数据汇聚层采用基于本体的语义模型，汇聚来自不同数据源的工程爆破相关数据，并支持基于领域本体推理的数据检索；

（3）数据存储层实现多策略的数据存储优化，支持自适应的数据访问优化；

（4）数据分析层采用主成分分析、粗糙集理论、基因表达式编程算法、支持向量机回归算法、人工神经网络以及高维聚类分析等大数据方法分析挖掘工程爆破地质特性、炸药特性、振动特性内在规律，精准预测爆破振动强度的各个参量；

（5）最上层为数据应用层，提供工程爆破数据共享服务、分析挖掘服务、知识库服

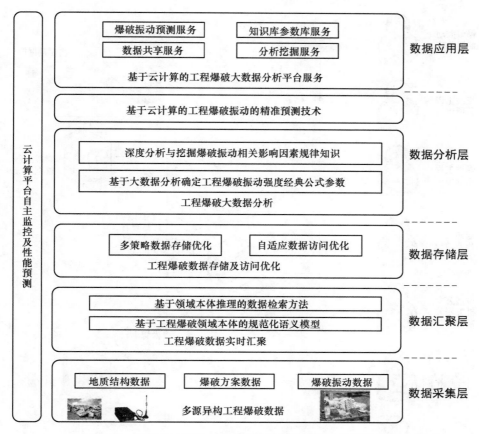

图 7-18 基于云计算的工程爆破大数据分析平台的体系结构

务、爆破振动预测服务。为了支撑工程爆破大数据分析应用，实现云服务平台自主监控及云平台性能预测。

7.2.2 爆破测振云平台设计

7.2.2.1 系统逻辑结构设计

工程爆破测振云服务系统的逻辑结构设计如图 7-19 所示。

7.2.2.2 系统安全设计

应用程序安全涵盖面很广，它类似于 OSI 网络分层模型也存在不同的安全层面。上层的安全只有在下层的安全得到保障后才有意义且具有一定的传递性。为确保系统的正常运转，保证网络、应用系统与数据的安全，应用系统自身安全层面上按照保护最薄弱环节、纵深防御、故障保护、最小特权以及分隔原则，通过在设计和构建软件时运用合理的系统安全性规范来避免软件陷入容易被攻击的状况，在用户使用权限管理方面采用集中授权和分级管理方式进行系统用户管理，以保证系统的访问安全性。系统安全设计如图 7-20 所示。

A 程序资源访问控制模型

程序资源访问控制分为客户端和服务端两个层面。客户端程序资源访问控制是对用户

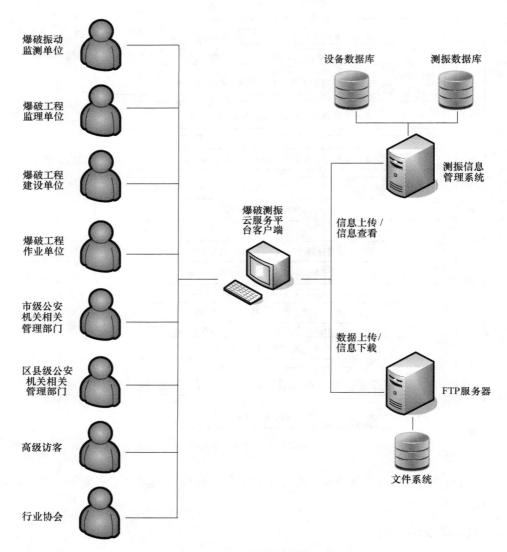

图 7-19　系统逻辑结构设计示意图

界面操作入口进行控制，即用户的操作界面是否出现某一功能菜单，在具体业务功能页面中，是否包含某一功能按钮等。客户端程序资源访问控制保证用户仅看到有权执行的界面功能组件，或者让无权执行的功能组件呈不可操作状态。服务端程序资源访问控制是指会话在调用某一具体的程序资源（如业务接口方法、URL 资源等）之前，判断会话用户是否有权执行目标程序资源：若无权，调用被拒绝，请求定向到出错页面；反之，目标程序资源被成功调用。

　　B　授权模型

　　授权是权限管理层面的问题，其目的是如何通过方便、灵活的方式为系统用户分配合适的权限。

　　根据应用系统的权限规模的大小及组织机构层级体系的复杂性，有不同的授权模型。

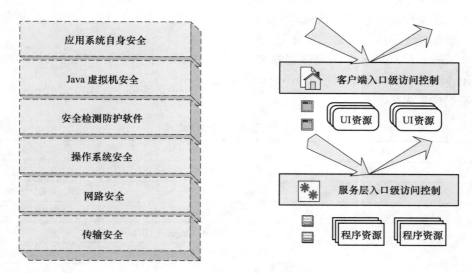

图 7-20 系统安全设计示意图

系统强调权限仅能通过角色的方式授予用户，而不能将权限直接授予用户是这一授权模型的特点，也就是 RBAC 模型。RBAC 是目前比较流行的授权模型，它强制在用户和权限之间添加一个间接的隔离层，防止用户直接和权限关联。同时，在其基础上强调组织机构在授权模型所起的作用，所以对组织机构进行了更多的定义：

（1）组织：虚拟的机构，它的存在只是为了连接上下级机构的行政关系，组织下级可以包括组织或部门，职员不直接隶属于组织，岗位也不能直接分配给组织；

（2）部门：具体的机构，职员可以直接隶属于部门，部门下可以包含若干用户组，岗位可以分配给部门或用户组，部门和用户组内的职员拥有其中的一个岗位；

（3）用户组：为完成临时任务而组建的团队，非正规的行政建制，可以包括若干个成员。

这样的授权模式不仅让用户拥有 RBAC 模型的特点，还增加了授权的灵活性，并拥有权限的转移功能。

7.2.2.3 系统开发设计

爆破测振云服务平台是建立在云计算基础上的综合性应用系统，因此系统采用 Flex 作为表示层技术，Spring 管理类和 Hibernate，Hibernate 和数据库交互。平台开发环境如图7-21所示。

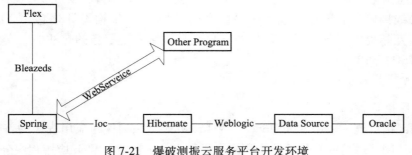

图 7-21 爆破测振云服务平台开发环境

各个系统组件调用采用 WebService+ESB 结构。WebService 充当简单的 SCA 开发技术，ESB 充当服务总线并保障数据传递安全。

（1）Spring 和 Hibernate 采用注解方式编程；（2）Flex 和 Spring 之间通讯采用 Bleazeds 远程调用；（3）Webservice 利用 Xfire+Spring 实现。

系统组件见表 7-3。

表 7-3　云服务平台系统组件

序号	软件名称	版本号	部署计算机
1	JDK	JDK5	开发计算机
2	Weblogic	Weblogic10. 01 Server	开发计算机
3	MyEclipse	MyEclipse7. 0	开发计算机
4	Flex	Flash Builder_ 4_ Plugin_ LS10	开发计算机
5	Bleazeds	bleazeds-bin-4. 0. 0. 14931	开发计算机
6	Spring	Spring2. 5	开发计算机
7	Hibernate	Hibernate3. 3	开发计算机
8	Oracle	Oracle10g 10201_ client_ win32	开发计算机
9	Oracle	OracleDataBase10g Release2（10. 2）for Microsoft Windows（32-Bit）	开发服务器 1
10	ArcGis	ArcGis Server 10 Work Group	开发服务器 1

7.2.2.4　数据库设计

按照实际物理结构分为 10 个数据库：基础权限数据库、企业信息库、仪器信息库、测振信息库、标定信息库等。

7.2.2.5　类图设计

为描述软件系统的结构化设计，设计系统核心类图，用于显示系统中的类、接口、协作以及它们之间的静态结构和关系。

7.2.2.6　外部接口

（1）地理信息平台接口。地理信息平台提供用于空间数据管理和可视化（制图）的 GIS 服务，包括 2D 制图等一系列相关功能，如地理编码、地名辞典和路径。

（2）Word To SWF 文件转换接口。需要提供多种报告和传真发送要求的同时，也需要对其进行快速浏览，并要提高浏览效率，因此需要将 Word 文件转换成 Swf 文件。

（3）总线接口。由于各个业务子系统之间采用 SOA 架构设计理念，全部通过 Web Service 接口互相提供服务，因此需要一个 ESB 总线来实现服务的热注册、安全监管等问题，采用 WSO2 ESB 总线。

7.2.2.7　内部接口

A　内部接口标准

系统内部接口统一采用 WebService。WebService 是一种构建应用程序的普遍模型，可以在任何支持网络通信的操作系统中实施运行。它是一种新的 Web 应用程序分支，是自包含、自描述、模块化的应用，可以发布、定位、通过 Web 调用。在构建和使用 WebService 时，主要用到以下几个关键的技术和规则：

（1）XML：描述数据的标准方法；（2）SOAP：表示信息交换的协议；（3）WSDL：Web 服务描述语言；（4）UDDI：通用描述、发现与集成，它是一种独立于平台的，基于 XML 语言的用于在互联网上描述商务的协议。

B　内部接口设计

系统采用内部接口的首要原则：（1）增加代码的重用，子系统之间不能进行跨库操作；（2）保证运行效率，不能因为频繁使用 WebService 导致系统运行效率降低。

内部接口设计详细内容与系统服务设计相同，包括 4 个子系统 15 个服务模块，每个模块根据功能要求不同，提供多个函数（一般 5~20 个不等）。

7.2.3　爆破振动数据与共享

爆破测振云服务平台数据的共享是由平台的各个功能模块实现的。爆破测振单位将测振数据上传至云服务平台后，经过注册的相关单位可以使用平台中的各功能模块进行数据调取、分析和研究。爆破云计算中心机房如图 7-22 所示。

图 7-22　爆破云计算中心机房

爆破云计算中心机房功能模块如图 7-23 所示。

7.2.3.1　远程测振功能

A　爆破测振

工程爆破远程测振系统前端主要是利用新一代智能测振仪进行爆破振动测试、采集爆破振动信号，爆破企业首先在远程测振系统中注册、填写公司信息及相关仪器信息，然后按照要求在爆破振动测试仪器校准（标定）中心对测振仪及传感器进行校准（或标定），校准（或标定）信息自动输入远程测振系统。

测振人员在现场直接利用智能测振仪的数据分析仪记录简要的测振信息，包括项目名称、地点并选择合理的测振参数，这些信息在测振开始前将会写入一台或多台智能测振仪子机。为了提高测振数据的可靠性，并且支持回归计算当地的 K、α 值以及大数据分析，通常需要在一个测振线上按一定的规律布置多个测振点。

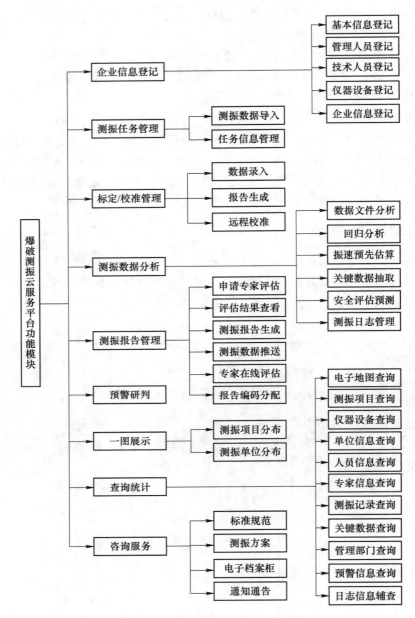

图 7-23　爆破测振云服务平台功能模块

　　智能测振仪子机采用一体化设计，内嵌振动传感器和身份识别芯片，爆破时产生的高精度测振数据文件是直接利用身份识别码和任务信息识别码进行严格加密的，确保数据产生后就与测振仪器校准（或标定）信息、测振任务信息进行绑定，任何人无法对数据进行篡改。

　　测振任务完成后，测振人员利用智能测振仪的数据分析仪对所有测振仪子机的数据进行自动扫描读取，在网络条件具备的情况下会自动上传至爆破行业云计算中心。相关单位、爆破专家、公安机关及其他监管人员都可登录远程测振系统对测振任务信息进行查询、对测振数据进行查询、分析。测振单位可对测振任务信息进行撰写，补充工程概况、测点总体分布图等，并利用测振报告自动生成系统，生成简要的或详细的测振报告，或利用系统向有关专家提请爆破振动测试评估报告的撰写。

测振专家可以通过测振系统了解全部爆破振动测试相关信息，查看所有爆破振动实测数据，利用系统进行幅频特性分析、功率谱分析、矢量合成等操作。最终生成的测振报告和评估报告，测振单位均可下载打印，所有报告均印有二维识别码，所有人均可利用手机随时对报告的信息进行验证。至此，整个远程测振过程结束。

测振流程如图 7-24 所示。

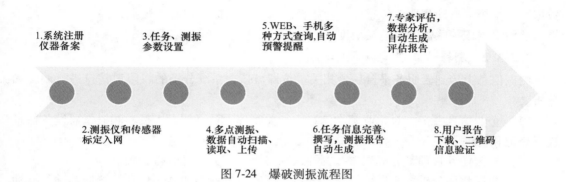

图 7-24 爆破测振流程图

B 测振仪和传感器的标定/校准

按照《爆破安全规程》（GB 6722—2014）的规定，D 级及以上爆破工程都要进行爆破振动监测，爆破测振任务将成倍增加。虽然传感器在出厂时，厂家会提供灵敏度标定结果，但是，这个数据并不是专门标定的，一般是从一批中抽出几个送去标定，用抽样标定的数据作为其他传感器的标定数据，不符合《测振仪检定规程》（JJG676—2019）等标准规范。

工程爆破远程测振系统对测振仪和传感器的标定/校准，主要是利用工程爆破振动测试标定中心的 MPA101/L215M 电动振动测试系统。该系统标定测试频率可覆盖 2-4000Hz，实际载重力可达 76kg，台面运动速度可达 2m/s。该振动台经中国计量科学研究院按照国家检定规程的要求进行了严格的校准/标定。所有校准/标定信息和数据都将通过爆破远程测振系统存储于爆破云计算中心，并与仪器绑定，整个标定/校准过程实现全过程管理，标定/校准数据真实可靠。

在仪器校准/标定的同时，技术人员利用瞬态信号校准仪对测振仪或传感器进行远程基准校准/标定，基准校准/标定的波形数据、仪器灵敏度都将作为远程校准的参考依据，使利用波形比较法对传感器进行远程校准成为可能。

C 远程校准

远程校准又叫异地校准。当测振单位与测振中心不在一个地方时，测振单位可以使用便携式振动校准仪（动态载荷校准仪或者正弦波激励校准仪）不定期地对传感器、测振仪进行校准。校准时，将传感器或者测振仪安装在校准仪上，通过测振仪记录校准信息并通过网络和远程测振系统将校准信息上传到工程爆破云计算中心的工程爆破远程测振系统数据库，由工程爆破远程测振系统自动与该传感器或者测振仪入网时在工程爆破标定中心校准/标定的信息进行比对，以确定该传感器或者测振仪是否可以继续使用。

工程爆破远程校准以爆破行业云计算数据中心远程测振系统为平台，通过工程爆破振动测试标定中心为工程爆破企业提供远程校准服务。

测振单位在爆破振动测试标定中心校准或标定传感器或者测振仪时，技术人员完成校准或标定后再用瞬态校准仪进行初始校准，将初始校准数据一起上传到爆破云计算数据中心远程测振系统的标定子系统中。

企业需远程校准传感器或者测振仪时，使用校准仪（正弦波或者瞬态信号）在现场进行校准，通过智能测振仪可以将现场校准的数据上传到工程爆破云计算中心远程测振系统数据库，系统会自动调取该传感器在初始校准时储存在标定中心的数据，并比较二者的结果，从而得出该传感器的当前灵敏度。

7.2.3.2　测振信息汇集和管理功能

测振信息上传到云服务平台后，相关单位即可依据系统分配的权限对信息进行调阅和分析。

（1）企业信息登记：对企业基本信息、相关管理人员、技术人员、测振仪器设备信息进行登记和管理。

（2）测振任务管理：完成测振数据导入和对测振任务信息进行管理。

（3）测振数据分析：实现数据文件分析、回归分析、振速预先估算、测振关键数据抽取、安全评估预测、测振日志管理等功能。

（4）测振报告管理：实现向专家申请对测振结果进行评估，查询专家评估意见、测振报告生成、关键数据推送、专家在线评估、给测振报告分配编码等功能。

（5）预警研判：对可能超标的测振数据进行预警，方便测振专家、技术人员进行研判，提出改进、优化钻爆参数的建议。

（6）一图展示：在电子地图上展示系统中登记的测振项目和测振单位的分布情况，方便政府管理机关和高级访客查询。

（7）查询统计：查询测振项目、仪器设备、测振单位、测振人员、相关单位、相关人员、管理单位、管理人员、测振专家、测振记录（波形）、关键数据、预警报警、测振日志等信息。

（8）咨询服务：给用户提供与测振有关的法律法规、标准规范、测振方案、通知通告等，系统还给每个用户提供一个电子文件档案柜，存放本单位的数据信息、报告文件等，方便查找、下载。

7.2.3.3　用户权限分配

A　爆破测振云服务系统的用户种类

爆破测振云服务系统的用户有以下几类：（1）爆破振动监测单位；（2）爆破工程监理单位；（3）爆破工程建设（业主）单位；（4）爆破工程作业单位；（5）市级公安机关相关管理部门；（6）区县级公安机关相关管理部门；（7）高级访客，主要是科研院所和其他管理机关等需要查询相关爆破测振数据、资料的单位、个人；（8）行业协会，满足相关地方行业协会出于对本地区爆破安全管理的需要，可以查询相关单位的测振数据。

B　用户权限

单位、个人不同用户对测振信息的需求不一样，不同用户的权限见表7-4。用户按照自己的权限进行数据查询、调阅、分析、下载。

表7-4　爆破测振云服务平台用户权限分配

序号	用户名称	用户信息登记	测振任务管理	测振数据分析	测振报告管理	预警研判	一图展示	查询统计	咨询服务
1	爆破振动监测单位	√	√	√	√	√		√	√
2	爆破工程监理单位	√			√	√	√	√	√
3	爆破工程建设（业主）单位	√			√	√	√	√	√
4	爆破工程作业单位	√							
5	市级公安机关相关管理部门	√	√		√	√	√	√	√
6	区县级公安机关相关管理部门	√	√		√	√	√	√	√
7	行业协会	√	√		√	√	√	√	√
8	高级访客	√			√		√	√	√
备注	高级访客主要是科研院所和其他管理机关等需要查询相关爆破测振数据、资料的单位、个人。 √表示用户具有相应权限。								

7.3　爆破振动监测云平台管理技术

云服务平台的智能化运行管理是提升爆破测振云服务平台服务质量的关键。云服务平台的管理主要涉及云平台自主监控技术，云平台性能分析、故障诊断及初步的软件故障自治愈技术，云服务自适应调度及实时迁移技术，以及云服务平台自主节能技术等内容。

7.3.1　云平台自主监控技术

爆破云计算中心采用多层次、多粒度的实时动态自主监控方法，对云服务平台进行实时监控。如图7-25所示，云服务平台的监控融合多层次的监控信息，包括硬件层、软件层、服务层等多个层次的信息，从而全面监控云计算系统的可用性、健康状况和性能状况。

7.3.1.1　硬件平台及虚拟机监控

硬件平台及虚拟机主要是对云平台硬件资源的健康状态及能耗进行监控。监控的硬件包括CPU、内存、硬盘、电源、风扇等。该部分监控信息按照硬件资源物理所属层次划分，最顶层是整个服务器集群，接下来依次是机柜、机箱、节点，底层是节点中硬件资源

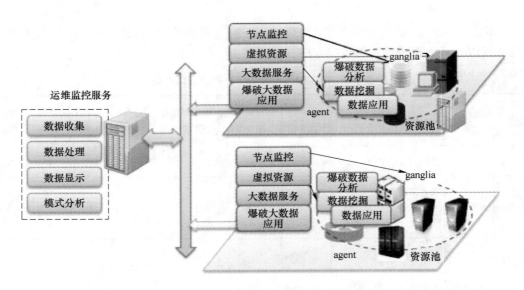

图 7-25　爆破测振云计算及大数据分析平台监控

的状态信息。

　　传统的带内监控模式依赖于计算节点本身的操作系统，在操作系统崩溃的情况下根本无法完成监视的功能，对集群的管理也就无从谈起。传统的带外监控模式监视的范围太小，在控制方面也只能是简单的开机、关机，很难做更深层次的操作。云计算中心的监视器模块综合两者的优点，采用带内和带外相结合的监控方式实现对计算节点的监控。

　　针对 Linux 平台的服务器，采用自主编写的带内监控软件实现带内监控，实现了对云平台硬件资源的健康状态及能耗的监控。

　　硬件层的监控是从带内角度对硬件部件进行监控，包括对 CPU、电源、内存、磁盘状态的监控。针对内核层和硬件层，带内监控软件采用轮询操作系统内核的方式获取监控对象的状态信息。

　　带外监控模式的实现基于 IPMI 协议。在每个计算节点上安装开源软件 ipmitool。管理节点上的 ipmitool 通过读写被管节点的硬件模块监控的信息包括集群的静态信息与动态信息，静态信息包括节点个数，风扇个数，IP 信息等相对不经常发生变化的信息，动态信息包括节点 CPU 的利用率，内存的利用率，节点状态等经常发生变化的信息。该模块的设计采用 Master-Agent 的方式，在每个监控节点上都有一个守护进程进行监控信息的采集，通过调用相应系统命令来获取资源的状态信息，子模块对这些信息进行提取封装成相应的实体信息并存储到数据库中。硬件模块监控部署如图 7-26 所示。

　　系统运行时动态信息通达系统监控命令以及运行时信息/proc 文件系统来查看，/proc 文件系统是由软件创建，被内核用来向外界报告信息的一个文件系统。/proc 下面的每一个文件都和一个内核函数相关联，当文件的被读取时，与之对应的内核函数用于产生文件的内容。通过 ipmitool 来查看硬件的温度、电压、电扇工件状态等健康状态信息。硬件层次监控信息的获取方式如表 7-5 所示。

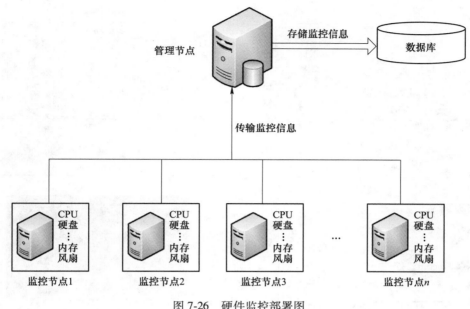

图 7-26　硬件监控部署图

表 7-5　监控对象及命令

监控信息	获取命令
电源	ipmitool sensor list
风扇	ipmitool sensor list ∣ grep Fan
BMC	ipmitool mc info
机箱	ipmitool chassis power status
运行时间	uname-a
负载信息	cat/proc/loadavg
核信息	mpstat-p All 1 1
CPU	ipmitool sensor list ∣ grep CPU
内存	cat/proc/cpuinfo
硬盘	df-hl
网络	cat/proc/net/dev
IB 交换机	ibswitches
IB 端口	ibstat

　　基于 ganglia 实现对虚拟机的性能数据采集，通过 gmetric 性能扩展接口编写虚拟机性能数据采集 Agent 程序，该采集程序执行 xentop 指令，并解析提取 xentop 返回的性能数据值得到每台虚拟机的 CPU、内存、网络、虚拟磁盘等的性能数据值。图 7-27 分别表示系统最近 1min、5min、15min 的平均负载，CPU 利用率和温度，系统内存使用情况，JVM 线程状态。

7.3.1.2　Spark 大数据分析服务监控

Spark 是基于内存计算的大数据分布式计算框架。Spark 基于内存计算，提高了在大数

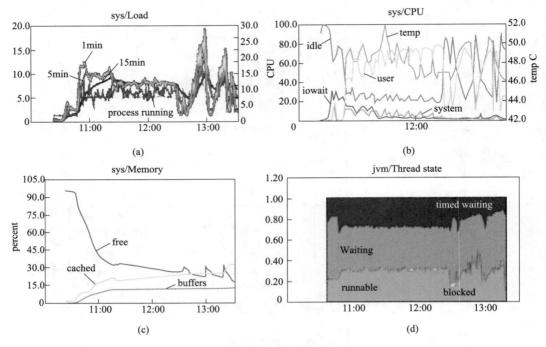

图 7-27　云服务平台监控信息

（a）系统 1min、5min、15min 平均负载；（b）CPU 利用率和温度；（c）系统内存使用情况；（d）JVM 线程状态

据环境下数据处理的实时性，同时保证了高容错性和高可伸缩性，允许用户将 Spark 部署在大量廉价硬件之上，形成集群。Spark 的技术优势包括：（1）提供分布式计算功能，将分布式存储的数据读入，同时将任务分发到各个节点进行计算；（2）基于内存计算，将磁盘数据读入内存，将计算的中间结果保存在内存，这样可以很好的进行迭代运算；（3）支持高容错；（4）提供多计算范式。

　　可通过多种方法监控 Spark 大数据平台，包括 Web UI、Metric 库、外部工具等。具体方法如下：

　　（1）Web 接口。每一个 SparkContext 启动一个 web UI 用来展示应用相关的一些非常有用的信息，默认在 4040 端口。这些信息包括：任务和调度状态的列表、RDD 大小和内存使用的统计信息、正在运行的 executor 的信息、环境信息。可以在浏览器中打开 http：//<driver-node>：4040 网址来访问这些信息。如果在同一台机器上有多个 SparkContext 正在运行，那么他们的端口从 4040 开始依次增加（4041，4042 等）；

　　（2）Metrics。Spark 基于 Coda Hale Metrics 库提供一个可配置的统计系统。允许用户向不同的终端发送统计信息，包括 HTTP、JMX 和 CSV 文件。统计系统可以通过配置文件来进行配置，Spark 默认将配置文件保存在 SPARKHOME/conf/mertics. conf。用户可以通过 Javapropertyspark. metrics. conf 来修改配置文件的保存路径。

　　Spark 根据组件的不同将统计信息分为多个实例。可以配置每一个实例向多个方向发送统计信息。目前支持以下几种实例：（1）master：Spark 管理进程；（2）applications：位于 master 的组件，统计发送各种应用的信息；（3）worker：Spark 工作进程；（4）

executor：执行器；（5）driver：Spark 驱动程序每一个实例可以向多个渠道发送统计信息。

监控方法包含在 org. apache. spark. metrics. sink 包中，具体包括：（1）ConsoleSink：将统计信息发送到控制台；（2）CSVSink：每隔一段时间将统计信息写入到 CSV 文件；（3）GangliaSink：将统计信息发送到 Ganglia 或者多播组；（4）JmxSink：将统计信息注册到 JMX 控制台；（5）MetricsServlet：在 SparkUI 中添加 servlet 用来以 JSON 的方式提供统计信息。

根据实际需求，基于 Spark 提供的监控 API，开发了 Spark 大数据分析应用监控，监控的内容包括应用 ID、应用名称、开始时间、结束时间、用户、应用状态等，如图 7-28 所示。

应用ID	应用名称	用户名称	开始时间	结束时间	当前状态
Local-152703700089	SVR-train21	wang	2018-05-2	2018-05-2	SUCCEEDED
application_1465461051832	GEP-train22	fan	2018-05-2	2018-05-2	SUCCEEDED
application_1465461051655	GEP-train2	zhang	2018-05-1	2018-05-1	SUCCEEDED
application_1465461051654	GEP-train1	zhang	2018-05-1	2018-05-1	FALSE
Local-152703700045	SVR-train2	wang	2018-05-C	2018-05-0	SUCCEEDED
Local-152703700044	SVR-train1	wang	2018-05-C	2018-05-0	SUCCEEDED

共6条记录　第1页/共1页

图 7-28　Spark 应用监控

7.3.2　性能分析、故障诊断与自治愈技术

7.3.2.1　性能分析技术

云监控支持 Linux/Unix 服务器的性能监控，支持多种类型的性能监控，包括 CPU 使用率、CPU 负载、内存使用率、磁盘空间使用率、磁盘 I/O、网络流量和系统进程数等。对于 Linux 服务器，可以看到详细的 CPU 使用率变化曲线图，包括用户态、内核态等，它们的使用率比例可以反映出服务器正在处理哪些类型的计算。

当用户态 CPU 使用率较高时，意味着服务器上应用程序需要大量的 CPU 开销，比如数据库服务器进行大量的查询和排序等计算。而当内核态 CPU 使用率较高时，则说明服务器花费大量的时间进行进程调度或者系统调用。如果 IO 使用率较高，则意味着大部分 CPU 时间在等待磁盘 I/O 操作，这时候应该检查一下磁盘 I/O 是否过高。除此之外，云平台监控还可以通过分布在各地的监控节点，运用各种故障分析手段，在故障发生时抓取网络、域名解析等各种信息，帮助判断故障原因，快速定位问题。

云平台提供多种预警方式，告警消息站内实时提醒，包括故障消息、提醒消息和系统消息，并且配合闪烁浏览器标题栏。站内实时告警消息支持 RSS，只要用户的监控项目触发告警条件，如网页无法打开或者服务器 PING 数据包全部丢弃，云监控便会将这些情况记录到站内告警消息中，并通过新消息浮动层来通知用户。在告警消息列表中，可以直观看到故障发生、故障恢复的时间以及必要的历史快照信息，如 HTTP 响应头信息。除了支持多种常用的预警通知方式，还提供以下几种通知方式：E-mail、MSN、Gtalk、手机短信和 RSS。云平台为站点监控项目快速进行告警设置，对于任何的站点监控项目，包括 HTTP、FTP、PING、DNS 等，用户可以直接查看告警消息，并设置常规告警和自定义告警。常规告警是当站点不可用或者恢复可用时发送的通知。

例如，对于 HTTP 网页监控来说，当网页不存在，或者服务器无响应时，便会触发告警。如果站点持续故障，云监控并不会一直发送告警通知，而是会在故障恢复的时候发送通知。E-mail 告警通知包含了故障信息以及快照链接，用户可以登录云监控查看详细的历史快照。云监控提供告警通知每日统计功能，用户使用该功能可以清楚地了解各种通知方式的使用情况，特别是付费的短信配额，通过每日统计可以帮助用户更好地分配短信告警配额。

7.3.2.2　智能故障诊断技术

爆破振动监测云服务平台具有智能故障诊断功能。其存储的历史监控数据对整个系统未来的行为具有一定的指示作用：基于时间轴的方式采用统计机器学方法分析平台的行为；从历史数据中学习经验，预测平台的资源使用；当性能瓶颈或者故障发生之前提前预警，避免紧急情况下处理给服务正常使用带来的影响。

为了保障材料应用的可靠运行，通过对整个云平台中所有设备和资源的运行日志进行综合关联分析可以智能定位故障原因。智能故障诊断功能首先构建预测模型，根据时间标签，将监控获得的 CPU 使用率、内存使用、硬盘使用、服务每秒的请求数等数据抽象为有序的数据集，对监控的历史数据进行建模。智能故障诊断功能采用基于回归的算法和时间序列分析的方法，将数据进行分段，描述监控数据随时间变化的行为，消除监控数据中波动噪音，然后通过行为检验发现应用的访问模式，预测平台的健康状况。智能故障诊断功能支持多种的预警方式，通过预警通知服务、短信、E-mail 和系统消息等多种方式进行预报，并向资源调度器发送预警事件，支持自动的应用迁移和资源重分配，确保云服务平台服务的持续供给，以提高服务质量。

7.3.2.3　自治愈技术

爆破振动监测云服务平台还具有自治愈模块，能够对异常信息进行记录，并具有自动处理系统异常情况的能力，从而提高整个系统的可靠性。自治愈模块架构如图 7-29 所示。

系统自治愈模块的设计目标是在云平台状态的实时自主感知的技术上，基于案例的自学习、基于频繁模式的自学习和基于贝叶斯网络的自学习功能，分析云平台状态、故障、处理方法之间的关系，通过配置策略实现网络故障的自治愈。

该模块通过智能 agent 定时验证数据库中记录的系统服务和软件服务的服务状态信息是否正常。如果服务出现异常掉线，通过运行服务恢复程序实现服务的自动恢复。如果服

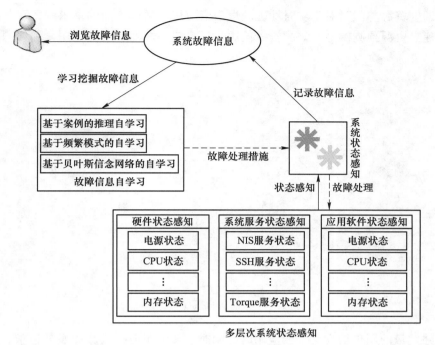

图 7-29 云服务平台自治愈模块架构图

务不能够正常恢复，则记录错误信息并给发送通知，进行人工干预修复。

7.3.3 云服务自适应调度及实时迁移技术

7.3.3.1 面向整体优化的云服务平台资源自适应调度

云服务平台提供多种工程爆破相关云服务，包括企业信息服务、专家信息服务、传感器信息服务、测振任务信息服务、大数据分析服务、爆破振动预测服务、安全评估服务等，由于应用特点的差异，有访问密集型、实例密集型、数据密集型、计算密集型、存储密集型等多种特征，不同的云服务面向的用户不同，服务质量的要求不同，任务的关键性不同，因此静态、单一、不可定制和演化的资源调度不再适合不同的服务 Qos 需求。

针对云服务平台的资源优化使用问题，根据应用特征，适度选取监控信息，定制负载权重，计算云服务平台的负载平衡度。针对工程爆破云服务对平台的资源需求，综合资源策略、服务率、等待时间、用户偏好等多种因素，计算期望值，将必须满足的策略作为硬约束，将其他约束作为软约束；采用启发式优化算法对其进行求解，根据硬件计算能力、吞吐量、网络带宽、服务容器等资源的能力进行综合排名，进行适合资源选定。

如图 7-30 所示，针对不同工程爆破云应用的多种需求，建立资源池，支持利用率最大化、资源独占、负载均衡、能力排名多种的资源调度策略。对于一般信息化应用，考虑访问量，可采用利用率最大化，选择已有运行容器进行部署。对于大数据分析服务，采用资源独占的策略，保障应用独享计算、数据和运行时环境资源，以保障性能最大化。对于一般工程爆破云应用，可采用负载均衡策略，利用监控器获得节点、运行容器、应用的资源使用率、请求率等负载参数，加权计算云服务平台的系统负载，根据能力排名，选择轻载节点，调度资源。同时对于实时性工程爆破云应用，通过当前的请求服务率，用户服务请求分布建立资源预测模型，预测资源使用量，自主弹性增加资源使用，确保服务的实时响应。

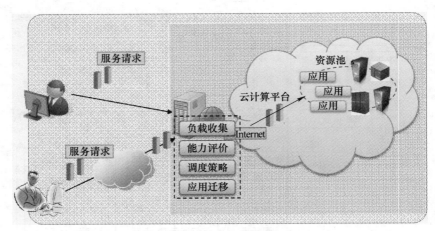

图 7-30　云服务自适应资源调度

当大并发量的用户访问某个云应用时，同时有多个服务提供此类服务请求，资源调度器基于服务水平协议的服务资源选择，计算资源服务的运行时可靠性、能力、可用性等属性的值，综合加权计算各资源服务的运行时综合 QoS 值，进行功能匹配，找出提供所需功能的可用资源服务，对请求进行重定向，实现资源的优化使用。

7.3.3.2　基于多副本的云服务实时迁移机制

采用数据和应用程序分离的方式，进行多数据副本存储，在应用运行时动态绑定所需数据。由于工程爆破云应用数据的特点，将数据分为紧密关联性和松散性数据，将紧密关联性数据进行集中放置，并根据用户对于数据访问频度、大小和存储空间动态地调整数据副本个数。为保障应用迁移的正确性，通过日志记录当前的访问操作和应用属性状态，进行对象串行化，并基于负载、租户偏好和数据副本，选择合适资源节点进行迁移，绑定应用数据，日志记录迁移后状态，保障其一致性，进一步提高云服务平台对于工程爆破云应用服务支持的动态性和适应性。应用迁移过程见图 7-31。

7.3.4　云服务平台自主节能技术

云服务平台具有性能感知的自主节能功能，通过动态配置系统组件功耗实现系统节能，并同时保证云服务质量。

基于能耗和性能的关系构建了针对云应用能耗管理方法。该方法包括监控步骤、标识步骤、调节步骤、预测步骤、反馈步骤：

（1）监控步骤：对高性能计算作业的运行行为进行监控；

（2）标识步骤：根据监控步骤获得的监控指标和知识库中的标签标识规则，对作业的当前运行行为进行标签标识；

（3）调节步骤：当标识作业的运行行为的标签发生变化时，根据标签对应的调节规则对系统组件的功耗状态进行调整；

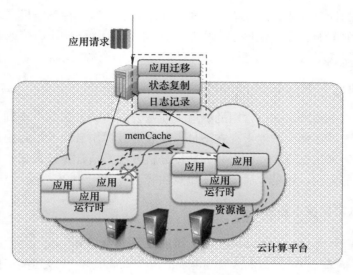

图 7-31　云服务应用迁移

（4）预测步骤：根据知识库中作业的运行行为序列和当前作业运行行为，来预测作业在下一阶段的运行行为；

（5）反馈步骤：根据调整后作业运行状态，寻找适合当前作业运行的最佳调整规则，达到性能与节能两者之间的平衡，优化标签对应的调节规则。

能耗管理方法的执行流程如图 7-32 所示。

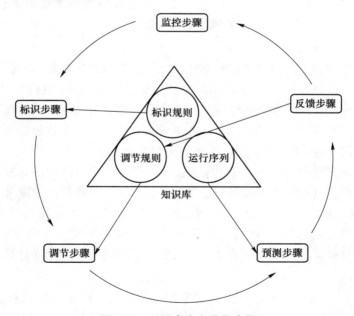

图 7-32　云平台自主节能步骤

节能调节的具体方法是通过 CPU 的 DVFS 技术和调整 CPU 的频率调整策略进行。在云服务系统中，CPU 频率调整策略有 performance、userspace、ondemand 3 种调整策略，这 3

种方式对应不同的计算性能和能耗模式，根据应用需求在这 3 种策略模式之间进行转换实现在性能约束下的节能，或者根据动态资源需求自主关闭部分 CPU 核或者部分节点，同时又可以自动按需唤醒 CPU 核和服务器节点以满足动态资源需求。

7.4　爆破振动危害效应智能预测技术

爆破振动的影响因素众多，常用的萨道夫斯基公式预测方法只考虑到单段药量、距离和衰减指数等因素，在预测精度上存在不足。随着爆破测振云服务平台中爆破振动数据量的不断增加，如何利用已有振动数据和大数据分析方法，结合爆破数据本身的诸多特点进行爆破振动强度的预测，将是今后研究的重点内容。

7.4.1　云计算大数据技术核心算法

7.4.1.1　基于 Spark 平台的并行化基因表达式编程算法

基因表达式编程（GEP，Gene Expression Programming）算法是一种新的基于基因型（genotype）和表现型（phenotype）的自适应进化算法。GEP 也是在遗传算法（GA）和遗传编程（GP）基础上发展起来的一种新的自适应进化算法。从表现形式上看，基因表达式编程算法和遗传算法比较类似，都是采用等长线性符号编码作为遗传操作的基本单位——染色体（chromosome）。从算法功能上看，GEP 算法和遗传编程比较相似，两者都可以通过自动生成计算机程序来发现解释问题本质的规则、公式以及描述问题解答过程的程序。正是由于 GEP 算法吸取了 GA 和 GP 的优点，同时又克服了它们的不足，所以 GEP 算法在解决复杂问题的时候，比传统的遗传算法、遗传编程效率高出 2~4 个数量级。使用 GEP 算法首先需要求解以下几个关键问题：

A　函数符、终端符

GEP 算法在某种程度上借鉴了遗传算法的思想，两者描述具体的问题都是使用了一种独特的描述方式，这种描述方式要求 GEP 算法、遗传算法要在执行程序前首先定义函数符和终端符这两种符号。函数符和终端符是算法中的重要组成部分，是程序运行的关键。

GEP 算法表示问题环境和结果的最基本的元素是终端符，并且依据问题的不同，元素的含义也不尽相同。在 GEP 算法中，终端符可以有多种形式，它可以是所运行问题的输入参数，也可以是问题中设定的具体固定数值。还有一种比较特殊的方式是，终端符也可以是一个函数符号，只不过该函数符号是无输入参数的。从终端符的定义中可以看出，终端符其实就是 GEP 算法种群中的个体所对应的表达式树的一个叶结点，当 GEP 算法中染色体对应的程序执行到终端符的时候，程序或者接收外部的输入（变量），或者是接收一个常量，也可以给程序提供一个函数计算值以供程序继续向下运行（计算）。

B　基因结构

在一定程度上，GEP 算法是借鉴了遗传算法的思想，两者都是将种群中个体（染色体）用一段固定长度的字符串来表示，个体就是遗传操作的最小单位，也可以说这段字符串就是遗传操作的最小单位，这也就是 GEP 算法的基因型。而算法在表示某个具体问题的最终结果时，则是通过另一种形式来表示，即 GEP 算法的表现型。

表达式树（ET，Expression Tree）是 GEP 算法中个体的表现型，它是一种树形结构，类似于数据结构中的树。在表达式树中，如果中间结点的函数符拥有多个输入参数，那么该结点就会分出多个叉，就会有多个子结点。表达式树中的中间结点都是函数符，每个结点所拥有的子结点的个数取决于该结点对应函数所拥有的输入参数；输入参数越多；该结点的子结点越多；当该函数没有输入参数时，即使该结点上是函数符号，其对应的结点也不是中间结点了，而是叶子结点。叶子结点大多是终端符，它的来源比较多样，问题的输入参数、固定的常量或者是没有参数的函数都放在叶子结点上。

由生物学知识可以知道，一个染色体上一般来说有多个基因。多基因染色体的表示方式和单基因染色体的表示方式相同，单基因染色体就是一段字符串，多基因染色体就是多条字符串串联而成的长字符串。为了更好地表示这串字符串，GEP 算法的发明者 F. Candida 又提出了 K-表达式（K-expression）。K-表达式的具体执行步骤就是对字符串对应的表达式树进行层序遍历，逐层遍历的字符组成的字符串就是这颗表达式树所对应的 K-表达式。

K-表达式解码为表达式树，就是按照字符串构建一棵树，遵循从左到右、从上到下的规则，树中中间结点的子结点数量取决于该中间结点上函数的最大输出参数，其具体步骤如下：

步骤 1：取字符串中第一个字符，加入要构建的表达式树的根结点，然后遍历下一个字符，并加入表达式树中；

步骤 2：判断要加入表达式树中的字符，如果该字符是函数符，那么根据该函数所需要的输入参数个数，从该结点上引入对应数目的叉。如果该字符是终端符，那么该符号加入表达式树中之后，就不必引入叉；

步骤 3：依照步骤 2，将 K-表达式中的字符逐个加入表达式树中；

步骤 4：如果 K-表达式已经遍历到末尾，那么也可以看到构建的表达式树已经没有结点有叉分出来，K-表达式的解码结束。

通过基因表达式树的概念，应该会发现一个问题：大多数情况下，基因字符串中的字符并不是都在 K-表达式中的，往往字符串后部的子字符串都没有用到，所以这种没用到的字符串（未在 K-表达式中的字符串）被称为 Intron（基因内区、非编码区）。

C 适应度函数

在 GEP 算法中，选择操作的主要过程就是选择强的个体进入下一代，弱的个体将会被淘汰，为了表示个体的强弱，引入一个新的概念：适应度值。在进化的每一代中，种群中的所有个体都会有一个适应度值，适应度值高的个体被选择进入下一代的可能性就大。F. Candida 在设计 GEP 算法时，为了更方便地评价个体的强弱，引入了两个适应度函数，如下所示，式（7-1）是绝对误差函数，式（7-2）是相对误差函数：

$$f_i = \sum_{j=1}^{n} \left(M - \left| C_{(i,j)} - T_j \right| \right) \tag{7-1}$$

$$f_i = \sum_{j=1}^{n} \left(M - \left| \frac{C_{(i,j)} - T_j}{T_j} \times 100 \right| \right) \tag{7-2}$$

式中，n 是样本的数目，M 是一个预先设定的固定值，为的是更适应人们的习惯，控制适应度 f_i 的取值范围，个体被计算出的适应度值越大则证明该个体越强，$C_{(i,j)}$ 表示基于第 i

个个体对应的函数，利用第 j 个样本中的数据计算出的函数值，T_j 则表示第 j 个样本的实际测量值。

D　遗传算子

GEP 算法在一定程度上借鉴了遗传算法的思想，所以两者拥有一些比较类似的遗传操作，比如：选择、重组、变异。而 GEP 算法还有一些遗传算法没有的遗传操作，比如基因重组、插串、根插串。

a　选择

选择算子是在种群中选择出适应度值高的个体，直接进入下一代种群。目前，GEP 算法的应用中，常见的选择算子有 3 种：联赛选择法（Tournament Selection）、轮盘赌选择法（Roulette Wheel Selection）和随机遍历抽样法（Stochastic Universal Sampling）。3 种方法中应用最为广泛的是联赛选择法。

b　变异

顾名思义，变异具有突然性和不确定性。在个体的字符串中，任何位置都有可能发生突变。突变的结果是产生一个新的个体。变异的过程也要遵守 GEP 算法中个体的表示规则，头部中的字符既可以突变为函数，也可以突变为终端符，而尾部中的字符就只能突变为终端符。

c　插串

插串是 GEP 算法新引入的一种遗传操作，主要包括三种：IS 插串（Insertion Sequence Transposition）、RIS 插串（Root Insertion Sequence Transposition）和基因插串（Gene Transposition）。

（1）IS 插串需要定义两个重要参数，一个是在头部中随机选定一个非首位置的位置，另一个则是在染色体字符串中选定一串子字符串，然后就要将这串子字符串插入到头部中随机选定的位置，这时该位置原有的字符串要依次向后移动，结果必然是有与这串子字符串长度相同的字符串超出了头部的范围，忽略即可。

（2）RIS 插串算子则需要定义一个重要参数，就是在染色体中头部位置随机地向后搜索，直到搜索到第一个函数，然后从这个函数开始选定一串子字符串，并将这串子字符串插入到头部中的第一个位置（这是根插串与插串的明显区别），这时该位置原有的字符串要依次向后移动，结果必然是有与这串子字符串长度相同的字符串超出了头部的范围，忽略即可。

（3）基因插串，顾名思义，插串算子的基本操作单位是单个基因，步骤类似于根插串，将多基因染色体上的某个基因插入到该染色体的第一个基因位置，原本处在第一个基因位置及之后的基因则依次向后移动。

d　重组

就是随机地从种群中选择出两个个体，并交换两者的部分字符串的过程。在 GEP 算法中，重组有 3 种：单点重组（One-point Recombination）、两点重组（Two-point Recombination）和基因重组（Gene Recombination）。

（1）单点重组操作也就是交叉操作，在种群中，两个个体（染色体）交换部分字符串，交换的部分就是在这两个染色体字符串上随机指定的一个点到字符串的末位之间的字符串，交换这部分字符串的操作就是单点重组（交叉），之后就得到了两个新的个体。

（2）两点重组也是一种交叉操作，在种群中，两个个体（染色体）交换部分字符串，交换的部分就是在这两个染色体字符串上随机指定的两个点之间的字符串，交换这部分字符串的操作就是两点重组，之后就得到了两个新的个体。

（3）基因重组与单点重组、两点重组非常类似，只是重组操作的基本单位不同，单点、两点重组的基本单位是单个字符，而基因重组的基本单位是单个基因。这也就要求，如果染色体要执行基因重组操作的话，染色体就必须为多基因染色体。其操作为：两个个体（染色体）交换两者对应位置上的基因。交换的基因是在染色体上随机指定的。

E　常量处理

在 GEP 算法中，表达式树的叶子结点可以是所处理问题的输入参数，也可以是一个常数，甚至是一个没有参数的函数。在处理实际问题的过程中，适当的常数选择也很重要。F. Candida 在设计 GEP 算法时，为每一个染色体都创建了一个常数集合。为了更好地配合进化过程中染色体字符串动态的变化，F. Candida 创新性地为表达式树中的常数添加了变化，原理就是利用了二次索引。

具体的常数处理过程为：首先在 GEP 算法进行进化的时候，为种群中个体（染色体）的每一个基因都创建一个对应的常数索引域，它的长度与基因尾部的长度相同，该索引域被放置在基因的末尾。通俗地讲，常数索引域就是一串字符串，不过里面的字符都是数字，并且还为每一个个体都准备了一个常数数组。而常数索引域中的数字则是指向了这个常数数组的下标，也就是数组元素的索引。

F　基因表达式算法的改进

GEP 算法与演化算法家族中的其他算法相比，虽然可以较快地避免"早熟"和局部最优的问题，但还是无法摆脱这两者的困扰。在本书中，为了尽量避免这些问题，更好、更准确地找到问题的最优解，首先进行了基因结构的调整，然后对 GEP 算法实现了并行。

a　基因结构调整

在 GEP 算法中，一个基因的字符串被分为两部分，即头部和尾部。头部中的字符既可以是函数符集合中的函数，也可以是终端符集合中的元素，而尾部则只能是终端符集合中的元素。设头部长度为 h，尾部的长度为 t，那么尾部的长度 t 就要满足式（7-3）。

$$t = h * (n - 1) + 1 \tag{7-3}$$

式中，n 代表的是函数符集合中所有函数需要的输入参数的最大值，这是保证 K-表达式合理的前提，一种尾部长度最长的情况是头部所有的字符都是函数符集合中需要输入参数最多的那个函数，这时候尾部长度 t 就满足式（7-3），其他的情况下，尾部长度都不会比 t 大。

01234567 8901234567 8901234

$$Q + * * abab * - /\!/ \ abababababab \tag{7-4}$$

设定头部长度 h 为 12，函数集为 $F = \{+, -, */, Q\}$，终结符集为 $T = \{a, b\}$，其中，Q 表示平方根，则函数集的 $n = 2$，可以看出尾部是从第 13 位的 a 开始的，长度为 13，该基因总的长度为 25。可以得到式（7-4）的表达式树，如图 7-33 所示。

由图 7-34，可以看出式（7-4）的有效部分为 $Q + * * abab$，长度为 8，后面 17 个元素没有用到。作为基因内区，正是这种带冗余的定长字符串结构给 GEP 算法演化的性能

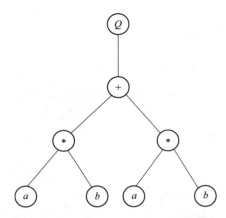

图 7-33　式（7-4）的表达式树 ET

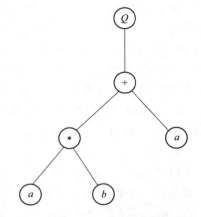

图 7-34　式（7-4）变异后的表达式树 ET

带来巨大的优势。

　　可以看出当式（7-4）的头部第一个位置 Q 变异为一个终结符，那么整个基因的长度仅为 1，这种情况会降低进化的效率，也不利于良好的结构保留下来。

　　针对此问题，这里对基因的结构进行了调整，由原先 head+tail 结构调整为 head+body+tail 结构，head 部分只取函数符集合中的函数符号，body 与原本的头部一样既可以包含函数符集合中的函数符号也可以包含终端符集合中的终端符号，tail 则与原本尾部取法的相同，只能包含终端符集合中的终端符号。

　　假设还是在式（7-3）中，head 的长度为 3，body 部分长度为 9，tail 的长度为：

$$t = (\text{length}_{\text{head}} + \text{length}_{\text{body}}) * (n - 1) + 1 \tag{7-5}$$

式中，$\text{length}_{\text{head}}$ 代表 head 的长度，$\text{length}_{\text{body}}$ 代表 body 的长度，其他部分与式（7-3）相同。这样，在式（7-4）中能够变异为终结符的最靠前的位置是 body 的第一个位置。假设 body 的第一个位置变异为终结符 a，那么式（7-4）有效部分的表达式树如图 7-34 所示。

　　由图 7-34 可以看出：基因的有效部分为 $Q + * aab$，长度为 6，基因的结构调整之后，可以保证基因的有效部分长度不会因为基因突变而导致剧烈改变，有利于保留结构良好的染色体。

　　b　基于 Spark 平台的并行 GEP 算法

　　基于 Spark 平台的并行 GEP 算法的具体思想是：在集群中，主节点负责调度，读取参数，分配任务到从节点；从节点负责计算，当接收到主节点发来的参数后，从节点上各子种群独立进行进化；最终主节点对比所有从节点的结果，从中选出最优。其基本步骤如下。

　　步骤 1：搭建 Spark 集群，主节点设置并行 GEP 算法的必需参数，例如种群大小、函数符集合、终端符集合、连接函数、头部、身部、尾部长度、染色体上基因个数等，然后将这些数据发送给各个从节点。

　　步骤 2：从节点接收到来自主节点的参数后，分别独立进行该节点上子种群的进化过程。这包含种群初始化、选择、重组、变异、插串、适应度值计算等。

步骤 3：各个从节点上的子种群在整个进化过程中并不是完全独立的，每隔一定进化代数，从节点和主节点都要进行一次通信，所有从节点都要向主节点发送当前本节点上的最优个体和自己的节点编号，而主节点则在这些最优个体中找到一个总最优个体，并记录下其所对应的节点编号。

步骤 4：对于各个从节点，主节点将总最优个体发送给所有的从节点，若主节点记录下来的节点编号为该从节点编号，则不做任何操作；否则，该从节点接收总最优个体，并替换掉其最差个体。

步骤 5：最后判断程序是否达到了终止条件，若满足终止条件，程序运行结束；否则，返回步骤 3 继续执行。

基于 Spark 的 GEP 算法流程如图 7-35 所示。

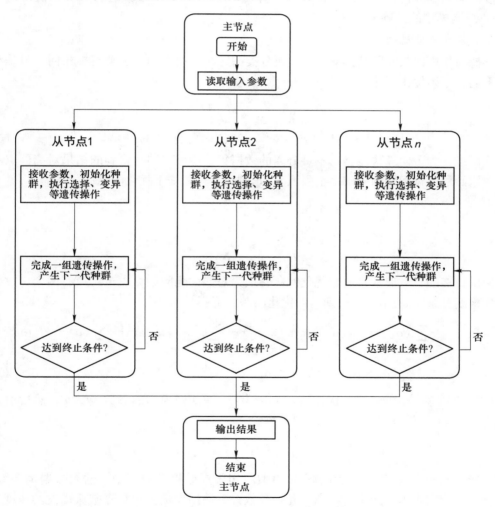

图 7-35　基于 Spark 的 GEP 算法流程图

并行 GEP 算法采用主节点设置并行 GEP 算法的必需参数，然后将这些数据发送给各个从节点。从节点接收到来自主节点的参数后，分别独立进行该节点上子种群的进化。各个从节点上的子种群在整个进化过程中并不是完全独立的，每隔一定进化代数，从节点和主节点都要进行一次通信，所有从节点都要向主节点发送当前本节点上的最优个体和自己的节点编号，而主节点则在这些最优个体中找到一个总最优个体，并记录下其所对应的节点编号发送给各个从节点。对于各个从节点，使用总最优个体替换掉其最差个体。最后判断程序是否达到了终止条件，若满足终止条件，程序运行结束；否则，继续迭代。

7.4.1.2　基于 Spark 平台的并行化改进型 PSO-SVR 预测算法

支持向量机回归（SVR）算法的计算复杂度主要取决于支持向量的数量，可以大大降低计算的复杂度，同时得到的 SVR 模型不易受离群点的影响，增加了模型鲁棒性，而且核函数的引入也可以大大提高 SVR 模型的非线性能力。这些特点使得 SVR 算法适用于工程爆破振动强度分析，使用改进的粒子群算法对 SVR 模型的参数进行寻优，使得优化后的 SVR 预测模型的准确率更高。

A　支持向量机回归算法

支持向量机回归问题是由支持向量机分类问题转化而来的，求解目标相同，只是约束有所不同，原始优化问题：

$$\min_{\boldsymbol{w},\,b} \frac{1}{2} \parallel \boldsymbol{w} \parallel^2$$

满足：
$$| \boldsymbol{w}^{\mathrm{T}} x^{(i)} + b - y^{(i)} | \leqslant 1, i = 1, 2, \dots, m \tag{7-6}$$

同样地，为了使算法能够在不可分离的数据集上使用，同时得到的结果对离群点不敏感，在原始最优化问题的基础之上引入 L1 正则化，得到如下优化问题：

$$\min_{\boldsymbol{w},b} \frac{1}{2} \parallel \boldsymbol{w} \parallel^2 + C \sum_{i=1}^{m} \delta_i$$

满足：
$$| \boldsymbol{w}^{\mathrm{T}} x^{(i)} + b - y^{(i)} | \leqslant \delta_i, \ i = 1, \ 2, \ \cdots, \ m \tag{7-7}$$
$$\delta_i \geqslant 0, \ i = 1, \ 2, \ \cdots, \ m$$

使用拉格朗日对偶性将原始优化问题转换为对偶优化问题，由于约束有两个，故引入两个拉格朗日乘子 α，α^*，得到对偶优化问题如下：

$$\min\left\{ -\frac{1}{2} \sum_{i,j=1}^{m} (\alpha_i - \alpha_i^*)(\alpha_j - \alpha_j^*) \langle x_i, x_j \rangle + \sum_{i=1}^{m} (\alpha_i - \alpha_i^*) y_i - \sum_{i=1}^{m} (\alpha_i + \alpha_i^*) \delta_i \right\}$$

满足：
$$\sum_{i=1}^{m} (\alpha_i - \alpha_i^*) = 0, \ 0 \leqslant \alpha_i, \ \alpha_i^* \leqslant C, \ i = 1, \ 2, \ \cdots, \ m \tag{7-8}$$

使用 SMO 算法求解对偶问题得到 SVR 模型，即回归模型的参数 $\boldsymbol{w}$，b，然后引入核函数 $K(x_i, x)$，最终得到非线性预测函数：

$$f(x) = \sum_{i=1}^{m} (\alpha_i - \alpha_i^*) K(x_i, x) + b, x_i \in R^n, b \in R \tag{7-9}$$

将非线性函数（7-9）表示的 SVR 模型应用于爆破振动数据中，输入数据是多维的，其中每一维分别表示段药量，距离，孔径参数等，输出变量分别是爆破振动波的速度、频率以及振动持续时间。每个 SVR 模型只能预测得到一个变量，如果要得到同一组数据的振动速度、频率和振动持续时间的预测值，必须训练 3 个不同的 SVR 模型。

SVR 模型预测结果的好坏很大程度上取决于模型中的参数取值是否合理。SVM 分类和回归两种模型的训练方式大致相同，都包含以下 4 个参数，这些参数在训练模型时需要同时确定：

a. 惩罚参数

式（7-7）中的 C 是惩罚参数，C 较大意味着加大对间隔误差的惩罚力度，而 C 较小意味着对间隔误差有较大的容忍度，以获得一个较大的间隔。当对间隔误差有较大容忍度时，需要的支持向量的数目也较少，所以惩罚参数实际上在某种程度上控制着 SVM 分类器的复杂性和稳定性，也可将其视为一种形式的正则化。

b. 不敏感损失系数

该系数控制着决策面函数对样本数据的不敏感区域的宽度，不仅影响支持向量的数目，还和样本噪声有密切关系。δ 过大，支持向量数目就少，导致模型过于简单，学习精度不够，而 δ 过小，预测精度相对提高，但可能导致模型过于复杂，得不到好的推广能力。

c. 核函数

支持向量机的核函数是将非线性可分的样本转换到线性可分的特征空间，不同的核函数的选择使 SVM 产生的分类超平面不同，因此核函数的改变会使 SVM 模型的预测效果产生较大的差异性，对 SVM 的性能有直接的影响。

在 SVC 和 SVR 模型的对偶问题中，都有点积运算 $<x, z>$，在高维数据的情况下，运算量极大，由此引入核函数 $K(x, z)$ 替代算法中的所有 $<x, z>$，减少运算量，并将原始数据映射到高维空间。SVM 常用的核函数有以下几种：

（1）线性核函数（Linear）：$K(x_i, x_j) = x_i^{\mathrm{T}} x_j$;

（2）多项式核函数（Polynomial）：$K(x_i, x_j) = (\gamma x_i^{\mathrm{T}} x_j + r)^d$，$\gamma > 0$;

（3）RBF 核函数：$K(x_i, x_j) = \exp(-\gamma \times \| x_i - x_j \|^2)$，$\gamma > 0$。

除了以上几种常用的核函数以外，还有卷积核、字符串核等核函数以及自定义的核函数。理论上，核函数的选择有多种，但是具体到实际应用中，核函数需要根据特定应用领域，尤其是和数据的性质有着密切的关系，所以要找到适用于爆破数据的 SVM 模型的核函数。在没有足够先验知识的时候，很多研究和实验表明，径向基核函数是比较好的选择。另外也有研究表明，不同核函数对预测模型的结果影响不大，核函数参数是决定模型好坏的关键。

d. 核函数参数

如上述，当核函数确定以后，如何选择核函数中的待定参数的最优值同样重要。研究表明，针对同一核函数，选择不同的核参数，得到的预测模型的性能可能会相差很大。这主要是因为不同的参数所对应的特征空间的结构具有很大的差异性，而特征空间性质直接决定了预测模型的性能。目前常用的参数选择问题的解决思路主要有交叉验证法和优化核函数度量标准，但是考虑到 SVM 模型中有多个参数需要同时优化，故采用群智能算法中的粒子群优化算法来进行组合参数的寻优。

由此可见，若能选取到合适的组合参数 $(C, \delta, \text{kernel}, \gamma)$，就能得到比较精确、稳定的适用于工程爆破数据的 SVR 模型。

B 粒子群算法

粒子群优化算法（PSO）是一种进化计算方法，1995 年由 Eberhart 博士和 kennedy 博士提出，用于模拟鸟类成群觅食行为。当一群鸟在寻找食物时，假设在当前区域内只有一块食物，但是所有鸟都不知道食物的地点，它们只是知道自己和食物之间的距离。在该算法中，寻找食物的方法是：寻找离食物最近的鸟的位置并搜寻这只鸟附近的区域。

在算法描述中，每只鸟被当作一个粒子，PSO 算法采用速度-位置模型，群体中的每个粒子有自己的位置、移动速度、个体最优位置（pbest）和全局最优位置（gbest）。在每次迭代中，粒子根据个体最优位置、全局最优位置和自己前一时刻的位置来调整当前时刻的位置和速度，直到到达预定的终止条件则停止迭代。此时的全局最优位置就是要求的全局最优解，即最优参数值。

PSO 算法基本流程是：首先初始化一群随机粒子，然后通过迭代搜寻最优解。在每次迭代中计算每个粒子新位置的适应值，根据粒子适应值更新个体极值和全局极值，通过粒子的运动方程来更新自己的速度和位置。PSO 算法简单易实现，并且具有强大的全局寻优能力，相比于其他演化算法，PSO 算法对解决高维复杂问题具有很大的优越性；但易陷入局部极值点，进化后期收敛慢、精度较差等。

传统粒子群优化算法对于位置与速度的更新具有很好的导向性，对空间最优解的逼近能力较强，但是存在容易陷入局部最优解、搜索精度较低、后期迭代效率不高等缺点。而遗传算法的交叉和变异操作，都缺乏明确的导向性，对空间最优解的逼近能力不足，但是能扩大搜索空间，对空间最优解的搜索不容易陷入局部最优。根据解空间的特点将算法中的粒子进行实数编码，对粒子进行变异操作使得粒子跳出局部最优解，使粒子跳出当前搜索到的局部最优值位置，扩大搜索空间，提高找到更优值的可能性。若采用固定的变异概率，变异概率过大不利于优秀个体的保留，变异概率过小则变异操作的有效性将会削弱。因此，不同的个体应使用不同的变异概率，对于适应度值高的个体设定较低的变异概率，而对于适应度低的个体则设定较高的变异概率。本书采用自适应的变异概率方法，通过每个粒子的适应度值得到不同的变异概率。自适应变异概率如式（7-10）所示。

$$p_i = 1 - \frac{f_i}{f_{max}} \tag{7-10}$$

式中，p_i 表示粒子 i 的变异概率；f_i 表示粒子当前的适应度值；f_{max} 表示种群中所有粒子的最优适应度值。

如果当前粒子的适应度值接近于种群的最优适应度值，那么该粒子极有可能保持不变，即不会发生变异。如果当前粒子的适应度值远低于最优适应度值，那么该粒子的变异概率是很高的。变异方式采用随机改变粒子的每一维的参数大小的方式，对于需要进行变异操作的粒子，复制该粒子并将新粒子的每一维参数随机增加或者减少 0 个或 1 个该参数的步长，防止变异后的粒子变化过大。如果变异后粒子适应度值比之前更小，那么舍弃本次变异操作，粒子按照原来方向移动。使用改进的 PSO 算法优化 SVR 模型的算法实施步骤如下：

（1）初始化粒子群规模 m，终止条件和初始粒子编码；

（2）将每个粒子的个体极值表示为当前粒子的位置，利用均方根误差函数计算每个粒子的适应度值，取粒子中最优的个体极值作为群体最初的全局极值；

（3）更新粒子的位置和速度；

（4）按照粒子的适应度函数计算每次迭代后每个粒子的适应度值；

（5）将每个粒子的适应度值与其个体极值做比较，如果更优的话，则更新个体极值，否则保留原值；

（6）将更新后所有粒子的最优个体极值与全局极值比较，如果更优的话，则更新全局极值，否则保留原值。考虑种群中所有粒子的表现情况，根据粒子的适应度值的不同，采用不同变异概率对粒子进行随机变异，具体计算方法按照式（7-10），变异之后增加了种群多样性，防止种群收敛到局部最优解；

（7）判断是否满足终止条件，即若达到最大迭代次数、所得解收敛或者所得解已经达到了预期的效果，就终止迭代，否则返回（3）；

（8）得到 SVR 模型最佳的组合参数，即得到最优的 SVR 模型。

在改进 PSO-SVR 算法中，每一次计算粒子的适应度值都相当于用训练数据训练一个 SVR 模型，并用测试数据计算模型的性能作为该粒子的适应度值。因为每个粒子都代表着一种 SVR 模型的参数组合解，如果当前粒子的适应度值优于其他粒子，则说明这个粒子所表示的 SVR 模型的参数是最优的组合参数值，同时将最优的组合参数值代入到 SVR 模型中，通过训练得到的模型的性能也是最优的。

C　改进 PSO-SVR 算法在 Spark 平台上的并行化

基于种群的参数优化方法之所以能够得到模型的最优解，主要是因为其种群规模较大，能够多个个体协同寻找最优解，而且能够通过编码方法将复杂求解的问题简化。当种群规模很大，或参数较复杂时，单机环境下上运行群智能算法需要花费很长时间，而且有时无法得到较好的结果。随着高性能计算的发展和集群等网络设施的出现，并行技术得到广泛的关注。群智能算法的种群特性使得算法本身具有并行性，如果将并行技术和群智能的可并行特点相结合，能够更加有效的解决群智能优化问题。

爆破云计算中心采用介绍一种并行的 PSO-SVR 算法，将 PSO 的并行方法和 SVR 的并行方法结合起来，实现更高效的 PSO-SVR 算法。

并行 PSO 同时采用内部和外部并行相结合的方式实现。内部并行实现一次 PSO 寻优过程和粒子适应度值的并行计算，外部并行则实现多个种群同时 PSO 寻优过程，最后将得到的 SVR 模型的参数进行加权平均得到最终的最优模型参数。具体的实施方法如下。

a　并行 PSO 算法

（1）内部并行实现。在一次 PSO 寻优过程中，种群是随机初始化的，包括种群的规模、惯性权重、学习因子以及粒子为初始位置和速度。在计算每个粒子的适应度值时，程序是并行的，即由多个进程或多个机器同时完成该种群中所有粒子的适应度值计算。为了减少机器之间数据传输带来的不必要的开销，最好采用多 CPU 机器实现该部分计算的并行。通过计算和比较，选择得到个体极值和全局极值，然后更新每个粒子的位置和速度。在 PSO 寻优过程中涉及的其他参数，包括位置和速度更新公式、迭代的终止条件和适应度函数等都和基本 PSO 一致。

（2）外部并行实现。通常情况下，一次 PSO 寻优过程很难得到最优的参数值，需要多次进行 PSO 寻优过程。但是每次 PSO 寻优过程都是不相关的。第二次 PSO 寻优无须等到第一次 PSO 寻优过程结束才能执行，除非是在单机上执行该算法。外部并行是将多个 PSO 寻优过程同时执行，每个执行过程中的种群初始化有所不同，得到的结果可能也会有所不同，但是其他参数都是完全相同的。在多 CPU 机器或者多个节点的集群中，可以根据 CPU 的个数或者集群空闲节点的个数设置并行度，实现 PSO 算法的外部并行。

其中在上述 PSO 外部并行完成后，需要将结果集成。如果只是选择模型精度最高的组合参数值作为最终的寻优结果，很有可能出现过拟合问题。为了避免过拟合，采用加权平均的方法将结果集成。例如，设置执行 20 次 PSO 过程，那么在程序执行结束后，如果没有异常错误发生的情况下，算法可以得到 20 组模型的参数值和模型精度。根据模型精度的大小计算该模型的权重，一般说来，精度越高，权重越高。最终得到的参数结果是将每个模型的权重和模型的参数加权计算得到的参数值。具体的计算如式（7-11）和式（7-12）所示。

$$w_k = \mathrm{pre}_k \bigg/ \sum_{i=1}^{n} \mathrm{pre}_i, k = 1, 2, \cdots, n \tag{7-11}$$

$$\mathrm{para}_j = \frac{1}{n} \sum_{i=1}^{n} w_i \mathrm{para}_{ij}, \quad j = 1, 2, \cdots, m \tag{7-12}$$

式中，n 表示训练的模型个数；m 表示每个模型参数的个数。

式（7-11）是求解每 k 个模型的权重，式（7-12）是求解第 j 个参数的加权平均值。

b　并行 SVR 算法

Cascade SVM 是一种并行的 SVM 算法，可以用来解决串行 SVM 算法占用内存多，运行耗时长的缺点。

图 7-36 中的 TD 表示训练数据，SV 表示支持向量，描述了层叠 SVM 的结构。在第一层，数据被分成子数据集并且独立的寻找支持向量。第一层的结果在第二层被两两连接作为新的训练集。最后一层得到的支持向量应测试是否能够全局收敛：如果不能，就要和非支持向量数据一起迭代送回第一层，继续执行寻找支持向量的过程。其中，划分数据和连接结果的方式有很多。图 7-37 只是展现了其中的一种二级层叠方式，这种方式在很多测试中被证明是有效的。如果前几层过滤得到的非支持向量是可靠的，那么在最后一层需要处理的数据不会比最终得到的支持向量数目多很多。

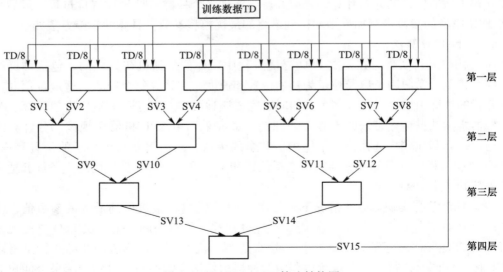

图 7-36　Cascade SVM 算法结构图

该方法的核心思想是：如果子集是从训练集中随机选择的，它极有可能没有包含全部的支持向量，而且子集得到的支持向量也可能不是全部训练集的支持向量。无论如何，如果子集没有偏差严重的话，那么子集包含的支持向量也可能包含全部训练集支持向量的一部分。所以在划分数据集时，要保证划分后的子数据集和原数据集的分布相似，避免训练子数据集得到的支持向量和单机 SVM 算法得到的支持向量机结果差别较大，然后单独对每个子数据集进行 SVM 训练，迭代剔除非支持向量得到局部的支持向量。

c 并行 PSO 与并行 SVR 结合

将并行 PSO 算法用于 SVR 模型的组合参数寻优，同时在每次 PSO 寻优的过程中，使用并行 SVR 算法用于计算每个粒子的适应度值。如图 7-37 所示为并行 PSO 对 SVR 进行参数寻优方法的算法流程图。

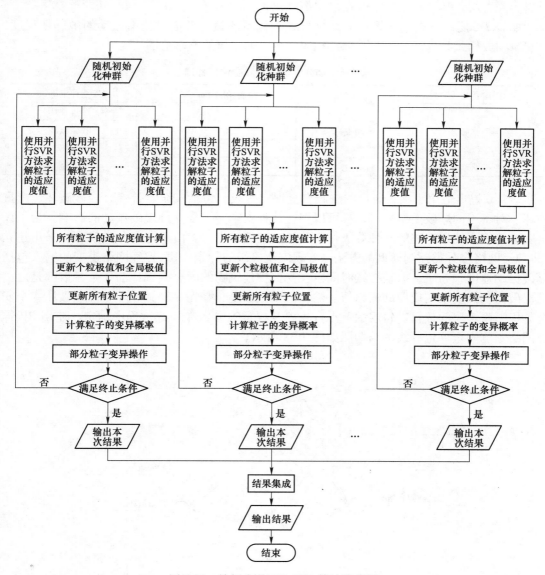

图 7-37 并行改进 PSO-SVR 算法流程图

由图 7-37 可见，采用并行 PSO 对 SVR 模型的组合参数进行寻优，每个种群的每个粒子分别代表 SVR 模型的一种组合参数取值，每次 PSO 寻优都可以得到一组 SVR 模型的组合参数解。经过多次 PSO 寻优过程，可以得到多组 SVR 模型的较优的解，然后将多个模型根据其精度集成为一个模型，用于预测新的数据样本，从而提高预测的精确度。同时在每次 PSO 寻优过程中计算适应度值的步骤中，多个粒子并行计算适应度值，在单个粒子计算适应度值的过程中嵌入并行 SVR 算法，快速计算每个粒子的适应度值。

7.4.1.3 神经网络多分类算法

神经网络种类繁多，如用于图像处理的卷积神经网络，用于语音识别的循环神经网络等，而 BP 神经网络最常用于模式识别和函数逼近等。它是一种通过逆向传播误差训练的多层前馈神经网络，能够无限逼近任意非线性函数。BP 神经网络的结构包括输入层、输出层和隐含层，其中任意两个节点之间都有权重。

如表 7-6 所示，根据建筑物的结构形式和构筑质量，考虑对地面振动的敏感性程度，将建筑物或构筑物进行分类，并确定相应建筑物的波谱的频率范围。

表 7-6   部分爆破振动安全评定标准

提出者	控制参数	控制标准/cm·s⁻¹	安全评定等级
美国矿业局	振动度	$V \geqslant 19.3$	严重破坏
		$13.7 < V < 19.3$	轻微破坏
		$V < 7.1$	警惕
萨道夫斯基	振动速度	$V \leqslant 5.1$	安全

表 7-6 提出适用于项目研究的爆破安全评定等级，包括安全、警惕、轻微破坏、严重破坏。对于不同爆破类型来说，都可以用这几种安全等级来评价爆破振动的影响。为了评定安全等级，使用上述的 4 种等级作为分类模型的输出值。由于是多分类模型，采用建立 BP 神经网络多分类预测模型的方法来实现安全等级的评定。BP 神经网络模型的输入包括爆破振动速度、频率、振动持续时间以及受保护建筑物的固有频率，前 3 个参数都是之前的爆破振动强度预测模型的输出值。输出值则是安全、警惕、轻微破坏、严重破坏 4 个安全等级。隐含层的数目、每层的节点数目以及权重等参数在训练过程中确定。使用 BP 神经网络预测安全评定等级的结构图如图 7-38 所示。

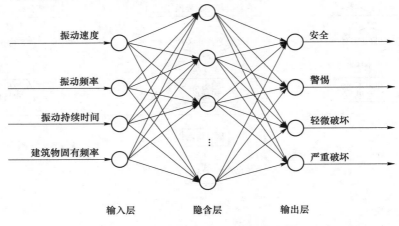

图 7-38   评定爆破安全等级的 BP 神经网络结构图

7.4.2 爆破振动强度预测

7.4.2.1 爆破振动强度预测试验环境

为了验证算法在爆破振动强度预测中的可行性，广州中爆数字信息科技股份有限公司在西北工业大学高性能计算与发展中心，选择曙光集群的 4 台机器搭建了实验环境并进行实验。这 4 个机器节点构建了 Spark 分布式运行环境，其中，机器节点 cu01 作为主节点，节点 cu02、cu03 和 cu04 作为从节点，4 个节点的配置相同，单节点配置如表 7-7 所示。

表 7-7　Spark 单节点配置

节点	CPU	内存	系统盘	核数
cu01	Intel（R）Xeon（R）CPU E5-2650 v4 @ 2.20GHz	128GB	480GB SSD	12核
cu02	Intel（R）Xeon（R）CPU E5-2650 v4@ 2.20GHz	128GB	480GB SSD	12核
cu03	Intel（R）Xeon（R）CPU E5-2650 v4@ 2.20GHz	128GB	480GB SSD	12核
cu04	Intel（R）Xeon（R）CPU E5-2650 v4@ 2.20GHz	128GB	480GB SSD	12核

在爆破数据预处理的基础上，首先使用基于大数据处理平台 Spark 的支持向量回归方法和基因表达式编程方法对爆破振动的强度进行预测，预测得到了爆破振动速度、频率和振动持续时间 3 个变量的值，然后将这 3 个参数和受保护建筑物的固有频率作为神经网络多分类模型的输入值，对爆破的安全评定等级进行预测，输出结果包括安全、警惕、轻微破坏、严重破坏 4 个等级。在 Spark 上实现算法并行化的方法如图 7-35 所示。

7.4.2.2 影响爆破振动的特征参量

影响爆破振动效应的因素很多，大致可概括为爆破方案设计、现场环境、介质条件和被保护物建筑物特性等方面，它们共同决定了爆破引起的振动强度。围绕影响爆破振动强度的速度、频率和振动持续时间三个指标，总结了如下影响因素。

（1）最大单段药量。最大单段药量的大小直接关系到单位时间内爆破能量转化为地震能量的多少。在相关研究中，实验证明了最大单段药量对爆破振动强度的影响。萨道夫斯基公式也说明了爆破振动速度与最大单段药量的正相关关系。

（2）爆心距。爆心距指的是爆破中心距离被保护建筑物的距离。研究表明爆破地震波整体上随距离的增加而衰减，质点振动速度随距离的增大会很快减小，主频率也是随距离的变化而变化。

（3）毫秒延期间隔时间。毫秒延期爆破技术的原理是设计相邻两排炮孔的起爆时间有一定的间隔，使得两个振动波相互叠加后的幅值最小，达到减小振速、减少爆破对被保护体破坏的目的。合理的毫秒延期爆破间隔时间，不仅能够控制爆破振动强度，还能提高爆破能量的利用率等。相关研究表明，在毫秒延期间隔爆破中，随着爆破规模的增大，间隔时间也需要增加。

（4）普氏系数。普氏系数是指岩石的坚固性系数，反映的是岩石在几种变形方式的组合作用下抵抗破坏的能力。通常把岩石单轴抗压强度极限的 1/10 作为岩石的坚固性系数。普氏系数是个无量纲的值，它表明某种岩石的坚固性比致密的黏土坚固多少倍。

（5）总药量。频带能量是衡量爆破振动危害的一个重要指标，通过小波包分析技术分析爆破振动信号，得出不同总药量对爆破振动信号频带能量分布有较大影响。其中，爆破主频率变化随着总药量增加向低频发展的趋势对控制安全爆破作业有重要意义。

（6）高程差。高程差是两点的两个水准面的差距，常用水准测量方法测定。大量爆破数据实验表明，高程差对爆破振动的影响是显著的。本书在对影响爆破振动的主控因素分析中，也证实了这个观点。

（7）前排抵抗线。研究表明，爆破效果的好坏与前排抵抗线也有重要关系，可以根据爆破环境条件选择合理的前排抵抗线。

（8）完整性系数。岩石中通常存在很多裂隙和节理等，如果振动波在传播时经过这些裂隙和节理，会产生折射、反射和绕射等现象，使得爆破振动速度减小。所以在预测爆破振动强度时，大数据方法经常将完整性系数作为一个影响因素。

（9）测点与最小抵抗线方向夹角。通常将药包中心到最近自由面的最短距离称为最小抵抗线，最小抵抗线也是控制爆破振动的关键因素。

（10）起爆网路。常用的起爆网路有电爆网路、导爆索网路、导爆管网路、电子雷管网路以及混合网路。其中电爆网路中的起爆顺序和间隔时间可以准确控制，爆破效果较好，在爆破过程中可用仪表对网路进行检测，可靠性较高，所以也是工程中常用的网路结构。

（11）炸药特性和炸药爆速。研究表明，根据爆破方法、目的以及岩石条件等不同，选择不同威力的炸药，可以合理利用爆炸产生的能量和提高爆破效果。炸药特性一般是以炸药爆速这一因素作为影响爆破振动的参量，当需要减小爆破振动时，就要选择爆速低、密度小的炸药。

（12）不耦合系数。通过室外爆破试验分析结果得到，在不耦合装药爆破中，存在最佳的不耦合系数，此时爆炸振动波峰值速度衰减最慢，爆炸能量得到充分利用，达到最优的爆破效果。

（13）孔网参数。孔网参数除了之前介绍的前排抵抗线，还有孔距、排拒、孔深、超深以及段数等参数。通常减小爆破振动强度时，会考虑增大孔距、减小排距、缩小抵抗线、适当控制孔深和段数，超深值不宜过大等。

（14）自由面条件。理论和实践证明，在其他条件相同的情况下，自由面数量越少，爆破振动强度越大。

7.4.2.3　影响爆破振动强度的主控因素

由于地质条件、环境因素等问题，爆破过程中有较大的不确定性，必须要合理的设计爆破参数，充分考虑爆破中可能存在的问题，保证爆破的效果和爆破的安全性。爆破振动的影响因素众多，为了能够更加有针对性的控制爆破振动效应并提出有效的减振措施，引入相关性分析方法来寻找影响爆破振动的主控因素。使用主控因素对爆破振动数据进行建模，可以获得更加稳定的预测模型，而且在爆破过程中可以通过控制主控因素达到减小爆破振动的目的。

针对爆破数据中的距离、振速等变量不服从正态分布的情况，采用 Spearman 秩相关系数来描述爆破振动影响因子和爆破振动速度、频率和持续时间的计算相关系数描述变量之间的关系，并按照绝对值从小到大的顺序编秩，结果如表7-8所示。

表 7-8 影响因子和评价指标之间的相关系数

影响因子	振动速度		振动频率		持续时间		秩次平均值
	相关系数	秩次	相关系数	秩次	相关系数	秩次	
最大单段药量	0.334	4	-0.426	3	0.231	7	4.67
总药量	0.324	5	-0.101	7	0.786	1	4.33
距离	-0.516	1	-0.691	1	-0.295	4	2
高程差	-0.419	2	-0.432	2	-0.238	6	3.33
前排抵抗线	0.348	3	0.244	5	0.323	3	3.66
毫秒延期间隔	-0.262	7	-0.249	4	-0.239	5	5.33
完整性系数	0.097	8	0.073	8	0.054	9	8.33
测点与前排抵抗线方向夹角	0.322	6	0.058	9	0.361	2	5.66
炸药爆速	0.091	9	0.184	6	0.154	8	7.66
环境温度	0.003	11	0.002	11	0.002	10.5	10.83
空气湿度	0.006	10	0.003	10	0.002	10.5	10.16
经度	0.001	12.5	0.001	12.5	0.001	12.5	12.5
纬度	0.001	12.5	0.001	12.5	0.001	12.5	12.5

通过分析可以得到，距离是影响测试点振动速度和振动频率的最主要因素，其次是最大单段药量，而总药量是影响振动持续时间的最主要因素。所以在控制爆破振动时，要严格控制药量。选择保守的药量方案，可能造成爆破之后的人为施工、大块剧增和留有根底等问题，增加作业成本。但是为了确保安全爆破，对于最大单段药量和总药量的选择，要遵循"取小不取大"原则。高程差也是影响爆破振动的关键因素。爆破的方案设计中通常不会考虑天气和经纬度等参数，该表格的数据也证明了这些参数在爆破振动中几乎是不相关因素，所在对爆破数据进行属性归约时，需要去除诸如温度、湿度等相关系数极低的属性，从而训练泛化能力较强的预测模型。

同时，也可以采用粗糙集理论中的不协调率来评估属性的重要性，结合工程爆破项目，定义在工程爆破中条件属性的不协调率公式：

$$f_i = (C - C_i)/C \qquad (7-13)$$

式中，f_i 为去掉条件属性 i 后的不协调率，C 代表原始数据集初始数据集，C_i 代表去掉条件属性 i 之后不产生冲突的数据集，$C-C_i$ 即不协调的数据集。

爆破数据决策表的约简步骤如下：

步骤1：删除爆破数据决策表中的一个条件属性，保留余下的条件属性和决策属性。

步骤2：步骤1执行完后，爆破数据决策表也许会有重复的数据条目，将重复的数据条目删除，仅保留一条即可。

步骤3：遍历爆破数据决策表，根据式（7-13）计算被删除的条件属性的不协调率，如果该条件属性字段不是最后一个字段，则返回步骤1对下一个条件属性进行不协调率计算；否则，决策表不协调率计算完毕。

7.4.2.4 基于支持向量回归和基因表达式编程的爆破振动预测

单机环境下执行算法和在 Spark 集群环境下执行算法在预测性能上的差异，采用预测模型的均方根误差 RMSE 作为指标。均方根误差：

$$\text{RMSE} = \sqrt{\dfrac{\displaystyle\sum_{i=1}^{n}\left(X_{\text{obs},i} - X_{\text{model},i}\right)^{2}}{n}} \qquad (7\text{-}14)$$

式中，RMSE 为均方根误差；$X_{\text{obs},i}$ 为第 i 次测量值；$X_{\text{model},i}$ 为第 i 次测量真值；n 为测量数据个数。

　　均方根误差能够很好地反映出测量的精密度，均方根误差越小，表明测量的数据越精确。

　　系统训练所用的数据集来自工程爆破云计算数据中心，选用 90% 的数据作为训练数据，10% 数据用于测试数据。模型训练完成以后，首先通过模型计算了爆破振动最大速度随最大单段药量和爆心距的变化情况，见图 7-39 及图 7-40。从图中可知，爆破振动最大速度随最大单段药量增大而增大，随爆心距增大而减小，这与通常的认知和实测结果趋势一致。

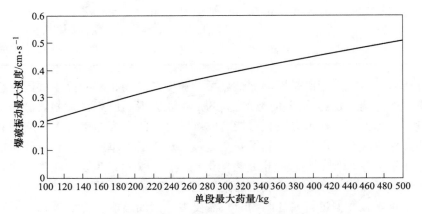

图 7-39　模型计算爆破振动最大速度随最大单段药量变化情况

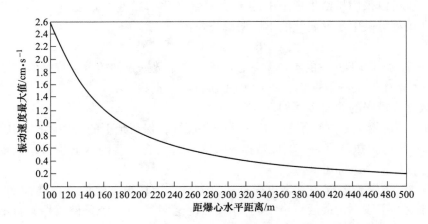

图 7-40　模型计算爆破振动最大速度随爆心距变化情况

预测模型包括爆破振动速度、振动频率和振动持续时间 3 个 SVR 预测模型。模型运行结果分别如图 7-41~图 7-43 所示。

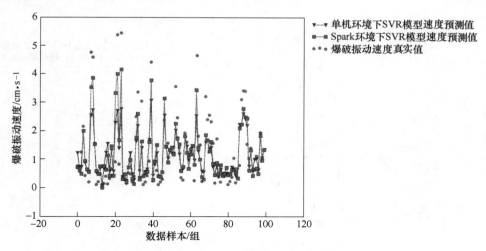

图 7-41   Spark 和单机环境下爆破振速 SVR 模型预测结果对比

图 7-41 是爆破振动速度的 SVR 模型预测性能对比，"●"数据点表示爆破振动速度的真实值，速度均小于 6cm/s。"▼"的折线表示单机环境下训练的 SVR 模型预测的速度值，"■"的折线表示在 Spark 环境下训练的 SVR 模型预测的速度值。横坐标表示数据样本数，实验随机选择 100 组测试样本对其进行爆破振动速度预测。由观察可知，两种环境下预测的爆破振动速度的变换规律基本一致，部分样本的单机 SVR 模型预测值接近真实值，而另一部分样本的 Spark SVR 模型预测值更接近于真实值。

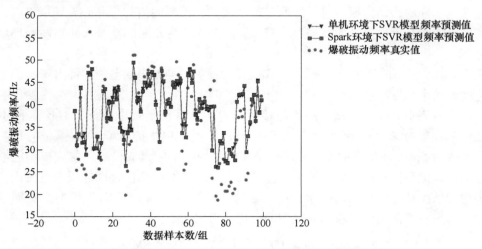

图 7-42   Spark 和单机环境下爆破振动频率模型预测结果对比

图 7-42 是爆破振动频率的 SVR 模型预测性能对比，"●"数据点表示爆破振动频率的真实值，变化范围在 15 到 60 之间。"▼"的折线表示单机环境下训练的 SVR 模型预测的频率值，"■"的折线表示在 Spark 环境下训练的 SVR 模型预测的频率值。横坐标同样表示随机选取的 100 组测试样本对其进行爆破振动频率的预测。观察两种环境下的预测值的

变化规律折线，很多部分都是重合的，说明这两种环境下对爆破振动频率的预测性能非常接近。

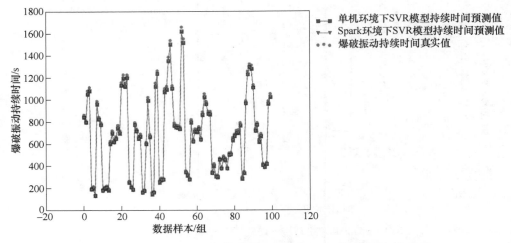

图 7-43　Spark 和单机环境下爆破振动持续时间模型预测结果对比

图 7-43 是爆破振动持续时间的 SVR 模型预测性能对比，"●"数据点表示爆破振动持续时间的真实值，包含 100s 到 1700s 之间的值，取值范围的跨度很大。"■"的折线表示单机环境下训练的 SVR 模型预测的时间值，"▼"的折线表示在 Spark 环境下训练的 SVR 模型预测的时间值。横坐标同样表示随机选取的 100 组测试样本对其进行爆破振动持续时间的预测。"■"折线与"▼"折线几乎是完全重合的，但是这并不表示两种情况下预测的值是完全一样的，因为振动时间的取值范围很大，预测的值如果相差在 50s 之内，在图中看到的可能也是近乎重合的数据点，需要通过具体的均方根误差值来评价两种环境下的性能好坏。

表 7-9 总结了不同环境下的不同 SVR 模型的预测的均方根误差值，即 RMSE 值。其中振动速度、频率和振动持续时间的 SVR 模型的 RMSE 相关很大，是因为这些参量的取值很大，由式（7-14）知：RMSE 的值越接近于 0，说明预测效果越好。对比三种不同的 SVR 模型的性能可知，Spark 平台下的 PSO-SVR 模型比单机的 PSO-SVR 模型的预测误差略小，是因为 Spark 环境下的模型是多次迭代取平均结果的集成模型，集成模型能够避免模型过拟合，提高模型预测的准确率。但是两者的误差值都是在合理的误差范围内，基本满足工程爆破振动强度预测的要求。说明在这两种模式下的 PSO-SVR 模型具有同等的预测能力，从另一方面也可以看出此模型的泛化能力比较强。

表 7-9　Spark 和单机环境下不同 SVR 模型的 RMSE 对比

环境	振动速度 SVR	振动频率 SVR	持续时间 SVR
单机	0.61	21.82	100.24
Spark	0.39	18.86	94.32

本部分以支持向量回归模型为例来说明，基因表达式编程方法的预测结果与此类似，不再赘述。两种算法的不同之处在于：（1）支持向量回归模型适合于小样本量，基因表达

式编程方法适合于大样本量；（2）基因表达式编程预测精度略好于支持向量回归；（3）支持向量回归的运行时间小于基因表达式编程。

7.4.2.5 基于典型案例推理融合的预测方法

基于典型案例推理融合预测爆破振动的方法如图7-44，包含案例表示、案例存储、案例检索、案例重用等部分。

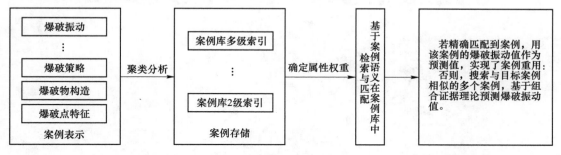

图 7-44 基于典型案例推理融合预测爆破振动

采用基于语义网络的方法实现案例表示，案例属性包含爆破点特征、爆破物构造、气候条件、炸药布局特征、爆破策略等特征以及爆破振动属性等。引入聚类分析的方法对案例库中相似案例进行归类形成抽象案例以对案例库进行2级或多级索引，并用多级案例库来分解复杂系统庞大案例库，实现案例存储。采用遗传算法实现属性权值优化，以提高案例检索的精确度，采用基于案例语义的搜索算法。

在基于典型案例推理的过程中，首先输入需要预测的爆破问题的描述信息，然后基于案例语义在案例库中检索和目标案例相同的案例，实现案例重用。在没有精确匹配的案例情况下，可以选择与目标案例相似的多个案例，采用组合证据理论等方法融合多个案例的结果，对目标爆破案例的爆破振动进行预测。

7.4.2.6 多模型融合的智能爆破振动预测方法

工程爆破大数据分析模型库和知识库中具有多种来源的模型、公式等，如本书中提出的基于大数据分析平台 Spark 和优化的基因表达式编程模型、基于粒子群优化的支持向量回归模型、萨道夫斯基公式等。对于不同来源的规则、公式、知识，需要在评判其适应范围和置信度的基础上利用。基于多种规则的置信度，采用基于组合证据理论的方法对多种模型进行融合来预测爆破振动，从而提高预测的准确性。

组合证据理论又称 Dempster-Shafer 理论或信任函数理论，它是经典概率论的一种扩充形式。Dempster 组合法则是用一种与概率论中由两个独立的边缘概率密度函数计算联合概率密度函数相类似的方法来组合论据的。由于关于工程爆破的知识存在着不确定性、不精确性和不完整性，因此在爆破振动预测的许多方面需要用到不确定推理。组合证据理论的优点在于：它是一种模糊测度，可以用比概率理论更弱的公理来定义，与人的思维更接近，更加直观、易于理解和解释。因此，本书采用组合证据理论进行业务质量的综合评价。

在工程爆破预测方面，可将各种不同预测模型在多维属性空间中的预测结果的准确性作为模型的可信测度，通过组合证据理论计算融合后的振动预测结果。基于组合证据理论的融合主要用于不同预测方法的可信测度相近，但是预测结果确有较大不同的情况。

综合不协调率、相关性系数以及专家经验，选择爆破总药量、最大单段药量、距爆心水平距离、毫秒延期时间、普氏系数等作为重要属性预测爆破振动，如图7-45所示。图7-46为通过测试数据得到的预测结果误差，结果表明预测误差在7%~19%，预测基本准确。

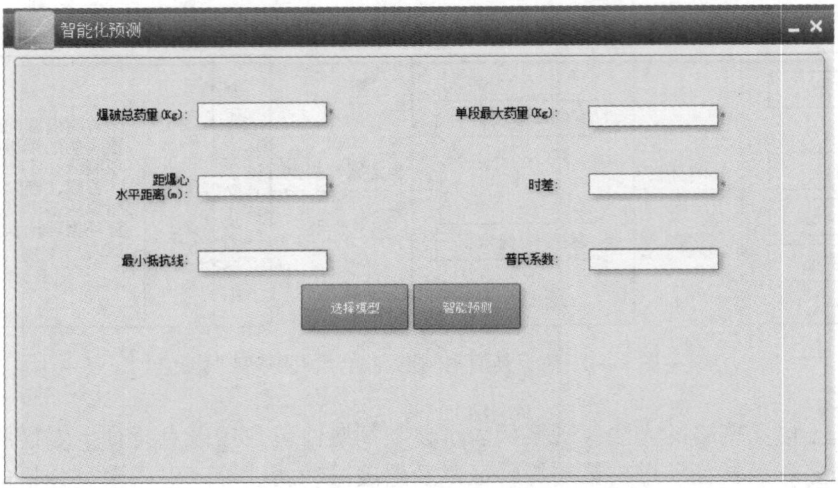

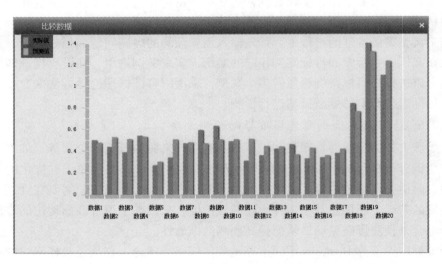

图 7-45　人工智能预测用到的爆破振动相关属性

图 7-46　爆破振动预测结果误差

作为多模型融合的智能爆破振动预测方法的一个特例，结合实测数据及算法实验结果，分析确定萨道夫斯基公式、GEP算法、SVR算法的适用范围，结果如图7-47所示。该组实验使用的是相同的数据集，对比了萨道夫斯基公式、GEP算法、SVR算法3种预测方法的结果。由图可以看出：当测点到爆源的距离比较小时，萨道夫斯基公式的预测结果误差要低于GEP算法、SVR算法。这是因为在距离较近时，测点到爆源的距离这个条件属性的影响程度最大，而其他的条件属性的影响程度都要小一些，所以只考虑两个条件属性的萨道夫斯基公式的结果要好一些。使用了多个条件属性的 GEP 算法和 SVR 算法，由于考虑的条件属性过多，多余的条件属性在测点到爆源的距离较近的时候，影响程度较小，所以预测的结果没有萨式公式好。当测点到爆源的距离逐渐增大的时候，其他的条件属性的影响程度逐渐增大，这时候萨道夫斯基公式由于输入的条件属性少，所以它的预测结果准确度就变小了，而 GEP 算法和 SVR 算法综合考虑了多种条件属性，所以两者的结果准确度就逐渐提高了，两者的误差几乎没有区别。

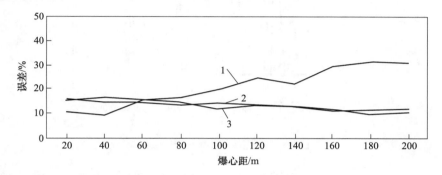

图 7-47　三种预测方法误差结果对比
1—萨道夫斯基公式；2—GEP 算法；3—SVR 算法

当遇到一个新的工程爆破项目的时候，可以将爆破振动的预测方法做一个分段处理，如式（7-15）。

$$振动预测模型 = \begin{cases} 萨道夫斯基公式 & 当测点到爆源距离较近时 \\ GEP\ 算法或\ SVR\ 算法 & 当测点到爆源距离较远时 \end{cases} \quad (7\text{-}15)$$

爆破安全等级智能评估是在测点到爆源距离较近时，采用萨道夫斯基公式，结果准确度高；当测点到爆源距离逐渐增大时，可以采用 GEP 算法或者 SVR 算法进行振动预测。这样综合利用多种爆破振动预测方法，可以取得更好的预测结果，并且在此基础上还可以引入其他预测模型，将分段数增加即可。

7.4.3　爆破安全等级智能评估

基于爆破振动强度预测实验得到的结果，包括爆破振动速度、频率和振动持续时间 3 个变量的值，然后将这 3 个参数和受保护建（构）筑物的固有频率作为神经网络多分类模型的输入值，对爆破的安全评定等级进行预测，输出结果包括安全、警惕、轻微破坏、严重破坏 4 个等级。

原始爆破数据中没有给出爆破方案安全等级的标签数据，在实验之前需要爆破专家人为的标定安全等级数据。爆破专家根据爆破方案的设计、爆破对周围建（构）筑物的影响和爆破效果等因素，定义某一个爆破方案的安全等级。实验使用神经网络多分类模型对爆破数据中的安全等级标签进行预测，部分样本的预测结果如图 7-48 所示。

图 7-48 中的纵坐标 1.0、2.0、3.0 和 4.0 分别表示安全等级的分类标签安全、警惕、轻微破坏和严重破坏。观察实验结果可以得到，该神经网络模型对于大多数样本数据的预测结果较为准确，对于一些专家评估为安全的爆破方案，神经网络模型可能判断为警惕，原因有多种可能。例如，可能爆破振动频率的预测值与被保护建（构）筑物的频率较为接

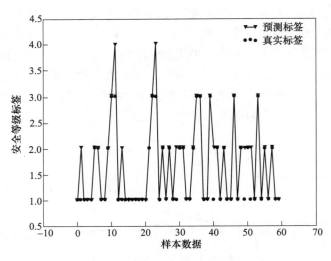

图 7-48　神经网络预测安全等级结果

近，从爆破领域的角度出发，这种情况容易引起共振现象，导致建筑物受损，故神经网络将这种情况判断为警惕级别。但是神经网络模型无法根据具体的结果推测出产生的原因，只能为爆破相关人员提供数据上的一些支持，不能作为爆破方案可实施的依据。

7.5　爆破振动远程监测与大数据预测应用

7.5.1　水利枢纽爆破振动监测与预测

7.5.1.1　项目工程背景

平寨航电枢纽工程位于贵州省清水江干流黔东南苗族侗族自治州施秉、台江两县交界处，是清水江干流革东以上干流梯级的第 9 级电站。该工程系露天深孔爆破，周围毗邻南哨村和平寨村。

陕西中爆检测检验有限责任公司依托远程测振系统，对该工程周边保护对象（周边民房）的地基质点峰值振动速度和主振频率进行了爆破振动监测，通过无线网络实时传输到云服务平台进行数据处理与分析，将爆破振动监测数据与预测值进行对比分析。

7.5.1.2　基坑开挖爆破参数

该工程一期基坑开挖坝址位于施秉县双井镇平寨村及台江县施洞镇南哨村上游约 0.7km 处，爆破开挖量约 14 万立方米。岩石为页岩和石灰岩。爆破参数设计如下：孔径 ϕ105mm，孔距 $a=3$m，排距 $b=2.5$m，台阶高度 $H=5\sim8$m，底盘抵抗线 $W=3.0$m，填塞长度 $L=3$m，炸药单耗 $q=0.33\sim0.48$kg/m^3。

7.5.1.3　石料场开采爆破参数

石料场位于坝址右岸山体，距离坝址较近，料场为条形山梁地形，地形较陡，坡度为 $40°\sim62°$。山顶高程 654.78m，山脚高程 541m，相对高差 113.78m。爆破开采量共计约 114.52 万立方米。岩石为页岩和石灰岩。爆破参数设计如下：孔径 $\phi=105$mm，孔距 $a=3.5$m，排距 $b=3.5$m，超深 $l=0.5$m，孔深 $h=10.5\sim11.0$m，填塞长度 $L=2.5\sim3.0$m，炸

药单耗 $q=0.5\text{kg/m}^3$。

7.5.1.4 爆区环境概述

本工程爆破区域有两处，分别为基坑开挖、石料场开采区域。

7.5.1.5 保护对象概述

本爆破工程保护对象为周边民房。平寨村位于基坑开挖爆区东北侧（左岸），南哨村位于基坑开挖爆区东南侧（右岸），其中有两户位于西南侧。南哨村位于石料场开采爆区的西北侧，养鸡房位于石料场开采爆区的东北侧。民房主要为砖木结构，瓦片坡屋面，属一般民用建筑物。保护对象如图 7-49 所示。

(a)

(b)

(c)

(d)

图 7-49　爆区周围保护目标实景图

（a）基坑开挖爆区西南侧南哨村（右岸）两户民房；（b）基坑开挖爆区东南侧南哨村（右岸）民房；
（c）石料场开采爆区东北侧养鸡房；（d）基坑开挖爆区东北侧平寨村（左岸）民房

7.5.1.6　爆破安全判据

测试依据是《爆破安全规程》（GB6722—2014）、《土方与爆破工程施工及验收规范》（GB 50201—2012）。根据《爆破安全规程》（GB 6722—2014）第 13.2 条的规定：地面建筑物的爆破振动安全判据，采用保护对象所在地基础质点峰值振动速度和主振频率。

此次基坑开挖爆破、石料场开采爆破均属露天深孔爆破，振动频率 $f = 10 \sim 60Hz$。周边民房主要为砖木结构，依据《爆破安全规程》（GB 6722—2014），按一般民用建筑物类选择爆破振动安全允许标准，安全允许质点振动速度 $v = 2.0 \sim 2.5cm/s$。根据爆破地震波的主振频率和村庄民房的结构特质、建造年代较久等，爆破振动安全允许标准按主振频率所对应的安全振速的下限选取。即选择爆破振动安全允许最大振速值为 2.0cm/s。当振动频率 $f \leqslant 10Hz$ 时，爆破振动安全允许最大振速值选 1.5cm/s。

7.5.1.7　测试系统

根据施工现场地形、地质条件和爆破参数，预估被测信号的幅值范围和频率范围。测试系统的幅值范围上限应达到被测信号最大预估值的 3 倍，频率适用范围应覆盖被测信号预估频率。

所有远程测振仪器均由工程爆破振动测试标定中心标定。灵敏度标定条件为：频率40Hz，速度 1cm/s。详细的频率响应及幅值线性度以及历史标定信息可在爆破测振云服务平台系统中查询。

7.5.1.8　测点布置

依据最近原则（即民房与爆区的距离最近），在基坑周围选择具有代表性的 6 个点作为监测点，编号分别为 1 号、2 号、3 号、4 号、5 号、6 号。在石料场周围选择 5 个监测点，分别为 1 号、2 号、3 号、4 号、5 号。测点布置如图 7-50 和图 7-51 所示。

7.5.1.9　现场测试结果

图 7-52 展示了各个测点的质点振动波形图。石料场开采爆破的现场测试记录如表7-10所示，图 7-53 展示了相应的质点振动波形图。

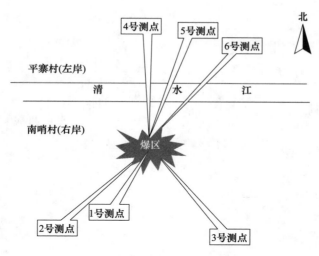

图 7-50   基坑开挖爆破测点分布图

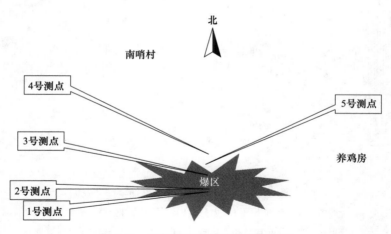

图 7-51   石料场开采爆破测点分布图

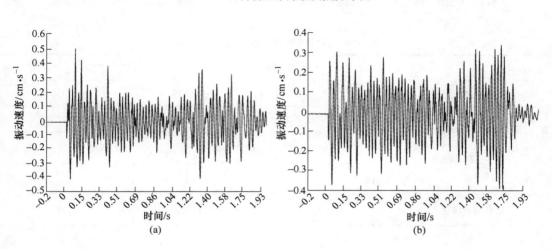

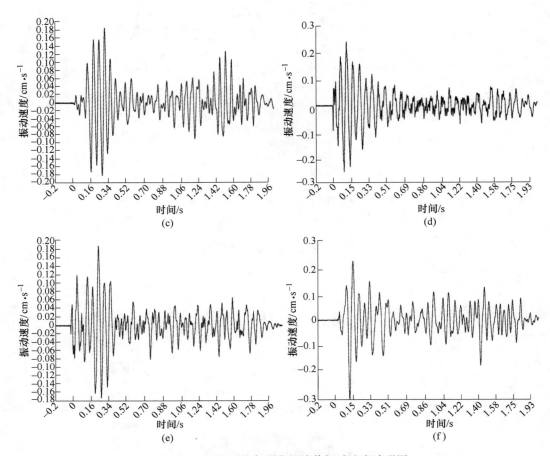

图 7-52　基坑开挖各测点的峰值振动速度波形图

（a）1 号测点峰值振动速度波形图（垂向）；（b）2 号测点峰值振动速度波形图（垂向）；
（c）3 号测点峰值振动速度波形图（水平径向）；（d）4 号测点峰值振动速度波形图（垂向）；
（e）5 号测点峰值振动速度波形图（水平径向）；（f）6 号测点峰值振动速度波形图（水平径向）

表 7-10　石料场开采爆破现场测试记录表

测振概况					
爆破地点	石料场				
测振类型	深孔爆破			爆破日期	2017. 12. 03
爆破位置坐标与天气	经度/(°)	纬度/(°)	相对高程/m	温度/℃	相对湿度/%	天气
	108. 2	26.83	15	9	91	阴
测点地质描述	混凝土地面		传感器固定方法		石膏
测试记录与数据处理结果					

测点位置、名称及距爆心直线距离/m			方向	传感器编号	峰值振动速度/cm·s⁻¹	主振频率/Hz
西北侧南哨村民房	1 号	265	X	150910010	0.09	30.21
			Y		0.17	30.9
			Z		0.15	9.27
	2 号	425	X	150910011	未触发（振速小于 0.09）	
			Y			
			Z			
	3 号	530	X	150910012	未触发（振速小于 0.09）	
			Y			
			Z			
测点位置、名称及距爆心直线距离/m			方向	传感器编号	峰值振动速度/cm·s⁻¹	主振频率/Hz
西北侧南哨村民房	4 号	510	X	150910050	0.03	6.41
			Y		0.1	9.27
			Z		0.1	40.28
东北侧养鸡场民房	5 号	410	X	170710052	0.14	29.87
			Y		0.11	22.77
			Z		0.12	29.3

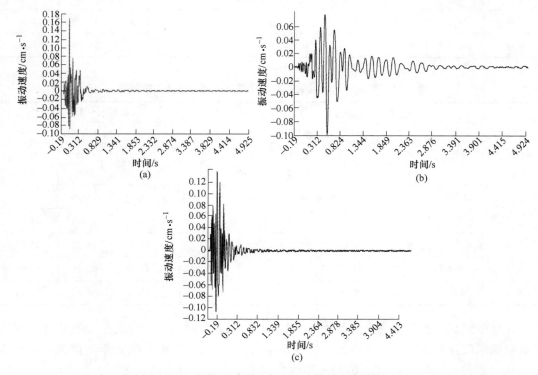

图 7-53　石料场开采爆破各测点峰值振动速度波形图

（a）1 号测点峰值振动速度波形图（水平切向）；（b）4 号测点峰值振动速度波形图（水平切向）；

（c）5 号测点峰值振动速度波形图（水平径向）

7.5.1.10　爆破振动大数据预测分析

根据爆破施工现场的参数数据，使用远程测振系统封装的萨道夫斯基公式算法、基因表达式编程算法（GEP）、改进的 PSO-SVR 算法和多模型融合的智能预测方法对爆破振动速度峰值、振动主频率进行预测，并将预测结果分别与基坑开挖和石料场开采的实测数据进行对比，结果如表 7-11 及表 7-12 所示，对比的参量包括各质点的峰值振动速度和主振频率。其中，大数据分析方法的预测模型的训练数据来自爆破公司提供的历史数据，这些历史数据均是深孔爆破类型的数据，由此得到的预测模型在预测深孔爆破的参量时更加准确。

表 7-11　基坑开挖爆破各测点处峰值振动速度和主振频率

测点编号	质点峰值振动速度 $v/\mathrm{cm \cdot s^{-1}}$				主振频率 f/Hz			
	实测值	不同方法的预测值			实测值	不同方法的预测值		
		萨氏公式	GEP	PSO-SVR	智能预测		GEP	PSO-SVR	智能预测
1 号	0.5	0.32	0.43	0.55	0.54	34.1	37.74	29.08	34.3
2 号	0.38	0.28	0.32	0.42	0.42	34.1	30.24	31.82	32.9
3 号	0.19	0.19	0.21	0.21	0.21	18.08	17.59	18.17	17.91
4 号	0.24	0.15	0.2	0.26	0.22	16.71	19.48	16.8	16.52
5 号	0.19	0.14	0.16	0.14	0.18	17.62	19.33	18.22	18.31
6 号	0.3	0.15	0.26	0.32	0.3	14.65	17.66	11.69	16.42

表 7-12　石料场开采爆破各测点处峰值振动速度和主振频率

测点编号	质点峰值振动速度 $v/\mathrm{cm \cdot s^{-1}}$				主振频率 f/Hz			
	实测值	不同方法的预测值			实测值	不同方法的预测值		
		萨氏公式	GEP	PSO-SVR	智能预测		GEP	PSO-SVR	智能预测
1 号	0.17	0.15	0.2	0.15	0.16	30.9	34.37	27.14	28.62
2 号	—	0.12	0.13	0.13	0.11	—	22.1	23.45	22.94
3 号	—	0.13	0.16	0.1	0.1	—	24.18	27.33	25.67
4 号	0.1	0.07	0.09	0.1	0.1	40.28	41.64	42.15	41.93
5 号	0.14	0.08	0.15	0.15	0.13	29.87	30.60	28.85	30.13

计算得到萨道夫斯基公式的参数值分别是：$K = 56$；$\alpha = 1.4$，这两个参数是通过现场实测数据回归计算得到的，其中最大单段药量均为 100kg，距离是测点距离爆源的水平距离。从《爆破安全规程》（GB 6722—2014）的角度出发，分析萨氏公式方法、GEP 方法、改进 PSO-SVR 方法和人工智能预测方法的预测结果。这 4 种方法的预测值都是低于爆破振动速度的安全允许标准的，而且实测值也是低于振动速度的安全允许标准，可知这 4 种

方法在工程爆破振动速度预测中的都具有可行性。

如表 7-12 所示，石料场开采爆破的测点 2 号和 3 号没有实测值，原因是两个测点的振速均小于触发电平值 0.09cm/s，未触发传感器，在计算平均相对误差时，将没有测到的振速默认设置为 0.09cm/s，频率默认设置为 40Hz。

由表 7-13 可知，萨氏公式的相对误差较大，GEP 方法、改进 PSO-SVR 和人工智能预测方法的相对误差较小，说明 GEP 方法、改进 PSO-SVR 方法和人工智能预测方法预测结果相对于萨氏公式更接近于实测值，可信度较高。

表 7-13 四种预测方法预测结果的平均相对误差

预测方法	平均相对误差/%
萨氏公式	29.4
GEP	18.5
改进 PSO-SVR	8.6
人工智能预测方法	7.8

实测数据显示，基坑开挖爆破：西南侧南哨村（右岸）两户民房测点的质点最大峰值振动速度为 0.50cm/s，主振频率为 34.10Hz；东南侧南哨村（右岸）民房测点的质点最大峰值振动速度为 0.24cm/s，主振频率为 13.73Hz；东北侧平寨村（左岸）民房测点的质点最大峰值振动速度为 0.30cm/s，主振频率为 14.65Hz。

石料场开采爆破：西南侧南哨村（右岸）两户民房测点的质点最大峰值振动速度为 0.32cm/s，主振频率为 4.58Hz；西北侧南哨村（右岸）民房测点监测的质点最大峰值振动速度为 0.17cm/s，主振频率为 30.90Hz；东北侧养鸡房测点监测的质点最大峰值振动速度为 0.14cm/s，主振频率为 29.87Hz。

依据选择的安全判定标准，实测两户民房测点的质点主振频率为 4.58Hz，最大峰值振动速度为 0.32cm/s，此监测数据远低于安全允许质点振速 1.5cm/s。实测其他测点的质点主振频率为 13.73Hz、14.65Hz、29.87Hz、30.90Hz、34.10Hz，最大峰值振动速度分别为 0.24cm/s、0.30cm/s、0.14cm/s、0.17cm/s、0.50cm/s。此监测数据远低于安全允许质点振速值 2.0cm/s。表明监测期间爆破振动对周边民房未造成损害。按监测期间的爆破设计方案进行施工，一期基坑开挖爆破和石料场开采爆破产生的振动对民房不会造成伤害。

预测数据显示，不同方法的预测值有所不同，其中 GEP 方法、改进 PSO-SVR 方法和人工智能预测方法的预测值在多组数据的预测上是相近的，但不总是最接近实测值。说明这 4 种方法都有各自的优势。从预测结果分析可知，当爆源距离测点较近时，萨氏公式有时是比较准确的，但是无法确定二者之间有必然的联系。总之，4 种方法都能够应用在爆破振动预测中。实际应用时，可以集成 4 种方法的预测结果，共同作为预测爆破振动速度参考。

7.5.2 场坪基础爆破振动监测与预测

7.5.2.1 项目工程背景

维多利摩尔城位于内蒙古赤峰市红山片区英金河畔，工程总用地面积约 65196.7m²，总建筑面积 319327.71m^2。维多利摩尔城场坪基础岩石为强风化花岗岩，岩石坚硬系数 f = 5~7，需要进行基坑石方爆破。

　　陕西中爆检测检验有限责任公司根据现场情况，使用远程测振系统对爆破振动进行了监测，获取了准确的测试数据，同时使用爆破远程测振云平台的大数据分析方法对爆破振动的速度峰值和主振频率等进行了预测，将预测结果与实测结果进行对比分析，验证了大数据分析方法在工程爆破振动预测中的可行性。

7.5.2.2　爆区环境与保护对象概述

　　爆区长度约 85m，宽约 45m，基坑深度约 21m。唯美品格小区位于爆区正北方，距爆心 170m。龙腾国际施工用塔吊位于爆区东北方，最近塔吊距爆心 205m。已入住居民的龙腾国际南楼位于爆区东北方，距爆心 110m。龙腾国际 5 号公寓楼（在建）位于爆区东北方，距爆心 260m。爆破环境如图 7-54 所示。

图 7-54　爆区周围环境图

　　由于爆区东北侧的龙腾国际南楼已入住居民，且距离爆源最近，故作为此次爆破重点保护对象。爆破作业面北侧唯美品格小区楼房及东北侧龙腾国际在建公寓楼也视为重点保护目标。

　　此次爆破危害主要考虑爆破振动、爆破飞石和爆破噪音对保护建筑物的危害。根据现场环境，采取非电导爆管起爆网路，孔内装药，一次点火分段延时起爆方式，保证填塞长度，控制单耗及压土袋等预防措施。

7.5.2.3　爆破安全判据

　　通常情况下，爆破工程中的测振任务以《爆破安全规程》（GB 6722-2014）中规定的各类建（构）筑物的爆破振动安全允许标准为依据。

此次重点保护目标为爆区北侧唯美品格小区及爆区东北侧入住居民南楼，均系一般民用建筑物。考虑保护对象建筑结构和周边环境，振动频率在 10~50Hz 范围内，安全振动速度为 2.0~2.5cm/s，基坑石方爆破在以上测点处的振动速度峰值均应控制在 2.0cm/s 以内。

7.5.2.4 测试系统

本次爆破振动监测采用 CBSD-VM-M01 型智能测振仪。传感器最新标定信息均由工程爆破振动测振标定中心标定录入，所有标定数据真实有效。灵敏度标定条件频率为 40Hz，速度为 1cm/s。详细的频率响应及幅值线性度以及历史标定信息可在远程测振及数据处理云平台中查询。

7.5.2.5 测点布置

测点编号顺序为 1~5 号。1 号测点布置在唯美品格小区外路基上，距爆源约 170m；2 号测点布置在龙腾国际已入住居民楼南楼基础上，距爆源约 110m；3 号测点布置在龙腾国际 2 号商业楼塔吊基础上，距爆源约 205m；4 号测点布置在龙腾国际 5 号公寓楼 1 层，距爆源约 260m；5 号测点布置在龙腾国际 5 号公寓楼 29 层，距爆源约 260m。传感器均固定在混凝土地基上。测点布置如图 7-55 所示。

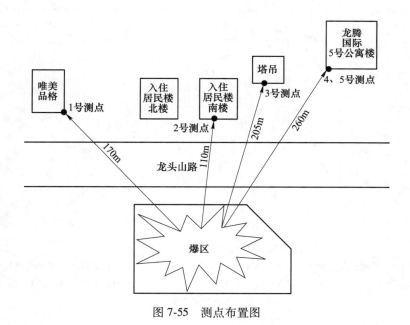

图 7-55 测点布置图

7.5.2.6 现场测试结果

图 7-56 是每个测点的峰值振动速度波形图（三个方向中振动速度峰值最大的方向对应的速度波形）。

7.5.2.7 爆破振动大数据预测分析

根据爆破施工现场的参数数据，使用测振系统封装的萨道夫斯基公式算法、基因表达

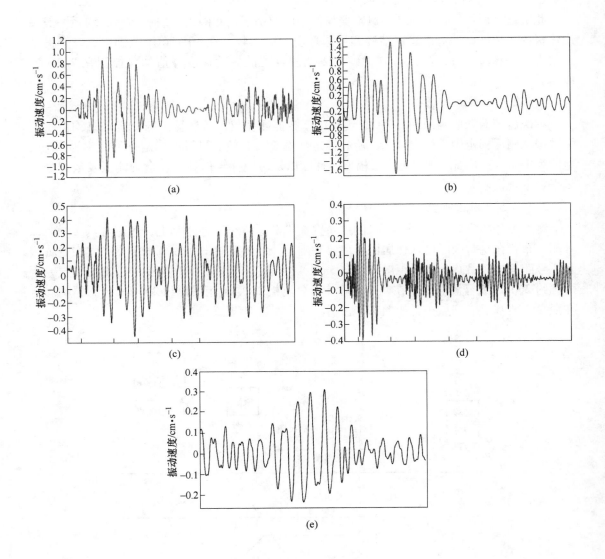

图 7-56　各测点峰值振动速度波形图

(a) 1 号测点振动峰值波形图（水平切向）；(b) 2 号测点振动峰值波形图（水平径向）；

(c) 3 号测点振动峰值波形图（垂向）；(d) 4 号测点振动峰值波形图（垂向）；

(e) 5 号测点振动峰值波形图（垂向）

式编程算法（GEP）和改进的 PSO-SVR 算法以及人工智能预测等方法对爆破振动速度峰值、振动主频率进行预测，并将预测结果与现场实测数据进行对比，结果列于表 7-14 中，对比的参量包括各质点的峰值振动速度和主振频率。其中，大数据分析方法的预测模型的训练数据来自爆破公司提供的历史数据，这些历史数据均是深孔爆破类型的数据，由此得到的预测模型在预测深孔爆破的参量时更加准确。

表 7-14 各测点处峰值振动速度和主振频率

测点编号	质点峰值振动速度 $v/\text{cm} \cdot \text{s}^{-1}$					主振频率 f/Hz			
	实测值	不同方法的预测值				实测值	不同方法的预测值		
		萨氏公式	GEP	改进 PSO-SVR	人工预测		GEP	改进 PSO-SVR	人工预测
1 号	1.16	0.86	1.21	1.28	1.18	14.59	14.13	13.94	14.21
2 号	1.71	1.73	1.62	1.64	1.68	12.55	15.47	14.14	13.82
3 号	0.45	0.64	0.62	0.49	0.52	13.07	15.12	15.35	14.37
4 号	0.38	0.44	0.27	0.29	0.33	12.58	14.35	14.76	13.87
5 号	0.31	—	—	—	—	12.19	—	—	—

计算得到萨道夫斯基公式的参数值分别是：$K = 280$，$\alpha = 1.6$，这两个参数通过现场实测数据计算得到的，其中最大单段药量均为 96kg，距离是测点到爆源的水平距离。因 5 号测点位于楼层之上，并没有设置在地基基础上，所以下一步的预测不考虑该点的振动速度。从《爆破安全规程》的角度出发，分析萨氏公式方法、GEP 方法、改进 PSO-SVR 方法和人工智能预测方法的预测结果，这 4 种方法的预测值都低于爆破振动速度的安全允许标准，而且实测值也是低于振动速度的安全允许标准，可知这 4 种方法在工程爆破振动速度预测中的都是可行的。从实测值与预测值相对误差的角度分析，计算结果如表 7-15 所示，可知萨氏公式的相对误差较大，GEP 方法、改进 PSO-SVR 和人工智能预测方法的相对误差较小，说明 GEP 方法、改进 PSO-SVR 方法和人工智能预测方法的预测结果更接近于实测值，可信度较高。

表 7-15 三种预测方法预测结果的平均相对误差

预测方法	平均相对误差/%
萨氏公式	23.7
GEP	18.3
改进 PSO-SVR	15.7
人工智能预测	10.2

实测数据表明，维多利摩尔城场坪石方爆破产生的质点峰值振动速度在 0.31 ~ 1.71cm/s 之间，此数据低于《爆破安全规程》给出的安全允许质点振动速度 2.0cm/s，表明此次爆破不会对周围建筑物造成危害。经过检查，爆破后各保护目标安然无恙。

预测数据表明，萨氏公式、GEP、改进 PSO-SVR 及人工智能预测 4 种方法的预测值都能相对准确地预测爆破振动速度，且预测值和实测值基本都在安全振速以内，有助于指导爆破工程作业人员的安全作业，减少爆破作业带来的危害。尤其是当需要保证爆破振动预测值准确性的时候，大数据分析方法能够发挥自身的优势，能够更加精准地预测爆破振动速度和振动频率，从而指导爆破实践。

8 爆破作业安全智能管控

爆破作业安全管控的对象涉及爆破器材的运输、存储、领用、发放、现场爆破作业等环节，此外还包括与上述流程相关的涉爆人员。以往在爆破作业安全管控过程中，主要通过台账等形式进行管理，管理过程存在盲点，数据更新不及时，不能进行实时在线跟踪。

爆破作业安全管控中，难度最大，也是最重要的工作就是对爆破作业现场的实时监控与管理。借助云计算、大数据及物联网等技术，构建爆破作业申报、审批、备案、发放、使用、清退等过程的管控云平台，研发针对爆破作业特点的有关仪器和设备，利用现场视频监控、数据采集器等设备和管理系统对爆破作业现场进行监控和管理，实现爆破现场人员智能识别、视频监督与风险评价等功能，可以避免或大幅减少爆破事故的发生。

近年来，国内爆破行业相关单位研发了爆破作业现场监管系统、爆破器材仓库现场监控系统、民爆车辆动态监控系统以及爆破作业现场管控装备，包括库管双人双锁监控仪、综合数据采集仪、图传系统、单兵图传仪、现场数据采集仪等，实现了爆破业务数据的自动采集、传输、存储、查询、统计、分析处理与示警、救援等功能，为爆破作业现场管控提供了有效技术支撑。

8.1 爆破作业安全管控问题与目标

8.1.1 爆破作业安全管控问题分析

做好爆破作业安全监控与管理，可以避免绝大部分爆破事故的发生。但爆破作业的安全监管工作大量的是在农村、山区，而且一些地方的民用爆炸物品管理工作流于形式。从当前爆破作业安全管控现状看，存在安全隐患最多的是爆破施工环节，其次是运输和储存环节，具体表现在下述几方面的问题比较突出：

（1）爆破作业方面。爆破作业时项目负责人不到场，爆破器材交由无资格人员使用和操作；爆破作业人员操作不规范，如装卸炸药、雷管等危险物品时，不遵守安全操作规程，在没有安全员监督的情况下进行装卸、押运或不在指定场所进行装卸，不按规定轻拿轻放，时有投掷、拖拉、碰撞、锤击、翻倒等现象发生，甚至有人在作业场所周边抽烟，安全隐患极大且难以查处；

（2）爆破器材储存方面。爆破器材储存仓库多处在偏远山区，值守人员因生活条件以及值守环境艰苦，对其值守工作责任心不强，不按规范进行交接班，不定时进行巡逻检查，出入库房随意性较大，常有脱岗、离岗等现象，不能及时对其进行查处、取证；

（3）道路运输方面。使用无资格人员押运，不按规定路线行驶，危险物品混装，违法停放，超速超载，疲劳驾驶，不按规定保养、维修汽车等。由于车辆处于流动状态，不能对车辆实时、实地、实情进行有效监管。

近年来，相关部门已经建设了民用爆炸物品信息管理系统、爆破作业人员培训考核系统，交通运输部门还建立了危险物品运输车辆卫星定位系统，民爆企业的民用爆炸物品储存仓库也都安装了技防设施（报警、监控系统）。但是，这些系统采集的是民用爆炸物品安全监管要素的静态数据和基础数据，其主要缺陷在于各管理要素的属性信息是静态的，比如涉爆从业单位及人员的基本信息、爆破器材的流向信息、爆炸物品运输车辆的运行轨迹、储存仓库的监控信息、值守人员巡更信息、爆破作业项目备案信息等。这些信息系统相互独立，没有整合在一起，相互之间没有交集，没有按照时间轴发生关联，也就不能及时响应管理对象的需求。特别是在最容易出问题的爆破作业现场监管方面，多次因爆破器材储存保管、爆破作业监管、爆破器材运输监管不到位而发生涉爆安全生产事故和爆破器材丢失、被盗案事件，必须引起广泛关注。

8.1.2 爆破作业安全管控的目标

爆破器材从生产到使用的流转过程中，与之相接触的人是第一要素，要实现爆破器材"防流失、防爆炸"的安全管理目标，爆破作业安全管控系统应针对治安管理实际工作中可能出现的问题，利用计算机技术手段从应用（子）系统中撷取数据加以分析、研判，实现实时预警（报警），便于主管部门及时响应，第一时间消除安全隐患。具体地说有如下主要目标：

（1）爆破作业现场监管。爆破器材运输到达现场后，爆破作业人员需要完成卸车、分发、搬运、装药、填塞、连线、网路检查、警戒组织、起爆、爆后检查、盲炮处理、解除警戒等多个作业环节，在这诸多作业环节中，任何环节发生问题都有可能造成安全事故，所以应当有全程全景视频监控；

（2）民爆储存仓库监管。需要督促仓库管理人员、保管员、值守人员落实各项制度，比如"双人双锁"、24小时有人值守、每班不少于3人、每小时至少巡查一次，治安负责人每周至少检查一次治安防范措施落实情况等，对这些制度的落实，需要利用数据采集器、视频监控、电子巡更、物联网技术手段，对仓库作业人员进行身份确认，对采集的数据加以分析研判；

（3）爆破器材运输车辆监管。需要监管爆破器材运输车辆的行驶轨迹，以分析车辆是否按照批准的路线行驶，中途是否在不适宜停留的地方长时间停留，监管民爆运输车辆在运输途中何时何地打开车厢门，司机是否疲劳驾驶，押运员履行职责情况等。因此需要用车载数据采集仪、视频监控技术、具有卫星定位功能的电子锁、物联网技术对民爆运输车辆、司押人员进行身份确认，对采集的数据加以分析研判；

（4）自动提醒。当主管部门受理备案、审批发证或企业通过系统填写爆破作业有关申请后，系统自动发送短信提醒相关负责人进行处理，准确掌握爆破作业地点、时间、人员等情况，以便落实企业的监管责任，提高安全管理的时效性、针对性；

（5）安全检查。民警对爆破作业单位进行检查时，通过手机 APP（或者平板）登录检查模块签到确认，系统自动采集民警位置信号，督促民警检查到岗不能走过场或者请人代替。民警通过手机（或者平板）拍照上传爆破作业人员，系统自动识别比对人员信息，确保爆破作业人员持证上岗、在岗在位。民警通过手机（或者平板）现场检查并逐项填写检查结果，系统自动记录并打分，对爆破作业单位进行积分制风险管控管理；

（6）自动报警。系统设定一系列技术标准，对于项目许可事项、人员身份信息、人员操作行为、运输许可相关事项（车牌、驾驶员、押运员）、车辆行驶轨迹、车辆途中开关车厢门情况等进行实时比对、研判、分析，对于触发报警的，系统自动将报警情况推送到系统各平台；

（7）大数据分析预警。爆破作业安全监管系统除整合现有涉爆应用系统功能外，还应增加更为详细的信息采集功能和分析、比对、预警功能。比如要采集民爆信息系统已有的涉爆从业人员的身份认证信息。对新增爆破作业人员，除采集民爆信息系统网络服务平台要求的基础信息外，还应当采集申请人员的指纹、人像等身份认证信息，在这些信息采集中，民爆信息系统网络服务平台需要的基础信息应转发给民爆信息系统供申办证件使用。需要进行大数据分析预警的还包括民爆运输车辆、驾驶员、押运员和仓库值守人员信息等。

在实施爆破作业前，企业通过监管系统平台将这些信息导入爆破作业现场视频监控终端，完成视频监控终端与作业人员单兵视频监控设备的匹配工作。爆破作业人员到达作业现场后，监控终端首先核对位置信息，对项目负责人、技术负责人、爆破作业人员身份信息进行比对，所有信息核对无误后，上报开工信息，开始采集现场音视频信息。如核对信息不一致，现场监控终端立即发送预警信息给属地公安机关监管民警并在监管平台上备案。施工结束后，现场监控终端上报收工信息。在施工期间，公安机关和企业监管后台可通过监管终端实时查看各爆破作业人员施工操作视频，对现场相关人员进行调度。如果是经审批的爆破作业项目，还应增加监理单位的相关内容。如果现场通信网络不佳或没有网络，则视频监管终端在接入网络的第一时间发送预警信息。在返回企业后，监管终端通过有线传输的方式将采集的音视频信息储存在企业的监管平台服务器上。民爆储存仓库监管、爆破器材运输监管等与爆破作业监管类似的形成相应的现场监控机制。风险评估子系统对报警信息按照设定进行扣分处理，作为评估涉爆企业和涉爆人员从业风险的依据。

基于以上分析，爆破作业安全智能管控技术主要包括两个方面。

（1）开发爆破作业安全智能管控软件系统，实现与各级公安机关和各涉爆单位联网，通过爆破作业安全监管系统和涉爆 4 大应用系统，实现对爆破器材流向流量、涉爆从业单位、涉爆从业人员、爆破作业项目、爆破现场安全操作、爆破器材储存仓库安全操作和值班守卫、民爆运输车辆与路线等的智能信息化动态管控。

（2）配设爆破作业安全智能管控设备，包括库管双人双锁监控仪、综合数据采集仪、图传系统、现场数据采集仪（平板电脑）。在爆破作业现场安装可移动的视频采集传输系统，通过与爆破作业安全监管系统及其他涉爆业务管理系统的整合，实现对爆破作业全过程、库房管理全过程、车辆运输全过程实时监控、动态管理。

8.2 爆破作业安全智能管控系统架构

8.2.1 管控系统总体架构

爆破作业安全智能管控系统面向应用数据、应用逻辑及核心流程整合，平台的应用系统基于 SOA（面向服务架构）构建，满足了应用高效灵活扩展的需求。系统总体架构如图 8-1 所示。

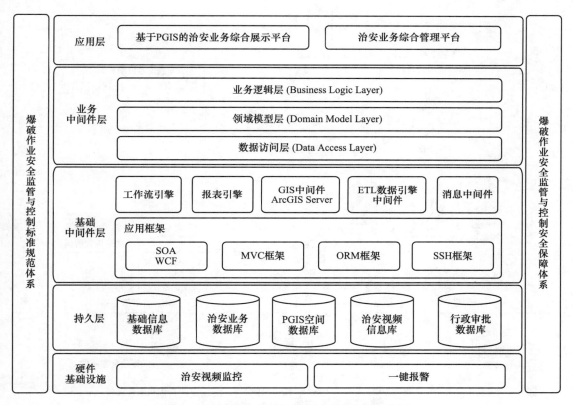

图 8-1 爆破作业安全智能管控系统总体架构图

平台最终实现各个应用系统数据交互管理功能，在基础中间件层采用 MVC 框架、WCF 工作流、ORM 框架、SSH 框架等中间件软件开发运行环境，构建工作流引擎、报表引擎、GIS 中间件、空间数据引擎、消息中间件等共用概率较高的基础中间件，尤其是实现网络通信功能和应用之间互操作的消息中间件。业务中间件层则基于各基础中间件，在数据访问层实现对持久层各异构数据的接入和访问功能，在领域模型层构建面向管理、PGIS 应用等不同领域的核心业务逻辑和业务规则模型库，并在业务逻辑层实现具体的面向应用的业务逻辑。最终，各应用系统功能，包括对业务数据的统计、分析及处理功能，通过 SOA 架构下的 EAI 总线集成到平台。

8.2.2 管控系统网络架构

整个系统基于 Internet 技术构建，网络及其硬件设施是整个信息系统的运行基础。系统设计和运行基于公安系统局域网和互联网，公安机关通过公安网进行业务审批、远程监管、查询统计、分析研判，民爆单位通过互联网办理业务、采集信息、传输数据、查询统计，其他政府部门通过政务网实现数据共享。数据交换采用公安部允许的安全交换方式，基于"集中组网、分级监控管理"的原则，充分利用现有系统信息传输的网络资源。网络拓扑结构如图8-2所示。

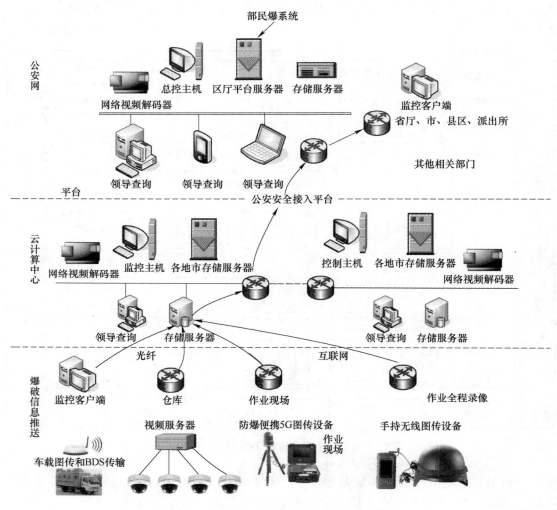

图 8-2　爆破作业安全智能管控系统网络拓扑图

8.2.3　信息资源规划与数据系统

信息资源规划与数据系统包括用户分类、公安用户和基础数据库设计等内容。

（1）用户分为3类：公安用户、涉爆企业用户、其他管理部门用户。

（2）公安用户分为五层：国家级爆破监管平台、省厅爆破监管平台、市局爆破监管平台、县（市、区）局监管平台以及基层派出所监管平台。政府其他职能部门通过政务网与公安网对接，实现数据共享。省级管理和数据中心设置中心服务器，统一建设涉爆数据库,储存省内涉爆单位、爆破器材仓库、爆破器材运输车辆、运输轨迹、爆破作业项目、治安检查、涉爆人员基础信息(含生物识别信息),爆破作业现场采集的图像和爆破器材仓库采集的图像存放在各爆破作业单位本地服务器上,爆破作业单位的视频服务器必须接入互联网,按照技术要求与市级、省厅服务器互联,满足各级公安机关主管民警远程调阅视频资料的条件。

数据标准采用国家、行业和公安部门的有关信息系统数据标准进行设计,从而实现数据信息最大程度的共享,并能保证系统的稳定、安全运行。

(3)基础数据库设计如表8-1所示。

表 8-1 基础数据库

主要数据库	数据库描述
爆破单位信息数据库	爆破单位信息,包括单位名称、地址、作业类别、作业级别、法人代表、技术负责人、治安负责人、联系人、联系电话等
爆破从业人员信息数据库	民爆从业人员信息,包括人员姓名、性别、出生年月日、政治面貌、民族、技术职称、作业类别、身份证号、许可证号码、生物识别信息(人脸、指纹、掌纹)、照片、家庭住址、籍贯、联系电话、背景审查情况、培训情况等
爆炸物品信息数据库	民爆单位民爆炸物品流向流量信息,包括物品名称、种类、数量、来源、购买证、运输证信息
爆破器材运输车辆信息数据库	爆炸物品运输车辆信息,包括车牌号、车型、车属单位、载重量、运输资质证信息
爆破器材库房信息数据库	爆炸物品储存库基础信息,包括库房名称、所属单位名称、负责人、值班人员、保管员、储存量、评价时间、评价单位、技防设施、消防设备、防雷设施、视频监控、电子巡更设备等
爆破作业项目信息数据库	爆破作业项目名称、施工周期、现场技术负责人、爆破类型与规模、项目治安负责人、爆破作业人员、使用爆炸物品信息等
爆破事故、案件信息数据库	事故、案件种类、责任单位、责任人员、发生时间、发生原因、危害后果、查处情况等信息
治安检查整改信息数据库	检查单位、检查人员、检查时间、被检查单位、发现问题、整改要求、整改情况等信息

8.2.4 数据交换共享

平台系统通过公安数据边界平台进行内外网数据交换,满足公安用户在内网、企业用户在外网同时在监管平台上办理相关业务,完成安全监管工作。平台数据交换关系如图8-3所示。

8.2.5 总体功能设计

总体设计应包含下述9项功能:

(1)基础数据管理。系统平台从现有系统(或新建系统)抽取相关数据,以治安部门监管业务为主线,登记爆破企业信息、许可情况、设备情况、安全管理、重大危险源、

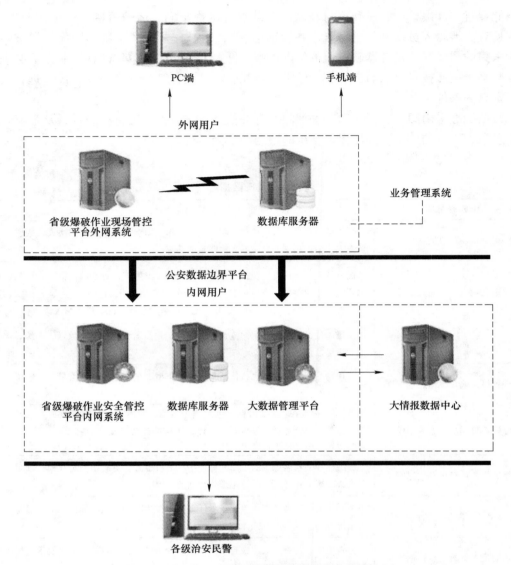

图 8-3　爆破作业安全智能管控系统数据交换示意图

教育培训、隐患排查、应急救援等信息；

（2）物品流向流量监控。通过采集设备（或者手机 APP）对爆炸物品进出库及流向数据进行实时采集、处理、储存，实现查询、统计等操作；

（3）现场安全监管。以爆破作业现场、爆破器材仓库等为监控重点，以各种传感器数据、视频数据、巡查数据采集设备为依托，通过建立对监控点的各种物理参数、视频数据的实时采集、储存、检索、管理，以互联网为传输渠道，实现对监控点的实时监控、自动预警报警、实时图像传输、储存、远程控制视频采集，实时将信号传到监管中心，并与电子地图相集成，直观查看爆破现场作业、储存场所或事故现场信息；

（4）重点人员比对。与公安部的犯罪人员库等进行比对，标记为重点观察人员并提醒；

（5）自主预警报警。系统涵盖公安端远程监控平台和企业端监控仪器设备，包括企业端设备具有数据采集、视频监控、数据储存、异常报警、信息上报、远程服务等功能。公安端平台接受被监管企业的报警信息，实现对实时数据和视频图像的浏览和分析统计功能，利用电脑、电视墙等显示系统和手机、笔记本等移动式访问终端，对企业进行远程实时视频监控和为企业办理爆破业务，同时实时查看现场各种参数变化，并综合企业安全信息，为爆破现场安全监管工作提供技术支持；

（6）地理信息系统。通过北斗（或GPS）/GIS等手段，在电子地图上定位展示爆破现场、储存场所、重大危险源等信息，爆破器材仓库等危险源周边应急救援基地、公安和消防力量、卫生医疗机构等场所的地理位置及相关信息，便捷查询、掌握监管场所具体位置、周边救援力量到达现场的距离和时间。对爆破数据进行直观显示和查询，实现地图缩放、空间定位、距离测算、及时查询、路径分析、地图发布等功能；

（7）应急指挥决策辅助。结合应急救援信息库、救援专家库、事故应急救援仿真技术、应急预案库、GIS空间分析技术和卫星定位系统等，为爆破应急指挥提供全方位的决策信息支持；

（8）系统权限。严格按照行政级别进行管理权限划分。以用户具体业务需求为导向，利用工作流、Webservice等关键技术重构、优化事务作业，实现高度智能化的输入功能、友好便捷的操作界面、强大可扩充的数据库和代码维护库等。在此基础上，实现省、地级市、县（区、市）治安管理部门、其他管理部门、各爆破单位的分级资源共享；

（9）系统的拓展性。系统为其他相关功能预留接入模块与接口，向上可与爆炸物品相关业务系统交互数据。

根据上述设计，爆破作业安全智能管控系统通过对爆破作业单位信息、人员信息、库房信息、车辆信息、项目信息、爆炸物品"储存-运输-使用"各个环节数据的实时采集、云存储，可以有效地解决对值守人员在岗在位、"双人双锁"履职、运输车辆轨迹监控难题，由原来单一的流向流量"数据管理"向"流向流量数据管理、爆破器材实物管理、涉爆人员行为管理"综合管理转变，以实现动态、可视、全流程、可追溯的监管模式，达到准确查询统计、深度分析研判、自动比对预警的目标。

8.3 管控系统安全

8.3.1 系统安全设计

系统本身的安全体系和安全支撑平台共同为系统运行建立安全、可靠的基础和环境，符合"金盾工程"规范和总体设计要求。其中系统安全设计以密码技术为核心，以内、外网物理隔离为辅助手段，共同为应用系统提供统一的安全、可靠的服务；安全支撑平台以PDR（保护、监测、响应）为模型，为网络环境提供数据加密、电磁防护、入侵监测、病毒防范、防火墙和信息过滤等安全功能。

8.3.1.1 "金盾工程"相关要求

根据公安部"金盾工程"的有关规定，操作系统必须选择安全、可靠的系统平台，服务器端操作系统应具备C2级安全标准以及对应的计算机安全等级标准。"金盾工程"要求操作系统提供用户身份验证、文件保护、审计跟踪等安全保护。

8.3.1.2　系统安全身份认证

系统采用安全身份认证（动态口令牌）来限制用户对系统的访问，确保信息数据保密和身份不被仿冒。

身份认证和访问授权管理系统以 PKI（Public Key Infrastructure）为基础，主要解决公安信息网上合法用户"单点登录、全网漫游"的信息安全等问题，确保网络化应用的安全和有序。信息安全服务主要是用于加强公安信息系统的安全保密控制，实现单点登录、身份统一验证、基于统一授权策略的访问控制等。公安部门的 PKI/PMI 平台是"金盾工程"安全保障体系中的重要组成部分。

企业用户信息保密和身份认证策略支持 LDAP/CA 等第三方认证系统的用户供应和认证策略。在采用第三方认证系统时，系统可以通过标准协议（LDAP、OCSP 等）和第三方认证系统交互实现用户的供应和认证。系统采用 J2EE 技术路线，具有良好的开放性、适应性和扩展性，适应不同级别组织，通过升级和扩展满足客户业务不断发展的需要。

对此部分的设计采用成熟的、易于扩展的身份认证服务器系统实现，不但能够满足建设需求，同时重要数据在传输前是进行数字加密，保证数据的安全。用户身份认证通过数字证书完成，有数字证书的用户才可以操作相应权限下的各种功能。数字认证与系统各应用模块认证有效结合，统一通过平台的认证进行管理。

8.3.1.3　应用系统安全

应用程序安全涵盖面很广，它类似于 OSI 网络分层模型也存在不同的安全层面。上层的安全只有在下层的安全得到保障后才有意义，具有一定的传递性。为确保系统的正常运转，保证网络、应用系统与数据的安全，须在应用系统自身安全层面上按照保护最薄弱环节、纵深防御、故障保护、最小特权以及分隔原则，通过在设计和构建软件时运用合理的系统安全性规范来避免软件陷入容易被攻击的状况。在用户使用权限管理方面采用集中授权和分级管理方式进行系统用户管理，以保证系统的访问安全性，如图 8-4 所示。

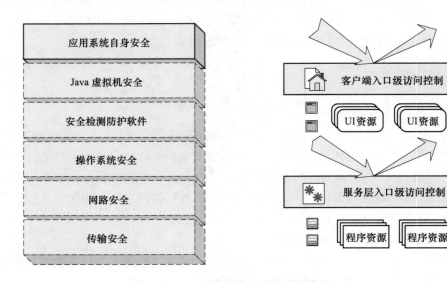

图 8-4　应用系统安全设计示意图

A 程序资源访问控制模型

程序资源访问控制分为客户端和服务端两个层面。客户端程序资源访问控制是对用户界面操作入口进行控制，即用户的操作界面是否出现某一功能菜单，在具体业务功能页面中，是否包含某一功能按钮等。客户端程序资源访问控制保证用户仅看到有权限的界面功能组件，或者让无权执行的功能组件呈不可操作状态。服务端程序资源访问控制是指会话在调用某一具体的程序资源（如业务接口方法，URL 资源等）之前，判断会话用户是否有权执行目标程序资源：若无权，调用被拒绝，请求定向到出错页面；反之，目标程序资源被成功调用。

B 授权模型

授权是权限管理层面的问题，其目的是如何通过方便、灵活的方式为系统用户分配适合的权限。

根据应用系统的权限规模的大小及组织机构层级体系的复杂性，有不同的授权模型。系统强调权限仅能通过角色的方式授予用户，而不能将权限直接授予用户是这一授权模型的特点，也就是 RBAC 模型。RBAC 是目前比较流行的授权模型，它强制在用户和权限之间添加一个间接的隔离层，防止用户直接和权限关联。同时，在其基础上强调组织机构在授权模型所起的作用，所以对组织机构进行了更多的定义。

（1）组织。组织是一个虚拟的机构，它的存在只是为了连接上下级机构的行政关系，组织下级可以包括组织或部门，职员不直接隶属于组织，岗位也不能直接分配给组织。

（2）部门。是一个具体的机构，职员可以直接隶属于部门，部门下可以包含若干用户组，岗位可以分配给部门或用户组，部门和用户组内的职员只拥有其中的一个岗位。

（3）用户组。为完成临时任务而组建的团队，非正规的行政建制，可以包括若干个成员。

这样的授权模式不仅让用户拥有 RBAC 模型的特点，还增加了授权的灵活性，并拥有权限的转移功能。

8.3.2 系统安全应用

由于存储数据和计算的重要性，爆破作业安全智能管控系统的安全必须引起足够重视。不论是数据的传输、存储还是执行，都需要加入安全机制。

爆破作业安全智能管控技术的安全基于 GSI（Grid Security Infrastructure，即网格安全基础设施）。GSI 基于 X. 509 协议及 PKI（Public Key Infrastructure，即公钥基础设施），使用非对称密码学的相关加密算法保证数据的隐私性、完整性和不可否认性。

8.3.2.1 安全策略

GSI 提供了两种安全策略，即传输层的安全策略和信息层的安全策略。如果使用传输层的安全策略，那么传输层的所有信息都会被加密，如果使用的是信息层的安全策略，那么只有 SOAP 协议的相关内容才会被传输。

其中信息层的安全策略又分成两种模式，即 GSI 安全消息和 GSI 安全会话。使用安全会话时，客户端和服务器之间将建立一个安全上下文，通过信息的初始化建立上下文后，该上下文可以被重复使用。

8.3.2.2　认证与授权

认证是一方向另一方证明自己的身份。授权是通过认证之后，用户被授予权限完成特定的任务。

GSI 支持 3 种认证方式：（1）X.509 证书认证，即使用证书中心授权的证书作为认证方式；（2）用户名和密码认证；（3）匿名认证，即不认证，仅在客户端情况下使用。GSI 默认使用的是 X.509 证书认证。

另外，根据认证方式的不同，又可以分为多方认证、仅服务器认证以及不认证 3 种方式。

授权方式主要有 6 种：（1）无授权：不需要授权，直接执行，即任何身份的用户都可以运行程序；（2）自身授权：只有当用户的身份和服务器的身份一致时，用户才可以使用服务器上的服务；（3）身份授权：与 gridmap 类似，用户的身份与某一指定的身份匹配时，该用户才能使用服务器上的服务；（4）主机授权：当用户提供的主机证书与某一指定的主机名称相匹配时，该用户可以使用服务器上的服务；（5）SAML Callout 授权：把授权委托给一个 OGSA Authorization-compliant 授权服务；（6）定制授权：GSI 提供了一个基础框架，通过它可以方便的加入自定义的授权机制。

8.3.2.3　委托和单点登录

安全委托和单点登录是通过代理证书机制实现的，最初的代理证书由 CA（证书授权中心）授权。当需要以该用户的身份执行相关操作时，系统产生一个公钥私钥对，并由该用户签名，形成 Proxy1。这个 Proxy1 就是产生的一级证书代理，同样，Proxy1 也可以继续产生代理证书。

代理证书允许一个用户代表其他用户执行一些操作。它也经常被称为身份委托，因为它允许用户将自己的一些信用信息（如身份标识）委托给别的用户使用。

代理证书也可以进行单点登录。使用代理证书，用户只需要在创建代理证书时登录一次就可以了，之后的认证可以使用代理证书完成。

代理证书机制也可以保护系统的安全性。因为在生成代理证书之后的通讯加密和解密都将使用新的代理证书来完成，而原始证书的公钥和私钥不会被使用，这样即使私钥被破解，也只是破解了代理的私钥，对原始证书的私钥没有任何影响。

8.3.2.4　基于代理证书的相关服务和工具

A　Myproxy

Myproxy 是 globus 提供的一个用于存储和产生证书的工具，它基于 C/S 架构。

它的基本使用方法是当用户通过 CA 获得用户证书之后，用户产生一个代理证书上传到 Myproxy 中，用户在之后的使用过程中如果需要证书，就可以通过 Myproxy 再次派生一次代理证书。

使用 Myproxy 的好处是简化了代理证书的获得方式，任何设备只要能够联网，某个用户需要证书时，只需要从 Myproxy 中获取该证书即可。

B　CAS

CAS（Community Authorization Services，社区授权服务）是 globus 提供的一个基于代理证书机制的服务。

在整个虚拟组织中，每个机构根据自己设备的安全策略，向 CAS 添加相关授权，建立信任关系，对本机构中的相关资源授予某些用户相应的资源权限。

当用户需要对某些资源进行访问时，向 CAS 申请相关资源的相关权限。如果 CAS 验证该用户具有该资源的访问权限，那么 CAS 产生了一个代理证书，用户将使用该代理证书进行相应的资源访问活动。

CAS 提供了一种方便的管理信任关系以及资源权限的方式，将整个爆破作业安全监管与控制技术中的各个机构和设备，形成一个虚拟组织，成为一个社区进行相关的安全控制。

C　Delegation Service

Delegation Service（代理服务）也是 globus 中基于代理证书机制的服务。

代理服务从用户获取一个证书，验证通过之后，代理服务将产生一个代理证书，并将代理证书的端点引用发送给用户，该代理证书将在主机的 globus 容器中使用。

这种机制类似于 Myproxy 的机制，代理服务机制使用了面向服务的思想，因此增加了互操作性，可以方便管理用户的证书和权限代理。

8.4　应用支撑平台

8.4.1　治安管理平台

8.4.1.1　部级和省厅平台主要功能

爆破作业安全监管系统——部级、省厅平台主要功能模块如图 8-5 所示。主要由数据抽取融合、数据挖掘研判、风险评估预警、提醒服务、安全检查评比、地理信息系统、信息共享、人员比对布控、咨询互动、查询统计等 10 个功能模块组成。

部级、省厅平台主要功能模块：

A　数据抽取融合

数据抽取融合是系统的基本功能。数据抽取融合系统通常由汇集桥接、汇集前置、汇集传输、汇集管理等功能模块组成，基于先进成熟的中间件系统软件产品设计开发实现。数据抽取用于为系统提供数据采集汇集所需的适配接入、数据采集、数据传输、数据路由、数据加解密、数据压缩、格式转换、协议转换等汇集处理服务，以满足跨部门、跨系统数据采集汇集的实际需要。数据汇集抽取系统提供集中统一的数据汇集配置管理和规则定义、支持异构系统、异构平台之间各种结构化、非结构化数据的按需采集与汇集。支持跨部门、跨系统及分布式业务应用系统之间的快速互连互通，能够满足市级多部门、多系统、大规模、海量数据安全、可靠、汇集的需要。该系统负责从 4 个涉爆管理系统中抽取有关数据，汇集到平台数据库，供研判分析使用。

抽取数据范围和类型如表 8-2 所示。

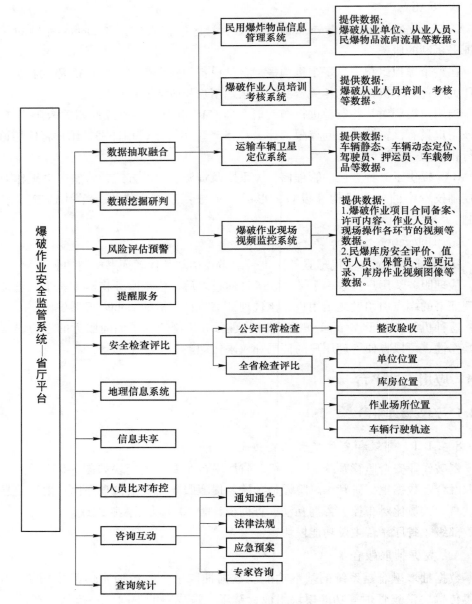

图 8-5 部级、省厅平台功能框图

表 8-2 从业务系统抽取数据范围与类型

序号	系统名称	采集的主要涉爆信息
1	民用爆炸物品信息管理系统	1. 民用爆炸物品流向； 2. 民爆从业单位信息； 3. 爆破器材购买、运输许可信息； 4. 爆破作业合同备案信息； 5. 爆破作业项目许可信息

续表8-2

序号	系统名称	采集的主要涉爆信息
2	爆破作业人员培训考核信息系统	1. 爆破作业人员培训信息； 2. 爆破作业人员考核信息
3	爆炸物品运输车辆卫星定位系统	1. 爆炸物品运输车基本信息； 2. 爆炸物品运输车运行轨迹； 3. 驾驶员、押运员信息； 4. 行车记录视频信息； 5. 爆炸物品运输车车厢开关门预警信息
4	爆破作业现场视频监控系统	1. 爆破作业现场视频监控信息； 2. 爆破作业人员施工操作视频监控信息； 3. 爆破器材领用发放视频信息； 4. 项目负责人、爆破作业人员身份认证信息； 5. 爆破作业项目中监理人员身份认证信息； 6. 爆破作业现场位置信息； 7. 爆破作业现场开工、收工信息； 8. 民爆储存库视频监控信息； 9. 民爆储存库房"双人双锁"信息； 10. 值守人员巡更信息

a 数据抽取

系统结构为系统-子系统模式，所有数据来源于子系统，涉及多个业务种类和用户，数据之间存在交叉，因此在抽取数据时需按照业务种类标记每一类数据，以便后续统计分析。系统采用ETL中间件抽取数据。数据抽取系统包括可视化的任务引擎配置界面、监控管理界面和日志系统。

b 数据融合

数据来源不同于子系统，管理手段也不尽相同，因此数据存在着关联性，但也存在不一致性。例如，某企业在民用爆炸物品信息管理系统备案单位信息提供了库房地址，其在爆破作业现场视频监控系统单位备案也提供了库房地址，但两者并不相同。

基于以上的关联性和不一致性，数据融合规定如下：

（1）保存各自业务的原始基础信息，标记所属业务；

（2）建立数据关联模型，例如：单位备案关联依据单位的组织机构代码证编号或营业执照编号，从业人员以居民身份证号关联；

（3）建立各数据的关联关系，包括单位、人员、物品、车辆、库房、爆破作业项目等。

融合数据的作用如下：

（1）查看某类业务的某项数据时自动推送其关联业务的数据（查看关联数据需授权）；

（2）了解企业相关从业情况，方便联合执法、管理；

（3）合并统计，例如：统计爆破作业单位+民爆生产销售单位总数等。

B　数据挖掘研判

　　系统主要负责对抽取的数据进行分析、挖掘、研判，给出研判结果。为了提升爆破作业安全监管业务智能化水平以及决策管理的智能化研判能力，系统根据 4 个涉爆应用系统的业务数据，进行数据挖掘、分析及研判。系统建立多种数据应用模型，利用大数据分析手段建立多种检索、超级档案、时空分析、智能预测等功能，提高爆破业务智能化管理水平。

C　风险评估预警

　　该系统主要对民爆单位、涉爆人员建立风险评估和分级预警机制。系统对民爆单位和人员主要考核评估其安全风险因素、安全资质条件、安全管理状况，确定安全预警等级；对爆破作业单位资质、爆破作业人员资质、运输车辆资质、库房安全评价时间等资质即将到期的情况进行预警提醒；将现场管理、库房管理等情况列入风险评估范围，建立风险评估模型，设定打分标准等进行考核。该模块同时负责登记和管理本单位（辖区）发生的涉爆事故和案件。

D　提醒服务

　　该系统主要功能是根据事先设置的条件，通过短信、APP 或 WEB 端推送信息，通知、警示、企业提交的办理业务申请、爆破振动监测结果、爆破作业或者爆破器材库房操作等发生违规行为等发送短信给相关业务管理民警或者领导，提醒领导或者民警按时为企业审核审批，做好服务和监管。还可以对以下几种情况设定预警：

　　（1）从业资质。当从业单位、从业人员的资质证照即将过期时，通过短信、APP 或 WEB 端推送信息，提醒公安机关；可依据数据融合特性，联合推送到其他主管机关。

　　（2）库存量超标。依据民爆储存库技术防范系统提供的爆破器材库房安评数据，比对企业的实时库存，对超过限定量的库房预警。

　　（3）安全检查预警。制定相应的安全检查规范（如规定每月检查次数、间隔等），对未达标的公安机关提醒，还可对限期整改超时的情况做出提示性预警。

E　安全检查评比

　　该系统主要功能是督促基层民警定期或者不定期地深入爆破作业现场、爆破器材库房等场所进行安全检查，落实爆破监管的责任。对于检查中发现的问题提出整改意见，录入系统备查，使得领导和上级机关都可以看到，规范执法程序、督促公正执法。上级公安机关通过该系统可以对下级公安机关开展安全检查工作进行考评。

F　地理信息系统

地理信息系统包括下述内容。

　　（1）企业位置标注。根据企业备案时采集的坐标信息在地图上进行定位展示，不同业务种类的数据在不同的图层。

　　（2）库房位置标注。根据库房备案时采集的坐标信息在地图上进行定位展示，不同业务种类的数据在不同的图层。

　　（3）爆破工地位置标注。根据爆破工地备案时采集的坐标信息在地图上进行定位展示，不同业务种类的数据在不同的图层。

　　（4）运输车辆位置标注。通过数据共享协议，取得爆破器材运输车辆的实时位置和运行状态等，直接显示车辆的历史行驶轨迹。

（5）周边信息检索。利用空间分析工具和地图显示工具，用户可控制地图显示到某个指定区域后，检索区域内的医院、消防等应急救援信息。

（6）热度分布。按地区展示爆破从业单位、人员、运输车辆、库房、重大危险源等统计情况。

（7）地图切换。互联网部分选用电子地图，公安专网部分选用 arcgis 地图，系统提供矢量地图和卫星地图两种地图，矢量地图可以清晰地显示重点标识信息，卫星地图可以更好地显示实际地貌，利用地图切换可以在两种地图之间随时切换。

（8）实时路况显示。互联网部分依据电子地图的路况图层展示实时路况，实时显示各条主要道路的交通情况，便于用户选择合适的道路。

G　信息共享

该系统主要负责将有关信息提供给治安以外的部门（如交警）、政府其他共管部门（如安监、交委等），实现数据共享。

信息共享服务系统通过对数据中心信息资源的服务化处理，为领导决策、部门协作、业务协同提供所需的信息共享服务。系统提供的信息共享服务主要包括个体数据的核实、统计数据的查询，以及服务资源的检索等，并提供 web 查询服务、批量数据汇集服务和实时程序调用服务。信息共享服务系统提供了一种能够有效屏蔽背后复杂数据结构和信息存储管理细节的信息共享服务方式。系统通过把相关部门、相关系统关注的信息资源封装成应用系统直接调用的 Web Service 或可视化的 web 查询服务，简化信息共享的复杂度，促进信息资源共享开发利用，满足相关部门或系统对信息共享应用的多样性需求。

H　人员比对布控

该系统可以实现以下功能。

（1）人员比对。人员信息抽取回来后先进行融合分析，然后与重点人员库、大情报库等信息进行比对核验，及时发现问题及时处理。

（2）人员布控。对于临时的危险人员或重点关注人员，可录入布控系统进行布控，系统会比对抽取到的人员信息，做出触控提醒。

I　查询统计

该系统供用户按照权限查询、统计相关信息，直接下载、打印等。

J　咨询互动

该系统供管理部门发布通知通告、企业用户查询相关法律法规、应急预案、向专家咨询有关问题等。

8.4.1.2　市县派出所平台主要功能

市、县、派出所爆破作业安全监管系统主要功能如图 8-6 所示，主要由基础信息审核、爆破作业监管、库房安全监管、道路运输监管、现场安全检查、电子地图展示、项目变更审核、风险评估、咨询服务、查询统计等 10 个功能模块（子系统）组成。

市县派出所平台系统主要包括下述功能模块。

A　基础信息备案模块

主要完成对企业提交的爆破作业单位、爆破作业项目、爆破器材库房、爆破作业人员、库房值守人员等信息的备案和变更确认。

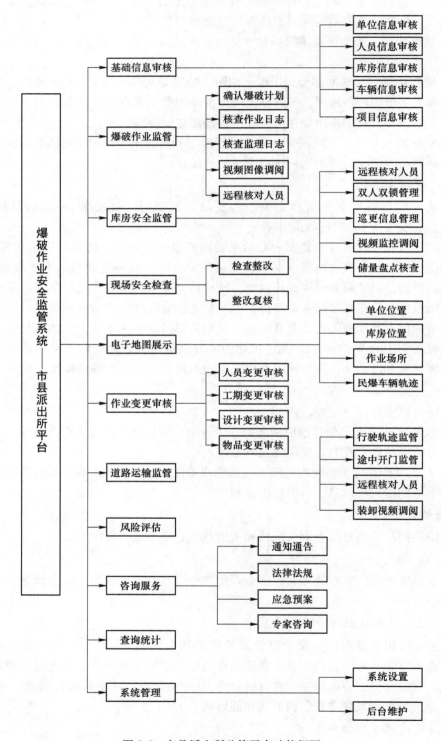

图 8-6　市县派出所监管平台功能框图

B 爆破作业监管模块

主要完成对爆破作业的现场监管，主要包括：

（1）确认爆破计划，对爆破作业单位提交的爆破作业计划进行确认，提前掌握本辖区内第二天爆破作业活动情况；

（2）核查作业日志，核查爆破作业单位工程技术人员填写上报的爆破作业日志；

（3）核查监理日志，核查爆破监理单位工程技术人员填写的爆破监理日志；

（4）视频图像调阅，远程调阅辖区内爆破作业视频、实现视频巡查等。可以下载数据、制作截屏图片；

（5）远程核对人员，通过现场数据采集器实现远程核对参加爆破作业的人员与审批表上的人员是否一致。

为了保证爆破作业单位不遗漏对现场作业的信息采集，系统将采集视频文件与当次的爆破作业计划、爆破作业日志、爆破监理日志、爆破测振数据进行绑定。爆破作业现场数据采集器可以作为本系统的移动终端使用，可以完成系统的多种功能，解决移动办公问题。它突出的功能是：

（1）实名发放雷管。公安部要求发放回收爆破器材时，爆破员、安全员、保管员要在现场共同签名确认。项目技术负责人在爆破作业现场将雷管（通过配送单信息选择与确认）实名发放到每个爆破员手中，爆破员通过数据采集器系统现场签名确认，安全员、保管员通过数据采集器系统进行现场签名确认，将每一发雷管的监管责任落实到相关爆破员身上，进一步提高爆破员的责任感；

（2）远程核对人员。公安部要求爆破作业时工程技术人员应该在现场组织爆破管理，方便公安机关民警和单位领导检查爆破作业人员是否在现场进行爆破作业，警戒时组织指挥人员可以远程查看警戒人员就位情况。方法是：对现场作业人员实时远程点名，如工程技术人员或者爆破作业人员在现场的，可通过数据采集器及时拍照上传进行确认；如果过了较长时间没有响应，说明该人员可能不在现场；

（3）现场视频会商。利用数据采集系统拍照、摄像、语音功能，用户可以通过系统进行语音、视频交流，讨论问题（可以实现多方参与）。

C 爆破器材库房监管模块

主要完成对爆破器材库房值班保卫、作业、技防设施的安全监管，包括以下功能：

（1）远程核对人员。实时核查库房值守人员按时交接班情况以及保管员在岗在位情况；

（2）双人双锁管理。通过在爆破器材库房门口安装的具有物联网功能的防爆型库房开关门数据采集器，核查爆破器材库房"双人双锁"管理落实情况，库房保管员必须通过刷本人二代身份证并拍照验证通过，方可进入爆破器材库房；

（3）巡更信息管理。公安部要求爆破器材库房值守人员对爆破器材库房的巡查每小时不得少于一次。该模块负责管理各库房的电子巡更数据，对于不按时巡查库房的，系统会预警；

（4）视频图像调阅。远程调阅库房视频、实现视频巡查等。视频巡查人员可以下载数据、制作截屏图片；

（5）储量盘点核查。核查库房保管员、库房安全负责人及单位主要负责人对库房储存的爆破器材履行定期盘点的情况。该功能是根据公安部要求，即保管员应每日清点一次并签名，安全管理负责人应每周核对一次并签名，主要负责人应每月检查一次并签名。该模块以日志的形式供有关人员签名确认，形成电子档案。为了防止别人代签名，用数据采集仪现场拍照的方式"确认"本人签名。

为了保证爆破作业单位不遗漏对爆破器材库房作业的信息采集，将库房电子巡更信息、库房上传视频信息、爆破器材出入库等信息进行绑定，并列入对单位风险评估的项目中，方便各级公安机关和爆破作业单位安全管理部门的安全监管和视频巡查。

D　道路运输管理模块

道路运输管理模块的功能包括：

（1）行驶轨迹监管。在电子地图上核查运输车辆行驶轨迹；

（2）途中开门监管。监管运输车辆在途中打开厢式货车货柜门的情况；

（3）远程核对人员。通过现场数据采集器远程核查运输司机、押运员的身份等；

（4）装卸视频调阅。远程调阅装车、卸车的视频。

E　现场安全检查模块

各级公安机关对爆破作业现场、爆破器材库房现场进行安全检查以后，可以现场完成对存在问题的爆破项目、爆破器材库房进行整改，通过系统发放整改通知书，验收整改情况。整改期间，系统可以根据管理部门的意见提供"锁定"功能。

F　电子地图模块

该模块用于在地图上标注爆破作业单位位置、爆破作业现场位置、爆破器材仓库位置，以及爆破器材仓库周围的应急救援圈和应急救援圈内能够参与应急救援的公共力量（如110单位、120单位、119单位等），还可以在图上显示（回放）爆破器材运输车辆的行驶轨迹和动态位置。

G　作业变更审核模块

在施工过程中，爆破项目经常需要处理各种变更。项目和内容的备案登记服务，建立相关电子台账和电子文档，实现无纸化办公，具体内容包括：

（1）人员变更审核。对爆破作业项目更换爆破作业人员（工程技术人员、爆破三员）进行审核备案，使公安机关实时掌握各爆破作业项目中的爆破作业人员；

（2）工期变更审核。对爆破作业项目许可的有效期延长时间的请求进行审核；

（3）设计变更审核。对爆破设计与施工方案的变更进行审核；

（4）爆炸物品变更审核。对爆破项目增加爆炸物品的品种和数量的请求进行审核。

H　风险评估模块

公安部要求对民爆单位、涉爆人员建立风险评估和分级预警机制；对民爆单位和人员主要考核评估其安全风险因素、安全资质条件、安全管理状况，确定安全预警等级；对爆破作业单位资质、爆破作业人员资质、运输车辆资质、库房安全评价时间等资质即将到期进行预警提醒；将现场管理、库房管理等情况列入风险评估范围，建立风险评估模型，设定打分标准等进行考核。该模块同时负责登记和管理本单位（辖区）发生的民爆事故和案件。

I 咨询服务模块

本模块为公安机关提供发布通知通告、查询法律法规、查询应急救援预案功能。系统还提供管理民警与爆破专家互动、咨询功能，用于解决管理中出现的技术难题和管理方面的问题。

J 查询统计模块

主要完成各种查询与统计，包括对作业单位、从业人员、作业项目、爆破器材库房、检查整改、事故案件等情况进行查询与统计。

8.4.2 企业信息管理平台

爆破作业安全监管系统企业平台主要功能模块如图 8-7 所示，主要有基础信息登记、爆破作业监管、道路运输监管、爆破器材库房监管、咨询服务、查询统计等 6 个功能模块（子系统）组成。

8.4.2.1 基础信息登记

基础信息登记功能描述如下。

（1）单位信息登记。主要包括单位名称、地址、作业类别、作业级别、法人代表、技术负责人、治安负责人、联系人、联系电话等。

（2）人员信息登记。主要包括人员姓名、性别、出生年月日、政治面貌、民族、技术职称、作业类别、身份证号、许可证号码、生物识别信息（人脸、指纹、掌纹）、照片、家庭住址、籍贯、联系电话、背景审查情况、培训情况等。人员包括单位法人代表、安全责任人、主要负责人、爆破工程技术人员、爆破员、安全员、保管员、库房值守人员、押运员、危险车辆驾驶员、民爆业务员等。

（3）库房信息登记。主要包括库房名称、所属单位名称、库房安全负责人、值守人员、保管员、最大储存量、安全评价时间、安全评价单位、技防设施验收情况、消防设施情况、防雷设施检测情况、视频监控情况、电子巡更设备等。

（4）车辆信息登记。主要包括车辆所属单位、车辆牌号、最大载货量、车辆资质证书等。

（5）项目信息登记。主要包括爆破作业项目名称、许可时限、现场技术负责人、爆破类型与规模、项目治安负责人、爆破作业人员、安全监理负责人、安全监理人员、使用爆破器材信息等。

（6）混装系统登记。主要包括混装车名称、炸药种类、生产厂家、车架号、车牌号（如果有）、基站地址、服务项目情况、硝酸铵库房核定储量、安全验收评价单位、安全验收评价时间、公安机关验收单位、验收人员、验收时间、省厅静态信息登记时间。

8.4.2.2 爆破作业监管

爆破作业监管功能如下所述。

（1）作业计划登记。该模块主要任务：爆破前一天爆破作业单位登记第二天的爆破作业计划，计划内容应包括参加爆破作业的人员、使用爆破器材的品种、数量、爆破时间、作业地点等。

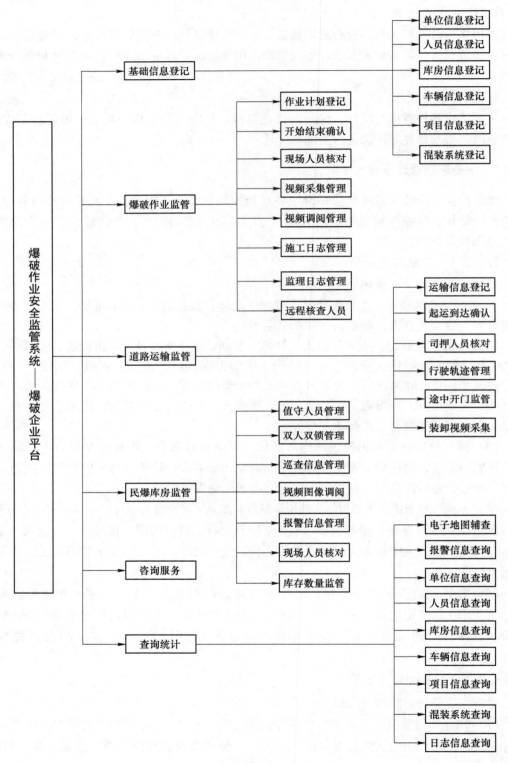

图 8-7 爆破企业平台功能框图

（2）开始结束确认。该模块主要完成：由项目技术负责人确认当天爆破作业的开始和结束时间，确认开始后开始采集爆破作业视频，爆破作业结束后，停止采集视频信息，对爆破作业结束进行确认。

（3）现场人员核对。该模块主要完成：由项目技术负责人核对当天参加爆破作业的人员与项目许可审批表（或者项目备案表）上的人员是否一致，拍摄参加爆破作业的人员照片，输入系统。

（4）视频采集管理。该模块主要完成：爆破作业视频监控数据的采集、上传、储存、回放及远程调阅、视频巡查等。

（5）视频调阅管理。该模块主要完成：视频服务器接入互联网，满足监管人员通过互联网访问视频服务器，调阅采集的视频图像、下载数据、制作截屏图片等。

（6）施工日志管理。该模块主要供项目技术负责人在爆破作业结束后填写并上报当天的爆破作业情况。

（7）监理日志管理。该模块主要供爆破监理单位监理负责人在爆破作业结束后填写并上报当天的爆破监理情况。

（8）远程核查人员。该模块供单位安全负责人远程核查爆破作业现场、爆破器材库房、运输车辆装卸现场的作业人员，能够与现场远程语音、视频交流。

8.4.2.3 道路运输监管

道路运输监管主要功能如下。

（1）运输信息登记。该模块主要完成将《爆炸物品运输许可证》有关信息录入系统，以便对后续管理信息进行比对。

（2）起运到达确认。该模块主要供押运人员在装好车以后，在现场确认运输任务开始，车辆到达目的地卸完车以后，在现场确认运输任务结束。

（3）司押人员核对。该模块供现场核对爆破器材运输的驾驶员、押运员以及运输车等是否与审批备案信息一致。起运前由库房保管员（或者爆破器材库房负责人）进行核对，采集司机、押运员、运输车照片，输入系统。到达目的地后，由爆破作业现场接收爆破器材的保管员进行核对，采集司机、押运员、运输车照片，输入系统。

（4）行驶轨迹管理。该模块主要负责将爆破器材运输车的卫星定位信号接入系统，并对运输轨迹信息进行管理。

（5）途中开门监管。该模块主要对爆破器材运输车辆的车厢门在运输途中是否被打开进行监管，借助于第三方的一种带有卫星定位功能的电子锁来实现。起运前锁好门，到达后方可开锁，如果中途非法开锁（或者没有经过批准私自开销），系统能记录锁被打开的地点并发出报警信号，预防运输车辆被盗被抢及安全事故的发生，一旦发生类似事故，方便单位负责人及时处理此类安全事故。

（6）装卸视频采集。该模块主要负责将爆破器材库房装车的视频和到达爆破地点卸车的视频上传输入系统并进行管理。装车、卸车的视频由押运人员采集、上传。

8.4.2.4 爆破器材库房监管

爆破器材库房监管的主要功能如下。

（1）值守人员管理。该模块主要对爆破器材库房值班人员进行管理，企业应安排经过公安机关备案的值守人员值班，每班不少于 3 人，每天不少于 2 班，企业负责将值班表输入系统进行管理和后续核查。

（2）双人双锁管理。在爆破器材库房门口安装具有防爆功能的数据采集器，核对仓库保管人员身份信息，没有两名在系统备案的保管员同时在场刷身份证并比对人脸信息成功，库房入侵报警系统不能撤防。如非法打开库房门，系统自动报警并向企业安全负责人推送短信提醒。

（3）巡查信息管理。该模块主要对爆破器材库房技防系统中的电子巡更信息进行管理，监督库房值守人员落实公安部的要求每小时巡查库房一次。库房值班人员应在当天交接班后及时将上一班巡更信息输入系统。系统对于超时巡查的，能实现自动识别并报警。

（4）视频图像调阅。该模块主要完成视频服务器接入互联网，满足监管人员通过互联网访问视频服务器，调阅采集的视频图像、下载数据、制作截屏图片等。

（5）报警信息管理。该模块用于对库房技防系统的报警信息（入侵报警、周界报警）及双人双锁系统报警信息等进行管理。

（6）现场人员核对。该模块主要完成对库房值守人员在岗在位和交接班情况的核对。交接班时，由库房安全负责人（或者保管员）采集交班人员、接班人员的照片，输入系统。

（7）库存数量监管。该模块要求爆破器材库房保管员在系统上登记《爆破器材购买许可证》有关信息和领用出库信息，每天盘点一次库房爆破器材的品种、数量并确认，库房安全负责人每周要确认一次，单位安全负责人每月要确认一次，并将爆破器材变动信息和确认人员信息输入系统。

8.4.2.5　咨询服务

咨询服务可以为爆破作业单位提供多项帮助，如公安机关发布通知通告、用户在系统上留言、查询法律法规和管理规定。系统还提供应急救援预案等，供爆破工程技术人员学习参考。系统为每个企业用户提供一个电子"文件资料柜"，方便爆破作业单位保管自己的有关文档资料；系统还提供与爆破专家、管理民警互动、咨询功能，为企业解决施工与管理中出现的技术难题和管理方面的问题。

8.4.2.6　查询统计

查询统计的主要功能如下。

（1）电子地图辅查。该模块是利用电子地图进行辅助查询。在电子地图上标注企业、爆破项目、爆破器材仓库的位置图标，可以一起查询显示也可以分别查询显示，对于爆破项目，当天要实施爆破作业的图标用红色显示，不爆破的用其他颜色显示。这样做可使单位安全负责人对本单位的爆破作业情况做到一目了然，促进企业安全管理精准化。当光标放在图标上时，屏幕显示该图标名称，点击该名称，显示相应的备案信息表，通过链接可以查询其他相关信息。

（2）报警信息查询。用于查询统计报警信息，对于报警信息辅助短信推送，提醒单位安全负责人及时处理安全问题。

（3）单位信息查询。用于查询民爆单位登记信息。

（4）人员信息查询。用于查询涉爆人员登记信息。

（5）库房信息查询。用于查询爆破器材库房登记信息和《购买证》登记信息。

（6）车辆信息查询。用于查询运输爆破器材车辆登记信息和《运输证》登记信息。

（7）项目信息查询。用于查询爆破作业项目登记信息。

（8）混装系统查询。用于查询混装作业系统登记信息。

（9）日志信息查询。用于查询爆破施工日志和监理日志登记信息。

8.5 业务应用系统

爆破作业安全智能管控系统包括爆破作业现场监管系统、爆破器材仓库现场监控系统、爆炸物品车辆动态监控系统、作业单位人员风险评估系统等。

8.5.1 爆破作业现场监管系统

8.5.1.1 系统功能需求

爆破作业现场的监管功能主要需求包括：

（1）业务审批。实现爆破作业审批网上流转，对派出所、市、县（区）治安部门审批、监管工作实行信息化管理，并将监理情况纳入信息化管理。企业用户通过互联网登录系统，办理各项业务；公安机关通过公安网或者互联网登录系统，统一集中管理民爆单位、人员、爆破工地与运输车辆信息，包括前端设备接入、各级权限，对相关情况、历史记录调阅、下载、查询；

（2）分级监管。省、市、县及派出所等专管人员对爆破器材仓库、工地、运输车辆等分级、分权限进行实时管理，各级对辖区的爆破现场进行分级管理，随时查看实时视频、了解现场情况、抽查辖区情况。公安用户平台分为公安部、省厅、市级局、县级局、派出所。企业用户平台不分级；

（3）爆破作业信息管理。爆破作业单位在实施爆破前一天，通过手机 APP 应用软件，将爆破作业的时间、地点、爆炸物品种、数量录入系统，公安厅、市（县、区）公安局、派出所可精确监管爆破作业情况，并通过手机短信和平台自动提醒监管民警开展相关工作，实现对爆破作业现场动态管控；

（4）爆破作业现场实时视频监管网。爆破公司必须在爆破作业现场、仓库安装视频监控设备，整合已建的爆破作业现场监控视频和爆破物品仓库监控视频，自治区、市、县（区）、派出所等四级公安机关，以及安监部门、爆破企业可以通过爆破作业现场视频实时监控网对爆破专业进行监管、监督；

（5）爆破作业全程视频监管。由爆破公司对爆炸物品从领用发放、现场装药、连线、起爆、爆后检查等各环节进行全程摄像，并报送公安机关进行事后监督检查。对爆破单位拍摄的爆破作业视频资料与公安机关审批流程进行关联，对视频实行信息化管理和监管，实现业务流和信息流相结合，自动考核民警查看现场作业视频情况。爆破作业必须提交当日爆破日志、前次视频录像、爆破测振数据，将提交视频资料工作与使用爆破器材的信息进行绑定，工地有使用爆破器材的信息（营业性单位有配送信息，非营业性单位有出库信息），必须提交爆破日志和爆破视频录像。对没有按时上传视频图像的，系统自动发出报警信号，爆破作业单位、爆破作业人员、爆破器材运输车辆等资质过期的，系统自动发出报警信号；

（6）短信功能。对没有按时上传视频图像的，系统自动发出短信给审批爆破器材的民警和爆破作业单位的有关人员。对于审批、审核业务，办理好后系统自动发出短信提醒；对于许可证件到期，系统自动发出短信提醒；

（7）爆炸物品全程轨迹监管。对爆破器材运输环节实施实时动态管控，将民爆单位运输车辆卫星定位信息、运输许可信息进行整合并接入系统，实现对运输过程的实时动态管控，并与监控视频进行无缝对接。在电子地图上标注爆破作业单位、库房、工地，当光标放在图标上时，屏幕显示其基本信息表，通过该信息表中的文字可以追踪查询相关备案表。

对爆破作业行政许可的项目，能够对其有关参数进行调整并完成登记备案，如爆破作业单位更换爆破作业人员，原审批的施工工期到期申请延长工期，原审批的爆破器材不够用需要增加品种、数量，爆破环境发生改变需要提交补充设计方案进行登记备案等情况。

爆破作业现场安全监管系统功能如图 8-8 所示。

8.5.1.2 系统功能设计

（1）单位备案：

1）完成企业的备案信息。企业需连续登记基本信息（单位名称、单位所在区域编码、单位法人姓名、法人证件类型、法人证件号码、法人手机号码、法人 EMAIL、行政许可号、许可证号码、组织机构代码、工商营业执照号码、环保资质证号码、许可证有效期、组织机构代码有效期、营业执照有效期，申办人姓名、手机、电话、证件类型、号码、从业人数、驾驶员数量），涉及物品信息和资质证件信息，存在未完成时可续登。该模块用于代替系统建设前的纸质备案资料，需一步步公安审批（分局民警、分局领导、市局民警、市局领导），通过后方可作为正式用户办理相关业务。信息添加后尚未递交审核时可以递交、查看、修改或删除信息，审核通过后管理部门可以注销该单位信息；

2）单位备案变更，完成企业的备案信息变更，企业可对已备案的基本信息、涉及物品信息和资质证件信息进行变更申请操作。该模块用于代替系统建设前的纸质备案资料变更，需一步步公安审批（分局民警、分局领导、市局民警、市局领导），通过后新的备案信息方才生效，作为有效备案信息办理相关业务。对记录可以进行的操作包括：查询、添加、修改、删除、递交审核、审查/审核/审批。

（2）人员备案：

1）完成企业的人员信息备案。企业需备案相关的管理员、操作员、保管员、治安保卫员四类人员，添加人员时需录入的人员信息包括姓名、性别、学历、从业时间、人员类型、籍贯、住址、所在单位、身份证、联系电话、从业资格证、照片等相关信息，该模块用于代替系统建设前的纸质人员备案资料，需一步步公安审批（分局民警、分局领导、市局民警、市局领导），通过后方可作为有效人员在系统中用于相关的业务操作。添加的信息可以：查询、添加、修改、删除、注销、递交审核、审查/审核/审批；

2）人员备案变更。完成企业的人员备案信息变更，企业可对已备案人员信息进行变更申请操作，该模块用于代替系统建设前人员的纸质备案资料变更，需一步步公安审批（分局民警、分局领导、市局民警、市局领导），通过后新的备案信息方才生效，作为有效人员备案信息办理相关业务。添加的信息包括查询、添加、修改、删除、注销、递交审核、审查/审核/审批。

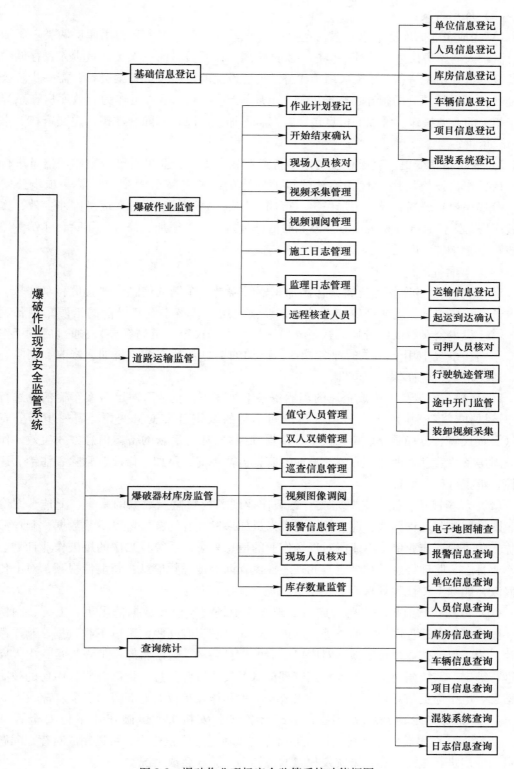

图 8-8 爆破作业现场安全监管系统功能框图

（3）库房备案：

1）完成企业的库房信息备案。企业备案的库房有自由库房和租用库房两类。添加库房时需录入的库房信息：地址、坐标、安全距离、保管员、值班人员、负责人、存储物品以及核定量等相关信息，该模块用于代替系统建设前的纸质人员备案资料，需一步步公安审批（分局民警、分局领导、市局民警、市局领导），通过后方可作为有效库房在系统中用于相关的业务操作。添加的信息包括查询、添加、修改、删除、注销、递交审核、审查/审核/审批；

2）库房备案变更。完成企业的库房备案信息变更，企业可对已备案库房信息进行变更申请操作，该模块用于代替系统建设前库房的纸质备案资料变更，需一步步公安审批（分局民警、分局领导、市局民警、市局领导），通过后新的备案信息方才生效，作为有效库房备案信息办理相关业务。添加的信息包括查询、添加、修改、删除、注销、递交审核、审查/审核/审批。

（4）车辆备案：

1）完成企业的车辆信息备案。添加车辆时需录入车辆的信息：驾驶员、车牌号、缩在电子锁、核定量、运输证等相关信息，该模块用于代替系统建设前的纸质车辆备案资料，需一步步公安审批（分局民警、分局领导、市局民警、市局领导），通过后方可作为有效车辆在系统中用于相关的业务操作。添加的信息包括查询、添加、修改、删除、注销、递交审核、审查/审核/审批；

2）车辆备案变更。完成企业的车辆备案信息变更，企业可对已备案车辆信息进行变更申请操作，该模块用于代替系统建设前车辆的纸质备案资料变更，需一步步公安审批（分局民警、分局领导、市局民警、市局领导），通过后新的备案信息方才生效，作为有效库房备案信息办理相关业务。添加的信息包括查询、添加、修改、删除、注销、递交审核、审查/审核/审批。

（5）现场视频监控。主要完成对爆破作业现场视频监控数据的采集、上传、图像储存、图像回放及远程调阅、巡查等。巡查人员如果发现有问题，可以下载数据、制作截屏照片。为了保证作业单位不遗漏对现场作业的信息采集，系统将当次的爆破作业计划、爆破作业日志、监理日志进行绑定。此外还提供查询上传视频信息：新上传视频，对上传视频修改，删除上传视频等功能。

（6）库房视频监控。主要完成对爆破作业现场视频监控数据的采集、上传、图像储存、图像回放及远程调阅、巡查等。巡查人员如果发现有问题，可以下载数据、制作截屏照片。为了保证作业单位不遗漏对库房作业的信息采集，系统将库房值守人员、出入库信息进行绑定。系统同时采集双人双锁管理信息、技防报警信息，将爆破器材库房的技防报警信息、电子巡更信息接入，方便各级公安机关和作业单位安全部门的安全监管。

（7）现场安全检查。主要是为了配合各级公安机关、爆破作业单位安全管理部门（负责人）对爆破作业现场、爆破器材库房现场进行安全检查，可以完成对存在问题的项目、库房进行整改，通过系统发放整改通知书，验收整改情况。

（8）电子地图。该模块用于在地图上标注爆破作业单位位置、爆破作业现场位置、爆破器材仓库位置等，以及爆破器材仓库周围的应急救援圈和圈内能够参与应急救援的公共力量。还可以在图上动态显示爆破器材车辆运输的行驶轨迹、动态位置（状态），并对轨迹数据进行相应时间的长期保存。

（9）预警示警。民爆单位、人员、车辆、库房评价等资质证照即将到期预警示警功能。

（10）咨询服务。该模块可以为爆破作业单位提供多项帮助，如管理单位发布通知通告、用户在系统上留言、查询法律法规、管理规定；系统提供系列爆破设计方案、应急救援预案等，供爆破工程技术人员学习参考；系统为每个企业用户提供一个网上"档案柜"，方便爆破作业单位保管自己的有关文档资料；系统还提供与爆破专家、管理民警互动、咨询功能，为企业解决管理与施工中的技术难题。

（11）营业性爆破作业项目监管。爆破作业项目合同备案登记；爆破作业项目行政许可（情况登记）；爆破作业项目安全评估情况登记（由评估公司录入）爆破作业与监理情况登记（由作业单位和监理单位共同登记）；爆炸物品配送监管（利用地理信息系统监管运输车辆的行驶轨迹，查询相关人员、车辆，落实责任人员，查询和调用应急救援预案；明确疏散人员的范围，周边救援资源的查询与调动等）；爆破作业现场远程视频监管；爆破作业项目变更登记（更换爆破作业人员、延长爆破作业时间、增加工程量等）；爆破作业现场安全检查和整改情况登记（供基层民警用）；爆破作业项目完工登记。

（12）非营业性爆破作业单位爆破作业项目监管：

1）爆破作业情况登记。参照营业性爆破作业项目登记表对非营业性爆破作业进行登记、同时登记其营业执照、采矿许可证、安全生产许可证的有效期，爆破作业方案、爆破作业地点、爆破器材仓库、爆破作业人员等；设定多条件，有任一个前置审批（爆炸物品购买）条件不符合要求时，分别提前30天、15天、7天采用系统提醒和短信提醒的方式告知爆破作业单位领导和审批爆炸物品的领导和主管民警，让企业尽快办理相关证照的延期手续，让主管民警和领导在规定的时间停止该单位购买爆破器材的申请；

2）爆破作业项目常规登记与变更登记。对于长期（一年以上）实施爆破作业的，每年4月底前进行一次常规性备案登记，主管民警同时核查其作业条件变化情况；对于以下情况发生变化时要及时（15日内）进行登记：爆破方案发生变化的，爆破地点内、外部环境发生变化影响安全的，爆破作业人员发生变化的，法人代表、技术负责人发生变化的，爆破器材仓库条件发生变化的。

（13）爆破作业项目合同备案。爆破作业单位根据合同情况进行爆破作业项目合同网上登记，属地县级公安机关确认。

1）申请备案单位：指当前备案单位，默认显示，不允许修改；

2）提交备案时间：默认为当前时间，可以修改；

3）备案地点：爆破作业项目所在地址，可以修改；

4）项目级别：A、B、C、D级和不分级。

合同备案登记流程如图8-9所示。

（14）爆破作业项目安全评估登记。爆破作业项目经过具有资质的爆破作业单位安全评估后，应将安全评估的有关情况录入此表进行登记备案。在系统开通使用以前评估通过的项目有关情况采用人工录入的方法；在系统开通使用以后评估通过的项目，利用"民用爆炸物品信息管理系统"中的数据，由系统自动导入。如果"民用爆炸物品信息管理系统"有关数据不能自动导入本系统，仍由爆破项目评估单位按照要求人工录入数据。通过项目评估情况登记备案，为本系统的数据库建立基础数据。

（15）爆破作业项目行政许可登记。爆破作业项目经过公安机关审批以后，首先将基本情况录入此表进行登记备案。在系统开通使用以前审批通过的项目基本情况，应采用人工录入的方法录入。在系统开通使用以后审批通过的项目，利用"民用爆炸物品信息管理系统"中的数据，由系统自动导入。如果"民用爆炸物品信息管理系统"暂时不能自动导入本系统，仍由爆破作业单位按照要求人工录入数据。通过项目基本情况登记备案，为本系统的数据库建立基础数据。爆破作业审批（登记）流程如图 8-10 所示。

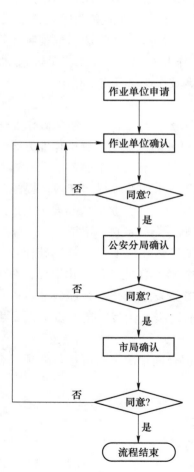

图 8-9　爆破作业项目合同
备案登记流程图

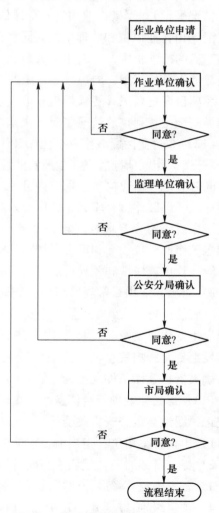

图 8-10　爆破作业审批（登记）流程

（16）爆破器材配送登记。爆破器材配送由爆破器材使用单位根据各工地需要进行网上配送申请，爆破工地在哪个县（区），就向哪个县（区）销售单位申请，由配送单位和监理单位确认操作流程。爆破器材配送操作流程如图8-11所示。

（17）爆破作业与监理情况备案。作业单位根据项目作业情况在规定时间内上报，再由监理单位在规定时间内进行确认。如果双方未按规定时间完成的，系统自动发出警示，把情况通知管理机关。爆破作业登记与监理登记确认流程如图8-12所示。

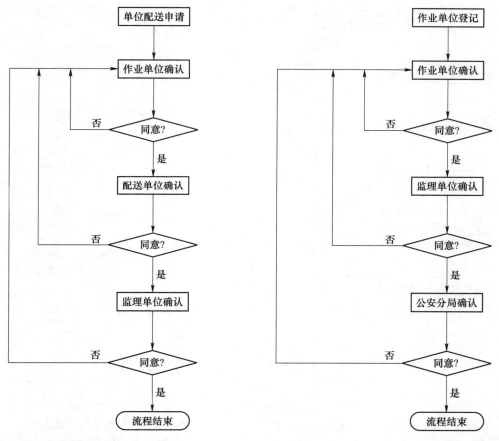

图 8-11　爆破器材配送操作流程　　　　图 8-12　爆破作业登记与监理登记确认流程

（18）爆破作业安全检查登记。检察机关根据检查情况填写安全检查登记表，并提出存在的问题和整改意见，由作业单位和监理单位进行确认。作业单位按照要求整改好以后报告整改结果，由监理单位监督整改并确认，再由检察机关复查确认。在预定的整改日期内未完成整改要求的，系统自动示警。爆破作业安全检查确认流程如图8-13所示。

（19）爆破作业变更登记申请。爆破作业单位和监理单位都可以根据爆破工地的实际情况对派驻现场的人员进行变更，作业单位还可以对作业时限、该工程需要的爆破器材品种、数量进行变更，对增加工程量变更等，但每次变更都需要经过公安机关的同意并保留变更历史纪录，统一编号以备查询。如需要变更爆破作业方案的，需要重新进行安全评估和审批。爆破作业变更确认流程如图 8-14 所示。

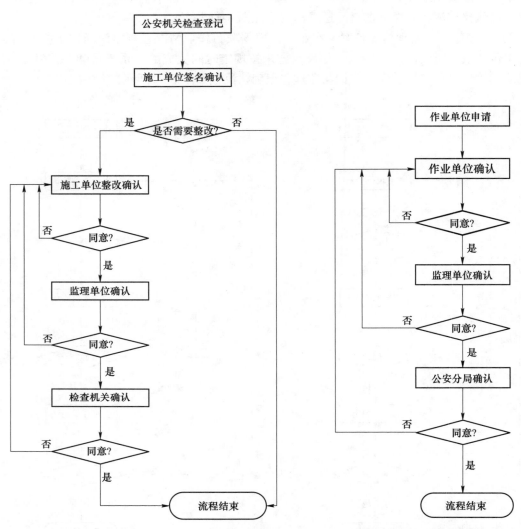

图 8-13　爆破作业安全检查确认流程　　　　　图 8-14　爆破作业变更确认流程

（20）安全检查统计分析。此功能主要用于上级公安机关对下级机关的工作进行统计和分析，利用此功能对下级机关进行有效的监督和管理。点击检查次数或检察机关后列出该检查单位在该时间段内检查某一个单位的次数统计情况。

（21）爆破作业项目完工登记。爆破作业项目完工后，由爆破作业单位向项目所在地公安机关上报完工登记表，进行完工登记。

（22）爆破作业项目完工备案。对由公安机关审批的爆破作业项目，爆破作业单位应在实施爆破作业活动结束后 15 日内，将经爆破作业项目所在地公安机关批准确认的爆破作业设计施工、安全评估、安全监理的情况，向核发《爆破作业单位许可证》的公安机关备案。

（23）公安网上巡查。公安网上巡查功能用于公安管理人员在浏览系统过程中，当发现有问题的数据或操作时给出指导意见或提出整改措施。其巡查确认流程如图 8-15 所示。

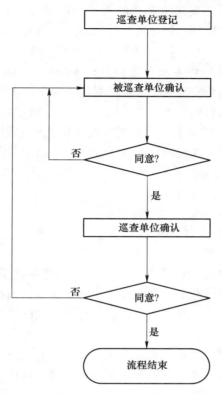

图 8-15 爆破作业巡查确认流程

（24）业务咨询。通过网络建立企业与管理机关沟通的平台。

（25）非营业性爆破作业管理。对于非营业性爆破作业单位实施的爆破作业项目，参照营业性爆破作业单位实施的爆破作业项目进行登记管理。对于行政许可的前置条件包括营业执照、采矿许可证、安全生产许可证到期前，分 30 天、15 天、7 天，及时提醒许可爆炸物品购买、运输的民警和领导，不给以上证件过期的单位许可购买、运输爆炸物品。

（26）爆炸物品购买、运输审批。申请购买运输爆炸物品，填写相应表格。

（27）爆破器材储存库备案登记。包括库房位置、基本情况、评价报告、管理人员、值班人员、保管人员、库房视频、电子巡查。

（28）从业人员管理。爆破单位的从业人员主要分为"三员"、工程师和本单位其他相关从业人员，所有涉爆人员都必须按要求在系统中备案。

8.5.2 爆破器材库房现场监控系统

爆破器材库房现场监控系统主要功能如下。

（1）值守人员管理。该模块主要对爆破器材库房值班人员进行管理。企业应安排经过公安机关备案的值守人员进行值班，每班不少于 3 人，每天不少于 2 班。企业负责将值班表输入系统进行管理和后续核查。

（2）双人双锁管理。爆破器材库房门口应安装具有防爆功能的数据采集器，核对仓库保管人员身份信息，没有两名在系统备案的保管员同时在场刷身份证并比对人脸信息成功，库房入侵报警系统不能撤防。如非法打开库房门，系统自动报警并向企业安全负责人推送短信提醒。

（3）巡查信息管理。该模块主要对爆破器材库房技防系统中的电子巡更信息进行管理，监督库房值守人员落实公安部的要求每小时巡查库房一次。库房值班人员应在当天交接班后及时将上一班巡更信息输入系统。系统对于超时巡查的，能实现自动识别并报警。

（4）视频图像调阅。该模块主要完成视频服务器接入互联网，满足监管人员通过互联网访问视频服务器，调阅采集的视频图像、下载数据、制作截屏图片等。

（5）报警信息管理。该模块用于对库房技防系统的报警信息（入侵报警、周界报警）及双人双锁系统报警信息等进行管理。

（6）现场人员核对。该模块主要完成对库房值守人员在岗在位和交接班情况的核对。交接班时，由库房安全负责人（或者保管员）采集交班人员、接班人员的照片，输入系统。

（7）库存数量监管。该模块要求爆破器材库房保管员在系统上登记《爆破器材购买许可证》有关信息和领用出库信息，每天盘点一次库房爆破器材的品种、数量并确认，库房安全负责人每周要确认一次，单位安全负责人每月要确认一次。将爆破器材变动信息和确认人员信息输入系统。

爆破器材库房存储监管系统可以对每批次爆破器材的入库、出库、回收数量实行精准管理，确保每一节炸药、每一枚雷管的使用和流向均能实时跟踪。系统还适时监控库房湿度、温度及周边环境、值守情况，确保存放安全。如图 8-16 所示为爆破器材库网络实时数据采集器，而图 8-17 所示为爆破器材库智能摄像头。

图 8-16　爆破器材库网络实时数据采集器

图 8-17　爆破器材库智能摄像头

8.5.3 爆破作业现场视频监控系统

8.5.3.1 爆破作业现场视频图像的采集与传输

当前，视频监控技术已经非常成熟，它借助网络视频编码技术、灵敏智能报警网关、分布式存储技术、多级管理手段，以高效率、高可靠、低成本的方法解决各监控点互联问题。爆破作业现场视频监控的难点是采用什么摄像设备、设备安装在什么地方、这些设备由谁来操作、采集的图像储存在什么地方等问题。根据爆破作业的特点，现场需要两种图像采集设备，（1）相对固定的图像采集设备（又叫图传系统），对爆破作业现场场景，监控现场卸车、场内搬运、临时保管、爆破警戒等进行全景摄录；（2）由监理人员（或者安全员）手持的图像采集设备（又叫单兵设备），对现场交接、领用发放、回收保管爆破器材、爆破员装药、填塞、连接网路等重点操作环节的场景进行摄录。

爆破作业现场视频监控图像的采集、传输、管理通过爆破作业现场视频监控系统来实现。爆破作业现场视频监控系统拓扑关系如图 8-18 所示。

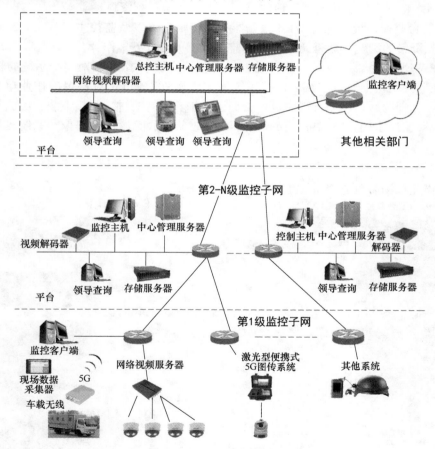

图 8-18　爆破作业现场视频监控系统拓扑图

爆破作业现场视频监控系统软件是基于网络的全数字化的信息传输和管理系统，将不同客户的需求以组件模块的方式实现并以网络集中管理和网络传输为核心，完成信息采集、传输、控制、管理和储存的全过程。系统可以架构在各种专网/局域网/城域网/广域网之上，真正实现监控联网、集中管理。授权用户可利用连接在网络上的任何计算机对需要监控的现场进行实时监控。

基于网络视频服务器的远程监控平台，并利用爆破作业现场、爆破器材库房已经安装的摄像设备，在企业和管理部门配置远程视频管理系统和视频服务器等设备，通过有线或无线网络联成系统，企业的上级主管部门和公安机关都可登录远程视频监控系统，远程调阅和实时查看爆破作业现场施工和炸药等爆破器材管理的动态情况。

8.5.3.2　爆破作业现场视频监控系统组成

爆破作业现场视频监控系统分为前端视频采集系统和后台监控系统两部分。

（1）前端视频采集系统：主要有两种，一是无线图像采集-传输设备（主要有图像显示终端、现场操控平台、激光防水云台球机、三脚支架等）；二是手持式图像采集设备。无线图像采集-传输设备将采集的视频图像经过压缩编码后，通过网络传输到当地的服务器上，该服务器已经联入爆破作业现场视频监管系统，在没有网络的情况下，也可通过本地 Wi-Fi 网络将图像信息传输到当地的显示器上，调阅视频资料。

（2）后台监控系统：配置 WEB 服务器和存储服务器以及监控主机，实现对各爆破作业单位视频资料的浏览、远程调阅。后台监控系统负责以下工作：

1）在 WEB 服务器上安装"视频监控系统服务器软件"，负责对整个系统的管理。

2）在监控主机上安装"视频监控系统客户端软件"，负责对各爆破作业单位视频资料的管理和远程调阅，可进行视频资料查询、抓拍、语音对讲、视频下载、回放等操作。

3）视频监控系统客户端可以安装大屏液晶电视显示前端视频图像，系统支持多路同时显示。

8.5.3.3　后台监控系统

爆破作业现场后台监控系统主界面如图 8-19 所示。

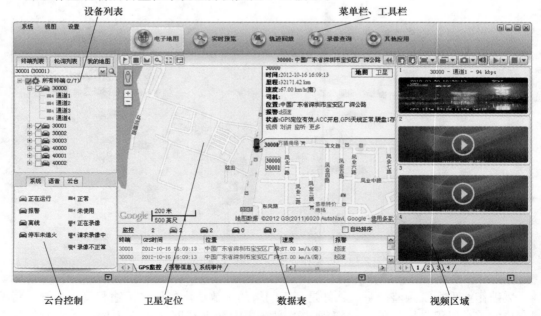

图 8-19　监控系统客户端主界面

后台监控系统的主要功能包括：

（1）实时视频。即时的视频浏览，支持多画面同时浏览，包括位置信息、设备状态、卫星定位导航地图展现等功能。监控中心能远程调阅任意设备任意通道的视频图像，对现场发生的任何动作与事件，监控中心都能实时监控，并可呈现在客户端计算机或电视墙上；

（2）多画面监控。PC客户端上可以实现对多个监控设备的显示，实时图像显示在指定的一个或多个显示器上，可以选择1、4、6、8、9、16、25、36等多种画面分割，以适应各种应用需求，并可以实现全屏显示；

（3）卫星定位监控。对设备进行卫星定位，支持对所有管理区域人员快速、准确跟踪人员位置，并通过电子地图来显示人员所在位置，支持单车、多车显示模式。当设备发生报警时，电子地图能第一时间定位车辆、前方人员所在位置，并提示报警信息，提醒工作人员，并处理报警事故。支持主流地图显示，任选多车显示，辅以4画面小窗口监控视频，关注车辆位置信息的同时，还可对重点的位置的视频进行实时监控，其卫星定位监控车辆行驶界面如图8-20所示；

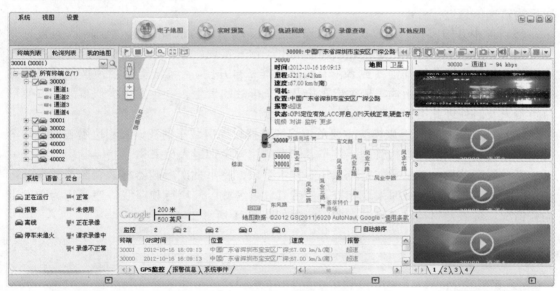

图8-20　卫星定位监控车辆行驶界面

（4）语音监听记录，双向语音对讲。可监听前端设备声音，同时支持监控端实时监听和终端视频同步记录；

（5）云台控制。通过这个控制界面，可以对焦点视频画面进行控制。例如车辆"粤×××××"的通道2接着云台，这时在视频窗口上观看车辆的通道2视频，此视频窗口处于选中状态，这时操作云台，可对该通道进行控制；

（6）报警联动。当报警时，会弹出该车辆该通道的视频；

（7）信息检索回放。用户可以搜索在指定时间、搜索位置等条件下的终端录像、轨迹以及报警信息，并根据需要对相关信息进行下载或数据的导出操作；

（8）系统日记管理。系统事件信息主要包括设备与管理服务、报警服务器的连接状态信息，以及在客户端对设备远程执行重启、开启/关闭电源、断开/恢复、恢复设备出厂设置、设置卫星定位上报间隔等功能信息。

8.5.4　爆破器材运输车辆动态监控系统

爆破器材运输车辆动态监控系统具有以下功能。

（1）运输信息登记。该模块主要完成将《爆炸物品运输许可证》有关信息录入系统，以便对后续管理信息进行比对。

（2）起运到达确认。该模块主要供押运人员在装好车以后，在现场确认运输任务开始，车辆到达目的地卸完车以后，在现场确认运输任务结束。

（3）司押人员核对。该模块供现场核对爆破器材运输的驾驶员、押运员以及运输车与审批备案信息是否一致。起运前由库房保管员（或者爆破器材库房负责人）进行核对，采集司机、押运员、运输车照片并输入系统。运输车辆到达目的地后，由爆破作业现场接收爆破器材的保管员进行核对，采集司机、押运员、运输车照片，输入系统。

（4）行驶轨迹管理。该模块主要负责将爆破器材运输车的卫星定位信号接入系统，并对运输轨迹信息进行管理。

（5）途中开门监管。该模块主要对爆破器材运输车辆的车厢门在运输途中是否被打开进行监管，借助于带有卫星定位导航功能的电子锁来实现。车辆起运前锁好门，到达后方可开锁，如果中途非法开锁（或者没有经过批准私自开销），系统能记录锁被打开的地点并发出报警信号，预防运输车辆被盗被抢及安全事故的发生，一旦发生类似事故，方便单位负责人及时处理此类安全事故。

（6）装卸视频采集。该模块主要负责将爆破器材库房装车的视频和到达爆破地点卸车的视频上传输入系统并进行管理。装车、卸车的视频由押运人员采集、上传。

通过视频监控、卫星导航定位系统等技术手段，将每批次爆破器材的装卸、数量、行驶路线实现全程监控，及时发现和查处疲劳驾驶、超载、偏离行驶路线等违规行为和发生偷盗情况。爆破器材运输车辆动态监控流程如图 8-21 所示。

图 8-21　运输车辆动态监控流程图

安装在爆破器材运输车内的卫星导航定位终端、摄像头等传感器将车辆运行轨迹、车辆行驶过程中的路况、车况、驾驶员状态实时传输到运输动态监控系统。一旦出现路线偏差，或者路况异常、车况不佳、驾驶员疲劳等状况，系统将及时发出警报。参见图 8-22、图 8-23 所示。

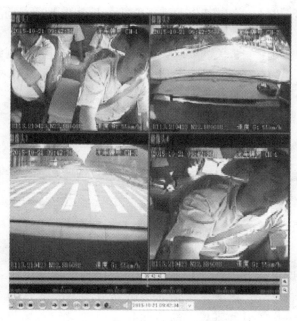

图 8-22　运输车辆动态视频监控

图 8-23　运输车辆视频监控软件界面

8.5.5　爆破作业单位人员风险评估系统

公安部要求对涉爆单位、涉爆人员建立风险评估和分级预警机制。

扫一扫看彩图

（1）风险评估。对涉爆单位和人员定期进行风险评估。主要评估其安全风险因素、安全资质条件、安全管理状况，将爆破作业现场管理、库房管理等情况列入风险评估范围，建立风险评估模型，分别制定百分制的风险评估标准，定期考核评估。

（2）分级预警。根据公安机关的要求，对安全风险设定3个控制级别：三级风险对应分值是 $70 \leqslant f < 80$ 分，是可接受的，但需要进行批评教育；二级风险对应分值是 $60 \leqslant f < 70$ 分，是不可接受的，需要进行整改；一级风险对应分值 $f < 60$，需要"锁定"整改。"锁定"是指暂停爆破作业资格。

8.6　爆破作业现场智能管控设备

爆破作业现场智能管控设备主要包括：库管双人双锁监控仪、综合数据采集仪、图传系统、单兵图传仪、现场综合数据采集仪。

8.6.1　库管双人双锁监控仪

库管双人双锁监控仪用于核查爆破器材库房"双人双锁"管理落实情况，在爆破器材库房门口安装一台防爆型库管双人双锁监控仪（二代身份证、指纹和人脸信息数据采集器）和一对红外报警传感器，落实保管员对爆破器材库房的"双人双锁"管理，库房保管员必须刷本人二代身份证并拍照，系统采集保管员的身份信息和人脸信息，经比对成功，方可解除库房门口红外报警传感器的设防功能，允许进入爆破器材库房。

8.6.2　现场综合数据采集仪

现场综合数据采集仪是根据需求提供对应类型接口用于采集模拟量数据（速度、温度、压力、流量、位移等）、开关量数据（烟雾报警器、红外报警器、开关状态等）和数字量数据（IC卡读卡器、身份证读卡器、指纹模块、人脸识别、拍照摄像头、数字传感器等），并将采集到的数据处理后再进行存储、处理分析、显示、转发和交互的设备。

随着互联网、移动互联网、物联网和智能手机的兴起、普及与应用，数据采集仪成为物联网的核心组成部分，正在向网络化和智能化方向发展。

爆破作业现场综合数据采集仪工作原理和流程如图8-24所示，综合数据采集仪如图8-25所示。

爆破作业现场综合数据采集仪可实现如下主要功能。

（1）按人发放雷管模块。公安部要求发放领取、回收爆破器材时，爆破员、安全员、保管员要在现场共同签名确认。项目技术负责人在爆破作业现场将雷管（通过配送单信息选择与确认）发放到每个爆破员手中，爆破员通过数据采集器系统现场确认，安全员、保管员也通过数据采集器系统进行现场确认，将每一发雷管的监管责任落实到相关爆破员身上，进一步提高爆破员的责任意识。

（2）远程点名查岗。公安主管部门要求爆破作业时工程技术人员在现场组织爆破管理。该模块主要为了方便公安机关民警和单位领导检查爆破作业人员是否在现场进行爆破作业。方法是：对现场作业人员实行远程点名，如工程技术人员或者爆破作业人员在现场

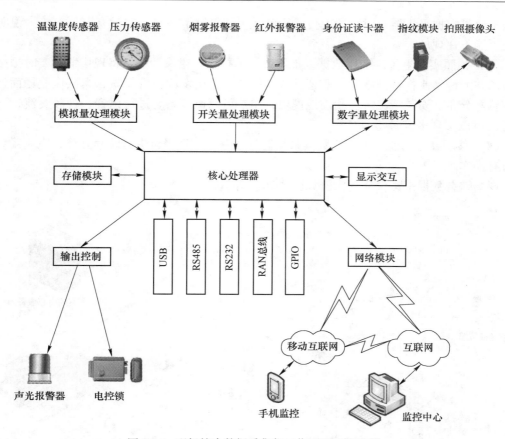

图 8-24 现场综合数据采集仪工作原理和流程图

图 8-25 爆破作业现场综合数据采集仪实物

的，可通过数据采集器及时拍照上传进行确认，如果过了一段时间没有照片上传，说明该人员可能不在现场。

（3）拍照实时上传。利用数据采集器系统的拍照、摄像功能，将现场情况实时拍照或者摄像并上传，制作爆破施工、监理日志。例如：拍摄发放雷管场景、爆破作业场面、测振传感器分布、安装情况等。利用该模块，用户可以通过系统进行语音、视频交流，讨论问题（可以实现多方参与）。

（4）移动办公功能。可以用数据采集器直接登录监管平台进行移动办公，完成系统上的所有操作。

现场综合数据采集仪应用实例如图 8-26 所示。

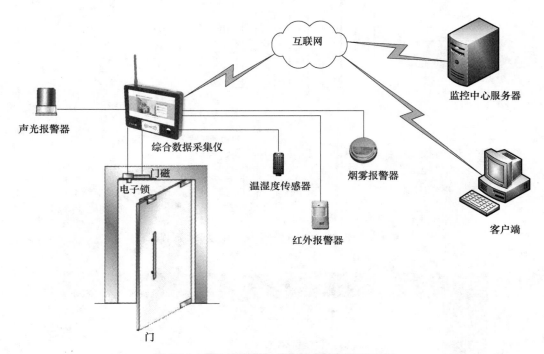

图 8-26　现场综合数据采集仪应用实例示意图

爆破作业单位在实施爆破前一天，通过手机 APP 应用软件，将爆破作业的时间、地点、爆炸物品种和数量录入系统，省公安厅、市（县、区）公安局、派出所可精确监管爆破作业情况，并通过手机短信和平台自动提醒监管民警开展相关工作，实现对爆破作业现场动态管控。

8.6.3　现场图传系统

爆破作业现场监管需要对涉爆人员与爆破器材等进行责任绑定，通过位置信息确认、现场人员拍照、预警控制、整改情况确认等措施，实现对检查整改责任的绑定。爆破现场监管流程如图 8-27 所示。

爆破现场无线视频采集传输系统采用互联网云计算底层架构设计，只需要接入互联

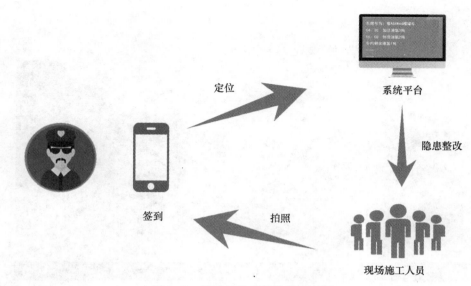

图 8-27　爆破作业现场监管流程图

网，选择以手持机、手机 APP、Web 端、单兵设备其中一种或者多种模式并存的解决方案，即可获取相关服务，解决从业单位在爆破作业现场等各环节的数据上报及实施监控难题，如图 8-28 所示。

图 8-28　爆破作业现场便携式图传系统

爆破作业现场便携式图传系统是集视频摄像、视频编码、视频存储、传输为一体的视频采集设备，可对爆破作业现场进行全景摄像，监控现场卸车、场内搬运、临时保管、装药、连线、检查、警戒等场景。系统通过无线网络传输视频信号，可以实现实时监控爆破现场作业过程，并且可以通过双向音视频功能进行信息交互，达到信息共享目的。监控中心通过监控爆破现场情况，可以进行实时指导交流，协调资源，提高现场解决问题效率，从而更紧密的控制爆破现场情况，达到高标准、高安全现场监管和处理紧急事务能力的要求。如图 8-29 所示为爆破作业现场人员确认时的视频监控画面。

图 8-29　爆破作业现场人员确认视频监控

　　通过构建统一的爆破作业现场管控平台和设备，可以打破传统监管工作的时空概念，监管部门可随时随地对爆破器材的储存、发放、运输、使用、清退、销毁等各环节开展网上实时巡查、监管，及时发现和消除安全隐患，解决现场监督检查点多、线长、面广、费时、费力、周期长、效率低下的问题，成倍提高管控效率。

8.7　爆破作业现场人员识别认证技术

　　在爆破作业安全管理中，对爆破作业现场人员实时监控与管理是重点。做好爆破作业现场人员监控与管理，可以避免或减少大部分爆破事故的发生。现实情况中时有发生的爆破作业时项目负责人不到场，爆破器材交由无资格人员使用操作，爆破作业人员操作不规范，如装卸炸药、雷管等危险物品时，不遵守安全操作规程，在没有安全员监督的情况下进行装卸、押运或不在指定场所进行装卸，不按规定轻拿轻放，时有投掷、拖拉、碰撞、锤击、翻倒等现象，甚至有人在作业场所周边抽烟，安全隐患极大且难以查处。爆破器材储存仓库多处在偏远山区，有些值守人员因生活条件和值守环境艰苦，对其值守工作责任心不强、不按规范进行交接班，不定时进行巡逻检查、出入库房随意性较大，常有脱岗、离岗等现象发生。

　　利用物联网技术、人脸识别技术、视频监控技术等技术方法，可以实现爆破作业现场人员到现场识别认证和储存库人员双人管理，巡检情况实时监控，确保爆破作业现场人员配备到位。研究利用防爆技术和网络数据安全技术等实现采集设备防电磁、防爆，确保采集数据时爆破作业现场安全；实现虚拟 VPN 通道和数据加密双重数据安全传输，确保数据安全。

　　爆破作业现场识别认证主要包括 5 方面内容：爆破作业现场人员监控体系、人员识别认证、前端设备防爆安全和数据安全、前端设备、爆破作业现场识别认证防爆安全技术应用。

8.7.1 爆破作业现场人员监控体系

爆破作业现场人员监控体系是利用各种手段对到现场作业的人员进行实时动态监控的技术。主要由人员签到、视频监控、图像定时取样 3 个工序构成。

（1）人员签到：每次爆破作业开始和结束时，对应的作业项目要求配备的人员，到前端设备进行签到识别认证，确定是本人到现场。人员签到是最容易记录的方式，可监控本次爆破作业是什么人员到场和到场人员是否符合本次爆破作业人员配备计划要求。人员签到方式的缺点是只知道作业人员在爆破作业开始和结束时到过现场，不能监控作业人员是否全程在现场，是否有违规的行为，作业现场是否进入了非爆破作业人员。

（2）视频监控：从开始到结束对每次爆破作业，现场全程视频监控，可以起到威慑作用，使作业人员行为规范。其缺点有 4 个方面：

1）由于爆破作业环境复杂和拍摄范围大，不能或不好分辨到现场的人员是什么人，是不是本次爆破作业应该参加的人员；

2）有不少爆破作业现场没有网络信号，不能实时查看，只能查看爆破后上传的录像，不利于实时监管；

3）视频分析工作量大，只适合抽样检查；

4）视频录像占用空间大，不利于长久存储。

（3）图像定时取样法：对每次爆破作业从开始到结束的过程，爆破作业现场定时（如可设置每 5min）拍照获取现场照片，基本可以记录爆破作业过程，可以对照片进行一些分析处理（如人脸识别：可识别出照片内有几张人脸，如果人脸数超过签到人数，向系统发出报警）。查看爆破作业过程情况快，利于找到违规行为，及时纠正，避免下次再犯。存储量相对视频监控小很多，利于长久存储。该方法缺点是不能全程记录爆破作业过程，只能记录大体过程。和视频监控一样，由于爆破作业环境复杂和拍摄范围大，不能提取人脸特征码，从而无法识别具体的人员身份，但可以进行一些图像处理，为监控提供便利。

将上述 3 个工序的特点一起应用，可形成爆破作业现场人员全方位监控体系。人员签到可以确定人员到场，视频监控可记录作业过程，视频监控结合人员签到时拍摄的人员特征照片，基本可以确定视频中的人员是否是本人。图像定时取样法可以提高查看效率和做一些图像分析，便于找到问题，再结合人员签到和视频监控可确定问题的性质，提高监控效率。

8.7.2 人员识别认证技术

人员识别认证主要研究将目前比较成熟的生物识别技术应用到爆破作业现场人员的识别上，并和系统人员信息结合实现识别认证。

目前生物识别技术主要有指纹识别、人脸识别、虹膜识别、静脉识别、声纹识别等。下面简要叙述这些识别技术，以选用最合适的爆破作业现场人员的识别方法。

8.7.2.1 指纹识别

指纹识别是通过比较不同指纹的细节特征点来进行鉴别。指纹识别技术涉及图像处理、模式识别、计算机视觉、数学形态学、小波分析等众多学科。由于每个人的指纹不同，就是同一人的十指之间，指纹也有明显区别，因此指纹可用于身份鉴定。由于每次捺印的方位不完全一样，着力点不同会带来不同程度的变形，又存在大量模糊指纹，如何正确提取特征和实现正确匹配，是指纹识别技术的关键。

指纹识别是目前市场上应用最为广泛的生物识别技术，价格低廉，识别率在生物识别技术是最高的。但由于爆破现场作业人员手指可能因作业有很多灰土，不利于指纹采集，所以不适合用于爆破作业现场人员识别。

8.7.2.2　虹膜识别

虹膜识别技术是基于眼睛中的虹膜进行身份识别。人的眼睛结构由巩膜、虹膜、瞳孔晶状体、视网膜等部分组成。虹膜是位于黑色瞳孔和白色巩膜之间的圆环状部分，其包含有很多相互交错的斑点、细丝、冠状、条纹、隐窝等的细节特征。而且虹膜在胎儿发育阶段形成后，在整个生命历程中保持不变。这些特征决定了虹膜特征的唯一性，同时也决定了身份识别的唯一性。因此，可以将眼睛的虹膜特征作为每个人的身份识别对象。

虹膜识别的优点是虹膜本身具有稳定性和唯一性。虹膜基本不会随着人年龄的增长而发生变化。另外同一个人双眼的虹膜，包括双胞胎的虹膜特征都不会一样，相似概率为亿万分之一。虹膜识别最大的优点就是安全。

虹膜识别的缺点是亚洲人和非洲人的虹膜是黑色或者棕色，需要红外灯配合红外镜头才能取到用于身份识别的虹膜图像。一般人眼和设备要保持在 20~40cm，用户交互效果并不很好。另外，虹膜识别技术依赖光学设备，外部光线有一定的影响。

由于技术的成熟度没有指纹和人脸识别高，虹膜识别应用范围相对较小，成本高。另外，爆破现场作业环境复杂，对虹膜识别成功率影响很大，因此不适合在爆破现场作业人员识别上使用。

8.7.2.3　静脉识别

静脉识别，一种方式是通过静脉识别仪取得个人静脉分布图，依据专用比对算法从静脉分布图提取特征值。另一种方式是通过红外线 CCD 摄像头获取手指、手掌、手背静脉的图像，将静脉的数字图像存贮在计算机系统中，实现特征值存储。静脉比对时，实时采取静脉图，运用先进的滤波、图像二值化、细化手段对数字图像提取特征，采用复杂的匹配算法同存储在主机中静脉特征值比对匹配，从而对个人进行身份鉴定，确认身份。

静脉识别的优点：属于内生理特征，不会磨损，较难伪造，具有很高安全性；血管特征通常更明显，容易辨识，抗干扰性好；可实现非接触式测量，卫生性好，易于为用户接受；不易受手表面伤痕或油污的影响。

静脉识别的缺点：静脉仍可能随着年龄和生理的变化而发生变化，永久性尚未得到证实；虽然可能性较小，但仍然存在无法成功注册登记的可能；由于采集方式受自身特点的限制，产品难以小型化；采集设备有特殊要求，设计相对复杂，制造成本高。

静脉识别较成熟的是指静脉识别技术，但指静脉识别模块成本非常高，不适合在爆破现场作业人员识别上推广使用。

8.7.2.4　声纹识别

声纹识别是将声信号转换成电信号，再用计算机识别。人类语言的产生是人体语言中枢与发音器官之间一个复杂的生理物理过程，人在讲话时使用的发声器官舌、牙齿、喉头、肺、鼻腔在尺寸和形态方面每个人的差异很大，所以任何两个人的声纹图谱都有差异。每个人的语音声学特征既有相对稳定性，又有变异性，不是绝对的、一成不变的。这种变异可来自生理、病理、心理、模拟、伪装，也与环境干扰有关。尽管如此，由于每个人的发音器官都不尽相同，因此在一般情况下，人们仍能区别不同的人的声音或判断是否是同一人的声音。

声纹识别的优势：

（1）蕴含声纹特征的语音获取方便、自然，声纹提取可在不知不觉中完成，因此使用者的接受程度较高；

（2）获取语音的识别成本低廉，使用简单，一个麦克风即可，在使用通讯设备时更无须额外的录音设备；

（3）适合远程身份确认，只需要一个麦克风或电话、手机就可以通过网络（通讯网络或互联网络）实现远程登录；

（4）声纹辨认和确认的算法复杂度低；

（5）配合一些其他措施，如通过语音识别进行内容鉴别等，可以提高准确率。

这些优势使得声纹识别的应用越来越受到系统开发者和用户青睐，声纹识别的世界市场占有率仅次于指纹和掌纹的生物特征识别，并有不断上升的趋势。

声纹识别缺点：

（1）同一个人的声音具有易变性，易受身体状况、年龄、情绪等的影响；

（2）不同的麦克风和信道对识别性能有影响；

（3）环境噪音对识别有干扰，如果混合其他人说话，人的声纹特征更不易提取。

声纹识别相对指纹识别、人脸识别、虹膜识别、静脉识别技术来说，技术成熟度是最差的，所以应用在人员识别方面比较少，主要应用于文字类识别。因此，声纹识别也不适合在爆破现场作业人员识别上使用。

8.7.2.5 人脸识别

人脸识别是基于人的脸部特征信息进行身份识别的一种生物识别技术。用摄像机或摄像头采集含有人脸的图像或视频流，并自动在图像中检测和跟踪人脸，进而对检测到的人脸进行脸部识别的一系列相关技术，通常也叫做人像识别、面部识别。

人脸识别的优点：

（1）自然性，所谓的自然性是指其识别人类个体所利用的生物特征相同。具有自然性的识别还包括语音识别和体形识别，而指纹识别和虹膜识别等，因人类或其他生物不能通过此类生物特征区别个体所以不具备自然性；

（2）非强制性，被识别的人脸图像信息可以主动获取而不被被测个体察觉，人脸识别是利用可见光获取人脸图像信息，而不同于指纹识别或者虹膜识别需要利用电子压力传感器采集指纹（这些特殊的采集方式很容易被人察觉），从而带有可被伪装欺骗性；

（3）非接触性，相比较其他生物识别技术而言，人脸识别是非接触的，用户不需要和设备直接接触。

人脸识别的缺点：

（1）对周围的光线环境敏感，可能影响识别的准确性；

（2）人体面部的头发、饰物等遮挡物，人脸变老等因素，需要进行人工智能补偿（如可通过识别人脸的部分关键特性做修正）；

（3）人脸识别技术成熟度较高，应用广泛，成本也比较低，比较适合应用于爆破现场作业人员识别。

8.7.2.6　人员识别认证方法比选

指纹识别、人脸识别、虹膜识别、静脉识别、声纹识别方法对比情况见表 8-3。

表 8-3　人员识别认证方法对比表

识别技术	便利性	准确性	安全级别	稳定性	设备成本	可能的干扰
指纹识别	较高	高	中等	较高	低	污物、油腻、皮肤磨损等
人脸识别	极高	高	高	较高	中等	光线、遮挡等
虹膜识别	中等	极高	极高	较高	高	光线、距离、眼镜等
声纹识别	高	中等	高	中等	较低	噪音、感冒等
静脉识别	中等	高	高	高	高	年龄、生理机体变化

综合考虑这些生物识别技术上述几项内容和各自的优缺点，人脸识别在便利性、成本、技术成熟度和使用范围等方面比较适合使用于爆破现场作业人员识别。

经多方对比研究，采用刷身份证、人脸比对和拍照备案的方案进行爆破现场作业人员识别比较安全可靠，其具有以下特点：

（1）身份证一般不会随便给他人，刷身份证时可以同时进行人脸识别和拍照；

（2）人脸比对可以防止身份证刷卡人不是本人；

（3）拍照备案，可以反映操作时的情况，还可威慑操作者，避免造假。

8.7.2.7　人员识别认证应用

（1）爆破作业现场人员识别认证。爆破作业前，作业人员到爆破现场，在前端设备（数据采集器）上刷身份证，采集到身份证信息，同时拍取人脸图片进行人脸识别认证是否是本人，再进行下一步人员类型确定。网络正常时，通过前端设备虚拟专网（VPN）安全通道连接到服务器，通过身份号读取人员类型；网络不正常时，通过前端设备离线库，根据身份号读取人员类型，确定要求到场的人员类型都到位了才可进行爆破作业。操作完成后，前端设备把这次到场作业人员情况信息和人员现场照片上传到服务器。如没有网络信号，则缓存在采集器上，待网络正常后，再上传到服务器上。在爆破作业各环节（爆破器材配送运输、领用搬运、装药防护、清点退库、回收运输）前后，进行人员人脸识别认证和地点确定，确保相关作业人员到位。如人员识别认证不通过或地点不对，系统会预警。

（2）爆破器材储存库双人管理。爆破器材储存库需要打开门，两名保管员必须全部到位才可以开门。两名保管员到储存库门边的前端设备（数据采集器）上刷身份证采集身份证信息，同时拍取人脸图片进行人脸识别认证是否是本人，再进行下一步人员类型确定，确定到场人员是两名系统认证的保管员后方可开门。操作完成后，前端设备把开门人员情况信息和人员现场照片上传到服务器。如没有网络，则缓存在采集器上，待网络正常后，再上传到服务器上。

8.7.3 人员识别认证前端设备

人员识别认证前端设备主要包括爆破作业现场人员识别认证、爆破器材储存库双人管理、防爆安全和数据安全等功能的采集设备，见图 8-30 所示。

设备具有下列基本功能：

（1）身份证读卡功能，可以读取二代身份信息；

（2）拍照功能，可拍照现场照片；

（3）开关量采集功能，可采集门开关状态；

（4）网络接口，可通过网络接口连接互联网；

（5）防爆功能，符合行业防爆标准；

（6）显示功能，可显示设备工作状态，执行相关操作后的结果；

（7）软件可升级，可在设备上自动或手动升级软件。通过软件升级，可实现功能增减。

前端设备采用成熟的 ARM 主板平台 RK3128，加扩展电路的方式，把各功能模块集成为统一的系统，整体安装于防爆箱内。主控 ARM 主板连接 LCD、摄像头、音频输出模块等，实现人机交互、人员拍照及网络联接功能。扩展电路连接二代证阅读、指纹识别模块，采集输入开关量，用于电源管理、二代证阅读、指纹识别及报警器驱动等功能。设备预留 SD 卡扩展、USB 扩展接口，方便功能升级扩展。

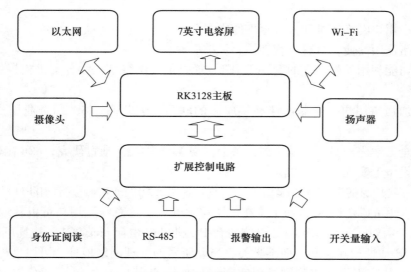

图 8-30　前端设备结构图

设备技术指标如下。

主控板：RK3128 主板；CPU：瑞芯微 RK3128，4 核 Cortex_ A7，主频 1.3GHz，1GB DDR3 RAM，8GB eMMC，千兆以太网接口；7 英寸 TFT LCD，分辨率 800×480；多点电容触摸屏；200W 像素前置摄像头；二代身份证读卡器，符合居民身份证阅读器通用技术要求，兼容 ISO14443 标准；外壳规格符合《爆炸性环境 第 1 部分：设备通用要求》（GB 3836.1—2010）和《爆炸性环境 第 2 部分：由隔爆外壳"d"保护的设备要求》

（GB 3836.2—2010），外壳尺寸：300mm×400mm×150mm。环境温度，工作：−40~+70℃，储运：−50~+80℃。环境相对湿度：0~90% RH。工作电压：DC8~30V±10%。功耗：小于 10W。

8.7.4　前端设备数据安全

前端设备数据安全主要是研究爆破作业现场设备与中心服务器之间数据传输的安全方案。爆破作业现场位置各种各样，现场不固定，要接专网不太现实，通常都是通过 5G 网连接到互联网再接到服务器。只要接入互联网，数据安全问题就应考虑。目前最常用的数据安全方案是组建专网，或虚拟专网（VPN）+数据加密传输。专网设备费用昂贵，不适宜在爆破作业现场数据采集，因此虚拟专网（VPN）+数据加密传输在数据安全方面应用最广。

虚拟专网（VPN）通过公众网络建立私有数据传输通道，将远程的分支办公室、商业伙伴、移动办公人员等连接起来，可减轻企业的远程访问负担，节省开支，并且可提供安全端到端的数据通讯方式。VPN 兼备了公众网和专用网的众多特点，将公众网可靠的性能、扩展性等丰富的功能与专用网的安全、灵活、高效结合在一起，可以为企业和服务商提供如下益处：

（1）显著降低了用户在网络设备的接入及线路方面的投资；

（2）采用远程访问的公司提前支付了购买和支持整个企业远程访问基础结构的全部费用；

（3）减小用户网络运维和人员管理的成本；

（4）网络使用简便，具有可管理性、可扩展性；

（5）公司能利用无处不在的 INTERNET，通过单一网络结构为分支机构提供无缝和安全的连接；

（6）能加强与用户、商业伙伴和供应商的联系；运营商、ISP 和企业用户都可从中获益。

数据安全方案之一是在前端采集设备上实现 VPN 功能。通过研究，n2n 比较适合应用到前端采集设备上实现 VPN 功能。

n2n 是一款开源的 P2P VPN 软件，是一个双层架构的 VPN，它让用户可以在网络层上开发 P2P 应用的典型功能，而不是在应用层上开发。这意味着用户可以获取本地 IP 一样的可见度（例如同一个 n2n 网络内的两台 PC 机可以相互 ping 通），并且可以通过 n2n 虚拟网内的 IP 地址相互访问，而不必关心当前所属的物理网络地址。可以这样说，Open-VPN 是把 SSL 从应用层转移到网络层实现（比如说实现 https 协议），而 n2n 则是把 P2P 的实现从应用层转移到网络层。

n2n 的工作原理类似于 p2p，或者是 udp 打洞技术，因为 n2n 的两个 edge（客户机）一旦建立起连接之后，将会只用很少的流量经过 supernode（超级节点）。终端之间可以通过 upnp 技术进行流量交换。使用 n2n 可以直接在两台计算机之间进行数据交互而不经过路由。

n2n 是开源的，服务器端可以下载源码进行编译，没有安全漏洞。客户端可以通过在 openwrt 路由器上安装 n2n 编译模块实现，都是免费的。n2n 不走超级节点流量；n2n 访问与被访网络通过网络层隧道实现，只在建立隧道时通过 supernode 进行网络验证。

n2n 支持开源的 openwrt 路由器。由于我们的应用场景是在爆破器材库房，在爆破器材库房架设 PC 专用于监控网络视频的穿透访问不现实。而 openwrt 是一种开源的模块化的路由器软件，可将 n2n 组件编译成 openwrt 路由器的模块，在路由器运行时进行加载，在 supernode 上注册后，访问端同样通过注册到 supernode 后与被访网络建立隧道，即可实现穿透访问，实现监控视频的实时传输。

在服务器端安装 n2n 超级节点，每个前端采集设备安装 n2n 客户端，通过 n2n 客户端，连接到服务器 n2n 超级节点，从而使服务器与前端采集设备建立一条 VPN 通道。数据通过虚拟专网与互联网隔离，实现数据安全。同时前端采集设备数据通过加密进一步确保数据安全性。n2n 建立的 VPN 通道也可以让视频监控传输数据，从而让视频监控数据传输更安全。

除了虚拟专网（VPN）数据安全措施，还有前端采集设备数据加密数据安全措施。前端采集设备数据加密采集用 AES 加密算法和自研加密算法加密数据，只有服务器端才可解密，从而使数据更安全。

AES 加密算法基本原理：AES 的加密公式为 $C = E(K, P)$，其中，K 为密钥，P 为明文，C 为密文。AES 加密明文的过程是，首先对明文进行分组，每组的长度都是 128 位，然后一组一组地加密，直到所有明文都已加密。密钥的长度可以是 128、192 或 256 位。在加密函数 E 中，会执行一个轮函数，除最后一次执行不同外，前面几轮的执行是相同的。以 AES-128 为例，推荐加密轮数为 10 轮，即前 9 轮执行的操作相同，第 10 轮执行的操作与前面不同。加密时，明文按照 128 位为单位进行分组，每组包含 16 个字节，按照从上到下、从左到右的顺序排列成一个 4×4 的矩阵，称为明文矩阵。AES 的加密过程在一个大小同样为 4×4 的矩阵中进行，称为状态矩阵，状态矩阵的初始值为明文矩阵的值。每一轮加密结束后，状态矩阵的值变化一次。轮函数执行结束后，状态矩阵的值即为密文的值，从状态矩阵得到密文矩阵，依次提取密文矩阵的值得到 128 位的密文。以 128 位密钥为例，密钥长度为 16 个字节，也用 4×4 的矩阵表示，顺序也是从上到下、从左到右。AES 通过密钥编排函数把密钥矩阵扩展成一个包含 44 个字的密钥序列，其中的前 4 个字为原始密钥用于初始加密，后面的 40 个字用于 10 轮加密，每轮使用其中的 4 个字。密钥递归产生规则如下：

（1）如果 i 不是 4 的倍数，那么由等式 $w[i] = w[i-4] \oplus w[i-1]$ 确定；

（2）如果 i 是 4 的倍数，那么由等式 $w[i] = w[i-4] \oplus T(w[i-1])$ 确定。

加密的第 1 轮到第 9 轮的轮函数一样，包括 4 个操作：字节代换、行位移、列混合和轮密钥加。最后一轮迭代不执行列混合。另外，在第一轮迭代之前，先将明文和原始密钥进行一次异或加密操作。解密过程仍为 10 轮，每一轮的操作是加密操作的逆操作。由于 AES 的 4 个轮操作都是可逆的，因此，解密操作的一轮就是顺序执行逆行移位、逆字节代换、轮密钥加和逆列混合。同加密操作类似，最后一轮不执行逆列混合，在第 1 轮解密之前，要执行 1 次密钥加操作。AES 加密的轮函数操作字节代换 Sub Bytes 矩阵中的各字节通过一个 8 位的 S-box 进行转换。这个步骤提供了加密法非线性的变换能力。S-box 与 GF(2^8) 上的乘法反元素有关，已知具有良好的非线性特性。为了避免简单代数性质的攻击，S-box 结合了乘法反元素及一个可逆的仿射变换矩阵建构而成。此外在建构 S-box 时，刻意避开了固定点与反固定点，即以 S-box 替换字节的结果相当于错排的结果。行位移 Shift Rows 在此步骤中，每一行都向左循环位移某个偏移量。在 AES 中（区块大小 128 位），第一行维持不变，第二行里的每个字节都向左循环移动一格。同理，第三行及第四行向左循环位移的偏移量就分别是 2 和 3。128 位和 192 位的区块在此步骤的循环位移的模式相同。经过 Shift Rows 之后，矩阵中每一竖列都是由输入矩阵中的每个不同列中的元素组成。Rijndael 算法的版本中，偏移量和 AES 有少许不同；对于长度 256 比特的区块，第一行仍然维持不变，第二行、第三行、第四行的偏移量分别是 1 字节、2 字节、3 字节。除此之外，Shift Rows 操作步骤在 Rijndael 和 AES 中完全相同。列混合 Mix Columns 在 Mix Columns 步骤，每一列的四个字节通过线性变换互相结合。每一列的四个元素分别当作 1，x，x^2，x^3 的系数，合并即为 GF(2^8) 中的一个多项式，接着将此多项式和一个固定的多项式 $c(x) = 3x^3+x^2+x+2$ 在 modulo $x^4 + 1$ 下相乘。此步骤亦可视为 Rijndael 有限域之下的矩阵乘法。Mix Columns 函数接受 4 个字节的输入，输出 4 个字节，每一个输入的字节都会对输出的 4 个字节造成影响。因此 Shift Rows 和 Mix Columns 两步骤为这个密码系统提供了扩散性。轮密钥加 Add Round Key 回合密钥将会与原矩阵合并。在每次的加密循环中，都会由主密钥产生一把回合密钥（通过 Rijndael 密钥生成方案产生），这把密钥大小会跟原矩阵一样，以与原矩阵中每个对应的字节作异或（⊕）加法。

AES 加密算法很好，但是使用多了就会有人破解。为了防止数据破解，加入自研加密算法是比较好的防破解法。

自研加密算法原理：

（1）通过设备设置的服务器地址作加密因子，可防止接到其他服务器上获取到加密数据；

（2）通过设备 ID（设备 ID 或登录系统后取到的 ID）作加密因子，不同的设备使用不同的加密因子；

（3）把数据进行 AES 加密算法后，加入随机因子（256 位随机数），再通过自研加密算法进行随机因子与 AES 加密后的数据进行加密，从而实现同一数据每次都产生不一样的数据，就像随机数，使破解更难；

（4）解密，先取出随机因子再通过自研加密算法还原 AES 加密后的数据，再通过 AES 解密还原数据。

前端设备数据传输安全问题，通过 n2n 虚拟专用（VPN）和数据加密（AES 加密算法和自研加密算法结合加密），得到很好的解决。

8.7.5　人员识别认证防爆安全应用

爆破作业现场人员监控体系、人员识别认证、前端设备应用可以实现下列功能。

（1）爆破作业现场人员识别认证。对到爆破作业现场的负责人、监理人员、爆破员、安全员等作业人员进行身份识别认证（刷身份证和人脸识别确认是本人），确认相关人员到现场。实现过程：

1）通过 APP 点名，在爆破作业各环节（配送运输、领用搬运、装药防护、清点退库、回收运输）操作前后，相关作业人员到指定点进行操作 APP 为作业人员拍照片，识别认证是不是本人操作，同时读取作业人员地理位置，确保相关作业人员实地识别认证，然后把识别结果加密发到服务器。如人员识别认证不通过或地点不对，系统会预警；

2）爆破作业人员到现场前端设备（防爆型数据采集器）安装处，在前端设备上刷二代身份证，前端设备采集身份证信息，并拍摄获取当前作业人员现场照片，通过身份证号查询确定人员类型（前端设备从服务器获取人员备案信息，确定人员是否是合规的人员），前端设备通过拍摄的照片和身份证号查到的人员照片进行人脸比对，确定是不是本人操作，是则通过认证，不是则不通过认证。通过认证的，前端设备把人员信息和拍摄的照片通过 AES 加密算法和自研加密算法加密数据，把加密的数据通过前端设备 n2n 客户端连接到服务器的虚拟专网发送到服务器，服务器收到加密数据通过约定的加密因子、AES 加密算法和自研加密算法解密数据，并存储到服务器上。

（2）爆炸物品储存库双人管理。保管员需要打开爆破器材储存库时，必须是两人通过识别认证，方可打开门，否则系统报警，从而实现双人管理储存库的监管。实现过程：当要打开爆破器材储存库门时，需两个保管员在前端设备（防爆型数据采集器）处，分别刷二代身份证，前端设备采集身份证信息，并拍照获取当前保管员现场照片，前端设备通过身份证号查询确定是否是保管员（前端设备从服务器获取保管员备案信息确定是否是合规的保管员），前端设备通过拍摄的摄片和身份证号查到的保管员照片进行人脸比对，确定是不是本人操作，是则通过认证，不是则不通过认证。两名保管员都通过认证了，前端设备把两名保管员信息和拍摄的照片通过 AES 加密算法和自研加密算法加密数据，把加密的数据通过前端设备 n2n 客户端连接到服务器的虚拟专网发送到服务器；服务器通过约定的加密因子、AES 加密算法和自研加密算法解密数据，并存储到服务器上。

（3）外来人员登记。对爆破作业现场的非工作人员进行身份信息记录。实现过程：非参加本次爆破作业的现场人员，如外来的爆破技术人员等到现场时，要求到前端设备处刷二代身份证；前端设备读取身份证信息，并拍摄记录外来人员信息和照片，把外来人员信息和拍摄的照片通过 AES 加密算法和自研加密算法加密数据，把加密的数据通过前端设备 n2n 客户端连接到服务器的虚拟专网发送到服务器；服务器收到加密数据通过约定的加密因子、AES 加密算法和自研加密算法解密数据，并存储到服务器上。

（4）巡检记录。对爆破器材储存库巡检人员记录巡检信息。实现过程：爆破器材储存库巡检人员（公安或企业巡检人员）到前端设备处刷二代身份证，前端设备读取身份证信息，并拍照记录巡检人员信息和照片，把巡检人员信息和拍摄的照片通过 AES 加密算法和自研加密算法加密数据，把加密的数据通过前端设备 n2n 客户端连接到服务器的虚拟专网发送到服务器；服务器收到加密数据通过约定的加密因子、AES 加密算法和自研加密算法解密数据，并存储到服务器上。

（5）定时抓拍人脸识别。前端设备对爆破作业现场定时拍照，把现场图像传到系统，对有人脸的照片标记区分。实现过程：前端设备安装后，摄像头对准爆破作业现场主要位置，当有人员签到时，前端设备开始定时拍摄（如 5 分钟一次，可设置），获取爆破作业现场照片；前端设备对照片进行人脸分辨，如果能分辨出人脸，标记为现场照片有人，当分辨出超过签到人数的人脸数时，系统报警，并标记为人员超出；前端设备把照片和标记结果；通过 AES 加密算法和自研加密算法加密数据，把加密的数据通过前端设备 n2n 客户端连接到服务器的虚拟专网发送到服务器；服务器收到加密数据通过约定的加密因子、AES 加密算法和自研加密算法解密数据，并存储到服务器上。

（6）视频监控。本系统利用爆破作业现场现有的视频监控设备，实现对爆破作业现场实时视频监控功能。实现过程：通过视频监控平台，用《公共安全视频监控联网系统信息传输、交换、控制技术要求》（GB/T 28181—2016）协议对接已有的视频监控设备；或通过厂家私有协议将视频监控设备对接到视频监控平台，再由系统调用视频监控平台的视频信息。装有 n2n 客户端的 openwrt 路由器与视频服务器可建立虚拟专网（VPN），视频监控设备通过虚拟专网传输视频数据，确保了视频数据的安全。

（7）系统报警。爆破作业现场人员没到位或爆破器材储存库没有通过双人识别认证时，前端设备向系统发出报警，并记录。实现过程：爆破作业现场指定时间内，所需配备的作业人员中有一个及以上没有签到的，前端设备会向系统发出报警。当爆破器材储存库没有两个保管员通过认证就开门的，前端设备会向系统发出报警信息。报警信息通过 AES 加密算法和自研加密算法加密数据，把加密的数据通过前端设备 n2n 客户端连接到服务器的虚拟专网发送到服务器；服务器收到加密数据通过约定的加密因子、AES 加密算法和自研加密算法解密数据，并存储到服务器上。

（8）虚拟专网（VPN）安全通道。前端设备通过虚拟专网（VPN）与服务器建立安全通道，从而实现数据加密安全传输。实现过程：服务器安装 n2n 超级节点，前端设备安装 n2n 客户端，通过服务器授权，前端设备 n2n 客户端才可连接到服务器，建立虚拟专网（VPN）。

（9）数据缓存。前端设备在网络不正常或没网络信号时，可以把数据缓存在前端设备，待网络正常后，再把数据发送到服务器。

参 考 文 献

[1] 孟乃昌. 火药发明探源 [J]. 自然科学史研究, 1989, 8 (02): 147-157.

[2] ASHLEY H. Identification & Traceability of Civil Explosives in Europe [C]. // International Society of Explosives Engineers. Proceedings of the Thirty-sixth Annual Conference on Explosives and Blasting Technique, 2015: 7-10.

[3] Battison R, Esen S, Duggan R, et al. Reducing Crest Loss at Barrick Cowal Gold Mine [C]. // Proceedings of 11th International Symposium on Rock Fragmentation. Carlton Victoria: The Australasian Institute of Mining and Metallurgy, 2015.

[4] C P WU, B YU, X C YANG. Intelligent Mining Blasting and Its Components [C]. // Proceedings of the 10th International Symposium on Rock Fragmentation by Blasting (FRAGBLAST 10). LONDON, UK: CRC PRESS TAYLOR & FRANCIS GROUP, 2012.

[5] DibyenduChakrabarti, SubhamoyMaitra, Bimal Roy. A Key Pre-distribution Scheme for Wireless Sensor Networks: Merging Blocks in Combinatorial Design [C]. // Information Security. ISC 2005. Lecture Notes in Computer Science, vol 3650. Springer, Berlin, Heidelberg.

[6] Esen S, Nagarajan M. Muck Pile Shaping for Draglines and Dozers at Surface Coalmines [C]. // Proceedings of 11th International Symposium on Rock Fragmentation. Carlton Victoria: The Australasian Institute of Mining and Metallurgy, 2015.

[7] Feng C, Li SH, Liu XY, et al. A semi-spring and semi-edge combined contact model in CDEM and its application to analysis of Jiweishan landslide [J]. Journal of Rock Mechanics and Geotechnical Engineering, 2014, 6 (01): 26-35.

[8] GA 1531—2018, 工业电子雷管信息管理通则 [S].

[9] Goswami T, Martin E, Rothery M, et al. A Holistic Approach to Managing Blast Outcomes [C]. // Proceedings of 11th International Symposium on Rock Fragmentation. Carlton Victoria: The Australasian Institute of Mining and Metallurgy, 2015.

[10] H. Martinez-Barbera, D. Herrero-Perez. Autonomous navigation of anautomated guided vehicle in industrial environments [J]. Robotics and Computer-Integrated Manufacturing. 2010, 26: 296-311.

[11] Hongpeng Chi, Kai Zhan, Boqiang Shi. Automatic guidance of underground mining vehicles using laser sensors [J]. Tunnelling and Underground Space Technology. 2012, 27: 142-148.

[12] Hustrulid H, Iverson S, Furtney J, et al. Developments in the Numerical Modeling of Rock Blasting [R]. HSBM Project, http://www.infomine.com/library/publications/docs/Furtney- SME2009.pdf, 2009.

[13] Johan Larsson, Mathias Broxvall, Alessandro Saffiotti. A navigation system for automated loaders in underground mines [J]. Springer Tracts in Advanced Robotics, 2006, 25: 129-140.

[14] Jun Liu, Yu Zhang, Bin Yun. A new method for predicting nonlinear structural vibrations induced by ground impact loading [J]. Journal of Sound and Vibration. 2012, 331: 2129-2140.

[15] Li SH, Zhao MH, Wang YN, et al. A new Numerical Method for DEM-Block and Particle Model [J]. International Journal of Rock Mechanics and Mining Sciences, 2004, 41 (3): 436-436.

[16] Lu Yan, Yan Zhang, Laurence T Yang, et al. The Internet of Things: From RFID to the Next-Generation Pervasive Networked Systems (1st Edition) [M]. Auerbach Publications, 2008.

[17] Ma Z S, Feng C, Liu T P, et al., A GPU accelerated continuous-based Discrete Element Method for elastodynamics analysis [C]. The Fifth International Conference on Discrete Element Methods (DEM5), London, U.K., 2010.08.25-08.26.

[18] Ma Z S, Feng C, Liu T P, et al. An Optimized Algorithm For Discrete Element System Analysis Using Cuda

[C] // . 6th International Conference on Discrete Element Methods (DEM6), Golden, Colorado, USA, 2013. 08. 05-08. 06.

[19] Minchinton A, Lynch P M. Fragmentation and heave modelling using coupled discrete element gas flow code [J]. Fragblast, 1997, 1 (1): 41-57.

[20] Nagarajan M, Green A, Brown P, et al. Managing Coal Loss Using Blast Models and Field Measurement [C]. //Proceedings of 11th International Symposium on Rock Fragmentation, Carlton Victoria: The Australasian Institute of Mining and Metallurgy, 2015.

[21] Onederra I A, Furtney J K, Sellers E, et al. Modelling blast induced damage from a fully coupled explosive charge [J]. International Journal of Rock Mechanics and Mining Sciences, 2013, 58: 73-84.

[22] Onederra I, Ruest M, Chitombo G P. Burden Movement Experiments Using the Hybrid Stress Blasting Model (HSBM) [C] //Explo 2007 Blasting: Techniques and Technology, Proceedings. The Australasian Institute of Mining and Metallurgy, 2007, 7 (7): 177-183.

[23] Orica Mining Services. SHOTPlus™5 Overview [R]. http: //www. oricaminingservices. com/au/en/page/ products_ and_ services/blast_ design_ software/shotplus5/shotplus5_ overview.

[24] Preece D S, Knudsen S D. Coupled rock motion and gas flow modeling in blasting [R]. Sandia National Labs. , Albuquerque, NM (United States), 1991.

[25] Preece D S, Tawadrous A, Silling S A, et al. Modelling Full-scale Blast Heave with Three-dimensional Distinct Elements and Parallel Processing [C]. // Proceedings of 11th International Symposium on Rock Fragmentation [M], Carlton Victoria: The Australasian Institute of Mining and Metallurgy, 2015.

[26] Preece D S. Rock motion simulation and prediction of porosity distribution for a two-void-level retort [R]. Sandia National Labs. , Albuquerque, NM (USA), 1990.

[27] RFC Ambrian. Report4-Ground Monitoring, Drones, and Mine Safety [R/OL]. 2019. 8, https: // www. rfcambrian. com/index. php/2019/08/06/report-4-ground-monitoring-drones-mine-safety/.

[28] Sellers E, Furtney J, Onederra I, et al. Improved understanding of explosive-rock interactions using the hybrid stress blasting model [J]. Journal of the Southern African Institute of Mining and Metallurgy, 2012, 112 (8): 721-728.

[29] Soft-Blast. Simulation and Information Management for Blasting in Mines: Overview [R/OL]. http: // www. soft-blast. com/JKSimBlast/JKSimBlast. htm.

[30] Taylor L E E M, Preece D S. Simulation of blasting induced rock motion using spherical element models [J]. Engineering computations, 1992, 9 (2): 243-252.

[31] Wang J, Li SH, Feng C. A shrunken edge algorithm for contact detection between convex polyhedral blocks [J]. Computers and Geotechnics, 2015, 63: 315-330.

[32] Wang YN, Zhao MH, Li SH, et al. Stochastic Structural Model of Rock and Soil Aggregates by Continumm-Based Discrete Element Method [J]. Scinece in China Series E-Engineering & Materials Science, 2005, 48 (Suppl): 95-106.

[33] WJ 9072-2012, 现场混装炸药生产安全管理规程 [S].

[34] WJ9085-2015, 工业数码电子雷管 [S].

[35] 敖立. 我国城域传送及宽带接入网的管理现状及发展策略 [J]. 电信技术, 2004 (08): 1-4.

[36] 北斗网. 我国北斗三号全球卫星导航系统星座部署提前半年全面完成 [EB/OL]. http: // www. beidou. gov. cn/yw/xwzx/202006/t20200623_ 20685. html, 2020-06-23.

[37] 北斗网. 北斗三号基本系统建成及提供全球服务情况发布会召开 [EB/OL]. http: // www. beidou. gov. cn/yw/xwzx/201812/t20181227_ 16864. html, 2018-12-27.

[38] 陈娜. 基于三维激光扫描的边坡岩体结构信息提取和变形监测研究 [D]. 武汉: 武汉大学, 2018.

[39] 陈秋松，张钦礼，陈新，等．基于 GRA-GEP 的爆破峰值速度预测 [J]．中南大学学报（自然科学版），2016，47（07）：2441-2447．

[40] 陈甜甜．实现雷管机械编码有序化的探索 [J]．煤矿爆破，2007（02）：38．

[41] 陈兴海．三维矿业软件在我国应用情况综述 [C]．// 中国采选技术十年回顾与展望．中国冶金矿山企业协会，2012：143-149，157．

[42] 陈洋．以信息为中心的物联网网关互联机制研究与实现 [D]．北京：北京邮电大学，2017．

[43] 段玉贤，李发本．基于三维模型的露天矿台阶爆破设计及其应用 [J]．现代矿业，2011，8（08）：10-13．

[44] 费鸿禄，郭连军．爆破施工的数字化 [J]．爆破，2015，32（03）：31-39．

[45] 费鸿禄，刘梦，曲广建，等．基于集合经验模态分解-小波阈值方法的爆破振动信号降噪方法 [J]．爆炸与冲击，2018，38（01）：112-118．

[46] 冯春，李世海，郑炳旭，等．基于连续-非连续单元方法的露天矿三维台阶爆破全过程数值模拟 [J]．爆炸与冲击，2019，39（02）：110-120．

[47] 冯春，李世海，刘晓宇．半弹簧接触模型及其在边坡破坏计算中的应用 [J]．力学学报，2011，43（1）：184-192．

[48] 冯叔瑜，郑哲敏．让工程爆破技术更好地服务社会、造福人类——我国工程爆破 60 年回顾与展望 [J]．中国工程科学，2014，16（11）：5-13，27，2．

[49] 冯夏庭．智能岩石力学导论 [M]．北京：科学出版社，2000．

[50] 凤凰网．中国可见光通信取得重大突破 传输速度可达 50G/秒 [EB/OL]．http：//news. ifeng. com/a/20151217/46719157_ 0. shtml#_ zbs_ baidu_ bk，2015-12-17．

[51] 高英，杨光，汪旭光，等．远程测振系统安全机制的研究与设计 [C]．// 第十届全国工程爆破学术会议，2012．

[52] 葛世荣，丁恩杰．感知矿山理论与应用 [M]．北京：科学出版社．2017．

[53] 在可塑炸药中添加识别剂以便探测的公约 [EB/OL]．https：//treaties. un. org/doc/db/Terrorism/Conv10-english. pdf．

[54] 郝建春，鲍国钢，吴幼成．论工业雷管编码及其安全性 [J]．爆破器材，2005（06）：23-25．

[55] 胡国良，周新建，龚国芳．盾构推进液压系统的 PLC 控制 [J]．机床与液压，2007，35（5）：105-107．

[56] 胡学龙，璩世杰，蒋文利，等．基于等效路径的爆破地震波衰减规律 [J]．爆炸与冲击，2017，37（06）：966-975．

[57] 胡映月．基于智能卡数据的城市轨道交通网络特性研究 [D]．北京：北京交通大学，2018．

[58] 黄跃文，吴新霞，张慧，等．基于物联网的爆破振动无线监测系统 [J]．工程爆破，2012，18（01）：67-70，74．

[59] 蒋荣光．工业雷管激光编码打标原理及安全性论述 [J]．爆破器材，2002（03）：15-18．

[60] 李翀．李文倩．黄小伟．井下上向中深孔粉粒状炸药装药车的研制 [J]．矿业研究与开发，2010，30（06）93-95．

[61] 李国杰．新一代信息技术发展新趋势（大势所趋） [EB/OL]．http：//it. people. com. cn/n/2015/0802/c1009-27397176. html，2015-08-02．

[62] 李晗．基于物联网的无线车辆管理系统设计与实现 [D]．长沙：国防科学技术大学，2011．

[63] 李开复，王咏刚．人工智能 [M]．北京：文化发展出版社有限公司，2017．

[64] 李宁．水利水电工程深孔梯段爆破设计系统开发与应用研究 [D]．西安：西安理工大学，2011．

[65] 李世海，刘天苹，刘晓宇．论滑坡稳定性分析方法 [J]．岩石力学与工程学报，2009，28（S2）：3309-3324．

[66] 李鑫，查正清．分体式井下乳化炸药现场混装车的设计与应用 [J]．工程爆破，2012，18（2）：86-88.

[67] 李彦宏．智能革命：迎接人工智能时代的社会、经济与文化变革 [M]．北京：中信出版社，2017.

[68] 李月明，陈波．工业雷管编码技术之比较 [J]．爆破器材，2004（S1）：114-115.

[69] 林大泽，吕中杰．雷管示踪方法的研究 [J]．劳动安全与健康，2001（03）：20-22.

[70] 刘军，吴敏，云斌，等．环境激励下结构振动效应预测方法研究 [J]．固体力学学报，2010，31（S1）：143-151.

[71] 刘鹏亮．盾构掘进机推进系统的关键技术研究 [D]．上海：上海交通大学，2008.

[72] 刘强，崔莉，陈海明．物联网关键技术与应用 [J]．计算机科学，2010，37（06）：1-4，10.

[73] 刘云浩．物联网导论 [M]．北京：科学出版社，2011.

[74] 刘志祥．大中孔凿岩爆破计算机辅助设计软件开发与研究 [J]．矿冶研究与发展，1998（6）：34-39.

[75] 路甬祥．液压气动技术手册 [M]．北京：机械工业出版社，2002.

[76] 罗盛晋，刘三虎．激光在金属壳雷管编码中的应用 [J]．爆破器材，2002（05）：22-24.

[77] 罗潇，王雪峰．基于无人机航拍技术的露天爆破作业现场 720°全景图像制作方案 [J]．广东水利电力职业技术学院学报，2017，15（04）：55-57.

[78] 马国超，王立娟，马松，等．基于激光扫描和无人机倾斜摄影的露天采场安全监测应用 [J]．中国安全生产科学技术，2017，13（05）：73-78.

[79] 钮强．岩石爆破机理 [M]．沈阳：东北工学院出版社，1990.

[80] 欧小鸥．无线射频识别技术 RFID 在物联网的应用分析 [J]．通讯世界，2018（02）：92-93.

[81] 钱晋．基于物联网的 IMS 与现有网络融合技术研究 [D]．南京：南京邮电大学，2014.

[82] 璩世杰，尚峰华，李宝辉，等．露天矿爆破设计与模拟 Blast-Code 模型及其在水厂铁矿的应用 [J]．工程爆破，2001，7（2）：18-24.

[83] 曲广建，龙源，朱振海，等．数字爆破测振 [M]．北京：兵器工业出版社，2015.

[84] 曲广建，黄新法，江滨，等，数字爆破（Ⅰ）[J]．工程爆破，2009，15（02）：23-28.

[85] 曲广建，黄新法，江滨，等．数字爆破（Ⅱ）[J]．工程爆破，2009，15（03）：5-13.

[86] 曲广建，李健，黄新法．爆破器材信息化管理 [J]．工程爆破，2003（04）：78-84.

[87] 曲广建，李健，黄新法．中国爆破安全网 [J]．工程爆破，2003（03）：69-71，51.

[88] 曲广建，谢全民，朱振海，等．工程爆破远程测振系统 [J]．工程爆破，2015，21（05）：58-62.

[89] 施建俊，李庆亚，张琪，等．基于 Matlab 和 BP 神经网络的爆破振动预测系统 [J]．爆炸与冲击，2017，37（06）：1087-1092.

[90] 史良文．BCJ-1 型中小直径散装乳化炸药装药车液压系统设计 [J]．有色金属（冶炼部分），2003（5）：41-43.

[91] 宋锦泉，汪旭光，段宝福．中国工程爆破发展现状与展望 [J]．铜业工程，2002（03）：6-9.

[92] 孙其博，刘杰，黎羴，等．物联网：概念、架构与关键技术研究综述 [J]．北京邮电大学学报，2010，33（03）：1-9.

[93] 田丰，查正清．装药车送管器负荷传感调速液压系统设计研究 [J]．有色金属（矿山部分），2014，66（1）：36-38.

[94] 汪旭光，李国仲．BGRIMM 乳化炸药技术新进展 [J]．矿业工程，2003，1（1）：10-15.

[95] 汪旭光，于亚伦，刘殿中．爆破安全规程实施手册 [M]．北京：人民交通出版社，2004.

[96] 汪旭光，于亚伦．台阶爆破 [M]．北京：冶金工业出版社，2017.

[97] 汪旭光．爆破器材与工程爆破新进展 [J]．中国工程科学，2002（04）：36-40.

[98] 汪旭光．爆破手册 [M]．北京：冶金工业出版社，2010.

［99］ 王刚．工信部批准 IPv6 等 5 项通信行业标准［J］．物联网技术，2012，2（07）：12.

［100］ 王杰，李世海，张青波．基于单元破裂的岩石裂纹扩展模拟方法［J］．力学学报，2015，47（1）：105-118.

［101］ 王杰，李世海，周东，等．模拟岩石破裂过程的块体单元离散弹簧模型［J］．岩土力学，2013，34（8）：2355-2362.

［102］ 王进强，璩世杰，许文耀，等．计算机辅助露天矿爆破设计软件开发与应用［J］．金属世界，2009（S1）：56-60.

［103］ 王运敏．金属矿山露天转地下开采理论与实践［M］．北京：冶金工业出版社，2015.

［104］ 王运敏．现代采矿手册［M］．北京：冶金工业出版社，2011.

［105］ 吴恩达．深度学习将为人工智能带来新机会［N］．中国信息化周报，2015-04-06（007）.

［106］ 肖清华．隧道掘进爆破设计智能系统研究［D］．成都：西南交通大学，2007.

［107］ 谢博，施富强，赵建才，等．爆破岩块自动识别与块度特征提取方法［J］．爆破，2019，36（03）：43-49.

［108］ 谢烽，韩亮，刘殿书，等．基于叠加原理的隧道爆破近区振动规律研究［J］．振动与冲击，2018，37（02）：182-188.

［109］ 谢全民，曲广建，钟明寿，等．提升小波包变换技术在工程爆破远程测振系统中的应用研究［J］．爆破，2015，32（03）：17-21，30.

［110］ 谢先启，刘昌邦，贾永胜，等．三维重建技术在拆除爆破中的应用［J］．爆破，2017，34（04）：96-99，119.

［111］ 谢先启．精细爆破［M］．武汉：华中科技大学出版社，2010.

［112］ 谢先启．精细爆破发展现状及展望［J］．中国工程科学，2014，16（11）：14-19.

［113］ 徐振，胡乃联，张延凯，等．基于 Surpac 露天矿采剥进度计划系统开发［J］．现代矿业，2011，27（07）：1-3.

［114］ 闫正斌，汪旭光，王尹军，等．化学示踪技术在民用爆炸物品流向监管中的作用［J］．工程爆破，2015，21（03）：54-59.

［115］ 杨桦，胡乃联，孙晓，等．基于炮孔化验数据的资源模型动态更新技术研究［J］．矿业研究与开发，2013，33（02）：105-109.

［116］ 杨佳，刘寿康．乳胶基质水环输送的机理研究［J］．矿冶工程，2012，32（2）：11-14.

［117］ 杨中威．城域网基础通信资源的规划建设思路［J］．中国新通信，2018，20（09）：83-84.

［118］ 杨祖一，闫正斌，亓希国．爆破器材流向信息标识和识读方式研究［J］．爆破器材，2004（S1）：109-114.

［119］ 原志明．智能矿井"一网一站"通信技术集成与应用研究［J］．能源与环保，2017，39（09）：104-109.

［120］ 张兵兵，张中雷，廖学燕，等．轻小型无人机航测技术在露天矿山中的应用现状与展望［J］．中国矿业，2019，28（6）：94-98.

［121］ 张东波，陈治强，易良玲，等．图像微观结构的二值化表示与目标识别应用［J］．电子与信息学报，2018，40（03）：633-640.

［122］ 张恺，伍法权，沙鹏，等．基于无人机倾斜摄影的矿山边坡岩体结构编录方法与工程应用［J］．工程地质学报，2019，27（06）：1448-1455.

［123］ 张明熙．物联网网关的设计与实现［D］．南京：南京邮电大学，2016.

［124］ 张正宇．中国爆破新技术［M］．北京：冶金工业出版社，2004.

［125］ 赵德正．具有防爆保护功能的激光雷管编码系统设计与实现［J］．武汉大学学报（工学版），2007（04）：109-112.

［126］赵宏强，李美香，高斌，等．潜孔钻机凿岩过程自动防卡钻理论与方案研究［M］．机械科学与技术，2008，27（6）：739-743.

［127］赵建华．引入物联网技术实现爆破全程监控［C］．//．山东煤炭学会工业信息化专业委员会2011年度工作会议暨物联网技术推进煤矿信息化学术论坛，2011.

［128］赵明生，张光雄，刘军，等．露天台阶爆破智能化设计软件［J］．爆破，2018，35（02）：72-79.

［129］李泽华，李顺波，杨军，等．露天爆破智能设计系统开发及应用［J］．现代矿业，2020，36（11）：179-181，194.

［130］赵昱东．地下无轨矿山辅助设备（车辆）综述［J］．矿业快报，2007，26（2）：4-7.

［131］郑炳旭，冯春，宋锦泉，等．炸药单耗对赤铁矿爆破块度的影响规律数值模拟研究［J］．爆破，2015，32（3）：62-69.

［132］T/CSEB 007—2019，爆破术语［S］.

［133］GB6722—2014，爆破安全规程［S］.

［134］左静．炮孔布置的计算机辅助设计系统开发［J］．煤矿爆破，2008（01）：8-10.

［135］GB 50201—2012，土方与爆工程施工及验收规范［S］.

［136］GB/T 28181—2016，公共安全视频监控联网系统信息传输、交换、控制技术要求［S］.

［137］HMAn，HYLiu，H Han，et al. Hybrid finite-discrete element modelling of dynamic fracture and resultant fragment casting and muck-piling by rock blast［J］．Computers and Geotechnics，2017. 81：322-345.

［138］安华明．基于有限元与离散元混合模型的岩石动态破裂过程模拟研究［D］．北京：北京科技大学，2018.

［139］甯尤军，杨军，陈鹏万．节理岩体爆破的DDA方法模拟［J］．岩土力学，2010，31（07）：2259-2263.

［140］HY Liu，YM Kang，P Lin. Hybrid finite-discrete element modeling of geomaterials fracture and fragment muck-piling［J］．International Journal of Geotechnical Engineering . 2015，9（02）：115-131.

［141］H M An，H Y Liu，H Han. Hybrid finite-discrete element modelling of rock fracture during conventional compressive and tensile strength tests under quasi-static and dynamic loading conditions［J］．Latin American Journal of Solids and Structures. 2020，17（06）：1-32.

［142］H M An，H Y Liu，H Han. Hybrid finite-discrete element modelling of excavation damaged zone formation process induced by blasts in a deep tunnel［J］．Advances in civil engineering . 2020，2020：7153958.

［143］H M An，H Y Liu，H Han，et al. Hybrid finite-discrete element modelling of dynamic fracture and resultant fragment casting and muck-piling by rock blast［J］．Computers and Geotechnics，2017，81：322-345.